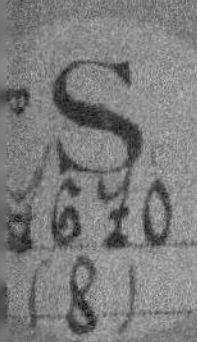

TRAITÉ

DE

ZOOLOGIE

PAR

EDMOND PERRIER

MEMBRE DE L'INSTITUT
DIRECTEUR DU MUSÉUM D'HISTOIRE NATURELLE DE PARIS

FASCICULE VIII

publié avec le concours de RÉMY PERRIER
Professeur à la Faculté des Sciences de Paris

DÉVELOPPEMENT EMBRYOGÉNIQUE
DES VERTÉBRÉS ALLANTOÏDIENS
LES REPTILES

MASSON ET Cⁱᵉ, ÉDITEURS
LIBRAIRES DE L'ACADÉMIE DE MÉDECINE
120, BOULEVARD SAINT-GERMAIN, PARIS
1928

25 JANVIER 1927

PRIX SANS MAJORATION

40 FR.

MASSON & Cⁱᵉ

TRAITÉ

DE

ZOOLOGIE

FASCICULE VIII

TRAITÉ DE ZOOLOGIE

par Edmond PERRIER

TRAITÉ

DE

ZOOLOGIE

PAR

Edmond PERRIER

MEMBRE DE L'INSTITUT
DIRECTEUR DU MUSÉUM D'HISTOIRE NATURELLE DE PARIS

FASCICULE VIII

publié avec le concours de RÉMY PERRIER
Professeur à la Faculté des Sciences de Paris.

DÉVELOPPEMENT EMBRYOGÉNIQUE
DES VERTÉBRÉS ALLANTOÏDIENS
LES REPTILES

———

MASSON ET Cⁱᵉ, ÉDITEURS
LIBRAIRES DE L'ACADÉMIE DE MÉDECINE
120, BOULEVARD SAINT-GERMAIN, PARIS
1928

VERTÉBRÉS MARCHEURS TERRESTRES
AMNIOTES ou ALLANTOÏDIENS

Origine des Amniotes ; leur division en deux séries. — Les noms adoptés pour cette division sont tirés des enveloppes spéciales qui entourent l'embryon avant sa naissance : l'*amnios* et l'*allantoïde*, cette dernière venant, en partie, doubler l'amnios. Il y a donc lieu de rechercher avant tout l'origine et la signification de ces enveloppes.

Les Amniotes ou Allantoïdiens sont des Vertébrés qui ont traversé, avant de naître, en les abrégeant singulièrement du reste, les phases essentielles de la vie que la plupart des Batraciens passent dans l'eau. Il s'ébauche chez eux un appareil de respiration aquatique, mais cet appareil n'est jamais fonctionnel ; il se constitue des arcs branchiaux, mais sur ces arcs il ne se développe jamais ni peignes branchiaux, ni arborescences respiratoires, et les fentes branchiales mêmes ne s'ouvrent généralement pas. Il se forme cependant des dérivés branchiaux, analogues à ceux des Vertébrés aquatiques, et qui persistent très longtemps, ou même toute la vie, se trouvant ainsi communs à tous les Vertébrés : le *thymus* et le *corps thyroïde* (p. 2.623 et 2.624).

Si les Vertébrés Allantoïdiens passent dans l'œuf toute la période de la vie qui clôt, chez les Batraciens, l'achèvement de leur métamorphose, c'est que leurs œufs fournissent aux embryons qui se développent à leur intérieur tout ce qui est nécessaire pour s'alimenter et respirer durant cette période, sans avoir recours au monde extérieur. Les aliments qui s'y sont accumulés grossissent l'œuf énormément chez les Reptiles, les Oiseaux et les Mammifères Monotrèmes ; il arrivait chez les *Æpyornis* à une capacité de plusieurs litres et il était plus volumineux encore chez les *Dinornis*. Ces aliments sont suppléés par le sang de la mère chez les Mammifères vivipares, dont l'œuf, demeurant dans un milieu nourricier, se développe avant d'avoir accumulé des réserves et redevient, en conséquence, petit. C'est le grand volume du vitellus et le séjour prolongé de l'embryon sous les enveloppes de l'œuf jusqu'à la fin de la métamorphose qui permettent la formation des membranes embryonnaires auxquelles ce sous-embranchement doit les noms qu'on lui a donnés : l'*amnios* et l'*allantoïde*. L'*amnios* enferme l'embryon comme dans une bourse, mais contribue à absorber les matériaux nutritifs. L'*allantoïde* n'est au début qu'un agrandissement de la vessie urinaire, impuissante à se vider au dehors et qui, en se dilatant, par cela même, de plus en plus, arrive à s'appliquer contre l'amnios ; en raison de sa riche vascularisation, elle fonctionne alors comme une membrane respiratoire.

Si l'on en juge par ceux des Mammifères actuels qui présentent les mêmes caractères ostéologiques, c'est-à-dire par les Monotrèmes (Ornithorhynque et Échidné), les Mammifères de la période crétacée (MULTITUBERCULÉS) étaient encore ovipares et pondaient de gros œufs; ils produisaient donc vraisemblablement des membranes embryonnaires semblables à celles des Reptiles et des Oiseaux; mais, à mesure que la viviparité s'est développée chez eux, que les œufs ont séjourné plus longtemps dans l'oviducte ou dans sa portion différenciée qui forme la *matrice*, les œufs demeurant dans un milieu nutritif auquel l'organisme maternel pouvait rendre ce qui lui était enlevé par l'embryon en voie de développement, celui-ci a pu commencer son évolution plus tôt, avant même que les réserves habituelles se soient accumulées dans l'œuf, qui s'est, par suite, peu à peu rapetissé. Sa segmentation partielle est redevenue totale, encore un peu inégale chez quelques Chiroptères, le plus souvent égale comme celle des œufs les plus simples; mais l'embryon a continué à produire, par hérédité (*patrogénèse*), les enveloppes et les annexes qu'il avait acquises (*armogénèse*) par adaptation au volume de l'œuf. L'existence de ces enveloppes et de ces annexes serait inexplicable dans les petits œufs des Mammifères, si les gros œufs des Sauropsidés ne nous indiquaient pas leur origine. Le blastoderme appliqué chez ces derniers sur le vitellus, qu'il contribuait à digérer, est devenu une vésicule vide, la *vésicule embryonnaire*, et ses fonctions digestives ont été transportées de sa face interne à sa face externe chargée de la transformation des matériaux nutritifs contenus dans la matrice ou même dans ses parois. Pour cette raison, Hubrecht lui a donné le nom de *trophoblaste* et le trophoblaste est devenu l'agent actif de la formation du *placenta*.

La séparation des Vertébrés aériens en deux séries s'est faite avant la réduction du volume de l'œuf, par suite de modifications survenues dans la nature des téguments des Batraciens. Dans une première série, dont l'évolution a été plus précoce et plus rapide, comprenant les Reptiles et les Oiseaux, la peau a perdu toutes ses glandes, sauf dans des régions très limitées du corps (*glandes crurales* des Lacertiens; *glande uropygienne* des Oiseaux, etc.); elle s'est asséchée, kératinisée et parfois ossifiée chez les Reptiles; elle s'est couverte de plumes chez les Oiseaux. Dans une série parallèle et indépendante, celle des Mammifères, la peau, en même temps qu'elle se couvrait de poils, a, au contraire, conservé toutes ses glandes, qui se répartissent déjà chez les Monotrèmes en deux catégories : les *glandes sébacées* et les *glandes sudoripares*. C'est par une modification de ces glandes que se sont constituées, chez les femelles, les glandes productrices du lait dont s'alimentent les jeunes, les *mamelles*, d'où les Mammifères ont tiré leur nom.

Il y a donc un lien étroit entre l'allaitement et la constitution de la peau chez ces animaux. Ces considérations justifient la division, proposée par Huxley, des Amniotes en deux groupes : 1° les SAUROPSIDÉS, comprenant les Reptiles et les Oiseaux qui en dérivent; 2° les MAMMIFÈRES.

Mammifères : leur division en Herpétodelphes, Didelphes et Monodelphes. — Chez les Mammifères vivipares, la formation du placenta n'a suivi que d'assez loin la disparition du vitellus; il n'existe pas encore chez les plus primitifs d'entre eux (*Opossum*, etc.), qui naissent à un état de développement peu avancé et dont les jeunes sont, après leur naissance, abrités dans une poche, dite *marsupium*, contenant les mamelles ; mais l'existence d'un placenta a été constatée chez un certain nombre d'autres Marsupiaux (*Dasyurus, Perameles, Phascolarctos*). La classe des Mammifères n'en demeure pas moins subdivisible en trois sous-classes :

1° Les Mammifères ovipares, Monotrèmes, ou Ornithodelphes, qu'il vaut mieux appeler Herpétodelphes ;

2° Les Mammifères vivipares, Marsupiaux, ou Didelphes, qui sont pourvus d'une poche pour abriter les petits à leur naissance.

3° Les Mammifères vivipares, Monodelphes, eugénètes, ou euthériens, dépourvus de cette poche.

Ces divisions étant basées sur les phénomènes de reproduction, nous sommes conduits à dire dès maintenant quels caractères présentent, chez les Vertébrés supérieurs, les éléments reproducteurs, et à examiner, dans une vue d'ensemble préalable, les principaux phénomènes de leur développement ontogénique.

PHÉNOMÈNES GÉNÉRAUX DU DÉVELOPPEMENT DES VERTÉBRÉS ALLANTOÏDIENS

Développement des éléments génitaux. — Le développement de l'appareil génital, des spermatozoïdes et des ovules s'accomplit, chez les Vertébrés supérieurs, à peu près de la même façon que chez les Poissons (p. 2.559 et suiv.). L'œuf, lors de sa segmentation, produit un certain nombre d'éléments qui gardent leur indifférenciation, et conservent, par conséquent, au moins d'une manière générale, les qualités de l'œuf lui-même, c'est-à-dire la propriété de reproduire, dans certaines conditions, l'organisme dans lequel ils se sont développés : ce sont les *cellules germinales*. Chez les Vertébrés supérieurs, ces cellules ne sont reconnaissables qu'après la formation des feuillets et la division du mésoderme en segments métamériques. Rassemblées à la surface de la *bande germinative*, elles constituent l'*épithélium germinatif* (fig. 1973 A, *EG*), qui s'étend d'abord sur toute la longueur du cœlome, accusant ainsi l'identité des métamérides, mais se raccourcit plus tard en avant et en arrière ; ce qui en reste forme le *pli génital*, courant à la surface du corps de Wolff ou rein embryonnaire (fig. 1972, *pg*). A ce moment, la glande est (ou paraît) complètement asexuée, et il serait peut-être possible d'agir sur elle pour déterminer son évolution, soit dans le sens masculin, soit dans le sens féminin.

L'orientation sexuelle se dessine plus tôt dans la glande destinée à devenir femelle que dans l'autre. Son épithélium germinatif s'épaissit rapidement et d'une façon irrégulière, de sorte que, de bonne heure, la surface du futur ovaire paraît bosselée, celle du testicule demeurant lisse. Dans toute l'épaisseur de la couche épithéliale ainsi formée (fig. 1974, *eg*), certaines cellules grandissent beaucoup plus que leurs voisines : ce sont les *œufs primitifs*, ou *ovules primordiaux* (op); certains d'entre eux s'atrophient, ceux qui subsistent constituent les *ovogonies*, ou mieux *oogonies*. Les petites cellules germinales voisines des oogonies s'accolent à celles-ci et leur forment un revêtement épithélial, l'*épithélium folliculaire*, dont les éléments, d'abord aplatis, deviennent peu à peu cylindriques et se disposent radialement; ainsi naissent les *follicules de Graaf*, caractéristiques de l'ovaire (fig. 1974, *fg*). L'épithélium germinatif foisonne, envoyant dans le tissu

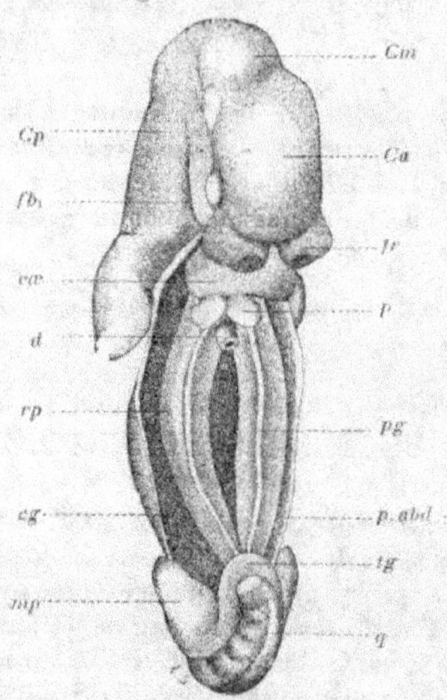

Fig. 1972. — Pli génital dans un embryon humain de la 5ᵉ semaine : — *Ca, Cm, Cp*, cerveau antérieur, moyen et postérieur; *fb₁*, première fente branchiale; *fr*, bourgeons frontaux; *cœ*, cœur; *p*, poumons; *d*, tube digestif; *p.abd*, paroi abdominale; *cg*, cavité générale; *rp*, rein primitif; *pg*, pli génital; *mp*, ébauches des membres postérieurs; *q*, queue (emprunté à Rieffel, in Poirier, d'après Kollmann).

conjonctif sous-jacent des cordons pleins contenant les follicules : ce sont les *cordons de Pflüger* (cp), irréguliers, serrés les uns contre les autres, et séparés par le stroma conjonctif de l'ovaire, qui, plus tard, s'insinuant dans les cordons de Pflüger eux-mêmes, les sectionne jusqu'à ce que chaque follicule soit complètement isolé de ses voisins (*fg*). L'épithélium folliculaire constitue la *couche* ou *membrane granuleuse* (fig. 1975 A et B, *gr*), qui grandit beaucoup plus que l'oogonie, et se creuse d'une cavité, remplie de liquide; en un point de la paroi de ce sac, se trouve l'oogonie, au milieu d'un amas plus épais de la couche granuleuse, le *disque proligère* (B, *dp*). Tout autour de l'ovule primordial et à son contact immédiat, la couche granuleuse se modifie, de façon à former une *zone pellucide* (C, *zp*), tandis que le reste figure une *corona radiata* (cr).

Enfin, autour des follicules, s'organise une *thèque*, dont la partie profonde, formée de grosses cellules, est parcourue par des vaisseaux sanguins (*thèque interne, thi*), tandis que la partie superficielle devient fibreuse et

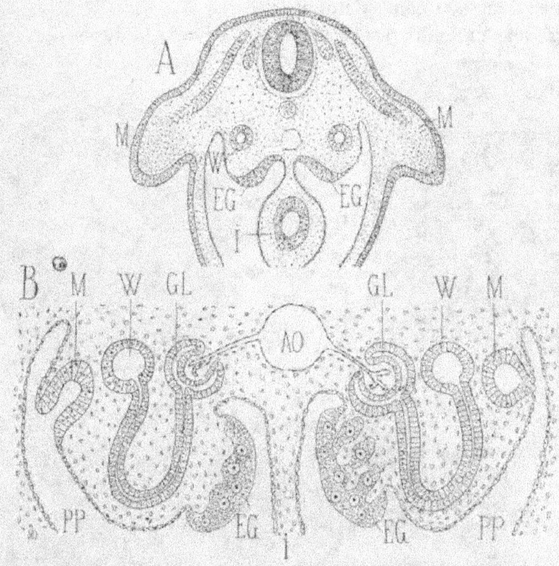

Fig. 1973. — Deux coupes transversales dans deux embryons d'âge différent, au niveau du pli génital. Dans la seconde coupe, on n'a représenté que les bandelettes génitales, de part et d'autre du mésentère : — *M*, premiers rudiments des membres ; *I*, intestin ; *EG*, épithélium germinatif contenant les ovules primordiaux en voie de développement. Dans la figure B, l'épithélium germinatif commence à produire des cordons de Pflüger, qui pénètrent dans le mésoderme sous-jacent ; *PP*, cavité générale ; *AO*, aorte ; *W*, canal de Wolff ; *GL*, glomérule d'une néphridie ; *M*, canal de Müller (Mathias-Duval).

consistante (*thèque externe, the*). Les follicules peuvent devenir assez gros

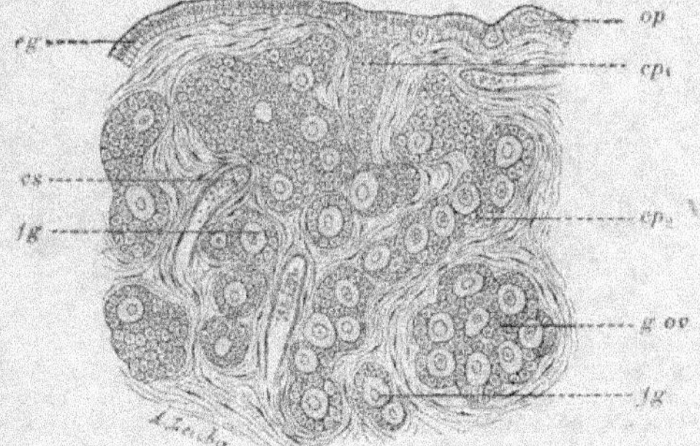

Fig. 1974. — Coupe dans l'ovaire d'une fille nouveau-née : — *eg*, épithélium germinatif ; *op*, ovules primordiaux ; *cp₁, cp₂*, cordons de Pflüger, à divers états de développement ; *g.ov*, groupe d'ovules dans un de ces cordons ; *fg*, follicules isolés ; *cs*, vaisseaux sanguins (Ретzi, in Poirier, d'après Waldeyer).

pour faire saillie à la surface de l'ovaire : c'est le cas des Sauropsidés à gros œufs et de quelques Mammifères (Ex. : *Sus scrofa*); cependant, chez ces derniers, l'ovaire demeure généralement lisse.

Dans la glande mâle, se produisent des cordons analogues aux cordons de

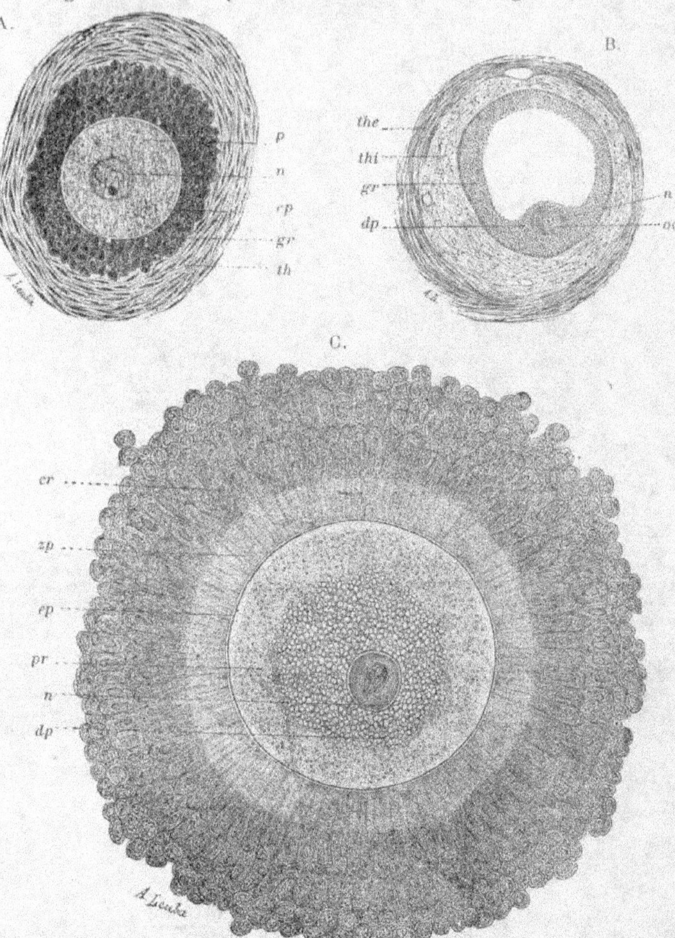

Fig. 1075. — A, coupe d'un follicule en voie de développement, provenant de l'ovaire d'une femme de 31 ans ; *p*, protoplasme ; *n*, noyau ; *ep*, espace périphérique ; *gr*, couche granuleuse ; *th*, thèque. — B. Un ovule plus avancé ; *oo*, oogonie ; *n*, son noyau (tache de Wagner) ; *dp*, disque proligère ; *gr*, granuleuse ; *thi*, *the*, thèque interne et thèque externe. — C. Un ovule mûr, observé à l'état frais dans le liquide folliculaire ; *pr*, protoplasme ; *dp*, deutoplasme ; *n*, noyau (vésicule germinative) avec le corps nucléolien (tache germinative) ; *ep*, espace périphérique ; *zp*, zone pellucide ; *cr*, *corona radiata* (Ribbert, *in* Prenant ; A et C, d'après Nagel ; B, d'après Stöhr).

Pflüger ; ils se manifestent plus lentement cependant et ces cordons spermatiques restent longtemps sans évoluer ; ils s'éloignent peu à peu de l'épithélium de la glande, au-dessous duquel se développe une épaisse membrane lisse, la *tunique albuginée*. Les cordons séminifères contiennent deux sortes

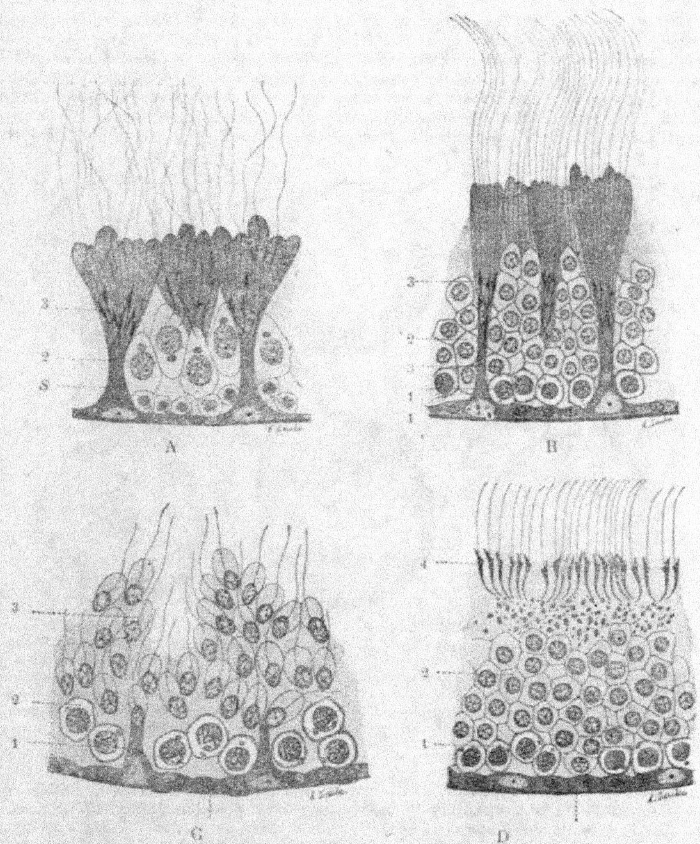

FIG. 1976. — Développement des spermatozoïdes : — 1, spermatogonies ; 2, spermatocytes ; 3, spermatides ; 4, spermatozoïdes. — En A, des spermatocytes, peu nombreux, sont cachés au-dessous de spermatozoïdes déjà mûrs, portés à l'extrémité d'une cellule de Sertoli S, et prêts à se détacher. — En B, les spermatocytes, devenus plus nombreux et toujours cachés sous des spermatozoïdes déjà à la fin de leur évolution, se divisent 2 fois de suite et les produits de la double division sont des spermatides à noyau réduit (réduction chromatique). Les spermatides sont fortement serrées les unes contre les autres et polyédriques. — En C, les spermatozoïdes se sont détachés et leur chute libère les spermatides qui s'arrondissent et se groupent à l'extrémité d'une cellule de Sertoli (elles en sont aux stades A et B de la génération précédente). — En D, spermatozoïdes mûrs prêts à se détacher (emprunté à Pasteau, in Poirier, d'après Lenhossek).

de cellules (fig. 1976) : des cellules qui demeurent stériles, les *cellules de Sertoli* (S), et les véritables cellules séminales, ou *spermatogonies* (1).

Ces dernières, appliquées contre la membrane externe du tube séminifère, se reproduisent indéfiniment, en donnant de nouvelles cellules, qui sont repoussées vers la lumière du tube en devenant des *spermatocytes* (2). Ceux-ci se divisent enfin chacun en 4 cellules (1), les *spermatides* (3), qui évoluent

(1) On sait que, chez tous les êtres vivants, c'est par une quadripartition des cellules mères que les éléments mâles sont réalisés. Cette quadripartition, chez tous les animaux, comporte deux bipartitions successives. Au cours de la première, les corpuscules de chromatine ou *chromosomes*, après s'être individualisés, se dédoublent et forment deux groupes exactement pareils, contenant chacun le même nombre de chromosomes que la cellule mère. Chaque cellule fille se divise à son tour; mais les chromosomes, après s'être individualisés, ne se divisent pas; ils se répartissent en nombre égal entre les deux cellules résultant de la nouvelle division et qui

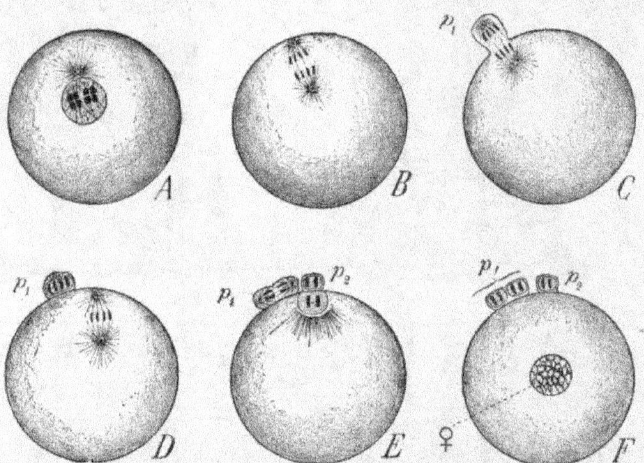

Fig. 1977. — Maturation de l'ovule ; émission des globules polaires (figures schématiques, dans lesquelles le nombre normal de chromosomes est supposé égal à 4). — A, ovule non mûr (oocyte) : les chromosomes, déjà dédoublés, se sont disposés par groupes de 4 (tétrades). — B, première division du noyau de l'oocyte, aboutissant en C et D, à la formation du premier globule polaire, p_1. — En D, commencement de la formation du second globule polaire (division réductrice), se terminant en E. — F, ovule mûr : ♀, pronucléus femelle n'ayant que 2 chromosomes, mais revenu à l'état quiescent; p_2, second globule polaire, aussi avec 2 chromosomes; p_1, premier globule polaire, avec 4 chromosomes, se divisant parfois en deux globules, à 2 chromosomes chacun (emprunté à Rémy Perrier).

ne contiendront chacune que la moitié du nombre de chromosomes de la cellule initiale. Cette *réduction chromatique* a aussi lieu et de la même façon pour l'ovule (fig. 1977); mais elle n'est plus la conséquence d'une division de la cellule mère en quatre cellules équivalentes. La première division sépare de l'oocyte, une petite cellule, le *premier globule polaire*, qui ne contient que de la chromatine morte, mais dont les chromosomes ont conservé leur nombre primitif. En général ce globule ne se divise plus (C, p_1). La seconde division aboutit à une réduction chromatique comme pour les spermatozoïdes, mais elle est encore inégale et donne un deuxième globule polaire (E, p_2) qui est, lui, aussi un élément mort, tandis que la grosse cellule est l'*ovule*. L'arrivée d'un spermatozoïde dans l'ovule qui a subi la réduction rétablit le nombre des chromosomes; c'est en cela que consiste la fécondation, aussi bien dans le Règne végétal que dans le Règne animal. Il semble que la préparation des substances de réserve que contient tout élément femelle ait eu pour conséquence d'user une partie de sa chromatine.

Ce que nous venons de dire suppose que les chromosomes sont en nombre pair. Ils sont quelquefois en nombre impair dans les spermatogonies; lors de la deuxième division, l'un des spermatozoïdes contiendra alors un chromosome de plus que son frère; on lui donne le nom d'*idiochromosome*. Les œufs qu'il fécondera évolueront en produisant les femelles; les autres des mâles (fig. 1978 A). Il peut arriver aussi que, parmi les chromosomes, il y en ait un plus gros et un autre plus petit que les autres; ce sont les *hétérochromosomes*. Le spermatozoïde qui contient le gros chromosome donnerait aussi naissance à des femelles (fig. 1978 B). De en devenant des spermatozoïdes; ceux-ci (1) se disposent en groupes serrés au-dessus des cellules de Sertoli (S) (1).

Œufs des Sauropsidés. — Les œufs des Reptiles et des Oiseaux ont entre eux et avec ceux des Mammifères Monotrèmes les plus grandes analogies. Après s'être formés comme nous venons de le dire dans le tissu de l'ovaire, les ovules primordiaux grossissent rapidement (fig. 1979 A) et font,

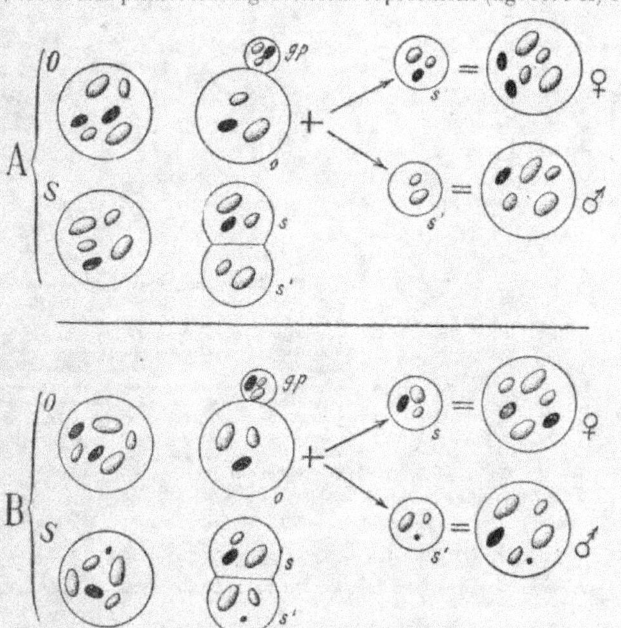

Fig. 1978. — Schémas de la constitution différente des noyaux de l'œuf mâle et de l'œuf femelle, dans le cas où il existe chez les mâles un idiochromosome impair (A, Blatte), ou deux hétérochromosomes (B, Mouche domestique). — O, oocyte; S, spermatocyte; gp, globule polaire; o, ovule mûr; s, s', les deux espèces de spermatozoïdes; ♀, œuf femelle; ♂, œuf mâle (emprunté à Rémy Perrier, d'après Wilson).

chez les Oiseaux, hernie à la surface de l'ovaire, dont la membrane superficielle arrive à former autour de chacun d'eux une capsule fibreuse, l'*ovisac*, plus ou moins longuement pédonculée, suivant le volume de l'œuf, entouré déjà de sa membrane granuleuse. Les cellules, primitivement aplaties, de cette membrane deviennent cubiques et finissent par se disposer en plusieurs couches, tout en passant à la forme cylindro-conique (C, *g*). Elles constituent

sorte que le sexe féminin serait déterminé par un excès de chromatine, ou peut-être par une meilleure qualité de cette substance, qui semble présider à la nutrition des éléments anatomiques.

(1) Beaucoup d'auteurs considèrent actuellement que les cellules de Sertoli ne sont pas différentes des cellules séminales proprement dites et n'en représentent qu'une forme momentanément quiescente et destinée à devenir, à son heure, une cellule séminale (M. DUVAL, BALBIANI, PRENANT).

ainsi un revêtement pariétal de l'ovisac qui ne tarde pas à être parcouru par de nombreux vaisseaux. Ces derniers apportent à la cellule ovulaire les

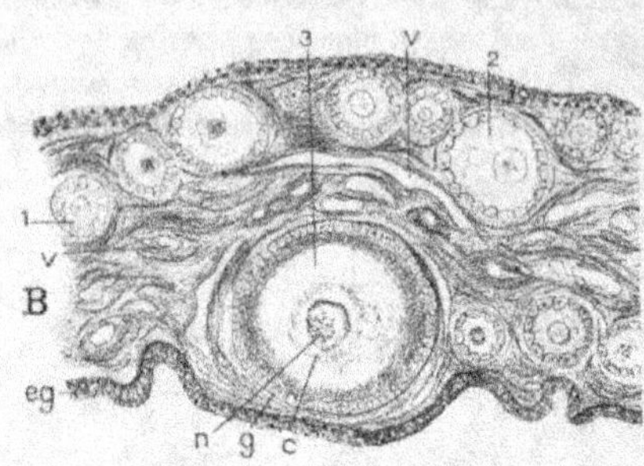

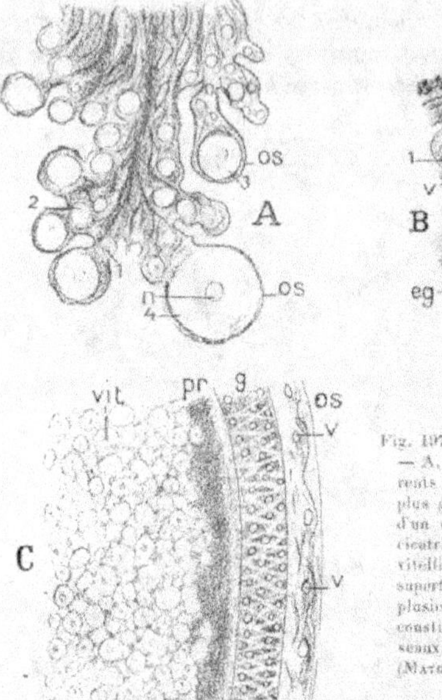

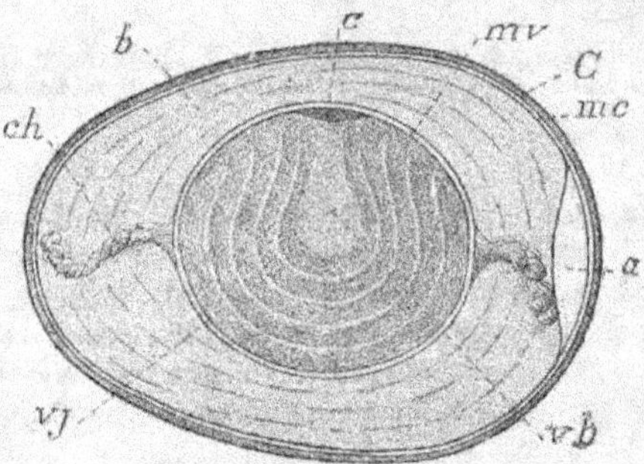

Fig. 1979. — Développement des ovules dans l'ovaire d'une Poule : — A, fragment d'ovaire, montrant des ovules *1, 2, 3, 4*, à différents états de développement. — B, fragment de la même coupe plus grossi. — C, Coupe très grossie de la partie périphérique d'un ovule avancé dans son développement : — *n*, noyau ; *c*, cicatricule ; *vit*, vitellus superficiel, formé de petites sphères vitellines, séparées par un réseau de protoplasme ; *pr*, couche superficielle de protoplasme ; *g*, membrane granuleuse, formée de plusieurs assises de cellules ; *os*, ovisac, enveloppe de l'ovule, constituée par le tissu de l'ovaire et parcourue de nombreux vaisseaux. *v* ; *eg*, épithélium germinatif à la surface de l'ovaire (MATHIAS-DUVAL).

matériaux nutritifs à l'aide desquels sera édifié le *vitellus*. Le noyau de la cellule ovulaire devient la *vésicule germinative* de l'œuf. Celle-ci, entourée

Fig. 1980. — Coupe longitudinale d'un œuf de Poule : — *C*, coquille ; *mc*, membrane coquillière ; *a*, chambre à air ; *b*, albumine ; *ch*, chalazes ; *mv*, membrane vitelline ; *c*, cicatricule ; *vj*, vitellus jaune ; *vb*, vitellus blanc (emprunté à Remy PERRIER).

par une petite masse de protoplasme plus ou moins bourrée de sphérules vitellines, est toujours située à la surface du jaune. Au-dessous d'elle, dans un

œuf d'oiseau durci par la coction (fig. 1980), s'étend une masse difficilement
coagulable, en forme d'ampoule, le *vitellus blanc* (*vb*) dont la région renflée
(*noyau de Pander*) a pour centre le centre même de l'œuf. Autour de cette partie renflée, se dispose, en couches concentriques, le *vitellus jaune* (*vj*), principalement formé de grosses sphères délicates, remplies de fines granulations.
Dans l'œuf mûr non coagulé, les choses apparaissent un peu autrement :
la vésicule germinative est entièrement entourée d'une substance claire,
homogène, le *plasma* ou *vitellus formatif*, qui n'est autre chose que le protoplasme de la cellule ovulaire, et qui passe insensiblement au vitellus blanc,
bourré de petites vésicules, lequel passe lui aussi graduellement au vitellus
jaune à vésicules plus grosses et plus serrées. L'ensemble de la vésicule
germinative et du plasma formatif constitue la *cicatricule*. Cette cicatricule
reste, dans l'œuf complet, tel qu'il est après la ponte, à la surface même du
jaune, et toujours au pôle supérieur de celui-ci, quelle que soit la position
donnée à l'œuf, le jaune tournant quand on fait tourner l'œuf, de façon à
amener la cicatricule dans la situation indiquée (fig. 1980).

Le jaune de l'œuf est entouré d'une fine membrane (*mv*) de laquelle se
détachent en deux points opposés, situés sur le grand axe de l'œuf, deux
membranes enroulées en hélice en sens inverse, les *chalazes* (*ch*), dont l'enrou-
lement est dû à ce que l'œuf tourne lui-même autour de son axe, en descendant dans l'oviducte pendant qu'il s'entoure d'albumine. Les chalazes traversent toute la masse incolore d'*albumine* qui remplit la coquille et dans laquelle
on distingue trois couches de consistances différentes. La *coquille* (*C*) est
poreuse, calcaire, généralement flexible chez les Reptiles, sauf chez quelques
Tortues et les Crocodiles. Elle est doublée d'une *membrane coquillière* (*mc*),
principalement formée de fibres anastomosées et feutrées, et dans laquelle on
peut distinguer deux couches, que la pénétration de l'air tend à séparer,
surtout au gros bout de l'œuf, où une *chambre à air* (*a*) se forme entre
elles. La chalaze qui se dirige vers le gros bout de l'œuf peut s'appliquer sur la
membrane de la chambre à air ; l'autre demeure plus ou moins flottante.

**Premières phases du développement de l'œuf des Saurop-
sidés; annexes embryonnaires**. — Chez la poule, l'œuf fécondé
commence son développement avant la ponte. L'embryon présente dès son
début une orientation déterminée. Son axe antéro-postérieur est situé
dans un plan perpendiculaire à l'axe longitudinal de l'œuf; en outre, si l'on
prend comme plan d'orientation un plan vertical passant par cet axe longitudinal, le gros bout étant à gauche, la région antérieure de l'embryon est
située en avant de ce plan ; sa région postérieure en arrière. Cette orientation se modifie peu à peu, au cours du développement, de manière que la
face dorsale de l'embryon arrive à se tourner vers le gros bout de l'œuf;
au-dessous de la chambre à air, dont il demeure toutefois séparé par ses
enveloppes et les cavités qu'elles circonscrivent (fig. 1987). Après dissolution
de la membrane de la vésicule germinative et division de son noyau suivant
les processus habituels, des sillons apparaissent à la surface de la cicatricule, détachant des éléments entre lesquels se répartissent les noyaux les
plus superficiels provenant de la division du noyau primitif (fig. 1981 A).

presque simultanément, les blastomères ainsi ébauchés se détachent du vitellus sous-jacent encore indivis, et il apparaît ainsi au-dessous d'eux une fente (fig. 1980 A, C), qui tend à se prolonger vers l'arrière de l'embryon, où de nouveaux blastomères sont en voie de différenciation et s'isolent plus rapidement que dans la région antérieure. Cette fente est l'équivalent de la cavité de segmentation dont nous avons décrit la formation chez les Batraciens (p. 2841) et chez les Poissons primitifs (p. 2566). Les éléments qui la

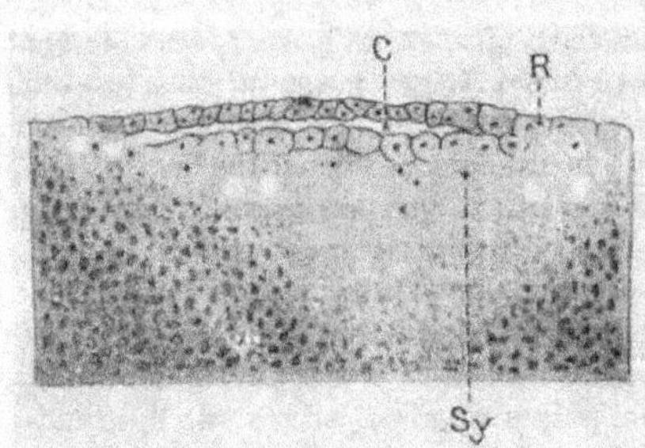

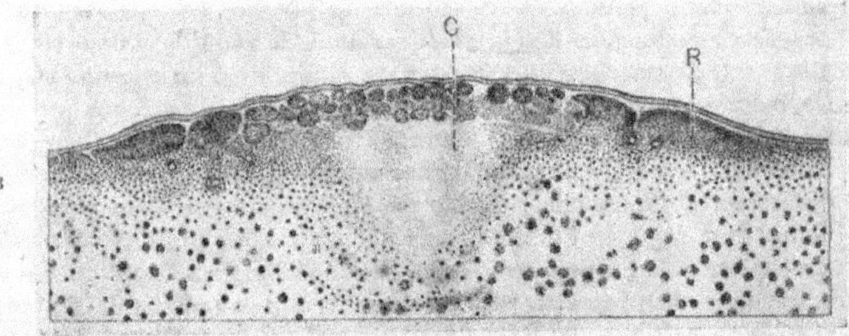

Fig. 1981. — Premiers stades du développement de l'œuf des Oiseaux. — A, disque germinatif de Pigeon : C, cavité sous-germinale ; Sy, noyaux vitellins ; R, rempart germinatif. (V. lég. de la fig. 1982). — B, œuf de Poule en segmentation : C, cavité de segmentation ; R, rempart germinatif (emprunté à Bracuet : A, d'après Mary Blount ; B, d'après Mathias-Duval).

recouvrent correspondent à la voûte exodermique de la cavité de segmentation des Batraciens. Bientôt, sur le plancher de cette cavité, dans lequel sont disséminés d'autres noyaux provenant également de la division de la vésicule germinative, apparaissent aussi des sillons qui aboutissent à la formation de blastomères, qui s'accumulent particulièrement dans la région postérieure de l'embryon, tout en laissant subsister la cavité de segmentation (fig. 1981 C et fig. 1982 A et B). Ils constituent une masse nettement séparée du vitellus par une cavité, la *cavité sous-germinale* (Mathias-Duval) (fig. 1982 B, *csg*); des éléments nouveaux sont en voie de formation à la surface du vitellus, par condensation du protoplasma autour des noyaux *n*, primitivement épars dans la zone superficielle du vitellus; ainsi se forme un plancher pour la cavité sous-germinale, qui sépare complètement l'embryon du vitellus ; finalement à la surface du vitellus, se constitue un disque embryonnaire nettement délimité (fig. 1981 B), dont les extrémités antérieure et postérieure sont plus épaisses que la région moyenne.

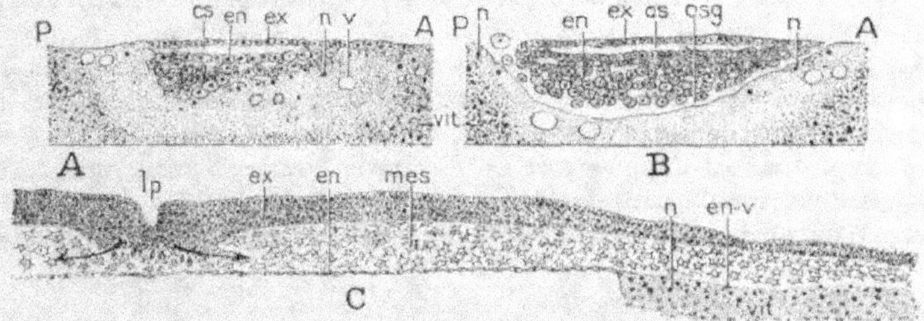

Fig. 1982. — Coupes à travers le blastoderme de l'œuf de Poule dans les premiers temps de son développement : — A, coupe longitudinale d'un œuf pris dans la seconde moitié de l'oviducte. — B, une semblable coupe dans un œuf prêt à être pondu. — C, coupe transversale, menée à peu près au niveau de la ligne *lp*, de l'embryon dessiné fig. 1983 (16ᵉ heure de l'incubation). — A, région antérieure ; P, région postérieure ; *ex*, exoderme ; *en*, endoderme ; *cs*, cavité de segmentation ; *mes*, mésoderme ; *csg*, cavité sous-germinale ; *vit*, vitellus ; *v*, ses vacuoles ; *n*, noyaux vitellins, qui deviendront les noyaux de cellules secondairement formés, qui s'ajouteront aux cellules marginales de l'entoderme, *en-v* (feuillet entodermo-vitellin de MATHIAS-DUVAL, rempart germinatif de BRACHET) ; *lp*, ligne primitive (MATHIAS-DUVAL).

Les blastomères ainsi formés ne tardent pas à se dissocier, envahissant la cavité de segmentation qu'ils font disparaître, tandis que les plus inférieurs d'entre eux se groupent en une lame continue qui sera la partie dorsale de l'entoderme ; les éléments disséminés entre cette lame et la lame exodermique contribueront à former le mésoderme (fig. 1982 C, *en* et *mes*).

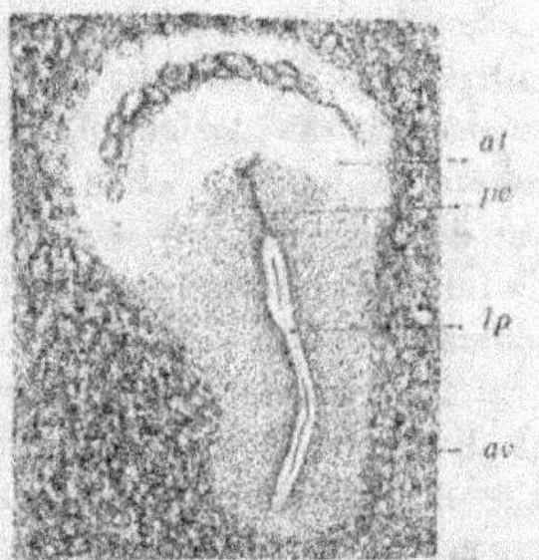

Fig. 1983. — Blastoderme de Poulet après 16 heures d'incubation : — *av*, aire vasculaire ; *at*, aire transparente, obscurcie en arrière par l'apparition du mésoderme entre l'exoderme et l'endoderme ; *lp*, ligne primitive transformée en gouttière ; *pc*, son prolongement céphalique ; en avant de l'embryon, le bourrelet endodermo-vitellin, en forme de croissant, formé par la réunion des cellules marginales de l'endoderme avec les cellules qui se sont formées secondairement autour des noyaux vitellins (rempart vitellin de BRACHET) (emprunté à PRENANT *in* POIRIER, d'après MATHIAS-DUVAL).

Cependant, il existe une région, située sur la ligne médiane dorsale, où l'exoderme et le mésoderme ne sont pas séparés, mais se confondent au contraire sur toute l'épaisseur correspondant ailleurs aux deux feuillets (fig 1982 C, *lp*

Cette région est, chez les Reptiles, placée tout à fait au point qui marque l'extrémité postérieure de l'embryon, et se présente sous la forme d'une plaque circulaire, la *plaque primitive*; elle se prolonge. chez les Oiseaux, sous la forme d'une mince bandelette, que l'on appelle depuis longtemps la *ligne primitive* et vers le milieu de laquelle court en gouttière le *sillon primitif* (fig. 1982 C, *lp*).

La partie profonde de cette plaque ou de cette ligne primitive est le siège d'une prolifération de cellules amiboïdes qui, se détachant et s'insinuant entre l'exoderme et l'endoderme, qu'elles séparent de plus en plus l'un de l'autre, viennent s'ajouter aux cellules mésodermique primitives. Mais c'est surtout vers la partie antérieure que se fait la prolifération, sous la forme d'un cordon assez compact, le *prolongement céphalique*, qui même,

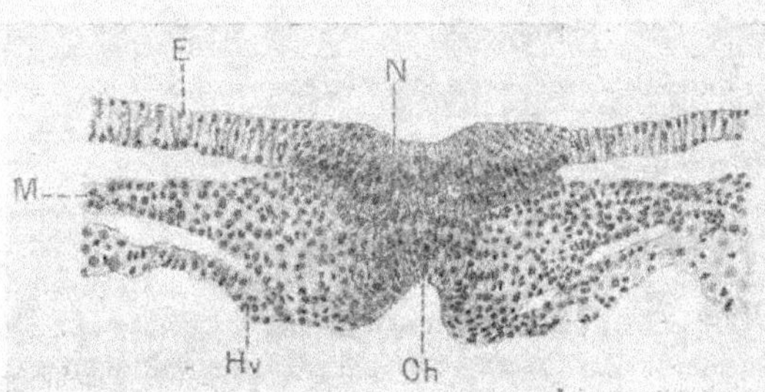

Fig. 1984. — Coupe de la ligne primitive d'un *Chrysemis*: — *E*, exoderme; *M*, mésoderme; *H*, endoderme (hypoblaste); *N*, gouttière nerveuse; *Ch*, ébauche première de la corde (emprunté à BRACHET).

chez les Reptiles, est creusé d'un canal longitudinal venant s'ouvrir au centre de la plaque primitive. Les cellules inférieures de ce prolongement sont étroitement appliquées contre l'entoderme sous-jacent et ne s'en distinguent pas. Ce prolongement céphalique, chez les Oiseaux, est sous-jacent à la ligne primitive; cette dernière est, en somme une région médiane, le long de laquelle les trois feuillets embryonnaires ne sont pas distincts l'un de l'autre. Le prolongement céphalique évoluera de façon à ce qu'une partie tout au moins formera la *corde dorsale* (fig. 1984, *Ch*), qui apparaît ainsi, comme chez les Batraciens, alors que l'entoderme et le mésoderme ne sont pas encore nettement différenciés. Le disque formé par le blastoderme est plus épais sur ses bords que dans sa région centrale; les bords ainsi épaissis sont les *bourrelets blastodermiques* et ceux-ci sont également le siège d'une prolifération qui donnera, elle aussi, de nouveaux éléments mésodermiques.

Cette évolution se fait progressivement d'avant en arrière, de telle sorte que la corde dorsale se voit, individualisée, en avant de la ligne primitive (fig. 1983).

Comme la cavité sous-germinale communique avec l'extérieur pendant un certain temps, on a voulu voir dans sa fente postérieure, comme dans la plaque et la ligne primitives, l'équivalent d'un blastopore, et assimiler à la formation d'une gastrula les phénomènes que nous venons de décrire ; mais nous avons déjà fait remarquer, à propos des Batraciens, tout ce qu'avait

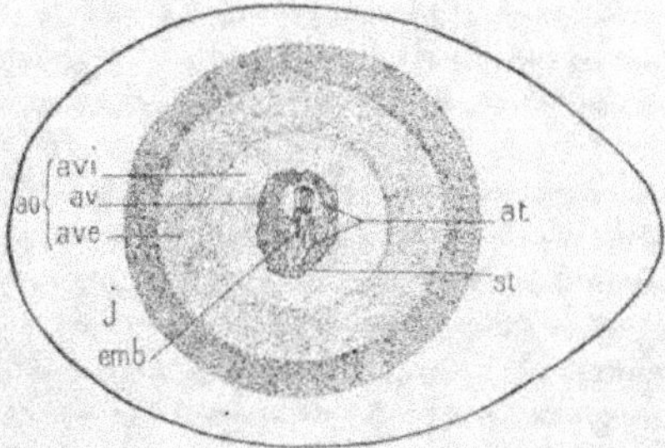

Fig. 1985. — Œuf à la 26e heure de l'incubation : on a représenté le contour apparent de la coquille pour mettre en évidence l'orientation de l'embryon : — *emb*, embryon ; *at*, aire transparente (*area pellucida*) ; *av*, aire vasculaire ; *st*, sinus terminal ; *ao*, aire vitelline (avec sa zone interne, *avi*, et sa zone externe, *ave*), où le vitellus n'est recouvert que par l'exoderme ; *j*, jaune encore à nu (MATHIAS-DUVAL).

d'illusoire cette interprétation, et ce que nous avons dit à ce sujet est, à *fortiori*, applicable ici, où la masse vitelline ne prend part à la segmenta-

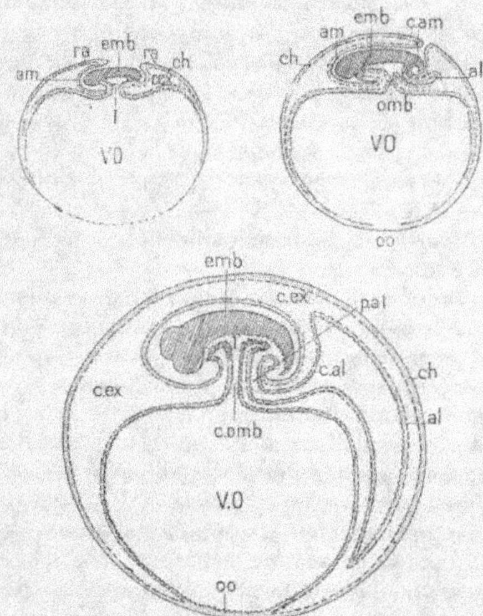

Fig. 1986. — Schéma des annexes embryonnaires chez les Amniotes (l'exoderme est représenté par un trait plein, le mésoderme par une ligne en traits interrompus, l'endoderme par une ligne ondulée) ; — *emb*, l'embryon ; *ra*, replis amniotiques ; *am*, amnios ; *ch*, chorion primaire ; *c.am*, cavité amniotique ; *c.ex*, cœlome externe ; *al*, allantoïde ; *p.al*, pédicule allantoïdien ; *c.al*, cavité de l'allantoïde ; *V.O*, vésicule ombilicale ; *oo*, ombilic ombilical ; *omb*, *c.omb*, ombilic ; *I*, intestin (imité de BRACHET).

tion que dans la région très restreinte de la cicatricule. Sous prétexte d'une prétendue unité de plan de développement, il n'y a pas à rechercher de blastopore là où ne peuvent exister les processus d'invagination qui ont donné naissance à cet orifice.

La production de cellules blastodermiques ne s'arrête pas lorsque l'embryon s'est caractérisé à la surface du vitellus. Tandis qu'il poursuit son développement, des cellules nouvelles, formées, comme les premières, par suite de la division des noyaux déjà existants à la surface du vitellus, viennent accroître l'étendue du disque blastodermique et se disposent aussi en trois feuillets : la portion du blastoderme formée de la sorte demeure étroitement appliquée contre le vitellus, tandis que celles de la région embryonnaire en sont séparées par la cavité sous-germinale. A la lumière réfléchie, l'aire blastodermique correspondant à cette cavité est en partie traversée par la lumière : on la nomme *aire transparente* ou *aire pellucide* (fig. 1985, *al*); l'aire qui l'entoure est par contre l'*aire opaque*. L'aire opaque ne cesse de s'étendre autour du vitellus, dont elle couvre près de la moitié, chez le Poulet, au second jour d'incubation, tandis que les diverses parties de l'embryon, que nous laisserons momentanément de côté, continuent à se constituer.

Dans l'aire opaque, on distingue alors deux régions : une région avoisinant immédiatement l'aire embryonnaire dans laquelle se sont développés de nombreux vaisseaux, c'est l'*aire vasculaire* (fig. 1985, *av*); une région sans vaisseaux, séparée de la première par une rainure, le *sinus terminal* (*st*), c'est l'*aire vitelline* (*ao*); celle-ci s'accroît sans cesse sur ses bords, tandis qu'elle est peu à peu envahie par les vaisseaux de l'aire vasculaire : elle laisse elle-même distinguer une zone interne et une zone externe (*avi, ave*).

Sauf sur la ligne médiane, le mésoderme se creuse d'une fente, parallèle à la surface externe du blastoderme, qui le délamine par suite en deux lames : l'une en rapport avec l'exoderme est la *somatopleure*, l'autre liée à l'entoderme est la *splanchnopleure*. La fente qui les sépare est la première indication du *cœlome*.

Le blastoderme, avec ses 3 couches, s'étale progressivement à la surface du vitellus et tend à l'envelopper tout entier, l'exoderme gagnant plus vite que l'entoderme, le mésoderme ne venant qu'après les deux premiers. (fig. 1987 A). Il arrivera ainsi peu à peu au pôle opposé à l'embryon; mais, celui-ci ayant subi une lente rotation qui l'amène au gros bout de l'œuf, le bord libre du blastoderme se trouve ainsi tourné vers le petit bout de l'œuf. L'anneau que forme ce bord libre ne se ferme pas purement et simplement au-dessus du vitellus. Il se renverse en dehors (fig. 1987, C et D), constituant une sorte d'entonnoir, dont le grand orifice, tourné vers l'extérieur, est fermé par les restes de la membrane vitelline, tandis que le petit orifice communique avec la vésicule ombilicale : c'est l'*ombilic ombilical* (Mathias-Duval). Cet ombilic finira par se fermer et l'entonnoir se trouvera rattaché à la vésicule ombilicale par un cordon fibreux. L'entonnoir plonge dans ce qui reste de l'albumine de l'œuf, à ce moment en grande partie digérée par la vésicule ombilicale et l'allantoïde.

D'autre part, de très bonne heure, apparaissent, à la limite interne de l'aire vasculaire, dans la région qui avoisine l'embryon, lequel s'en est séparé par un sillon continu, quatre replis : un antérieur, un postérieur, deux latéraux et symétriques ; ce sont les *replis amniotiques* (fig. 1986 A, *ra*). Ils grandissent peu à peu, se recourbent par dessus l'embryon, se rejoignent, et l'orifice qu'ils forment ainsi au-dessus de lui se rétrécit (B, *cam*) et finit par se clore, enfermant l'embryon dans une cavité close, la *cavité amniotique* (C).

Le feuillet interne des replis amniotiques, arrivé de la sorte à l'état de membrane continue constitue l'*amnios* (fig. 1987, C et D, *am*), le feuillet externe,

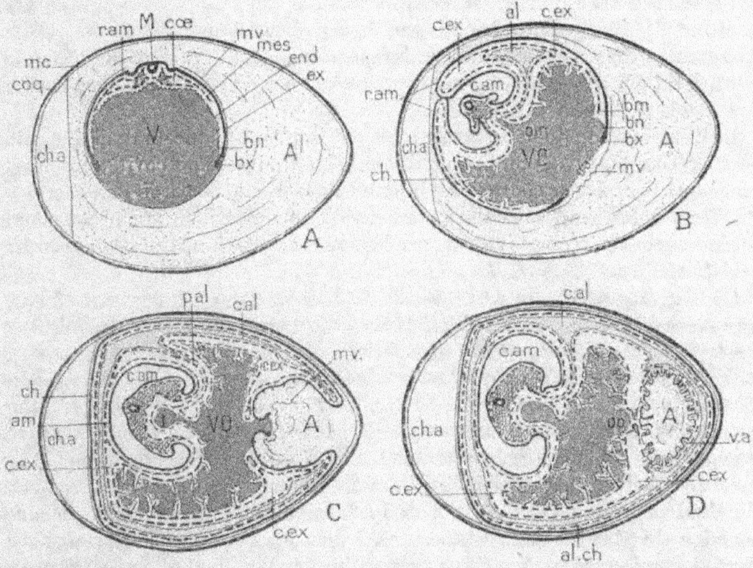

Fig. 1987. — Coupes schématiques *in toto* d'un œuf de Poule à des stades successifs de développement, montrant la rotation de l'embryon à l'intérieur de l'œuf, ses annexes embryonnaires et ses relations avec le vitellus et l'albumine ; exoderme en un trait noir ——— ; mésoderme en ligne interrompue .... ; endoderme en ligne ondulée ~~~~ — A, l'œuf au début du 3e jour de l'incubation ; B, au 6e jour ; C, au 14e-15e jour ; D, après le 17e jour : — *Coq*, coquille ; *mc*, membrane coquillière ; *cha*, chambre à air ; *mv*, membrane vitelline ; *V*, vitellus ; *A*, albumine ; *M*, moelle épinière ; *r.am*, replis amniotiques ; *cœ*, cœlome ; *e.c*, *més*, *en*, exoderme, mésoderme, endoderme ; *bx*, *bm*, *bn*, bord terminal des trois feuillets embryonnaires ; *c.am*, cavité amniotique ; *ch*, chorion primaire ; *c.ex*, cœlome externe ; *al*, allantoïde ; *om*, ombilic embryonnaire ; *oo*, ombilic ombilical ; *p.al*, pédoncule allantoïdien ; *cal*, cavité de l'allantoïde ; *VO*, vésicule ombilicale ; *I*, intestin ; *al.ch*, allanto-chorion (Mathias-Duval).

tout à fait séparé maintenant de son congénère, est le *chorion primaire* (*ch*), ou *séreuse de Baër* ; ce dernier feuillet se continue, sur tout son pourtour, avec la surface externe du blastoderme, qui forme la paroi de la vésicule ombilicale. Amnios et chorion primaire sont formés uniquement par l'exoderme et la somatopleure (le repli antérieur, qui s'est constitué dans une région où n'a pas encore pénétré le mésoderme, est même primitivement constitué par l'exoderme seul, et a été désigné sous le nom de *proamnios*). Entre l'amnios et le chorion primaire se trouve ménagé un espace libre qui n'est que la continuation de la cavité séparant la splanchnopleure de la somatopleure, c'est-à-dire du cœlome. Aussi lui donne-t-on le nom de *cœlome externe* (fig. 1986 et 1987. *c. ex*).

Séparation de l'embryon et du vitellus. — En même temps, le sillon péri-embryonnaire, le long duquel sont nés les replis amniotiques, s'accentue, isolant de plus en plus le corps de l'embryon de la masse vitelline, à laquelle il finit par n'être plus rattaché que par un simple cordon, le *cordon vitellin*.

Par suite de ces modifications, l'endoderme resté à l'intérieur du corps de l'embryon prend la forme d'un tube, première ébauche de l'intestin, qui, par le cordon vitellin, reste en communication (*om. c. omb*) avec la masse vitelline (*V. O*), destinée à être peu à peu absorbée par l'embryon. Cette communication n'est d'ailleurs que temporaire : quand elle s'est oblitérée, le vitellus est absorbé par des vaisseaux qui se sont creusés dans l'épaisseur des parois de la vésicule.

La délamination du mésoderme s'est peu à peu étendue tout le long du blastoderme jusqu'à l'ombilic ombilical, et, par suite, une cavité, qui n'est autre que le *cœlome externe*, va s'étendre dans toute la paroi de la masse vitelline, la séparant en deux membranes : une extérieure, qui est encore le *chorion primaire*; une interne, renfermant le vitellus, et qui est la *vésicule ombilicale* (fig. 1987 B, C, D).

La région postérieure de l'intestin de l'embryon, a d'autre part, donné naissance à un bourgeon, d'abord plein, puis creusé en forme de doigt de gant (B, *al*), qui fait saillie dans le cœlome externe : c'est la première indication de l'*allantoïde*, qui tire précisément son nom de la forme de ce premier rudiment (1). Peu à peu, l'allantoïde s'allonge dans le cœlome externe et se dilate en une vésicule pédiculée (B, *al*) dont la paroi, comme celle de la vésicule ombilicale, est formée par l'endoderme et le mésoderme de la splanchnopleure. L'allantoïde arrive finalement au contact du chorion primaire et s'étale à sa surface interne, le doublant sur une étendue de plus en plus grande ; elle finit par former une vaste poche dont la paroi externe s'applique contre la coquille, dont elle n'est séparée que par le chorion (fig. 1987 D), tandis que sa paroi interne s'applique du côté du gros bout de l'œuf sur l'amnios, qu'elle contourne pour passer de l'autre côté de l'embryon. Elle descend aussi de toute part le long du vitellus, le dépasse et arrive à s'appliquer sur la masse résiduelle de l'albumine située vers le petit bout de l'œuf (fig. 1928 C, en A). L'allantoïde continuant à grandir, ses bords arrivent à se rejoindre au niveau du petit bout de l'œuf et à se fusionner, de sorte que la cavité allantoïdienne est continue tout autour de l'œuf.

Dans la région voisine du petit bout de l'œuf, la paroi interne de la poche allantoïdienne s'applique contre le résidu de l'albumine, finit par l'enfermer complètement (D. A), et pousse dans son intérieur des houppes ramifiées et vascularisées (*va*) qui contribuent à son absorption et finissent par faire disparaître le blanc tout entier. C'est là une manifestation du rôle assimilateur de l'allantoïde que nous retrouverons lorsque nous décrirons le placenta des Mammifères et qui justifie le nom d'*organe placentoïde* que

____

(1) De ἀλλαντοειδής, en forme de saucisson.

Mathias Duval a donné à cette région de l'allantoïde. Mais il ne faudrait pas conclure de la similitude de fonction et d'origine de l'organe placentoïde des Oiseaux et du placenta des Mammifères qui le premier a pu donner naissance au second, ni que les Oiseaux comptent dans l'arbre généalogique des Mammifères.

Il s'agit ici d'une *analogie*, non d'une *homologie*, et le point intéressant est la persistance des propriétés de l'allantoïde, alors même que les causes qui lui ont donné naissance ont disparu. Nous retrouverons d'ailleurs chez les Mammifères tous les traits essentiels des annexes de l'embryon des Sauropsidés, malgré la petitesse de leurs œufs et l'absence de vitellus.

La réduction de l'œuf chez les Mammifères et la viviparité. — Les Mammifères de la période crétacée, dont l'Ornithorhynque paradoxal et les Échidnés sont les représentants actuels, pondaient probablement, comme nous l'avons déjà fait remarquer, de gros œufs semblables à ceux des Sauropsidés, et qui devaient se développer de la même façon, renfermant un blastoderme para-embryonnaire, un amnios et une allantoïde, organes en rapport justement avec l'énorme quantité de vitellus que contiennent ces œufs. Ils étaient, en d'autres termes, *herpétodelphes*.

Certains de ces Mammifères, au lieu de pondre leurs œufs, les ont gardés dans leurs oviductes, comme le font actuellement les Orvets, les Vipères et d'autres Reptiles. Mais, la température des Mammifères étant constante, les œufs ainsi conservés se sont trouvés dans des conditions de développement très supérieures à celles imposées aux œufs des Reptiles; ils ont alors présenté des phénomènes de tachygénèse, qui ont déterminé un développement de plus en plus précoce de l'embryon : le développement a commencé avant que la cellule ovulaire ait fabriqué la masse énorme de vitellus qu'elle présente chez les Sauropsidés. L'embryon n'en a pas moins gardé par hérédité pendant les premières phases de son développement les organes qu'il avait acquis en adaptant son développement à la présence d'un gros vitellus et qui seraient inexplicables si ce gros vitellus n'avait pas existé (1). La disparition du vitellus a été suppléée et la précocité du développement de l'œuf favorisée par la possibilité pour l'embryon de puiser dans le sang de la mère tout ce qui était nécessaire à son alimentation. Cette possibilité est devenue de plus en plus grande lorsque s'est développé, au contact de l'œuf et de la muqueuse utérine, un organe spécial qui a pu assurer d'une façon régulière ce mode d'alimentation : le *placenta*.

Formation du massif embryonnaire chez les Mammifères Herpétodelphes (2). — Les œufs des Mammifères Herpétodelphes sont volumineux comme ceux des Reptiles. Les femelles d'Ornithorhynque pondent, en général, deux, quelquefois trois ou quatre œufs, qu'elles déposent au

(1) Parmi les causes qui ont empêché un pareil phénomène de se produire dans la classe des Oiseaux, on peut concevoir que les mouvements rapides nécessités par le vol étaient favorables à la ponte et que, d'autre part, l'absence de glandes dans la peau de ces animaux ne permettait pas l'évolution des glandes mammaires permettant l'alimentation des jeunes lors d'une parturition précoce.

(2) Semon, Zur Entwickelungsgechichte der Monotremen. *Zool. Forschungsreise in Australien und der Malayiischen Archipel*, t. II, 1894.

fond de leur terrier dans une sorte de nid et qui sont recouverts d'une coque calcaire. Les femelles des Échidnés ne produisent qu'un seul œuf, à coque cornée, qu'elles portent avec elles dans une sorte de poche ventrale, analogue à celle des femelles des Marsupiaux.

Dans l'un et l'autre type, l'ovaire gauche paraît seul fonctionnel.

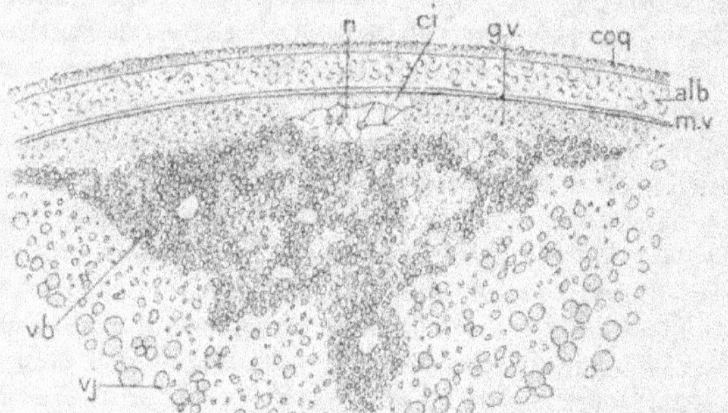

Fig. 1984. — Coupe d'un œuf d'Échidné dans la région de la cicatricule ; — *coq*, coquille ; *alb*, mince couche d'albumine ; *mv*, membrane vitelline ; *ci*, cicatricule ; *gr*, protoplasme avec granules vitellins ; *n*, noyau ; *vj*, vitellus jaune ; *vb*, vitellus blanc (R. Hertwig).

Ces œufs sont presque dépourvus d'albumine. Au pôle supérieur du jaune (fig. 1988) se trouve une petite masse de plasma formatif, qui se divise comme chez les Sauropsidés, de manière à former un massif embryonnaire (fig. 1989), dont certaines cellules demeurent en place, tandis que les autres émigrent sur le pourtour du vitellus, à mesure qu'elles se multiplient, et finissent

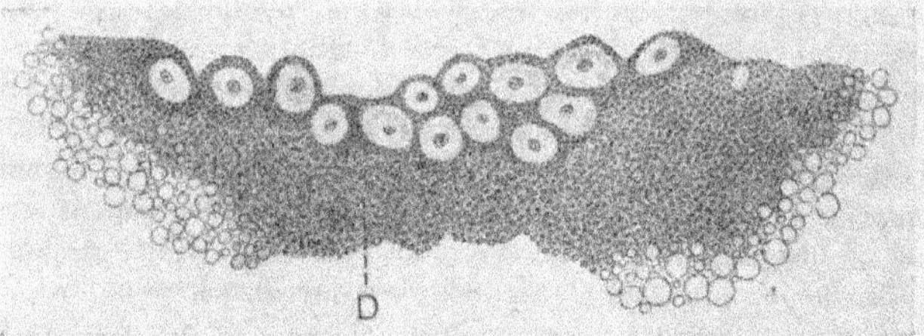

Fig. 1989. — Disque germinatif d'Ornithorhynque : — *D*, vitellus blanc (emprunté à Brachet, d'après Wilson et Hill).

par l'envelopper complètement d'une mince membrane parsemée de gros noyaux. Le massif au-dessus duquel cette membrane s'est développée se différencie en exoderme et entoderme et l'entoderme vient à son tour doubler la « membrane trophoblastique ».

Le développement se poursuit d'une façon analogue à ce que nous avons vu chez les Reptiles et les Oiseaux.

Formation du massif embryonnaire et du trophoblaste chez les Mammifères vivipares. — Les œufs de Mammifères vivipares ayant perdu leur vitellus, la segmentation n'est plus gênée chez eux par sa présence et elle redevient totale. Elle demeure parfois inégale (*Vespertilio* et autres Chiroptères), mais elle est d'ordinaire parfaitement régulière (fig. 1990 A, B, C), et conduit dans tous les cas à la formation d'une masse cellulaire pleine, sphéroïdale (*morula*), comprenant de 36 à 72 cellules. Par suite de la multiplication rapide des cellules qui la composent, la couche superficielle de cette sphère se détache de la masse des cellules profondes qui demeurent cependant fixées en un point de sa surface interne (fig. 1990 D) :

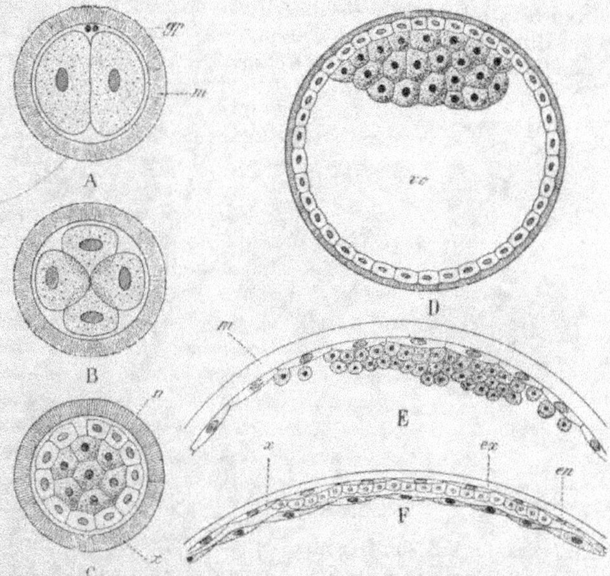

Fig. 1990. — Segmentation de l'œuf des Mammifères ; — A, stade de deux cellules : gp, globules polaires; m, enveloppe extérieure de l'œuf. — B, stade 4, vu par le pôle. — C, stade morula; x, cellules externes (trophoblaste); n, cellules internes. — D, la vésicule ombilicale (vo) est formée. — E, formation du blastoderme, en un point de la vésicule ombilicale. — F, les cellules du blastoderme se sont différenciées en 2 feuillets : l'exoderme (ex) et l'endoderme (en) (emprunté à Rémy Perrier, d'après Tourneux).

c'est de cette masse, à laquelle convient le nom de *massif embryonnaire* (Hubrecht), que dérivera l'embryon tout entier.

La sphère creuse dans laquelle ce massif est contenu ne contribuera à la formation de l'embryon que, tout au plus, dans la région où elle est en contact avec lui.

Ainsi la simplification de l'œuf des Mammifères vivipares, par suite de la disparition de l'énorme vitellus libre des Sauropsidés et des Herpétodelphes, et même des éléments nutritifs qui bourrent les grosses cellules vitellines de l'œuf segmenté des Batraciens, ne ramène pas la formation de l'entoderme par invagination de la calotte trophique dans la calotte cinétique, que l'on constate dans le développement des œufs primitivement simples ; la formation, déterminée par cette invagination, d'un blastopore toujours postérieur, n'a donc aucune raison de réapparaître chez les Mammifères. L'*œuf simplifié* des Mammifères vivipares conserve, au contraire, l'empreinte héréditaire que lui ont imposée leurs ancêtres herpétodelphes, affectée seulement de tachygénèse. Le blastoderme n'a plus à s'étaler en disque et à s'étendre pour envelopper le vitellus qui n'existe pas. On voit se détacher d'emblée du massif embryonnaire cette sphère creuse qui enveloppe ce massif, et, en même temps que lui, un liquide, qui n'a plus rien de nutritif, mais qui représente héréditairement le vitellus disparu; cette sphère, dont la différenciation est quelquefois très précoce (Chiroptères) (fig. 1991) a reçu, suivant l'interprétation qu'on lui a donnée, le nom de *protexoderme*, de

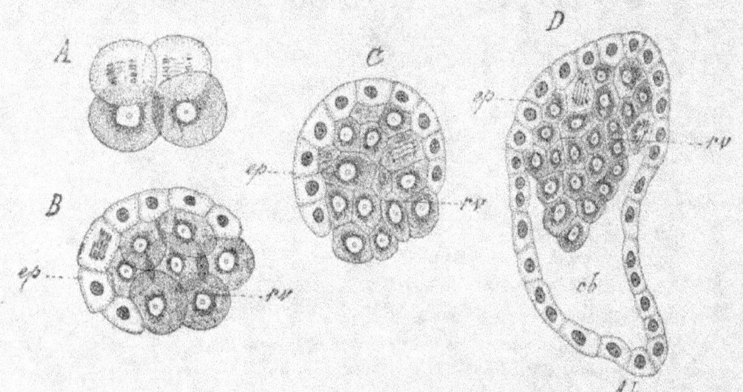

Fig. 1991. — Quatre stades de la segmentation de l'œuf chez les Chiroptères : *ep*, trophoblaste; *rv*, disque embryonnaire; *cb*, cavité blastodermique (emprunté à Poirier (Prenant), d'après Mathias-Duval).

couche enveloppante (Ed. Van Beneden) ou de *trophoblaste* (Hubrecht). On peut adopter cette dernière dénomination qu'Hubrecht a étendue à la lame superficielle du blastoderme des Sauropsidés.

Le *massif embryonnaire* (1) peut provenir de la segmentation d'une cellule unique (*Opossum*), ou de la segmentation de plusieurs cellules centrales, qui se divisent plus ou moins lentement par rapport aux cellules périphériques, suivant que la cavité du trophoblaste est plus [*Galeopithecus, Tupaja, Vespertilio* (fig. 1991) *Cervus*, etc.] ou moins (*Tarsius, Erinaceus, Canis*, etc.) développée au moment où commence le développement embryonnaire.

Ce développement consiste d'abord dans une multiplication rapide des cellules de la face inférieure du massif embryonnaire qui émigrent en rayonnant autour du massif, soit dès qu'elles sont individualisées (*Sorex, Lepus*), soit après s'être différenciées (fig. 1990 E, F) de manière à former avant leur migration un disque spécialisé à la surface externe du massif embryonnaire (*Tarsius*), ou une couche continue si elles ont envahi, en gardant leur caractère primitif, la presque totalité de la surface interne du trophoblaste. Souvent

(1) A.-A.-W. HUBRECHT, *Die Säugetierontogenese in ihrer Bedeutung für die Phylogenie der Wirbelthire*, 1909.

(*Tarsius*, Singes, Homme) celle-ci n'est jamais complètement tapissée par elles. Ces cellules forment la première ébauche de l'*entoderme*.

Les cellules placées à la surface du massif, tout contre le trophoblaste, se multiplient à leur tour et donnent naissance à l'*exoderme*.

La région de la vésicule trophoblastique occupée par l'exoderme superposé à l'entoderme constitue le *disque embryonnaire*. Chez l'*Opossum*, la cellule unique (fig. 1992) d'où dérive le massif embryonnaire s'intercale de bonne heure parmi celles du trophoblaste et se divise ensuite pour produire les diverses parties de l'embryon ; il en résulte que l'exoderme est tout à fait superficiel ; il le demeure également chez divers Monodelphes (*Tarsius, Sus, Cervus, Ovis*), ou le devient secondairement, par résorption du trophoblaste au-dessus de lui, notamment chez les *Tupaja* et de nombreux autres Mammifères.

Une fois l'exoderme et l'entoderme constitués, l'idée de ramener à un même type le développement embryogénique des animaux, de quelque façon que la marche en ait été troublée, a conduit à dire qu'il est à ce moment parvenu à l'état de *gastrula*.

Mais, on ne saurait trop le répéter, la *gastrula* est essentiellement une urne à double paroi, dont l'orifice, situé postérieurement relativement à l'orientation de l'animal adulte, est le *blastopore*. En fait, il s'agit chez les Mammifères, d'une simple plaque, la *plaque* ou *disque embryonnaire*.

Les modifications qu'elle va présenter, avant que le tronc ne commence à s'ébaucher, ont pour résultat la formation de la tête et constituent la *céphalogénèse* (1) (Hubrecht), par opposition aux phénomènes aboutissant à la formation du tronc, tout au moins de sa région dorsale, qui s'organise avant la région ventrale, et qui sont réunis sous le nom de *notogénèse*.

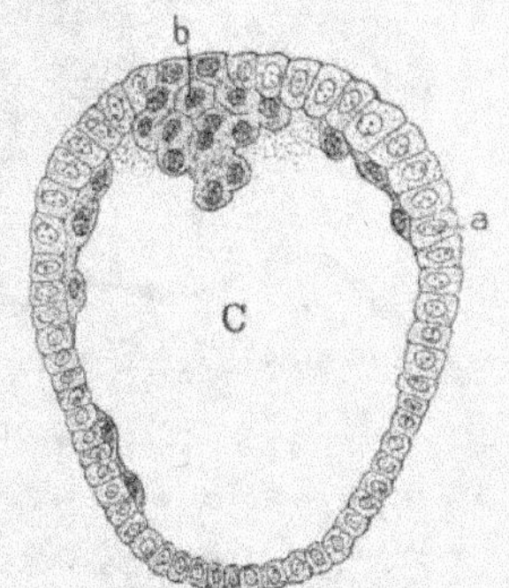

Fig. 1992. — Coupe d'une vésicule embryonnaire de *Didelphys virginica* : — a, trophoblaste; b, embryon; C, vésicule embryonnaire (ombilicale) (SELENKA).

Le disque embryonnaire peut se présenter sous des aspects assez différents. Il est parfois légèrement convexe vers l'extérieur, ou, au contraire, concave (*Sus*), parfois ployé en deux (*Tupaja*), ou même successivement convexe et concave (*Tarsius, Erinaceus*). Entièrement superficiel dans certains cas (*Opossum, Tarsius, Sus, Cervus, Ovis*), il est le plus souvent recouvert par une assise de cellules trophoblastiques (*cellules de Rauber*), auquel cas le trophoblaste peut être considéré comme une vésicule complète (*Erinaceus, Gymnurus, Sorex, Galeopithecus*, Roussette et certaines Chauves-Souris, *Arvicola, Mus, Cavia*, Singes et probablement Homme) (fig. 1990 D). C'est ce qui a conduit Hubrecht à voir dans le trophoblaste, dont

---

(1) C'est une application évidente de la proposition que j'avais énoncée dès 1883 (*Les Colonies animales*, p. 535) : « *Les Crustacés, comme les Annélidés, sont au moment de leur naissance des animaux réduits à leur tête et dont la tête, en se répétant elle-même, produit le reste du corps* ». Comment ce phénomène initial s'est modifié, comment il se retrouve dans l'embryogénie des Vertébrés, cela se trouve développé dans la suite de l'ouvrage (p. 691).

l'origine est pourtant évidente, une enveloppe larvaire comparable à celle que présentent un certain nombre d'Invertébrés à métamorphose, notamment les Némertes, auxquels il considère les Vertébrés comme apparentés.

Le trophoblaste n'est cependant pas une formation nouvelle spéciale aux Mammifères. Il représente manifestement le blastoderme périvitellin des Sauropsidés. Seulement la tachygénèse a amené la simultanéité de sa différenciation et de celle du massif embryonnaire ; et comme il n'existe aucune masse vitelline qu'il puisse envelopper, il se réduit à une vésicule ne contenant qu'un exsudat liquide, mais dans laquelle continueront à se déve-

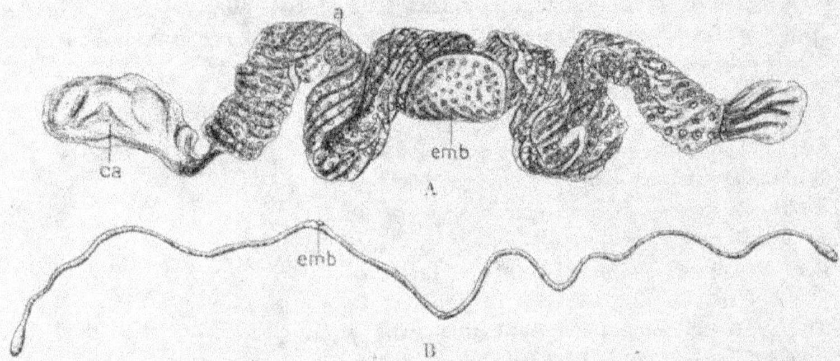

Fig. 1993. — A, vésicule embryonnaire de Porc (elle a ici 15 centimètres de long, mais peut atteindre 1 m. 40, et doit, pour se loger dans l'utérus, se replier en formant une masse de 15 centimètres de diamètre) : *emb*, embryon ; *a*, les aréoles éparses sur presque toute la surface de la vésicule et autour desquelles se disposent en rayonnant des replis riches en villosités placentaires ; *ca*, cornes terminales de l'allantoïde, non vascularisées. — B, vésicule embryonnaire de Mouton, après 12 jours de gestation avec *emb*, l'embryon (son accroissement serait de plus de 1 centimètre par heure (BONNET).

lopper une vésicule ombilicale vide également et une vésicule allantoïdienne.

La forme de la vésicule embryonnaire, au moment où l'embryon commence à la développer, peut être très variable. Elle est le plus souvent sphéroïdale (fig. 1990), mais elle est presque cylindrique chez beaucoup de Rongeurs (fig. 2005) ; elle est très allongée chez la plupart des Ongulés ; chez la Brebis, c'est une sorte de filament creux qui a, au bout de 12 jours de gestation, 21 centimètres de long, 1 millimètre et demi de diamètre (fig. 1993 B), et sur la région moyenne légèrement renflée duquel le disque embryonnaire n'occupe guère qu'une longueur d'un millimètre (Bonnet, Keibel et autres). Elle atteint, plus tard, plus d'un mètre de long et ne peut se loger dans l'utérus qu'en formant plusieurs circonvolutions. La vésicule embryonnaire du Porc présente une forme analogue (fig. 1993 A).

Après la constitution des deux premiers feuillets embryonnaires, les cellules entodermiques demeurées dans la région de la plaque embryonnaire sont plus massives que celles qui ont émigré ; elles grandissent et se multiplient surtout dans la région antérieure du futur embryon (*Sorex, Tarsius, Galeo-*

<hr>

(1) R. BONNET, Beiträge zur Embryologie der Wiederkäuer, gewonnen am Schafe. *Arch. . Anat. und Physiol.; Anat. Abth.*, 1884.

pithecus, Canis, Ovis); mais une prolifération analogue de l'entoderme se produit presque aussitôt sur tout le pourtour de la plaque embryonnaire et dans sa région postérieure (fig. 1994). Ces cellules se détachent de l'ento-

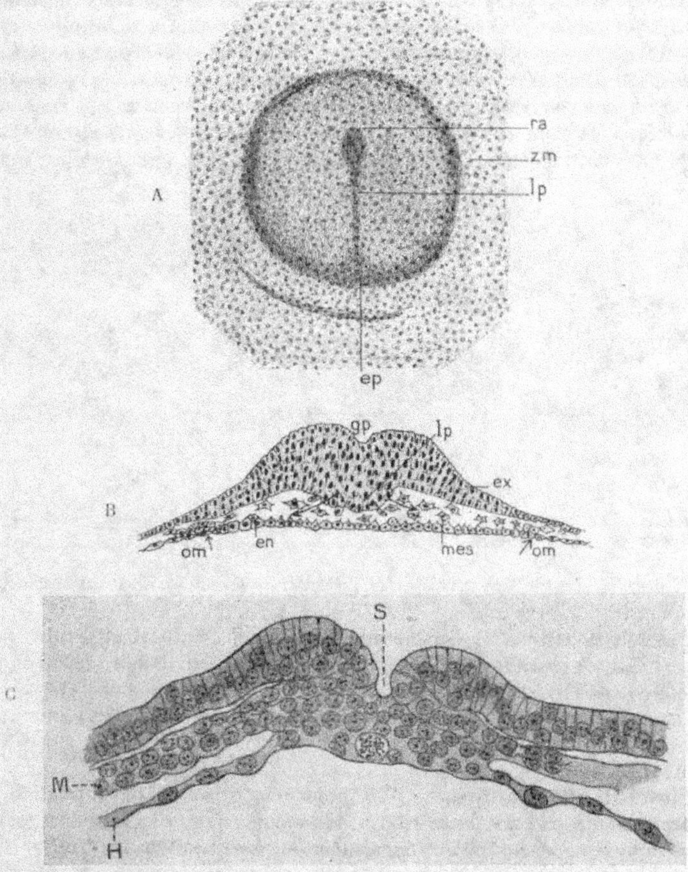

Fig. 1994. — Formation du mésoderme chez les Mammifères : — A, disque germinatif du Chien, vu de face : *lp*, ligne primitive ; *ra*, son renflement antérieur ; *ep*, son élargissement postérieur se reliant à la zone sous-marginale, *zm* (formation de cellules mésodermiques) (Bonnet). — B, coupe d'un disque germinatif de Mouton : *lp*, ligne primitive ; *gp*, gouttière primitive ; *ex*, exoderme ; *en*, endoderme ; *mes*, mésoderme et ses deux zones de formation en *lp* et *om* (Bonnet). — C, coupe du blastoderme de Lapin : *S*, gouttière de la ligne primitive ; *H*, endoderme ; *M*, mésoderme (Brachet, d'après van Beneden).

derme pour passer entre les deux feuillets blastodermiques et commencent l'édification du mésoderme (fig. 1994 B).

A cette édification l'exoderme prend part de son côté, dans une certaine mesure ; il produit notamment le *mésoblaste ventral*, d'où naîtra le *pédoncule ventral*, qui appartient à l'allantoïde et met, chez de nombreux Mammifères, l'embryon en relations vasculaires avec le placenta.

Il existe, en outre (fig. 1994) une zone exodermique de prolifération sur la ligne médiane, située un peu en avant de l'extrémité postérieure du disque embryonnaire, dans la région où on est convenu de placer le blastopore.

Cette zone de prolifération est ce que nous avons déjà signalé chez les Sauropsidés, et notamment chez les Oiseaux, sous le nom de *ligne primitive*; elle donne notamment le bourgeon, que nous avons appelé le prolongement céphalique, et dont la majeure partie donne la plaque cordale; cette zone de prolifération se trouve en continuité avec la zone entodermique annu-

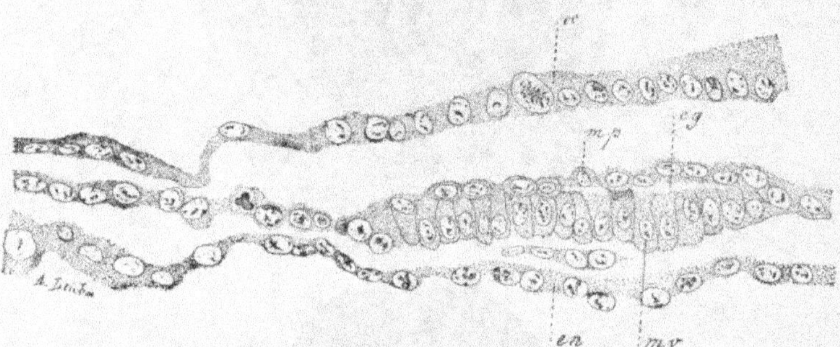

Fig. 1995. — Délamination du mésoderme chez un embryon de Lapin ; — *ec*, ectoderme; *en*, endoderme; *mp*, *mv*, lame pariétale et lame viscérale du mésoderme; *cg*, début de la formation de la cavité générale (emprunté à Poirier, d'après VAN DER STRICHT).

laire dont il vient d'être question et qui est la région d'origine des vaisseaux du sang (fig. 1994 A).

Une fois constitué, le mésoderme se dédouble, de part et d'autre de la ligne médiane, comme chez les Sauropsidés, en deux lames, séparées par une fente, qui devient bientôt une cavité de plus en plus spacieuse et qui est le *cœlome*. La lame mésodermique externe, appliquée contre l'exoderme, est la *somatopleure*; l'interne, en contact avec l'endoderme, est la *splanchnopleure* (fig. 1995).

Chorion et amnios. — Les processus primitifs de formation de l'amnios sont, chez les Mammifères, les mêmes que chez les Sauropsidés. Mais la tachygénèse peut leur faire subir des modifications profondes. Dans les cas où il se produit des replis amniotiques semblables à ceux des Sauropsidés, après que ces replis se sont confondus et que, par suite, le *cœlome externe* s'est constitué en une cavité continue, celle-ci est délimitée extérieurement, comme chez les Oiseaux, par une paroi qui porte le nom de *chorion*, de *séreuse*, *faux-amnios* ou encore *examnios*. Elle fait partie intégrante de la membrane qui constitue la paroi de la vésicule embryonnaire, paroi qui se compliquera, par la suite, lorsqu'elle sera en partie doublée par le feuillet mésodermique de l'allantoïde, qui se développe chez les Mammifères comme chez les Sauropsidés.

Sur la région de contact des deux membranes (fig. 1996), se développent, chez les Monodelphes, de nombreuses houppes villeuses (fig. 1996). Elles peuvent persister sur toute la surface de la vésicule embryonnaire; mais d'autres fois, elles disparaissent peu à peu, sauf dans les régions où se formera le *placenta*, de telle sorte que la surface externe de la membrane se subdivise en deux régions : le *chorion lisse* et le *chorion villeux*. Chez les Singes et chez l'Homme, la cavité amniotique elle-même s'agrandit au point qu'elle fait disparaître le cœlome externe et que l'amnios qui la circonscrit

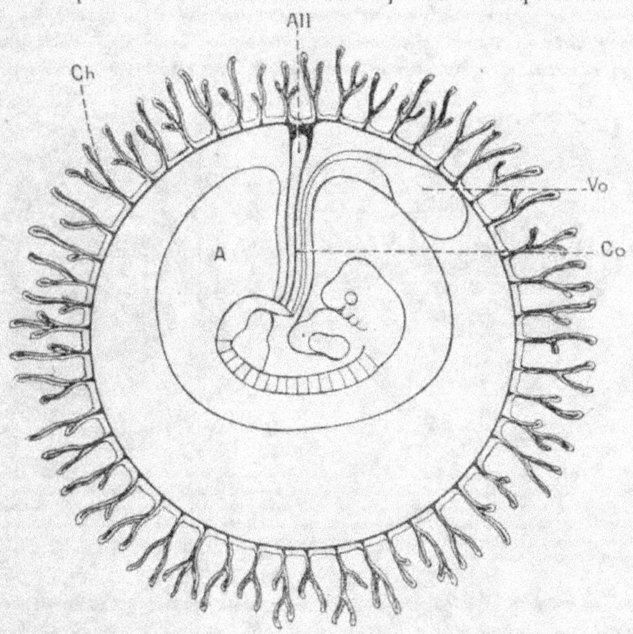

Fig. 1996. — Annexes fœtales et placenta à un stade précoce du développement chez l'Homme : — A, cavité amniotique; Vo, vésicule ombilicale; All, cavité allantoïdienne; Co, cordon ombilical; Ch, chorion primaire, avec ses villosités vascularisées par le mésoderme allantoïdien (emprunté à Brachet, d'après Kœlliker).

vient s'appliquer contre le chorion, déjà doublé par l'allantoïde et s'accoler à lui; il devient ainsi un *amnio-chorion* (fig. 2004).

D'autre part, chez un assez grand nombre de Mammifères, des phénomènes de tachygénèse viennent modifier assez profondément le mode de formation de l'amnios. Dans un premier cas, il se forme autour de l'embryon, non pas quatre replis comme chez les Sauropsidés, mais un bourrelet continu, qui se soulève en bloc au-dessus de l'embryon, et dont l'orifice se resserre peu à peu jusqu'à se fermer complètement; mais les choses peuvent se passer autrement chez divers Insectivores (*Erinaceus*, *Gymnurus*), chez les Galéopithèques, les Chauves-souris (*Pteropus*, *Vespertilio*), les Singes, l'Homme; de très bonne heure, il se produit un épaississement du trophoblaste (comme dans la fig. 1998 A), dans la région exodermique de la vésicule

embryonnaire, et il se creuse dans cette épaisseur une cavité qui n'est autre
chose que la cavité amniotique. C'est le début d'une série de processus qui
se compliquent de plus en plus dans l'ordre des Rongeurs (1) et aboutissent
à ce qu'on a appelé chez eux l'*inversion des feuillets blastodermiques*,
l'entoderme paraissant jouer, grâce à cette inversion apparente, le rôle de
l'exoderme, et réciproquement. Chez le Lapin, l'amnios se forme suivant le
type classique par la soudure des quatre replis soulevés autour du disque
embryonnaire; et l'embryon se constitue comme d'habitude. La vésicule
embryonnaire est assez volumineuse, sphérique; les seules différences avec
le type général sont les suivantes (fig. 1997) : l'embryon s'enfonce vers le

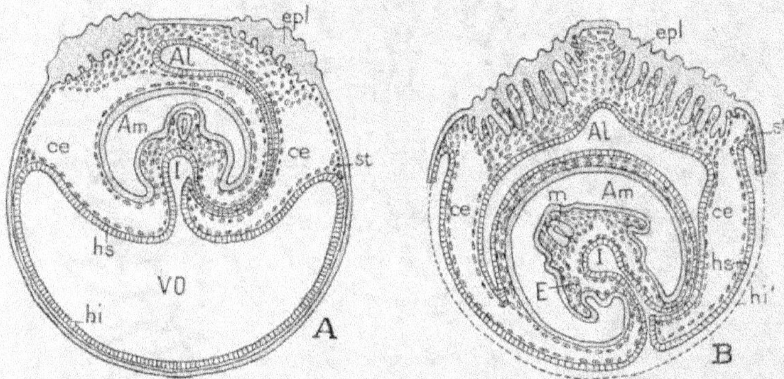

Fig. 1997. — Deux stades successifs du développement du Lapin (figures schématiques, illustrant l'inversion des
feuillets). — E, l'embryon; m, moelle épinière; VO, vésicule ombilicale; hi, sa paroi inférieure convexe résorbée
en B; hs, sa paroi supérieure, rendue concave par l'enfoncement de l'embryon; Am, amnios, limitant la cavité
amniotique; ce, coelome externe; st, sinus terminal; AL, allantoïde; epl, entoplacenta, en fer à cheval, coupé en
ses deux branches; I, intestin. — En B, la paroi inférieure (ou externe) de la vésicule ombilicale s'est résorbée (hi') (Mathias-Duval).

centre, et refoule la vésicule ombilicale, qui se creuse et s'étale vers le haut,
finissant par former une coupe à double paroi renfermant l'embryon
(fig. 1997 A); 2° la paroi externe de cette vésicule se résorbe peu à peu, de
sorte que la paroi extérieure du complexe embryonnaire se trouve finalement
formée par la paroi interne (*hs*) de la vésicule ombilicale, et que l'épithélium
qui en forme le revêtement superficiel, au lieu d'être exodermique, est constitué par l'assise endodermique de cette paroi (B).

Chez les Campagnols, les Rats et les Souris, les choses se compliquent
du fait que la cavité amniotique prend un grand développement; en conséquence, la région où se forme l'embryon devient concave et finit par se
creuser au point que, l'exoderme, revêtant la face concave, devient interne,
l'entoderme paraissant extérieur à lui, les feuillets de l'embryon semblent
inversés (fig. 1998).

Chez ces Rongeurs, la formation de l'amnios débute, comme chez le
Hérisson, par un épaississement de l'exoderme confondu avec le tropho-

____

(1) Mathias Duval. *Le placenta des Rongeurs*, 1892.

blaste (fig. 1998 A, *epl*). Mais l'épaississement exodermique devient ici un long cylindre plein (B), qui plonge dans la cavité de la vésicule embryonnaire, en refoulant devant lui l'entoderme, qui ne tapisse pas encore toute la paroi de la cavité. Bientôt, une cavité axiale, irrégulière (*cep*), apparaît dans le cylindre, s'élargit et se régularise rapidement, sans qu'il existe encore

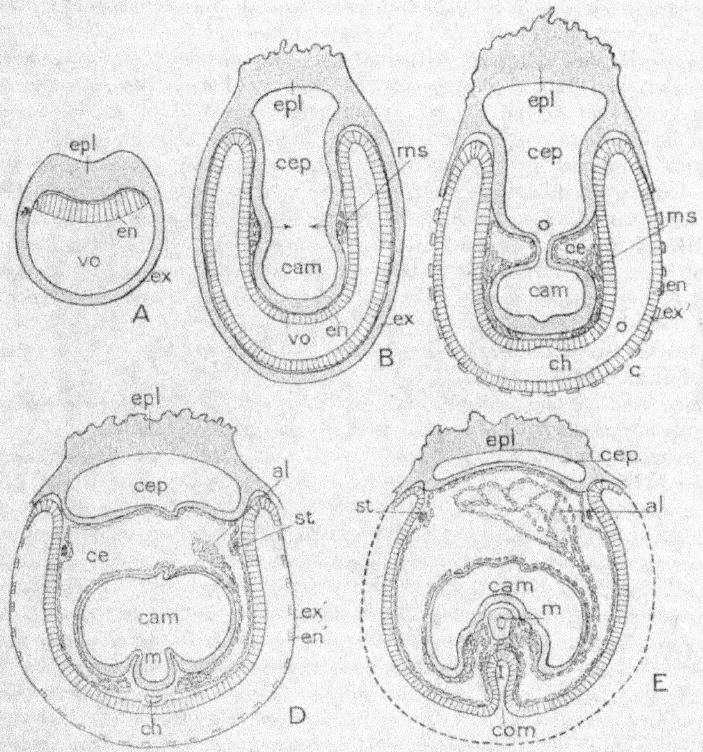

Fig. 1998. — Figures schématiques représentant des stades successifs du développement du Campagnol : — *vo*, vésicule ombilicale; *epl*, épaississement ectoplacentaire; *cep*, cavité ectoplacentaire; *cam*, cavité amniotique; *ex*, exobryme; *en*, endoderme; *e,e', en'*, les mêmes en régression; *ms*, mésoderme; *ce*, cœlome externe; *st*, sinus terminal; *o*, ombilic interamnioplacentaire; *al*, allantoïde; *ch*, corde dorsale; *I*, intestin; *c.om, ca, al* ou ombilical; *m*, moelle épinière (Mathias-Duval).

aucune trace d'embryon; une constriction annulaire se dessine alors (B,C), qui sépare peu à peu la région inférieure de la cavité axiale de sa région supérieure. Cette dernière demeure attenante au placenta, sa cavité devenant la *cavité ecto-placentaire* (*cep*), tandis que la cavité inférieure est la *cavité amniotique* (*cam*); c'est alors seulement que commence à se former l'embryon avec l'inversion que nous avons signalée plus haut (D). Le mésoderme a précédemment apparu et s'est délaminé par la formation du cœlome, qui s'étendra (cœlome externe) (*ce*) dans l'étranglement qui a séparé l'amnios de la cavité ectoplacentaire; dans ce cœlome externe, se trouve déjà un rudiment de l'allantoïde (*al*). Bientôt la paroi externe de la vésicule embryonnaire disparaît, comme chez le Lapin, laissant à nu le revêtement entodermique (D et E).

Les choses se passent à peu près ainsi chez le Cobaye, mais avec plus de rapidité; la paroi de la vésicule embryonnaire a déjà disparu quand les premiers linéaments du corps de l'embryon commencent à se former.

Vésicule ombilicale. Allantoïde. — De quelque façon que se constitue l'amnios, l'espace compris entre l'examnios et l'endamnios, et qui constitue le cœlome externe, s'étend, grâce au dédoublement du mésoderme ne deux lames, de façon à former une vaste cavité comprise entre l'embryon et la paroi extérieure de la vésicule embryonnaire; celle-ci, qui est formée par une lame trophoblastique doublée d'une lame mésodermique, peut être désignée sous le nom de *diplotrophoblaste*. La lame embryonnaire s'est repliée en dessous; ses bords se sont rapprochés et soudés de manière à former un tube : l'intestin primitif. A ce tube sont suspendues, comme chez les Sauropsidés, vers le milieu de sa longueur une *vésicule ombilicale* et une *vésicule allantoïdienne* (fig. 1996).

Chez les Herpétodelphes, ces vésicules jouent encore à peu près le même rôle que chez les Sauropsidés.

Chez les Didelphes, la vésicule ombilicale est, en général, encore assez grande et loge souvent l'allantoïde dans une invagination spéciale.

Chez les Monodelphes, elle demeure petite (fig. 1996), commence de bonne heure à régresser et ne représente plus qu'une persistance héréditaire. Elle ne contient plus que du liquide (p. 2906), et plonge dans le liquide du cœlome externe, avec lequel son contenu peut entrer en échanges osmotiques : un réseau vasculaire se développe à sa surface et peut-être joue-t-elle un rôle hématopoïétique (Hubrecht). L'allantoïde grandit, au contraire, énormément, et, remplie par le liquide allantoïdien, devient une vaste poche qui s'applique sur la plus grande partie de la paroi de la vésicule embryonnaire; elle joue le plus grand rôle, non seulement dans la respiration de l'embryon, comme chez les Sauropsidés, mais aussi dans sa nutrition. Cependant, elle peut aussi entrer en régression. Elle cesse d'être libre chez le Tarsier, chez les Singes et, chez l'Homme, à une période très précoce de son développement (quand la vésicule embryonnaire n'a encore que 0 mm. 03 de diamètre) : le disque embryonnaire encore tout à fait superficiel est rattaché par un pédoncule mésoblastique à la paroi de la vésicule embryonnaire dans la région où se formera le placenta. Bientôt la région entodermique qui avoisine ce pédoncule lui fournit des vaisseaux, en même temps qu'il se creuse d'une cavité tapissée d'un épithélium. C'est le dernier rudiment de l'allantoïde. Elle joue encore son rôle nourricier, puisque les vaisseaux du pédoncule sont en continuité avec ceux qui se développeront dans l'organe nourricier de l'embryon, le *placenta*. C'est là un exemple frappant de l'action de la tachygénèse.

En effet, l'allantoïde a originairement provoqué dans une certaine mesure la formation du placenta et, par ses propres modifications, a joué un rôle actif dans sa constitution ; mais le placenta est ensuite devenu un organe autonome, dont le développement a commencé presque simultanément avec celui de l'embryon ; il n'était pas nécessaire dès lors que l'allantoïde, dont il était la principale raison d'être, se développât isolément ; il en est demeuré juste ce qui était nécessaire pour assurer la vascularisation du placenta, s'ébauchant de très bonne heure, presqu'en même temps que les vaisseaux eux-mêmes.

Placentation des Didelphes (1). — Le trophoblaste de l'œuf des Mammifères, représentant le blastoderme des Sauropsidés dont l'activité

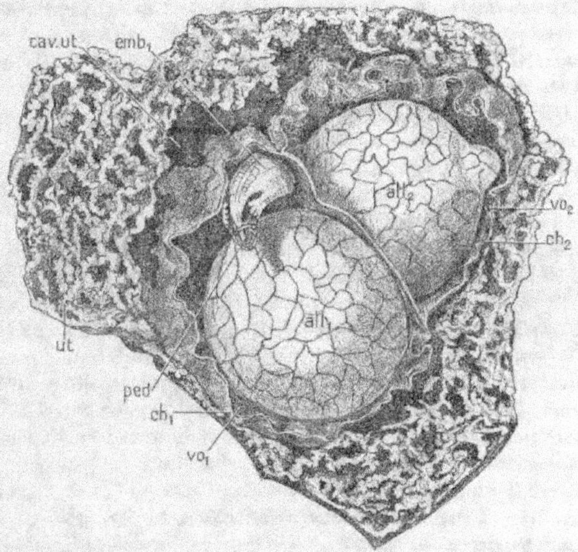

Fig. 1989. — Utérus gravide de Sarigue (*Didelphys virginica*), ouvert et montrant deux embryons de 7 jours 3/4. — L'utérus est déjà en grande partie éparé des chorions (omphalo-chorions) des deux embryons ; *cav. ut.* cavité de l'utérus ; les deux chorions (*ch₁, ch₂*), sont entièrement soudés l'un à l'autre à leur surface de contact. La surface interne de l'utérus (*ut*) est couverte de replis vasculaires ; — *emb₁*, l'un des embryons, dont la partie postérieure est seule visible ; *ped*, pédicule creux, sectionné, qui le reliait à la paroi de la vésicule ombilicale ; sur la section du pédoncule, se voit la coupe de 3 vaisseaux omphalo-mésentériques ; *vo₁, vo₂*, les deux vésicules ombilicales ; *all₁*, allantoïde de l'embryon de gauche ; *all₂*, celle de l'embryon de droite, qui est entièrement caché sous elle (Selenka).

digestive est si considérable, a conservé une activité analogue. Mais, n'ayant plus à l'exercer sur son contenu qui a disparu, il l'exerce sur les tissus de la muqueuse utérine, avec lesquels il se trouve en contact et aux dépens desquels il se nourrit, et il se développe à la fois en surface et en épaisseur. Ses propriétés se manifestent déjà dans la sous-classe des

(1) Selenka, Studien zur Entw. geschichte der Tiere. Heft IV: Das Opossum, Wiesbaden, 1900. — Semon, Die embryonalhüllen der Monotremen und Marsupialier. *Zool. Forsch. im Australian.* Jena, 1897. — Hill, The placentation of Perameles. *Quart. Journ. of micr. Sc.*, t. CLIX. — *Id.*, On the fœtal membrans of the native Cat (*Dasyurus viverrinus*). *Anat. Anz.*, t. XVIII, 1900.

Didelphes. Chez la Sarigue, la paroi de la vésicule ombilicale, soudée sur presque toute son étendue avec le chorion (omphalo-chorion), n'affecte avec la muqueuse utérine (fig. 1999, *ch, ch₁*) que des rapports de contiguïté, se moulant exactement sur les nombreux replis de cette dernière, très vascularisée et très riche en glandes, dont la sécrétion se déverse dans la cavité utérine et constitue pour l'embryon un aliment.

Des rapports plus étroits s'établissent, chez les *Perameles*, entre la surface de l'utérus et celle de la vésicule embryonnaire. Celle-ci présente une aire de fixation, par laquelle elle adhère à la muqueuse utérine, et sur laquelle se ramifient les vaisseaux de l'allantoïde; en même temps, des modifications importantes se produisent dans la région utérine de fixation; il se constitue ainsi un appareil spécial d'échanges nutritifs entre la mère et le jeune, qui mérite déjà le nom de *placenta*, et à la formation duquel l'allantoïde prend une part prépondérante (*placentation allantoïdienne*).

Les choses se passent un peu autrement chez les *Dasyurus* :

Avant le 8ᵉ jour de la gestation, le contact s'établit entre la muqueuse maternelle et le trophoblaste, au moyen d'une zone annulaire de celui-ci, dans laquelle se ramifient les vaisseaux de la vésicule ombilicale (*placentation omphaloïde*). Au contraire, l'allantoïde est à peine vascularisée et atrophiée. Un second anneau, plus large que cet anneau essentiellement respiratoire, est constitué par des cellules trophoblastiques qui pénètrent dans l'épithélium de la muqueuse, l'attaquent et constituent avec lui une sorte de syncytium autour des capillaires qui apportent les éléments nutritifs. Ces formations nouvelles ne sont pas expulsées au moment de la naissance, mais, pour la plus grande partie, résorbées sur place.

Chez les *Phascolarctos*, l'allantoïde entre en contact avec la surface du trophoblaste suivant une plage circulaire, sans qu'il se produise d'union vasculaire avec la muqueuse utérine.

Fixation de l'œuf des Monodelphes à la paroi de la matrice. Caduques. — Chez les Monodelphes, la vésicule embryonnaire s'attache toujours plus ou moins solidement à la matrice. Le trophoblaste, doublé par le chorion primaire, émet sur divers points de sa surface, des prolongements, de longues villosités (fig. 2000) qui s'enfoncent dans le derme de l'utérus et le détruisent de proche en proche. La vésicule embryonnaire peut rester fixée à la surface même de la muqueuse utérine, dans un repli de celle-ci [(Lapin, fig. 2005), Chauves-Souris] ou bien au contraire, corrodant peu à peu celle-ci, s'enfonce dans sa profondeur, s'y creusant une crypte qui se referme au-dessus (Homme, fig. 2002 et 2006). Dans les deux cas, sous l'action de ces villosités, le tissu de la muqueuse se désorganise, par un processus de nécrose souvent compliqué et se transforme tout autour de l'embryon en un magma creusé de vastes lacunes où le sang circule entre de nombreuses trabécules trophoplasmiques.

Cet ensemble de tissus, auquel on peut donner le nom de *trophosponge*, sert aux premiers besoins de nutrition de l'embryon aux dépens de la mère. La liaison de la vésicule embryonnaire avec l'utérus est encore lâche, elle peut s'en détacher facilement, lors par exemple d'un avortement;

mais plus tard, à ce chorion primaire viendra s'accoler la vésicule ombilicale ou l'allantoïde, et il se constituera un chorion secondaire (omphalo-
chorion, allanto-chorion), où les villosités se multiplieront, tandis que les
vaisseaux s'y développeront de plus en plus, assurant ainsi de mieux en
mieux la nutrition de l'embryon (fig. 2004). Ainsi se formera le *placenta*.

Les villosités peuvent se produire seulement dans la région de la surface

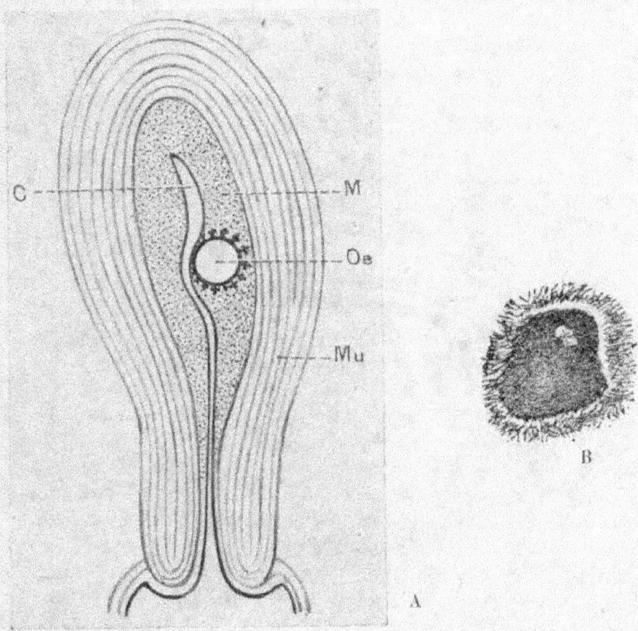

Fig. 2000. — A, Implantation de l'œuf humain dans la muqueuse utérine : — *C*, cavité de l'utérus ; *M*, muqueuse ;
Oe, l'œuf entouré de ses villosités ; *Mu*, tunique musculaire (BRACHET, d'après GROSSER). — B, Vésicule embryonnaire, ouverte, montrant le très petit embryon qui est attaché à sa paroi par la petite vésicule ombilicale ; la surface extérieure de la vésicule embryonnaire (improprement œuf) est recouverte de villosités choriales (POIRIER
(PRENANT), d'après ALLEN THOMSON).

de la vésicule embryonnaire opposée à celle où se forme l'embryon
(*Tarsius*), soit au contraire dans la région la plus voisine de celui-ci
(*Talpa, Vespertilio, Cuniculus*), soit dans ces deux régions à la fois (Singes
Platyrrhiniens). La surface de fixation peut être annulaire, l'axe de l'anneau étant perpendiculaire (*Sorex*) ou parallèle (Carnivores) au disque
embryonnaire. Elle est constituée chez les *Tupaja* par deux coussinets
trophoblastiques situés à droite et à gauche de l'embryon, et prend chez
le Lapin la forme d'un fer à cheval, à concavité antérieure par rapport à
l'embryon et embrassant toute la région postérieure de celui-ci. Le plus
souvent, en dehors de ces régions, le reste de la surface trophoblastique
n'émet que des villosités rares, petites, éphémères; d'autres fois, au con-

traire, elles émergent de sa totalité, soit par bouquets espacés (Ruminants), soit isolément. Ce dernier cas est d'abord réalisé chez l'Homme (fig. 2000 B et 2001); mais plus tard (2ᵉ mois de la grossesse), elles disparaissent, sauf dans une zone discoïdale, où au contraire elles s'hypertrophient et forment le placenta définitif.

Nous avons vu que, dans beaucoup de cas (Insectivores, un certain nombre de Rongeurs, Singes, Homme), la paroi de l'utérus, rabattue sur la

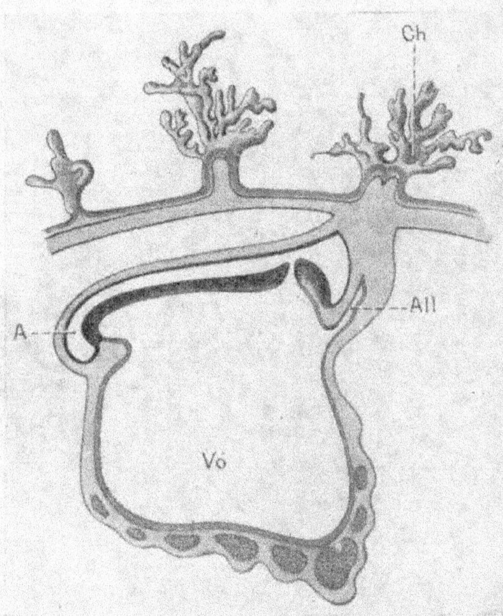

Fig. 2001. — Coupe sagittale d'un œuf humain (l'embryon est figuré en noir) : — *A*, cavité amniotique; *All*, ébauche de l'allantoïde; *Vo*, vésicule ombilicale; *Ch*, villosités du chorion déjà vascularisées par l'allantoïde (emprunté à Brachet, d'après von Spee).

vésicule qui s'est enfoncée dans sa profondeur, finit par la recouvrir entièrement. Il se constitue ainsi une poche, qui peut demeurer en partie ouverte (Rongeurs, fig. 2005), mais arrive d'ordinaire à être entièrement close; elle grandit avec la vésicule embryonnaire, et sa surface doit se rompre pour livrer passage au fœtus. Cette enveloppe d'origine maternelle est la *caduque réfléchie* (fig. 2004, *cr*). Dans l'espèce humaine, l'hypertrophie s'étend à la muqueuse utérine tout entière, et la muqueuse hypertrophiée doit tomber, elle aussi, au moment de la naissance; la membrane ainsi éliminée en même temps que les enveloppes fœtales avec lesquelles elle fait corps est la *caduque propre* (*cp*). Après sa chute, la muqueuse maternelle est reconstituée par une prolifération du tissu conjonctif mis à nu.

Ces phénomènes se produisent suivant des modalités assez variables, et parfois de façon extrêmement précoce.

Chez le Hérisson, par exemple, dès la fécondation et sans l'intervention d'aucune autre cause, il se produit, sur la muqueuse utérine, une saillie, creusée en son centre d'une fossette, dans laquelle vient se loger la vésicule embryonnaire, avant la différenciation de l'entoderme, et quand la cavité trophoblastique est encore très petite. Le trophoblaste prolifère active-

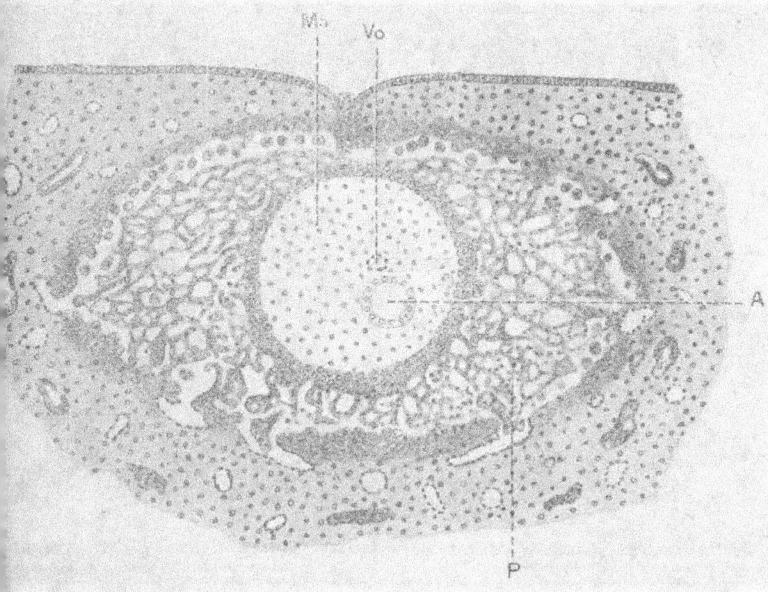

Fig. 2062. — Œuf humain, très jeune, mais plus avancé que celui de la fig. 2060, enchassé dans la muqueuse utérine (ses rapports avec celle-ci sont encore lâches et permettent son décollement et son énucléation) : — A, cavité amniotique; Vo, vésicule ombilicale; Mn, magma réticulé remplissant la cavité du chorion; P, trophosponge (Bascart, d'après Bryce et Teacher).

ment et exerce son action corrosive ordinaire tant sur l'épithélium utérin que sur le tissu conjonctif sous-jacent. La vésicule pénètre donc profondément dans la muqueuse, qui s'est de son côté hypertrophiée autour d'elle, en constituant la *trophosponge*; celle-ci résulte elle-même de la prolifération des cellules de la muqueuse utérine, qui se creuse de lacunes, tandis que les capillaires correspondants perdent leur épithélium. Le sang maternel coule alors librement dans les lacunes, qui offrent une disposition en arcades assez régulière autour de la vésicule. Celle-ci, dès que l'entoderme l'a entièrement tapissée, peut être considérée comme la vésicule ombilicale. Dans ses parois apparaît bientôt une aire vasculaire, dans laquelle se forment des globules sanguins. La nutrition se trouve ainsi déjà facilitée; plus tard, l'allantoïde viendra s'accoler à une autre région de la paroi. A ce moment, la vésicule embryonnaire est complètement enfermée dans l'épaisseur de la muqueuse utérine, qui forme au-dessus d'elle une *caduque capsulaire* ou *caduque réfléchie*.

Les choses se passent à peu près comme nous venons de le dire chez les Singes Anthropoïdes et chez l'Homme. Mais les lacunes trophoblastiques sont plus étroites et les houppes sont en partie libres et flottantes dans le

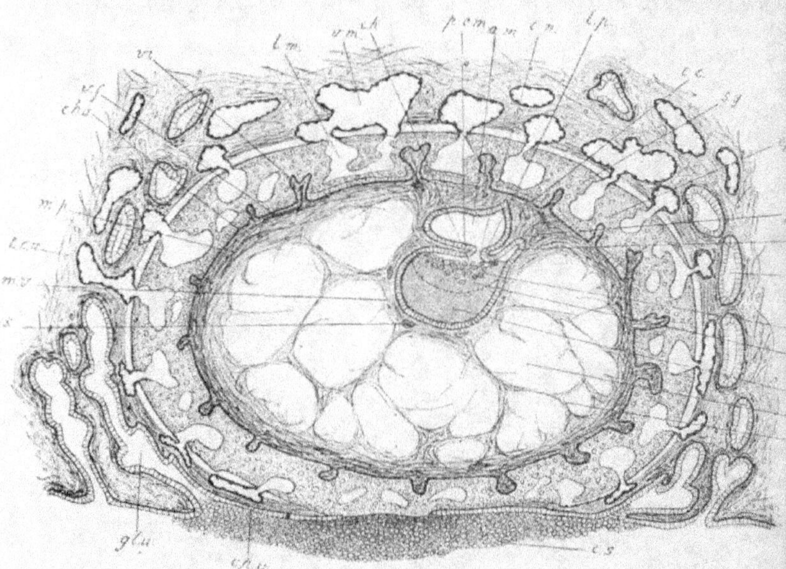

Fig. 2003. — Coupe longitudinale schématisée d'un embryon humain, implanté dans la muqueuse utérine : — *pem*, l'embryon ; *am*, cavité amniotique ; *i*, cavité intestinale primitive, non séparée encore de la vésicule ombilicale *vo* (la ligne pointillée indique la future séparation) ; *am*, cavité amniotique ; *lp*, bord postérieur de l'embryon ; *en*, canal neurentérique, faisant communiquer la cavité amniotique avec l'intestin ; *ch*, partie dorsale de la cavité intestinale, aux dépens de laquelle se formera la corde dorsale ; *al*, cavité de l'allantoïde ; *pv*, pédicule ventral, mésoderme allantoïdien, rattachant l'embryon au chorion ; *cé*, cœlome externe, rempli d'un magma réticulé, *nir* ; *s*, vaisseaux sanguins ; *cho*, chorion avec son exoderme *er*, son mésoderme *mp*, ses vaisseaux *vf*, ses villosités *vi* ; *ep*, *sy*, la trophosponge et ses diverses parties ; *epu*, épithélium utérin ; *cs*, caillot sanguin ; *glu*, glandes de l'utérus ; *tcu*, son tissu conjonctif ; *vat*, vaisseaux maternels ; *bir*, lacunes sanguines maternelles dans la trophosponge. La partie supérieure de la figure est occupée par le placenta fœtal et la caduque sérotine ; les parties latérales et inférieure correspondant à la caduque réfléchie (emprunté à Prenant, Bouin et Axfel, modifié d'après Kossman).

sang maternel qui y circule. Chez les Singes Catarrhiniens, l'hypertrophie trophoblastique se limite à deux zones annulaires voisines l'une de l'autre. Elle se réduit, chez le Tarsier, à une petite plaque de la vésicule trophoblastique sphérique, dont les proliférations se mêlent avec celles de la trophosponge, comme chez le Hérisson.

Parmi les Rongeurs, tandis que la surface de fixation, chez le Lapin, dont la vésicule embryonnaire se développe rapidement, se limite, comme nous l'avons dit, à une aire en fer à cheval voisine du disque embryonnaire, au

(1) Hubrecht, Keimblätterung und Placentation des Igels. *Anat. Anz.*, Bd. III, 1888.

contraire, la vésicule embryonnaire, notablement plus petite, du Rat, du Campagnol, du Cobaye s'enfonce en partie ou totalement dans la muqueuse, de manière à donner lieu à la formation d'une caduque réfléchie. Les cellules du trophoblaste se modifient profondément; elles grossissent beaucoup et se fusionnent en un syncytium creusé de lacunes, qui conduisent le sang maternel jusqu'au voisinage de la vésicule embryonnaire; mais l'hypertrophie trophoblastique, au lieu d'être uniforme, comme chez le Hérisson, présente des caractères différents suivant la région de la surface de la vésicule que l'on considère. On trouve, chez ces animaux, un centre hypertrophique nettement délimité qui, de très bonne heure, est formé d'une accumulation de cellules trophoblastiques, et que Selenka a désigné sous le nom de support (*Träger*) et qui sera ultérieurement utilisé pour la fixation du placenta.

Chez le Lapin et chez le Chien, les résidus de l'épithélium et les glandes de la matrice sont détruits, résorbés par le plasmodium et surtout par les leucocytes maternels; les cellules glycogéniques qui dégénèrent à leur tour, sont absorbées par le plasmodium fœtal. Chez le Chien, les restes des cellules glandulaires sont résorbés soit par le plasmodium fœtal, soit par les cellules exodermiques des « plaques terminales ». Beaucoup d'Insectivores et de Rongeurs présentent les mêmes phénomènes que le Lapin,

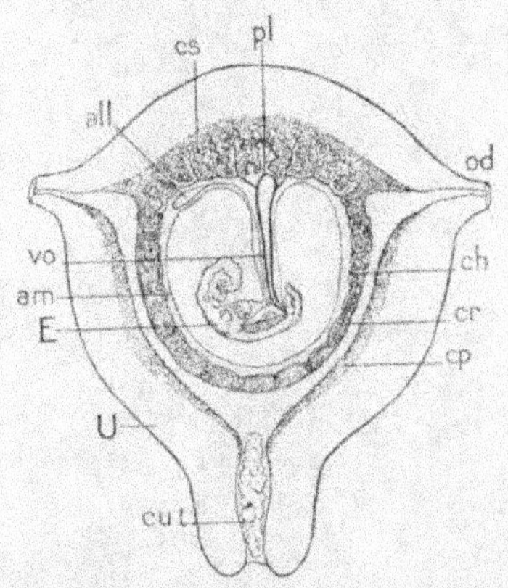

Fig. 2004. — Utérus de femme avec l'embryon, ses annexes et la caduque : — *U*, paroi de l'utérus; *cut*, col de l'utérus; *od*, orifices des oviductes dans l'utérus; *E*, embryon; *ch*, le chorion secondaire; *am*, amnios; *vo*, vésicule ombilicale; *all*, allantoïde; *cp*, caduque propre; *cr*, caduque réfléchie; *cs*, caduque sérotine; *pl*, placenta (SELENKA).

tandis que les Carnassiers soigneusement étudiés jusqu'ici (Chat, Furet, Renard) se comportent comme le Chien.

Le Daman, particulièrement intéressant à cause de sa parenté avec les Condylarthres (*Ménicothériidés*) et les Toxodontes fossiles de l'Amérique du Sud, présente des phénomènes de fixation analogues à ceux que nous venons de décrire.

Chez les autres Ongulés, les Cétacés, les Lémuriens, certains Édentés (Pangolin), où la vésicule embryonnaire atteint de grandes dimensions et qui sont eux-mêmes, en général, de grande taille, cette vésicule ne contracte aucune adhérence avec la matrice, et la parturition s'accomplit sans qu'il se produise aucune déchirure.

Placentation; formes diverses du placenta. — La fixation de la vésicule embryonnaire à la muqueuse utérine n'est que la préface d'un autre mode de fixation beaucoup plus complexe, conduisant au développement de l'organe, grâce auquel des échanges incessants s'établissent entre le sang de la mère et celui du fœtus, c'est-à-dire le *placenta*. Ce placenta ne se forme que dans les régions où la prolifération trophoblastique s'est, au préalable, manifestée, et qu'on peut appeler *ectoplacenta* (Mathias Duval); mais le placenta définitif ne se développe ni sur toutes ces régions, ni sur toute leur étendue; c'est ainsi qu'il y a deux ectoplacentas chez le Tupaja et les Singes Catarrhiniens, un ectoplacenta annulaire omphaloïde et un ectoplacenta discoïdal allantoïdien chez le Hérisson. Les régions où s'est constitué un ecto-placenta n'acquièrent la qualité de placenta définitif que lorsqu'elles ont été irriguées par les vaisseaux de l'embryon et pénétrées par le sang maternel, qui circule soit dans des vaisseaux, soit dans des lacunes. Les transformations histologiques qui s'accomplissent soit dans le trophoblaste, soit dans la muqueuse utérine ressemblent alors singulièrement à celles qui accompagnent la fixation de la vésicule embryonnaire, Mathias Duval les a résumées en disant que :

« Le placenta est une hémorragie utérine circonscrite et enkystée par un tissu fœtal ectodermique ».

Cette formule peut être considérée comme générale, mais elle s'applique principalement aux Rongeurs (Lapin, Rat, Souris, Cobaye). L'œuf du Rat et de la Souris (fig. 2005) est enfoncé dans la muqueuse utérine et recouvert par une caduque; il donne d'abord naissance à un long et mince cylindre, dont une extrémité se prolonge en *cône ectoplacentaire (epl)*, formé de nombreuses assises de cellules et logé dans un diverticule de la cavité utérine.

Fig. 2005. — Coupe d'un utérus de Souris, montrant un embryon, enchassé dans la muqueuse ; — *mc, ml,* musculature circulaire et musculature longitudinale de l'utérus ; *mu,* muqueuse utérine creusée de sinus, *su; cep,* cavité ectoplacentaire; *epl,* cône ectoplacentaire; *cd,* cavité de la caduque (MATHIAS DUVAL).

De bonne heure, les sinus sanguins qui sillonnent le tissu de la caduque, viennent s'ouvrir dans ce diverticule, et le sang se répand tout autour du cylindre ovulaire. Mais aussitôt, du cône ectoplacentaire naissent des prolongements qui vont s'attacher au pourtour des orifices des sinus. Pendant ce temps, la masse du cône ectoplacentaire s'est creusée de lacunes dans lesquelles le sang maternel, canalisé par les prolongements issus du cône ectoplacentaire, est uniquement versé. Ainsi l'hémorragie maternelle se trouve circonscrite et enkystée. C'est dans cet ectoplacenta que pénètrent un peu plus tard les digitations allantoïdiennes, dont les vaisseaux vont, à leur tour, s'intriquer, en gardant cependant leur intégrité, avec les lacunes de l'ectoplacenta. Il se produit deux placentas chez certains Singes Catarrhiniens, l'un au-dessus, l'autre au-dessous du fœtus (fig. 2007 A-C); il s'en produit également deux chez les *Tupaja*, mais ils sont situés l'un à droite, l'autre à gauche du fœtus, contenu lui-même dans une des cornes de la matrice, la tête dirigée vers l'orifice de l'organe, le ventre vers son ligament fixateur.

Ce sont les seuls cas connus de ce genre. Mais le placenta unique revêt extérieurement deux formes très différentes, qui se retrouvent dans des ordres variés. Les fœtus des Insectivores, des Rongeurs, de la plupart des Singes, des Fourmiliers, des Tatous et le fœtus humain (fig. 2006) sont attachés à la matrice de la mère par un *placenta discoïde*; ceux des Carnassiers, des Éléphants, des Damans, de l'Oryctérope du Cap, par un placenta en forme d'anneau dit *placenta zonaire* (fig. 2007 E); on est convenu de dire d'autre part que les Ruminants ont un *placenta cotylédonnaire* (fig. 2007 D) et les autres Ongulés, un *placenta diffus*. Il semble donc au premier abord que la forme du placenta soit caractéristique des grandes divisions de la classe des Mammifères, et susceptible, dans des cas douteux, de préciser les véritables affinités de certaines formes isolées ou de démasquer la véritable nature de types dont la parenté réelle serait dissimulée par des adaptations spé-

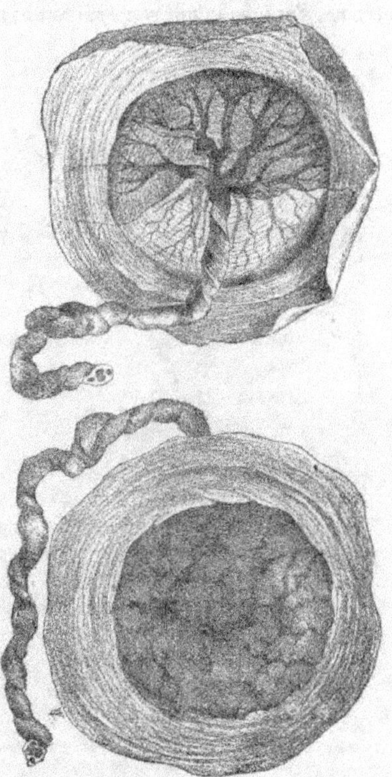

Fig. 2006. — Placenta humain vu par sa face interne A, et par sa face externe B (emprunté à Poirier, d'après Nægeli).

ciales; c'est leur mode de placentation, rappelant celui des Pachydermes, qui a fait dire, par exemple, que les Lémuriens sont des Pachydermes grimpeurs. Il est difficile cependant d'admettre une parenté entre les Carnassiers, à ongles en forme de griffes, à régime essentiellement animal, les Damans et les Éléphants, Ongulés à régime végétal et l'Oryctérope du Cap, qui ont tous un placenta zonaire, à moins de remonter, comme le propose Hubrecht jusqu'aux Mammifères Créodontes de la période crétacée, dont on ignore d'ailleurs les caractères placentaires.

D'autre part, la forme extérieure du placenta ne correspond nullement à une structure intime identique. Parmi les formes discoïdes de placenta, les

houppes allantoïdiennes du placenta du fœtus de Taupe se dégagent du reste
du tissu placentaire comme un doigt de son gant et sont résorbées sur
place ; le placenta des Galéopithèques, creusé de bonne heure de grandes
lacunes remplies du sang maternel, au lieu de faire saillie sur la muqueuse
utérine, s'enfonce dans son épaisseur ; celui du fœtus de Lapin ou de Tarsier

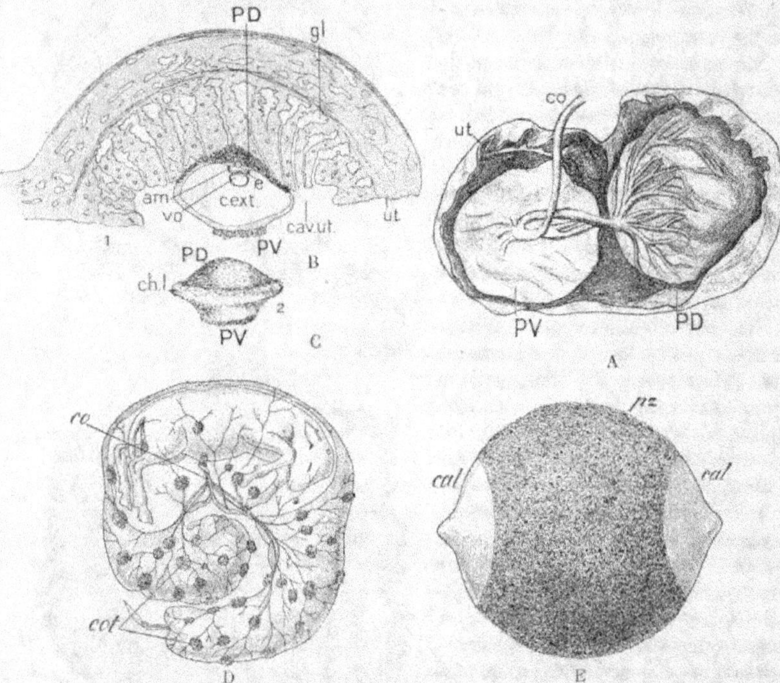

Fig. 2007. — A, placenta bidiscoïde de *Semnopithecus maurus*, Singe de Java : *PD*, placenta dorsal ; *PV*, placenta ventral ; *ut*, paroi de l'utérus ; *CO*, cordon ombilical. — B, coupe de l'utérus de *Cercocebus cynomolgus*, Singe de Java : *ut*, coupe de la paroi utérine ; *gl*, ses glandes ; *cav. ut*, cavité de l'utérus ; *e*, embryon ; *vo*, vésicule ombilicale ; *am*, cavité amniotique ; *c.ext*, coelome externe ; *PD*, placenta dorsal ; *PV*, placenta ventral. — C, la vésicule embryonnaire du même isolée. *PD*, *PV*, comme ci-dessus ; *ch.l*, chorion lisse (Selenka). — D, placenta cotylédonnaire de Mouton : *co*, cordon ombilical ; *cot*, cotylédons. — E, placenta zonaire de Renard : *pz*, placenta ; *cal*, calottes lisses (C et D empruntés à Rémy Perrier).

est uni à la muqueuse utérine par un pédoncule beaucoup plus étroit que
le disque ; le placenta du fœtus humain diffère par ses houppes librement
flottantes de celui du fœtus de Hérisson dont les houppes sont unies en un
réseau serré. L'identité de forme extérieure de ces placentas n'empêche donc
pas une diversité d'allure qui s'oppose à ce qu'on puisse lui accorder
confiance pour la détermination des affinités des groupes de Mammifères où
on la constate. En revanche, il y a, entre la structure intime du placenta
zonaire des fœtus de Chien et du placenta discoïde des fœtus de Hérisson
des ressemblances qui diminuent la valeur de leurs différences extérieures.

Ces objections prennent encore plus de force dans le cas de ce qu'on a appelé la *placentation diffuse*, qu'on observe chez des animaux aussi différents que les Suidés, les Hippopotamidés, les Camélidés, les Tapirs, les Chevaux, les Lémuriens, les Pangolins, et les Cétacés, surtout si l'on ajoute que la considération de la forme du placenta conduit à éloigner les uns des autres, malgré les nombreux caractères communs qu'ils présentent, les Fourmiliers et les Tatous, qui ont un placenta discoïde, l'Oryctérope du Cap, dont le placenta est zonaire, les Pangolins, qui ont un placenta diffus et les Paresseux, dont le placenta est plutôt cotylédonnaire comme celui des Ruminants. De nouvelles recherches sont donc nécessaires pour arriver à déterminer les causes réelles des formes diverses de placentation.

Rappelons que, dans le cas de ce qu'on appelle le placenta cotylédonnaire ou le placenta diffus, il peut à peine être question d'une placentation. Chez les Ruminants, dont la placentation est cotylédonnaire, après que l'allantoïde vascularisée s'est étendue dans le diplotrophoblaste, celui-ci se presse contre la paroi utérine, qui s'est tuméfiée par places. On donne le nom de *caroncules* aux saillies ainsi formées. Dans les caroncules pénètrent des houppes allantoïdiennes formées aux points correspondants de la vésicule embryonnaire et c'est cet ensemble qui constitue les *cotylédons*. Chez les Pachydermes, dont la placentation est diffuse, la surface interne de la matrice présente un réseau serré de plis et de cryptes, dans lesquels pénètrent des houppes et des plis correspondants de la vésicule embryonnaire. La phagocytose joue un rôle important dans l'alimentation placentaire, chez les Ruminants; la prédominance appartient au contraire aux échanges osmotiques entre le sang fœtal et le sang maternel à travers la paroi des capillaires, chez les Pachydermes. Il en est de même chez les autres Mammifères à placenta diffus. L'adhérence est assez faible entre la vésicule embryonnaire et la paroi utérine pour que la parturition ait lieu par un simple décollement. Il est inutile de faire remarquer que, dans ces conditions, il ne saurait exister de caduque. Strahl (1) a essayé d'établir un système de classification sur les formes de placentation; il appelle Hémiplacentaires, les Mammifères à placenta diffus ou cotylédonnaire et Euplacentaires tous les autres Monodelphes; Richard Owen disait autrefois, dans le même esprit, Indeciduata et Deciduata, suivant que la caduque manquait ou existait, mais nous avons vu à quels rapprochements de tels caractères conduisaient. Ces rapprochements semblent indiquer que la forme diffuse de la placentation est l'aboutissement d'une série de processus de simplification des vrais placentas, les placentas discoïdes et zonaires.

On se rapprocherait donc davantage de la vérité si l'on admettait que les Mammifères Placentaires ont évolué en formant plusieurs séries, dans lesquelles le placenta a successivement revêtu la forme discoïde, la forme zonaire et est arrivé par dégénérescence à la forme diffuse. Une première série comprendrait les Insectivores à placenta discoïde, les Carnassiers à placenta zonaire et s'arrêterait là. Une deuxième série commencerait avec les

____

(1) Strahl, *Die Embryonnalhülle der Säuger und die Placenta*; in Hertwig, *Handbuch der Vergl. Entwickelungsgeschichte*, 1906, t. I.

Rongeurs à placenta discoïde, se continuerait avec les Éléphants et les Damans, apparentés aux Rongeurs par les Ménicothériides et les Toxodontes et se terminerait par les Pachydermes à placenta diffus et les Ruminants à placenta cotylédonnaire. Les Singes Catarrhiniens à double placenta discoïde, les Singes Platyrrhiniens à placenta simplement discoïde formeraient une autre série, dont les Lémuriens seraient le terme. Les Cétacés viendraient à la suite des Pachydermes. Quant aux Édentés, ils semblent constituer un groupe artificiel et l'on doit voir dans ceux qui vivent actuellement les termes épars d'une série très incomplète, commençant avec des formes à placenta discoïde (Fourmiliers et Tatous), conduisant à d'autres à placenta zonaire (Oryctérope) et se terminant par les Pangolins à placenta diffus et les Paresseux à placenta presque cotylédonnaire. Il est fort possible d'ailleurs que les Édentés soient des formes, dégénérées dans le même sens, de séries très différentes et que leur ressemblance actuelle soit un cas de convergence.

Le fait que la forme diffuse du placenta se trouve chez des Mammifères ainsi éloignés des types primitifs que les Ongulés ou les Cétacés parle clairement en faveur de l'idée que cette forme placentaire n'est pas une forme simple initiale, mais une forme simplifiée.

Conditions particulières du développement de l'embryon des Amniotes. — Les traits essentiels du développement embryogénique des Amniotes sont les mêmes que ceux des autres Vertébrés. Ils sont modifiés chez les Sauropsidés : 1° par le volume considérable du vitellus, auquel l'embryon doit s'adapter, mais que nous avons déjà rencontré chez les Sélaciens (p. 2.570); 2° par la tachygénèse, qui réduit à l'état d'ébauches les organes rappelant, chez les Amniotes, les phases de la vie aquatique de leurs ancêtres Batraciens; 3° par des adaptations des ébauches des arcs branchiaux, dont la réduction amène la formation d'une région nouvelle, le *cou*; 4° par la formation des organes nouveaux, essentiellement temporaires, que nous venons de décrire et qui, après avoir atteint un volume relatif considérable, se réduisent et disparaissent avant l'éclosion du jeune animal, à savoir : la *vésicule ombilicale*, l'*amnios* et l'*allantoïde*; 5° par les modifications que subit l'appareil néphridien, dont les canalicules semblent s'user par suite de leur fonctionnement intense, au cours des transformations de l'embryon; il n'en subsiste que les plus jeunes, constituant un rein condensé, le *métanéphros*, qui se substituera au *mésonéphros*, remplaçant lui-même le *pronéphros*, dont certaines parties se mettront au service de l'appareil génital femelle.

Nous avons à étudier maintenant l'organogénèse des Amniotes, dans les points tout au moins où elle diffère de ce que nous ont montré les Poissons et les Batraciens.

Constitution progressive des organes dans le corps de l'embryon. — Nous avons vu précédemment comment se formait la ligne primitive. Au devant d'elle par un épaississement de l'exoderme se constitue la *plaque médullaire* (fig. 2008, *rm*), première indication du système nerveux; elle est limitée en avant par un bourrelet en forme de croissant (*p.c*), à concavité postérieure, dont les cornes se continuent en arrière, en formant les *bourrelets médullaires*.

La ligne médiane de la plaque médullaire correspond à la *corde dorsale* (*cd*), qui se forme en avant de la ligne primitive et dans le prolongement de cette dernière que nous avons appelé *prolongement céphalique*. Entre les deux, chez divers Oiseaux, parmi lesquels le Canard, on aperçoit l'orifice d'un canal qui conduit dans la cavité entodermique, et qui est probablement l'homologue du *canal neurentérique* de l'*Amphioxus*, (p. 2.158), des larves de Tuniciers (p. 2.263) et des Poissons (p. 2.771).

Le mésoderme se forme de chaque côté de la ligne primitive et s'étend comme deux ailes divergentes vers le bord antérieur de l'embryon. En même temps qu'il se développe, il se divise, de chaque côté de la corde dorsale en *myomérides* (*mm*), tandis que ses régions latérales demeurent indivises et constitueront plus tard les plaques latérales. Le premier myomère, correspondant aux hypomérides des Poissons (p. 2.634), apparaît entre la plaque médullaire et la ligne primitive; les autres se forment successivement derrière lui, à mesure que le mésoderme se développe, et de manière que le myoméride postérieur soit toujours le plus jeune comme nous l'avons

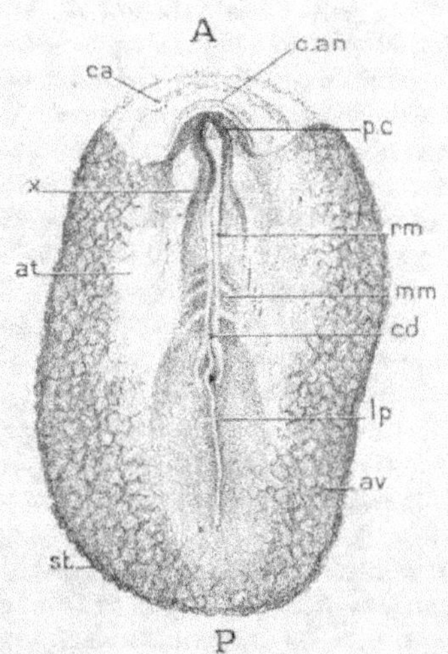

Fig. 2008. — Blastoderme de Poulet après 22 heures d'incubation, vu de face; — *A*, extrémité antérieure; *P*, extrémité postérieure; *c.an*, capuchon amniotique; *at*, aire transparente; *av*, aire vasculaire; *lp*, ligne primitive; *cd*, corde dorsale; *rm*, replis médullaires sur le point de se souder l'un à l'autre en *x*; *p.c.*, partie cérébrale de la lame neurale; *mm*, les premiers myomères; *ca*, croissant antérieur du blastoderme (MATHIAS-DUVAL).

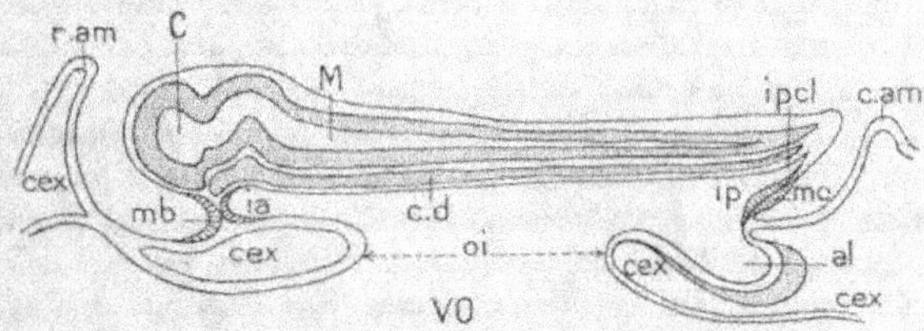

Fig. 2009. — Coupe longitudinale schématique d'un embryon de Poulet : — *M*, moelle; *C*, vésicule cérébrale; *cd*, corde dorsale; *ia*, *ip*, intestin antérieur et intestin postérieur; *mb*, membrane buccale; *mc*, membrane cloacale; *ram*, *cam*, replis amniotiques; *al*, début de l'allantoïde; *c.ex*, cœlome externe; *VO*, vésicule ombilicale; *oi*, ombilic intestinal (PRENANT).

décrit à propos des Sélaciens (p. 2 573, 2.576 et 2.633). Bientôt la plaque médullaire se creuse suivant son axe, et, peu à peu, ses bords se rapprochant et se soudant, elle arrive à former le *tube neural* (fig. 2009, *M*), dont l'extrémité antérieure se dilate pour former symétriquement la vésicule cérébrale primitive. Celle-ci est reliée en dessous au reste du blastoderme par une membrane formée par l'accolement de l'exoderme et de l'entoderme, sans intervention du mésoderme : la *membrane pharyngienne* (fig. 2009, *mb*). Celui-ci cependant entoure circulairement la membrane, qui, disparaîtra plus tard, laissant à sa place un orifice qui n'est autre que la *bouche*. A l'extrémité postérieure du disque embryonnaire même, il se constitue également une *membrane cloacale* (fig. 2009, *cl*), consistant en une aire ovale, d'où le mésoderme a aussi disparu de telle façon que l'exoderme et l'entoderme y sont également en contact immédiat. C'est après sa formation que se caractérise l'extrémité postérieure de l'embryon. Dans la région qui lui correspond, l'exoderme se relève de manière à former le *capuchon caudal de l'amnios* (*cam*), qui se rabat sur l'extrémité postérieure de l'embryon. Celle-ci est en voie d'élongation continue et l'on y observe sur une coupe sagittale de dehors en dedans : 1° la continuation de la ligne primitive ; 2° celle de la corde dorsale ; 3° une couche mésodermique la séparant de l'entoderme intestinal, et disparaissant au niveau de la membrane cloacale pour reprendre plus loin ; 4° l'entoderme intestinal, qui, au delà de la membrane cloacale, donne naissance à un cæcum, début de l'*allantoïde* (*al*), dont nous avons précédemment décrit la transformation et précisé le rôle dans la nutrition et la respiration de l'embryon. Le mésoderme de son côté se clive en arrière de la membrane cloacale, le cœlome se prolongeant entre les deux lames résultant de ce clivage ; il s'épaissit en outre au delà de la vésicule allantoïdienne pour former le *bourrelet allantoïdien*, origine du *repli allantoïdien*, qui, dans une coupe sagittale, se recourbe en crosse au-dessous de l'embryon.

Cependant, le cæcum allantoïdien s'allonge et se divise en un tube étroit, le *pédicule de l'allantoïde*, qui s'ouvre dans l'intestin primitif immédiatement en avant de la membrane cloacale, et en une vésicule, d'abord sphéroïdale, qui va aller grossissant et qui est l'*allantoïde* proprement dite.

L'extrémité postérieure de l'embryon, continuant à s'allonger au-dessous du repli amniotique postérieur, ne tarde pas à faire saillie au-dessus du blastoderme, dont elle se détache pour former le rudiment de la queue dans laquelle pénètre un cæcum entodermique formant l'*intestin post-anal* (fig. 2009, *ipcl*). L'embryon, ainsi devenu indépendant à ses deux extrémités, est rattaché au blastoderme dans sa région moyenne par un large pédicule (*oi*), reliant l'embryon à la vésicule ombilicale (*vo*), et qui ira en se rétrécissant en formant le *cordon ombilical*. Au cul-de-sac postérieur, constituant l'intestin post-anal, s'oppose un cul-de-sac antérieur (*ia*), résultant de l'accolement dans cette région des deux bords de la lame entodermique et constituant l'intestin céphalique. Ces deux culs-de-sac sont les rudiments de l'intestin ; la région de l'entoderme qui est comprise entre eux, et qui se continue sur ses bords avec l'entoderme blastodermique, devient le pédoncule de la vésicule ombilicale.

Le corps de l'embryon présente alors deux régions bien distinctes (fig. 2010) : une *région céphalique*, volumineuse, contenant les vésicules cérébrales, légèrement infléchie en dessous comme chez les Poissons (p. 2.589 à 2.591, fig. 1881 à 1883) et une *région somatique*, correspondant au tronc. Le développement de ces deux régions s'accomplit d'une façon fort différente, ainsi que nous l'avons déjà fait pressentir (p. 2907). Tandis que la région céphalique demeure momentanément indivise, les métamérides (*m*), se forment dans la région somatique avec une rapidité qui contribue peut-

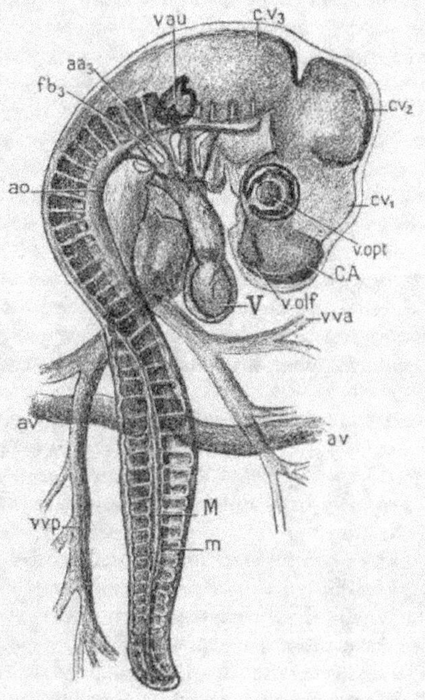

Fig. 2010. — Embryon de Poulet après 68 heures d'incubation (vue dorso-latérale droite); l'amnios a été enlevé et la vésicule ombilicale n'a pas été représentée : — *vva*, *vvp*, veines vitellines antérieures et postérieures; *av*, artères vitellines; *O*, oreillette; *V*, ventricule; *aa₃*, 3ᵉ arc aortique; *fb₃*, 3ᵉ fente branchiale; *ao*, aorte; — *C.A*, cerveau antérieur; *CV₁*, *CV₂*, *CV₃*, les trois vésicules cérébrales; *v.olf*, vésicule olfactive; *v.opt*, vésicule optique; *v.au*, vésicule auditive; *M*, moelle épinière; *m*, myomères (MATHIAS-DUVAL).

être à retarder l'évolution de la région céphalique, c'est-à-dire la *céphalo-génèse*, au profit de la *notogénèse*.

Les métamérides antérieurs, qui sont d'abord assez éloignés de la région céphalique, s'en rapprochent peu à peu, comme s'ils glissaient vers elle, de telle sorte que, si l'on prend comme point fixe l'extrémité antérieure de la cavité pariétale, le premier métaméride qui, dans un embryon humain de 3 mm. 2, est en arrière de cette extrémité, passe peu à peu en avant, et, dans un embryon de 13 mm. 8, c'est le 7ᵉ métaméride qui occupe sa place (His). Ce mouvement de glissement, lié à la formation de nouveaux métamérides et à l'accroissement de ceux qui sont déjà formés, détermine une nouvelle et très forte flexion de la tête, en arrière de la flexion crânienne : c'est la *courbure nuchale*, commune à tous les Amniotes (fig. 2010). La portion infléchie de la tête forme alors avec la portion demeurée sur le prolongement du tronc, un angle presque droit. C'est sur la portion infléchie que se sont formées les ébauches très saillantes des yeux (*v. opt*), tandis que, sur la portion qui a conservé sa direction primitive, on aperçoit, de chaque côté, une vésicule représentant la première ébauche de l'oreille interne et qu'on peut nommer la *vésicule auditive* (*v. au*). La face antérieure de cette région infléchie correspondra plus tard à la voûte du crâne. On distingue à son intérieur une paire de vésicules, ébauches des *hémisphères cérébraux*, constituant le *cerveau antérieur* (*CA*), suivies d'une première vésicule impaire, la *vésicule des couches optiques* ou *cerveau intermédiaire* (*CV_1*), d'une seconde vésicule dite *cerveau moyen* (*CV_2*), et dans la région non infléchie, d'une 3ᵉ vésicule (*CV_3*), qui se divisera plus tard en deux autres. Celles-ci se tranformeront en *cerveau postérieur* et *arrière-cerveau*; c'est sur cette région que se trouve la vésicule auditive (*v. au*). Cette région infléchie de la tête surplombera toujours par la suite la région non infléchie, sur la partie ventrale de laquelle vont se développer des organes particulièrement importants au point de vue phylogénétique comme au point de vue morphologique : les *arcs branchiaux*, placés entre les fentes branchiales (*fb*).

Arcs branchiaux. — Les stades Poisson et Batracien qu'ont traversés les ancêtres des Amniotes se traduisent en effet chez eux par la formation de *poches branchiales* (fig. 2011, *fb*), séparées par des *arcs branchiaux*, entre lesquels on aperçoit extérieurement des *sillons branchiaux*, correspondant chacun à une poche branchiale ; mais ces fentes ne s'ouvrent pas et ces organes, bien que reproduisant fidèlement les dispositions générales qu'on observe chez les Poissons et les larves des Batraciens, ne font que s'ébaucher, ne sont jamais fonctionnels et, ne servant plus à la respiration, s'adaptent à d'autres usages ou disparaissent.

Ils commencent à se développer dès que la flexion crânienne du cerveau s'est manifestée et régressent déjà quand la courbure nuchale s'est achevée et que la formation de la face se prépare. Ils apparaissent en arrière de la partie réfléchie de la tête, qui les surplombe, et se disposent en série sur les côtés de la face ventrale de la partie non réfléchie, de telle façon que la 2ᵉ fente branchiale se trouve à peu près au niveau de la vésicule auditive.

Le nombre total des arcs branchiaux est de cinq (fig. 2011, *mx, hy, br_3, br_4, br_5*), correspondant à cinq poches branchiales chez les Sauropsidés et probablement aussi chez les Mammifères; tout au moins en est-il ainsi chez des êtres aussi éloignés que la Taupe et l'Homme. Ces arcs branchiaux vont en diminuant de longueur du premier au dernier, de sorte qu'ils laissent entre eux un espace triangulaire à sommet dirigé vers la tête que His a appelé le *champ mésobranchial* (fig. 2011 B, *fb*).

Les trois premières poches branchiales viennent s'appuyer sur les sillons branchiaux correspondants. La 5ᵉ n'atteint plus l'exoderme; il en est de même d'une sixième, encore plus rudimentaire, représentée par son arc aortique (fig. 2012, *VI*); cet arc n'est pas suivi, comme les autres, d'une poche branchiale. Il existe bien chez les Poissons un 7ᵉ arc branchial; mais il demeure rudimentaire et n'est jamais pourvu d'arc aortique. On peut donc

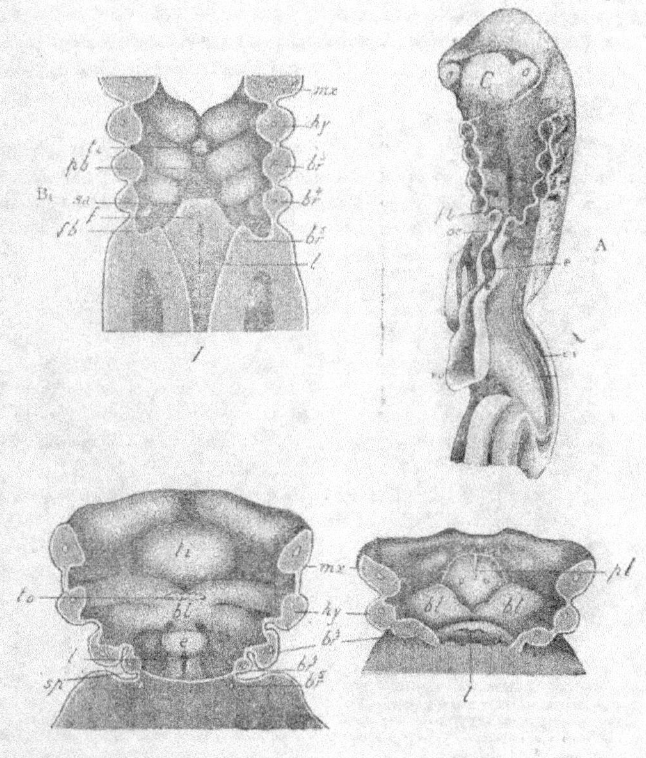

Fig. 2011. — A, Embryon humain de la 3ᵉ semaine (3,2 millimètres de long), sa paroi ventrale enlevée ; — *C*, cerveau ; *o*, vésicules optiques ; *m*, bourgeons maxillaires ; *mx*, arc mandibulaire ; *hy*, arc hyoïdien ; *br*, 1ᵉʳ arc branchial ; *fb*, dernière poche branchiale ; *œ*, œsophage ; *e*, estomac ; *vo*, vésicule ombilicale ; *cr*, corps de Wolff ; *cw*, canal de Wolff (emprunté à Poirier, d'après His).

Bᵢ, Bᵢᵢ, Bᵢᵢᵢ. — Trois stades successifs du développement de la paroi antérieure de l'espace bucco-pharyngien, montrant la formation des fentes branchiales, de la langue, du corps thyroïde, de l'épiglotte ; — *mx*, arc mandibulaire ; *hy*, arc hyoïdien ; *br³-br⁵*, arcs branchiaux (3ᵉ-5ᵉ arcs viscéraux) ; *pb*, plancher buccal ; *ti*, ébauche de la pointe de la langue ; *bl*, base de la langue, au niveau des 2ᵉ et 3ᵉ arcs fusionnés en leur milieu ; *ef*, rudiments de l'épiglotte et des cartilages du larynx ; *l*, glotte ; *pb*, champ mésobranchial, se continuant en arrière par les sillons arqués *se* ; *to*, glande thyroïde ; *sp*, sinus précervical déterminé entre la paroi du cou et celle du thorax, par l'affaissement des arcs branchiaux (emprunté à Poirier, d'après His).

dire que le nombre normal des arcs branchiaux est de cinq et qu'il se maintient chez tous les Vertébrés à partir des *Notidanidæ*, dont les poches branchiales peuvent être au nombre de sept (*Heptanchus*) ou de six (*Hexanchus*) pour tomber à cinq chez tous les autres Poissons. Les deux moitiés des deux premiers arcs se soudent l'une à l'autre sur la ligne médiane ventrale.

Comme ils sont beaucoup plus grands que les 3ᵉ et 4ᵉ, ceux-ci se trouvent ainsi enfoncés dans une sorte de sinus largement ouvert, le *sinus pré-cervical* (fig. 2013, *sp*) (His), qui ne tarde pas à être recouvert par le 2ᵉ arc dont le bord postérieur se dilate beaucoup ; cette dilatation du bord postérieur du 2ᵉ arc, l'*arc hyoïdien* des Amniotes, peut être comparée au prolongement operculaire de l'arc hyoïdien des Poissons. Ce prolongement chez les Amniotes se soude à la paroi du corps, de sorte que le sinus précervical disparaît. D'autre part, les extrémités des arcs se rapprochant vers la ligne médiane, le champ mésobranchial se

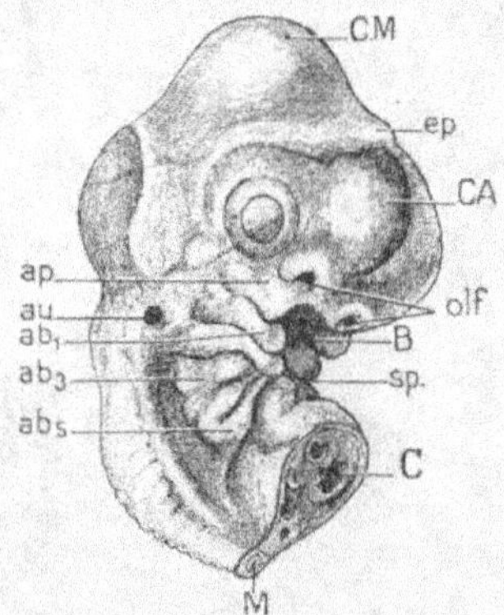

Fig. 2012. — Reconstitution de la partie antérieure de l'appareil digestif (région pharyngo-branchiale) et de l'appareil circulatoire (arcs aortiques) : — *II*, restes du 2ᵉ arc aortique ; *III-VI*, 3ᵉ-6ᵉ arcs aortiques ; *1-4*, poches branchiales ; *5*, corps ultimobranchial (Brachet, d'après Soulié).

Fig. 2013. — Tête, en vue ventro-latérale, d'un embryon de Poulet du milieu du 5ᵉ jour d'incubation : — *CA*, cerveau antérieur ; *CM*, cerveau moyen, formant la partie la plus proéminente de la tête ; *ep*, place de l'épiphyse ; *olf*, fossettes olfactives ; *au*, fossettes auditives ; *B*, place de la bouche ; *ap*, processus palatin ; *ab₁*, *ab₂*, *ab₃* arcs branchiaux, dans les cloisons de séparation des fentes branchiales ; *sp*, sinus précervical ; *C*, coupe du cœur ; *M*, coupe de la moelle épinière (Mathias-Duval).

réduit à une fente en forme d'Y à branches dirigées en arrière (fig. 2011 B, *pb*, *sa*). Dans la partie évasée de l'Y, entre les sommets des arcs branchiaux de la 2ᵉ et de la 3ᵉ paires, se développe un tubercule impair, le *tubercule lingual* (*lb*), au-dessous duquel les extrémités libres du 3ᵉ arc se rapprochent et se soudent. Les deux moitiés du 4ᵉ arc qui suit vont à la rencontre l'une de l'autre, en avant de la glotte (*l*). Quant au 5ᵉ arc, son arc aortique remonte en avant, entraînant sa poche entodermique, tandis que la paroi exodermique correspondante, est refoulée en arrière, par suite de la formation du sinus cervical. L'arc lui-même se renverse en dehors (fig. 2013, *ab₃*) et vient s'accoler à la paroi thoracique.

Ainsi les arcs branchiaux fonctionnels et métamériquement disposés des

Poissons et des Batraciens ne gardent chez les Amniotes que des vestiges très modifiés de leur disposition métamérique primitive. Seuls, les vaisseaux rappellent cette disposition (fig. 2014). Le bulbe artériel donne naissance à deux troncs longitudinaux symétriques, divergents qui comprennent chacun une partie qui se dirige en avant et une autre qui se dirige en arrière; de la

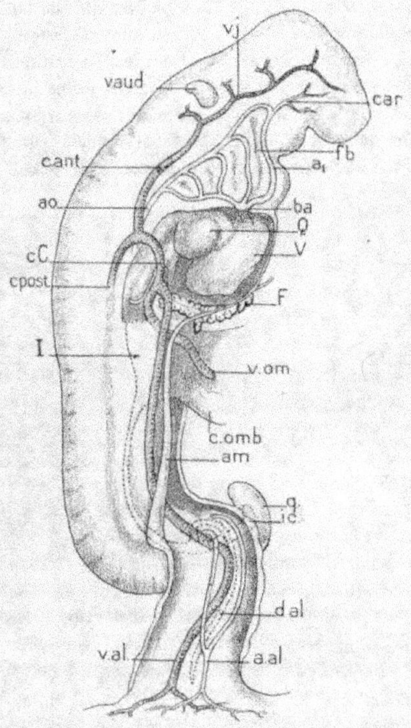

Fig. 2014. — Reconstruction d'un embryon humain de 4 mm. 2, montrant la disposition primitive de l'appareil circulatoire : *vj*, veine jugulaire ou cardinale antérieure ; *cp*, veine cardinale postérieure ; *cC*, canal de Cuvier ; *v.om*, veine omphalo-mésentérique ; *v.al*, veine allantoïdienne ; *O*, oreillette ; *V*, ventricule ; *ba*, bulbe aortique ; *a₁*, 1ᵉʳ arc aortique ; *car*, carotide ; *fb*, fente branchiale ; *v.aud*, vésicule auditive ; *F*, foie ; *c.omb*, cordon ombilical ; *am*, amnios, coupé ; *q*, région caudale ; *ic*, intestin caudal ; *d.al*, diverticule allantoïdien du tube digestif (emprunté à Minot, d'après W. His).

partie antérieure naissent le 1ᵉʳ et le 2ᵉ arcs aortiques; de la partie postérieure, les quatre suivants, dont un, le 5ᵉ, demeure rudimentaire. Chez de nombreux Reptiles et chez les Oiseaux, le cou est tout entier situé au devant des trois derniers arcs, qui demeurent dans le thorax; chez quelques Reptiles et les Mammifères, le cou ne laisse dans le thorax que des rudiments des deux derniers arcs.

Dérivés branchiaux. — On a vu, p. 2623 et suivantes, que des annexes branchiaux se développent sur les arcs branchiaux des Poissons ; ces mêmes annexes se retrouvent chez les Amniotes et déterminent clairement la signification morphologique des arcs que nous considérons comme tels chez eux. Le *corps thyroïde* des Amniotes dérive, comme celui des Vertébrés aquatiques, d'un bourgeon unique, médian, de la paroi ventrale du pharynx ; il se divise ultérieurement en deux corps indépendants, symétriques chez les Oiseaux et les Mammifères (fig. 2015, *tr.*) Le *thymus* naît également d'une prolifération de l'épithélium des poches branchiales, mais, au lieu de se développer sur toutes les poches, les formations qui lui donnent naissance apparaissent seulement sur les 2e et 3e poches chez les Reptiles (Orvet fig. 2015 A, t_2, t_3). C'est la 3e paire de poches qui joue dans son développement le rôle principal chez les Oiseaux et chez les Mammifères (fig. 2015 B et C), mais par un prolongement, ventral chez les seconds,

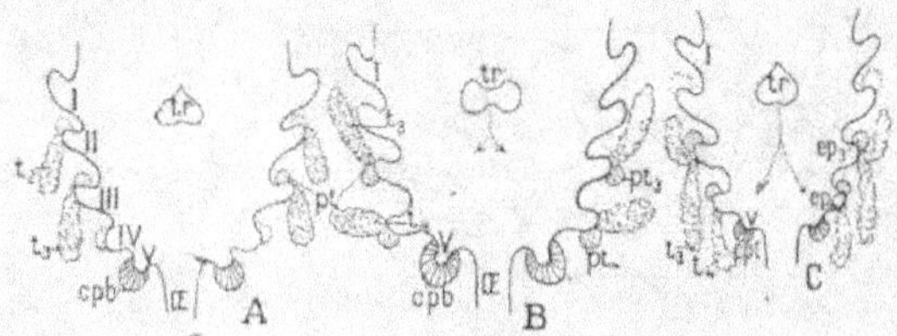

Fig. 2015. — Schéma des dérivés branchiaux : A, chez les Reptiles (Lézards) ; B, chez les Oiseaux (Poulet) ; C, chez les Mammifères (Chat) : — *I-V*, évaginations branchiales ; t_2-t_4, ébauches du thymus, correspondant aux 2e, 3e et 4e fentes branchiales ; *tr*, invagination thyroïdienne ; *cpb*, corps post-branchial (thyroïde latérale) ou corps ultimo-branchial ; *ep* ; (*pt*), corps épithéliaux (parathyroïdes), correspondant aux 3e et 4e fentes branchiales.

dorsal chez les premiers. La 4e paire de poches peut d'ailleurs contribuer aussi, surtout chez les Oiseaux, à sa formation.

La 3e et la 4e paires de poches branchiales des Oiseaux produisent, sur leur branche dorsale, deux petits diverticules, qui sont même parfois représentés faiblement sur la 2e ; ces diverticules deviennent les *glandes parathyroïdiennes* (fig. 2015, *pt*, *ep*) et correspondent peut-être aux *corpuscules épithéliaux* qui se forment sur la soudure des bords des fentes branchiales chez les Batraciens.

Enfin, en arrière des poches branchiales, se trouve chez tous les Amniotes un dernier diverticule, correspondant à une poche branchiale atrophiée ; son épithélium épaissi donne les *corps post-branchiaux (cpb.)*, qui deviennent les *thyroïdes latérales*.

En avant des arcs branchiaux, se trouve une zone d'accroissement, qui formera la majeure partie des parois ventrale et latérales du cou ; mais les arcs eux-mêmes ne prennent aucun développement, et même les trois derniers se disloquent, les parties qui les constituaient étant transportées à une certaine distance les unes des autres. Les 3e et 4e paires de poches, celles sur lesquelles vont apparaître les ébauches du thymus, se sont complètement détachées de l'exoderme et se sont transportées vers le plancher de la bouche ; au contraire, les arcs aortiques correspondant aux 5e et 6e paires de poches se sont transportés en arrière.

Les arcs branchiaux des Amniotes ont une importance théorique considé-rable : incapables de fonctionner, disparaissant de bonne heure, leur exis-tence temporaire ne peut s'expliquer que par la répétition héréditaire d'un état ancestral, durant lequel les progéniteurs des Amniotes traversèrent une phase d'existence aquatique. Les arcs branchiaux perdant tout usage avec le passage à la vie aérienne, la tachygénèse suffit pour expliquer leur disparition : mais cette disparition a été encore accélérée lorsque, l'embryon se métamorphosant dans l'œuf, les arcs branchiaux ont tout à fait cessé d'être fonctionnels. Au moment où ils vont disparaître ou s'adapter à des fonctions nouvelles, ils sont pressés au-dessus de la portion réfléchie de la tête qui les surplombe, dont la région frontale les dépasse, et sur la partie inférieure de laquelle on aperçoit déjà deux petites plages symétriques d'épithélium épaissi, qui sont les *champs nasaux*. Peut-être l'atrophie des arcs branchiaux, comprimés entre la région réfléchie de la tête et la région qui ne s'est pas courbée, contribue-t-elle à augmenter la courbure nuchale.

Formation de la face. — La face qui, chez les Amniotes qui ont atteint leur forme définitive, s'étend du sommet du front jusqu'au cou, porte les organes olfactifs, les yeux, les oreilles et la bouche, comprise entre les deux mâchoires; elle est reliée au tronc par une région, spéciale aux Amniotes, mais existant chez tous, le *cou*, région en général plus étroite que la tête et le tronc, capable de mouvements de flexion en tous sens et dans laquelle ne pénètre pas la cavité générale.

La position occupée par les ébauches des organes des sens, chez les embryons à un stade encore précoce (fig. 2010), indique que la face com-prend les régions antérieure ou ventrale de la partie infléchie de la région céphalique : elle porte les champs nasaux en avant, les yeux sur les côtés et une bonne partie de la région occupée par les poches branchiales, puisque les vésicules auditives sont au niveau de la seconde de ces poches. Au moment de la formation de la courbure nuchale, la membrane pharyngienne, qui marque le lieu de formation de la bouche, est entraînée au-dessous de la saillie frontale produite par la flexion crânienne et par suite de la forma-tion de la courbure nuchale qui vient s'y ajouter; les cinq arcs branchiaux, situés entre la saillie frontale et le tronc, sont comprimés les uns contre les autres, dans l'enfoncement qui résulte de l'accentuation de plus en plus grande de cette courbure (fig. 2010 p. 2929). On attribue générale-ment cette dernière à l'accroissement rapide de la future région dorsale de l'embryon; mais il se peut aussi qu'elle doive être attribuée, pour une bonne part, à un raccourcissement de la région branchiale, liée primitivement à l'atrophie, par défaut d'usage, des parties constitutives des branchies, atro-phie rendue de plus en plus précoce par la tachygénèse.

Dans la région supérieure de cet enfoncement, la membrane pharyn-gienne se trouve située au fond d'une fossette, la *fossette buccale*, sur laquelle s'ouvrira la bouche et qui est caractéristique des Amniotes. Sur la voûte de la fossette buccale se produit une invagination en forme de cæcum (fig. 2016, *Hy*), qui se dirige vers une saillie en forme d'entonnoir, l'*infun-dibulum*, apparue en même temps à la face inférieure de la vésicule cérébrale

moyenne ; les deux organes se soudent l'un à l'autre, puis le cæcum issu de
la voûte buccale s'en détache pour demeurer suspendu au sommet de l'infundibulum, et constituer avec lui l'*hypophyse* ou *corps pituitaire*, glande
à sécrétion interne, dont le cæcum d'origine buccale est la partie active.
(Voir pour la même formation chez les Poissons, p. 2601 à 2603). Comme,
sur la face opposée de la vésicule cérébrale moyenne, se forme la *glande
pinéale* ou *épiphyse*, dont la signification a été donnée p. 2514, et sera
confirmée plus loin, on a voulu voir, dans l'existence des deux émergences

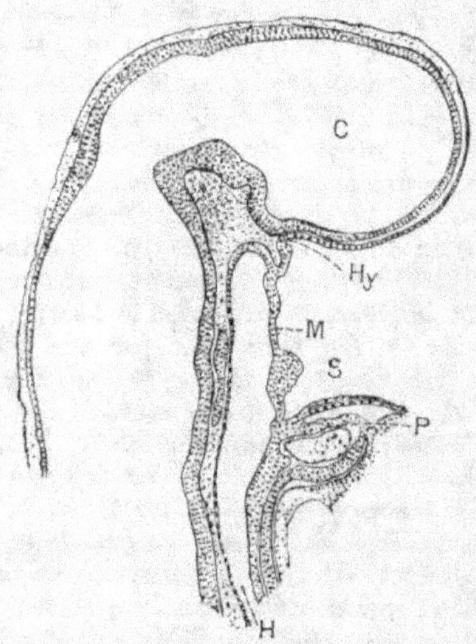

Fig. 2016. — Coupe sagittale de la partie antérieure d'un embryon de Lapin : — *C*, cerveau antérieur ; *Hy*, hypophyse ; *S*, stomodæum ; *M*, membrane buccale, formée par l'exoderme et l'endoderme seuls (les deux feuillets
ne sont pas représentés séparément) ; *P*, cœur et péricarde ; *H*, tube digestif (emprunté à Brachet, d'après
W.-J. Atwell).

opposées de la vésicule moyenne, se dirigeant l'une vers la face neurale du
corps, l'autre vers la bouche, un rappel de la disposition commune aux animaux segmentés, chez qui l'œsophage traverse le collier nerveux. Mais on a vu
(p. 2169), à propos de l'*Amphioxus*, que la bouche des Vertébrés ne correspond nullement à celle des animaux segmentés. Le développement précoce
du système nerveux, devenu très volumineux, a empêché la formation de
cette dernière, en empiétant sur sa place. Le collier nerveux, dont elle
avait déterminé la formation, a disparu avec elle ; et elle a été remplacée
par la première fente branchiale formée, devenue une bouche de fortune,
dont la position latérale a déterminé, chez le Vertébré ancestral, une attitude
d'abord pleuronecte, comme celle des Soles, bientôt suivie du renversement
complet d'attitude qu'Étienne Geoffroy avait déjà signalé et que Anton
Dohrn avait depuis accepté comme une réalité. Mais Dohrn n'avait pas
aperçu l'attitude pleurothétique intermédiaire, et c'est pourquoi il avait

fait appel à la fusion de deux poches branchiales symétriques, pour expliquer
la formation de la bouche secondaire des Vertébrés. Il n'y a, d'après ce que
nous venons de dire, aucune raison pour qu'il se produise, chez les embryons
des Vertébrés, un rappel du collier œsophagien des Invertébrés, dont la
réalisation du type vertébré suppose la suppression complète.

Ainsi que nous venons de le dire, la fosse buccale est placée entre les
ébauches très saillantes des yeux, au-dessous du front. Bientôt, de celui-ci
descend, au devant d'elle, une sorte de large auvent à bord inférieur légèrement concave; ce *bourgeon frontal* (fig. 2017, *bf*) entraîne avec lui les deux
champs nasaux (*ni* + *ne*), qui s'enfoncent un peu vers l'intérieur, donnant ainsi
naissance à deux *fossettes olfactives* (*fo*), qui échancrent symétriquement

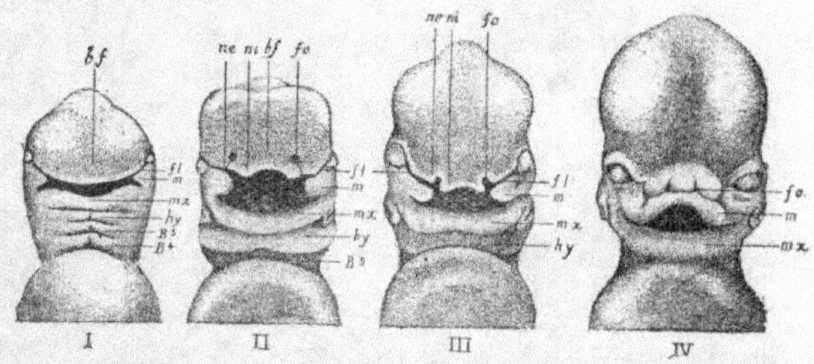

Fig. 2017. — Quatre stades du développement de la face chez l'embryon humain : — *mx*, arc mandibulaire; *hy*, arc hyoïdien; *B³*, *B⁴*, arcs branchiaux; *m*, bourgeon maxillaire supérieur; *bf*, bourgeon frontal; *ni*, *ne*, bourgeons nasaux interne et externe; *fo*, fossette olfactive; *fl*, fente lacrymale (PRENANT, in POIRIER, d'après EBNER).

le bord libre, et dont les bords deviennent eux-mêmes légèrement saillants.
Entre les yeux et le bord externe des fossettes olfactives, il se constitue
ainsi un *sillon lacrymal* (*fl*). D'autre part, le bord externe de la fossette
buccale se prolonge au devant des yeux en un large bourgeon triangulaire
dont le sommet libre est arrondi; c'est le *bourgeon maxillaire supérieur*
(*m*), dont le bord inférieur s'appuie sur le premier arc viscéral (*mx*) lui-
même appuyé sur le second (*hy*). Tous deux ont un développement à peu
près égal, et leurs moitiés droite et gauche arrivent au contact sur la ligne
médiane ventrale. Le 3ᵉ arc au contraire (*B₃*) ne semble plus qu'un appendice arrondi du bord inférieur du second, situé près de sa base; le 4ᵉ et le
5ᵉ sont grêles; leur sommet est pointu et ils convergent vers le haut en se
dirigeant vers la ligne médiane. Dans ces conditions, le bourgeon frontal,
en haut, les deux bourgeons maxillaires supérieurs latéralement et, en bas,
le premier arc viscéral, qui est le précurseur de la *mandibule*, circonscrivent
une sorte de fosse, au fond de laquelle une saillie presque hémisphérique
constitue le *bourgeon lingual*.

A ce moment, on peut compter une quarantaine de myomérides, qui vont
en diminuant de longueur, comme s'ils étaient comprimés d'arrière en
avant; les trois ou quatre derniers sont à peine indiqués et un assez long
bourgeon caudal, arrondi à son extrémité, est encore indivis; la courbure

nucbale s'est accentuée au point que la face inférieure de la saillie frontale
s'appuie presque sur la face ventrale, comprimant de plus en plus les 3ᵉ, 4ᵉ e
5ᵉ arcs branchiaux; les bourgeons des quatre membres se sont développé
et ont passé de la forme hémisphérique, qu'ils avaient lors de leur appari
tion, à la forme de courtes et épaisses massues, sans aucune différenciation
apparente extérieurement. La vésicule auditive est toujours au niveau d

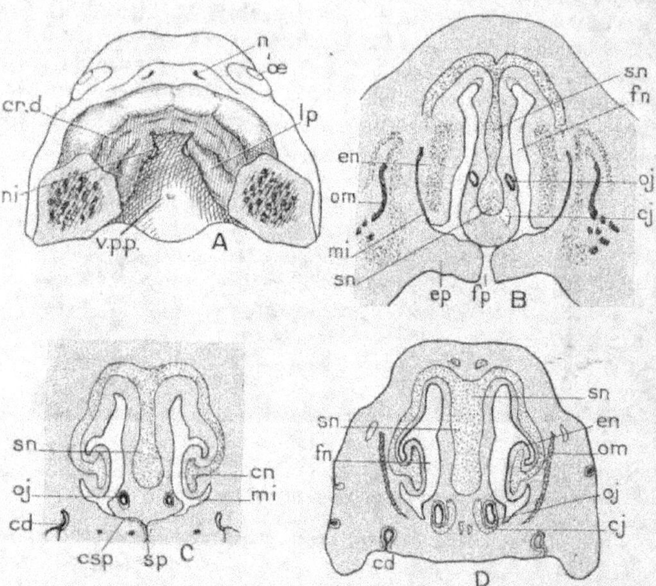

Fig. 2018. — Développement de la voûte palatine chez l'Homme. — A, début de la formation des ébauches des
lames palatines, lp ; œ, œil, n, narine; ni, narine interne; cr.d, crête dentaire; vpp, voûte palatine primitive
(d'après His). — B, coupe de la région nasale d'un embryon humain de 28 millimètres de long : ep, lames palatines, non encore en contact sur la ligne médiane; fp, fente palatine; fn, fosses nasales; sn, septum nasal;
en, ébauche du cornet inférieur; mi, méat inférieur; oj, organe de Jacobson; cj, cartilage de Jacobson; om, os de
membrane (maxillaire) (d'après Peter). — C, coupe semblable après la réunion des lames palatines : mêmes lettres ;
en plus, cd, crête dentaire ; sp, canal de Stenson, ou canal incisif (d'après Hertwig). — D, même coupe après la
coalescence des lames : mêmes lettres (d'après Peter, emprunté à O. Hertwig).

2ᵉ arc branchial. La 1ʳᵉ fente branchiale aboutit à cette vésicule et c'est sa
région dorsale qui se soulève circulairement dans la région voisine de la
vésicule auditive et ébauche ainsi le canal auditif externe. Peu à peu, le
processus maxillaire supérieur, qui contribue à former le palais, se soude
de chaque côté avec le bord interne de la fossette olfactive correspondante,
en passant au devant d'elle, et la transforme en un canal, qui s'ouvre postérieurement dans la bouche. Les orifices internes de ces canaux sont situés,
comme chez les Amphibiens, dans la région antérieure de la cavité buccale.
On les désigne sous le nom de *fentes palatines primitives.*

Développement du palais. — Un *palais secondaire* est constitué
ensuite par les *lames palatines* (fig. 2018, *lp*) qui naissent symétriquement

des processus maxillaires supérieurs et se soudent sur la ligne médiane ; il persiste longtemps entre elles une *fente palatine médiane* (DARSY); une crête (*sn*), née sur la base du crâne, s'interpose entre les deux fossettes olfactives, pénètre dans la fente palatine, et se soude, par son revêtement épithélial, à celui des lames palatines. La soudure devient ensuite mésodermique, mais demeure toutefois creusée, de chaque côté, d'un canal, le futur *canal incisif* ou *canal de Stenson* (*st*) qui fait communiquer avec la cavité buccale l'*organe de Jacobson* (*oj*), situé dans la cloison des fosses nasales. Cet organe consiste en un petit diverticule, tapissé par un épithélium sensoriel et innervé par un rameau du nerf olfactif.

L'organe de Jacobson existe chez tous les Amniotes, mais il devient rudimentaire chez les Singes supérieurs et chez l'Homme. Par la formation du palais secondaire, les fentes palatines primitives sont reportées en arrière et deviennent les *narines internes* ou *choanes*. Elles s'ouvrent encore cependant sur la voûte buccale chez les SAUROPSIDÉS, qui ne mâchent pas leurs aliments; elles sont reportées tout à fait en arrière chez les Mammifères qui, pour la plupart, les broient dans leur bouche avant de les avaler. Ici, à la vérité, il ne se forme pas de gouttières nasales : les fossettes olfactives primitives viennent buter contre la voûte buccale, qui se perfore de telle façon que, par tachygénèse, les choanes sont placées d'emblée en arrière du palais primitif.

Chez les Mammifères, les lèvres supérieures sont mobiles et munies de muscles spéciaux, auxquels on a demandé les moyens d'homologuer la bouche des Invertébrés avec celle des Vertébrés. On sait, d'après ce qui précède, que c'était là poser un problème inexistant.

Origine du cou. — Le cou, intermédiaire entre la tête et le tronc, s'est peu à peu développé chez les Amniotes, à mesure qu'ils abandonnaient l'attitude rampante, pour se dresser sur leurs pattes, ou qu'ils usaient de cette région de leur corps, soit pour se frayer un chemin dans la brousse, comme le faisait sans doute les *Diplodocus* et les Sauriens analogues, soit pour fouiller la vase, ou demeurer à la surface de l'eau comme les Plésiosaures. A peine mobile chez les Sauriens, presque incapable d'opérer des mouvements de flexion chez les Crocodiles, il est possible que sa première origine soit due à la disparition des branchies; mais, chez les Sauriens fossiles à longues pattes mobiles dans un plan vertical, chez les Oiseaux et chez les Mammifères, il a pris un développement proportionné à la longueur des pattes, et les éléments des trois derniers arcs branchiaux, lorsqu'ils prennent part à sa formation, se dissocient pour se disséminer en divers points de sa longueur, ce qui semble bien indiquer que le cou a pris tout d'abord la place qu'il occupait et s'est ensuite plus ou moins étendu d'une manière indépendante.

Quoi qu'il en soit, il a pour origine une masse conique, située entre le sommet de l'angle résultant de la courbure nuchale et le commencement de la région péricardique, dont le développement sera indiqué tout à l'heure. Cette masse est située sur la face ventrale de l'embryon, dans la région qui correspond à la courbure nuchale. Les myomérides semblent en même temps avoir glissé vers la tête, de manière à envahir la région de la courbure nuchale ; ils éprouvent dès lors respectivement un accroissement intercalaire, qui a pour effet de redresser la tête. Dans la région ventrale, l'accroissement, au lieu de se produire régulièrement sur toute la longueur du cou, comme c'est le cas pour la région occupée par les myomérides, se localise dans sa partie postérieure, en avant du péricarde. C'est alors que se produit la dislocation des trois derniers arcs branchiaux. Les poches branchiales qui leur correspondent se transportent en avant, vers le plancher de la bouche, ainsi que l'arc aortique du 3ᵉ arc branchial ; au contraire, la paroi exodermique de cet arc branchial, les arcs aortiques des 4ᵉ et 5ᵉ arcs branchiaux sont reportés en arrière.

Formation de la face ventrale du tronc. — Pendant que la céphalogénèse et la notogénèse se poursuivent, la face ventrale du tronc se constitue.

L'embryon se rattache d'abord largement par sa face ventrale, au blastoderme, tout en faisant saillie au-dessus de lui, de sorte qu'il se constitue, au-dessous de lui, un étranglement qui ira en s'allongeant et en se rétrécissant ; la ligne suivant laquelle cet étranglement se rattache au blastoderme en pédicule est l'*ombilic cutané* (fig. 2009, de *mb* à *mc*). En avant de la vésicule ombilicale jusque dans la région céphalique, l'endoderme se replie en dessous et les deux bords se soudent, formant ainsi un tube sur la face ventrale duquel leur ligne de suture est longtemps reconnaissable ; il se constitue ainsi un *intestin pharyngien* (*ia*), auquel, dans la région postérieure du corps, s'oppose un *intestin post-anal* (*ic*). Entre les deux, se trouve une ouverture circulaire dont les bords se prolongent en un tube reliant l'intestin ainsi formé avec la vésicule ombilicale ; l'ouverture de ce tube dans l'intestin primitif est l'*ombilic intestinal* (*oi*).

Entre la paroi du blastoderme et celle de la vésicule ombilicale s'étend la cavité du *cœlome externe* (*cex*) ; la région de cette cavité située au-dessus du cæcum pharyngien est la *fosse cardiaque*, dans laquelle le cœur ne tardera pas à se former. A mesure que l'embryon s'élève au-dessus du sac vitellin et que l'ombilic cutané se rétrécit, entre la membrane pharyngienne de l'embryon et le blastoderme, il se constitue une surface déclive qui est la première indication de la paroi thoracique de l'embryon. Comme le cou se forme entre elle et le sac pharyngien, il la refoulera devant lui quand il fera hernie sur la face ventrale et déterminera ainsi la formation de ce qu'on a appelé la *coiffe cardiaque* (voir fig. 2013, en C).

Appareil circulatoire. — Apparition des vaisseaux ; formation du cœur. — De très bonne heure, alors que l'embryon est encore réduit au croissant antérieur de l'exoderme et à la ligne primitive, au devant de laquelle ont apparu une courte ébauche de la corde dorsale et la première indication des lames médullaires exodermiques, le blastoderme s'est étendu autour du vitellus, dont il laisse à découvert une grande partie. autour de l'embryon. Il est doublé par l'endoderme (fig. 2019, *end*) et entre eux le mésoderme s'est glissé et scindé en deux lames, l'une externe, la *somatopleure* (*més. so*) appliquée contre l'exoderme, l'autre interne, la *splanchnopleure* (*més. spl.*), appliquée contre l'endoderme. Les vaisseaux naissent de cette dernière tout autour de l'embryon, mais à une certaine distance de lui, de manière à circonscrire deux aires vasculaires (fig. 1982 *av* et 2021), symétriques, l'une droite, l'autre gauche qui demeurent séparées en avant, mais se confondent en arrière. Ils n'apparaissent pas sous la forme de canaux, mais sous celle de germes isolés (fig. 2019, *is₁*), constitués par de petites masses protoplasmiques, amiboïdes, parsemées de nombreux noyaux, les *germes vasculaires* (Uskow), qui sortent

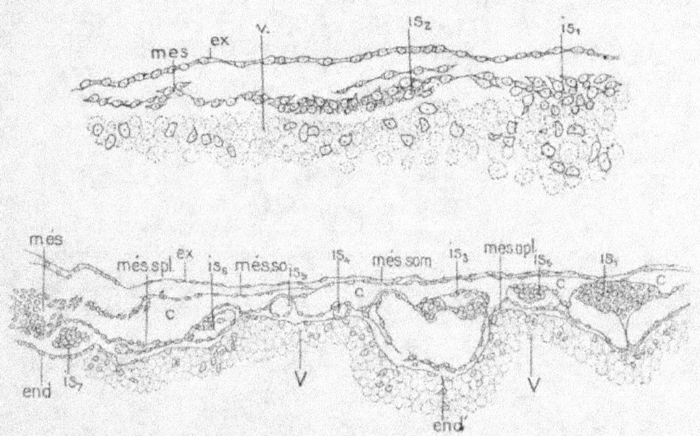

Fig. 2019. — A, Coupe dans l'aire vasculaire d'un blastoderme de Poulet de 11 somites, montrant l'origine des îlots sanguins ; *ex*, exoderme ; *més*, mésoderme ; *v*, vitellus avec noyaux vitellins ; *is₁*, *is₄*, ébauche des îlots sanguins. — B, Coupe analogue, montrant la suite de l'évolution des vaisseaux et du sang : *ex*, exoderme ; *més*, mésoderme indivis près de la ligne médiane de l'embryon ; *mes. som*, *més. spl*, lames somatique et splanchnique du mésoderme ; *end*, endoderme, incomplet en *end'* ; *v*, vitellus ; *is₃-is₇*, stades successifs de l'évolution des îlots sanguins (J. Rückert *in* O. Hertwig).

de l'endoderme pour se loger sous la splanchnopleure (fig. 2019 B, *is₁*, *is₂*).

Ces masses s'allongent, arrivent au contact les unes des autres, s'anastomosent entre elles et forment un réseau dont les masses sont désignées sous le nom d'*îlots de Wolff* (*îlots de sang* des anciens observateurs) (fig. 2020).

Dans ces îlots apparaît bientôt (fig. 2019 B, *is₃*, *is₆*) un liquide, qui les fait paraître creux, et dans lequel continuent à baigner une ou plusieurs petites masses plasmodiques plurinucléaires, qui ont été appelées *berceaux des hématies* (Kölliker), en raison de la part qu'elles prennent à la formation des globules rouges du sang. A mesure que le liquide contenu dans les germes vasculaires devient plus abondant, il refoule vers la périphérie les parties solides, conflue d'un germe à l'autre avec le liquide contenu dans les germes voisins et il se forme ainsi un réseau vasculaire plus ou moins serré qui entoure l'embryon. Celui-ci présente deux régions où l'activité formatrice est particulièrement intense : au voisinage de l'extrémité antérieure de la ligne primitive, où se forment un à un les myomérides, à la jonction de la région somatique avec la région céphalique. Elles semblent

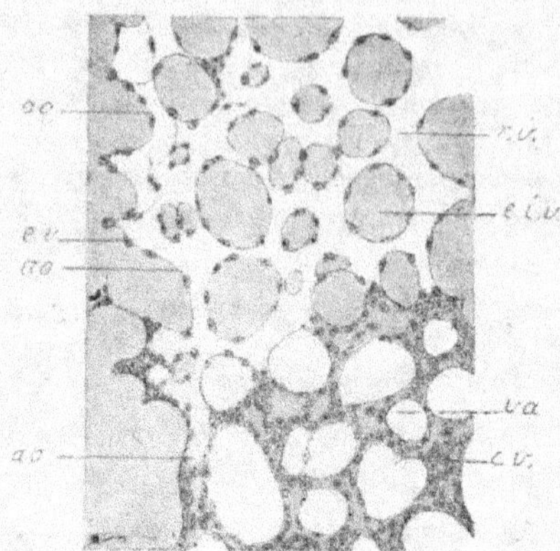

Fig. 2920. — Aire de formation des vaisseaux sanguins dans l'aire vasculaire, vue de face, d'un Poulet possédant 8 myomérides (— *rv*, réseau des vaisseaux canalisés; *eo*, leur endothélium; *cv*, cordons vasculaires pleins, se continuant par les vaisseaux canalisés et eux-mêmes en voie de canalisation; *va*, vacuoles creusées dans ces cordons pleins; *eiv*, espaces intervasculaires; *ao*, portion du réseau vasculaire aux dépens de laquelle se formera l'aorte (emprunté à PRENANT, BOUIN et ANCEL, d'après VIALLETON).

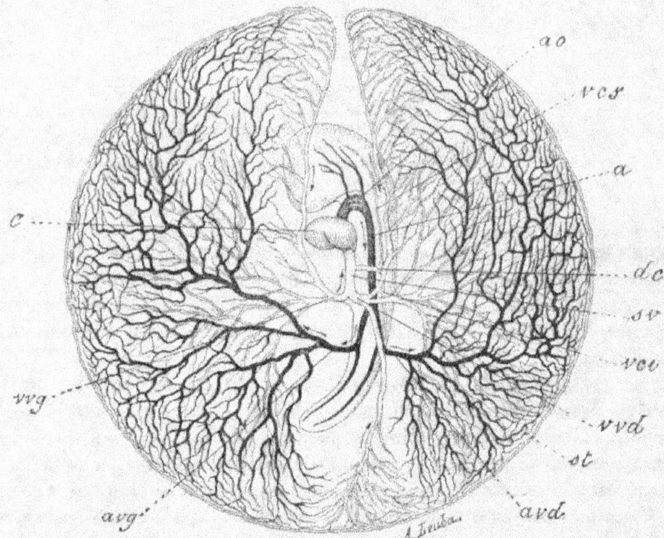

Fig. 2921. — Diagramme de la circulation vitelline chez le Poulet à la fin du 3e jour de l'incubation; — *vvd*, *vvg*, veines vitellines (omphalo-mésentériques) droite et gauche; *st*, sinus terminal; *sv*, sinus veineux; *v*, ventricule du cœur; *ao*, arcs aortiques; *a*, aorte; *avd*, *avg*, artères vitellines (omphalo-mésentériques) droite et gauche; *vci*, veine cave inférieure; *vcs*, veine cave supérieure (BALFOUR).

constituer des régions d'appel qui orientent vers elles les courants sanguins, et les mailles du réseau qu'ils parcourent. Grâce à cette orientation, les mailles placées bout à bout constituent les vaisseaux ; ces vaisseaux dont esang se dirige vers l'embryon sont naturellement des veines, les *veines vitellines antérieures* et *postérieures*, qui s'unissent elles-mêmes en deux gros troncs symétriques, les *veines vitellines* ou *omphalo-mésentériques* (fig. 2021,

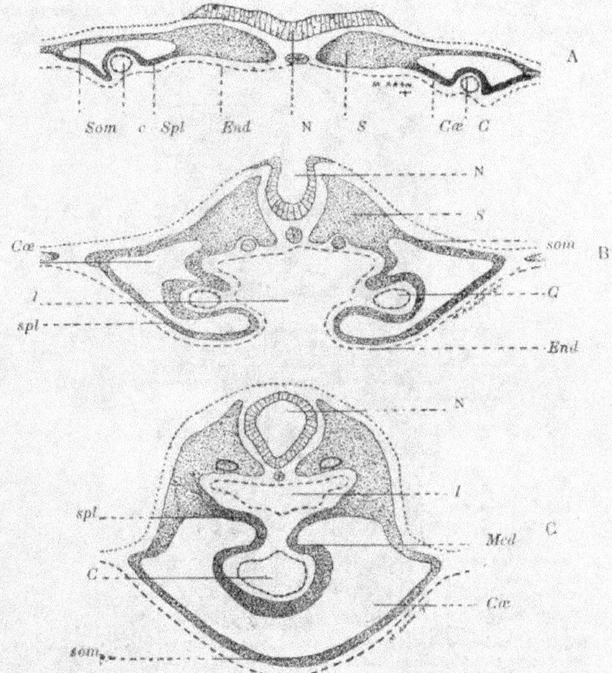

Fig. 2022. — Formation du cœur chez le Lapin. — A, les deux ébauches qui constitueront le cœur sont éloignées l'une de l'autre ; elles se rapprochent en B, et se fusionnent en C. Ces figures montrent en outre la double origine de l'endocarde (endoderme en traits interrompus) et du myocarde (en noir) ; — C, le cœur ; N, lame gouttière et tube médullaires ; *End*, endoderme ; *Som*, somatopleure ; *Spl*, splanchnopleure ; *S*, somite ; *Cœ*, cavité générale ; *I*, intestin ; *Med*, mésocarde dorsal, reliant le cœur à la paroi dorsale du corps (emprunté à Prenant, d'après Strahl).

vvd, vvg). Celles-ci en pénétrant dans l'embryon vont se réunir en un seul vaisseau (*sv*), qui se dirige vers la partie antérieure de l'embryon, et sur le trajet duquel se formera le *cœur*. Celui-ci s'est lui-même formé, comme les vaisseaux, au moyen de deux ébauches confluentes (fig. 2022 A, C, C.) qui se creusent d'une cavité commune et donnent ainsi naissance à un tube longitudinal court et rétréci en avant (C, C) (1).

Sur la périphérie de l'aire vasculaire, les mailles vasculaires se sont elles-mêmes unies en un canal circulaire, le *sinus terminal* (fig. 2021, *st*) inter-

____

(1) Voir p. 2.627 le développement du cœur des Poissons.

rompu seulement en avant, où chacune de ses deux branches se continue avec la veine vitelline antérieure de son côté.

Développement du cœur. — Chez le Poulet, vers la 30e heure d'incubation (Mathias-Duval), les veines omphalo-mésentériques sont placées en avant des premiers myomérides ; l'extrémité antérieure du cœur atteint à ce moment le niveau de la 3e vésicule cérébrale, et c'est à sa hauteur que la vésicule auditive se constitue. On peut donc dire qu'à ce moment, les

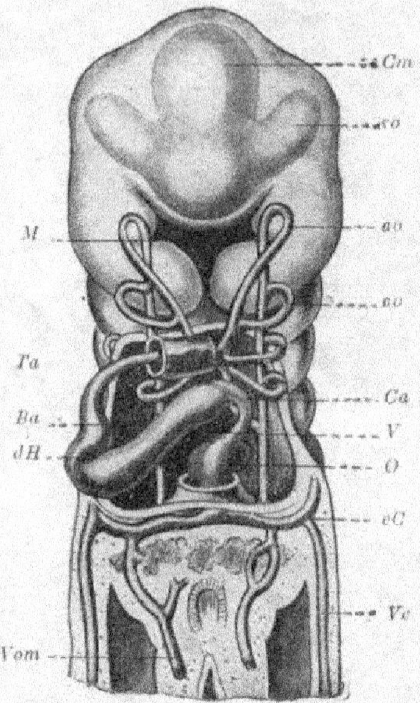

Fig. 2023. — Reconstitution de l'extrémité antérieure d'un embryon humain de 3 mm. 2, pour montrer la forme prise par le cœur, lors de sa torsion en spirale; le tube cardiaque seul est représenté, son enveloppe myocardique n'est conservée qu'à l'extrémité du tronc aortique : — *Vom*, veines omphalo-mésentériques, se réunissant avant d'aboutir à l'oreillette, *O*; *Ca*, canal auriculaire; *V*, ventricule; *dH*, détroit de Haller; *Ba*, bulbe aortique; *Ta*, tronc aortique; *ao*, arcs aortiques; *Vc*, veine cardinale postérieure gauche; *cC*, canal de Cuvier; *Cm*, vésicule cérébrale moyenne; *vo*, vésicule optique; *M*, bouche primitive (emprunté à Poirier, d'après Kollmann).

centres circulatoires sont situés dans la région céphalique. Toujours chez le Poulet, vers la 40e heure d'incubation, par le même procédé qui a donné naissance aux veines omphalo-mésentériques, se constituent, au niveau des derniers myomérides, dont le nombre a doublé, les *artères omphalo-mésentériques* (fig. 2021, *avd*, *avg*), qui s'ouvrent dans deux canaux symétriques courant longitudinalement de chaque côté de la ligne médiane, pour s'ouvrir en se recourbant en crosse dans l'extrémité antérieure du cœur.

Ces deux canaux représentent l'*aorte* (*a*). A ce moment, la courbure nuchale a commencé et doit fixer en avant le cœur, que l'afflux du sang en arrière tend à entraîner vers la région céphalique. Ces deux causes contribuent vraisemblablement à déterminer la courbure en anse qu'il éprouve à ce moment et la saillie qu'il forme sur le côté droit de l'embryon. Peut-être

aussi la quantité de sang qu'il reçoit détermine-t-elle chez lui un accroissement plus rapide que celui des parties voisines et qui ne lui permet pas de
trouver place dans la cavité péricardique.

Quelles que soient les causes de cette transformation, elle ne s'arrête pas
là. Au moment où, chez le Poulet, la courbure nuchale est près de s'achever

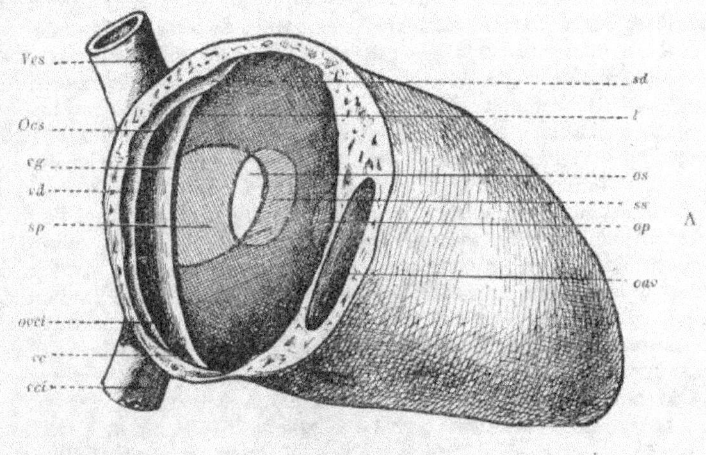

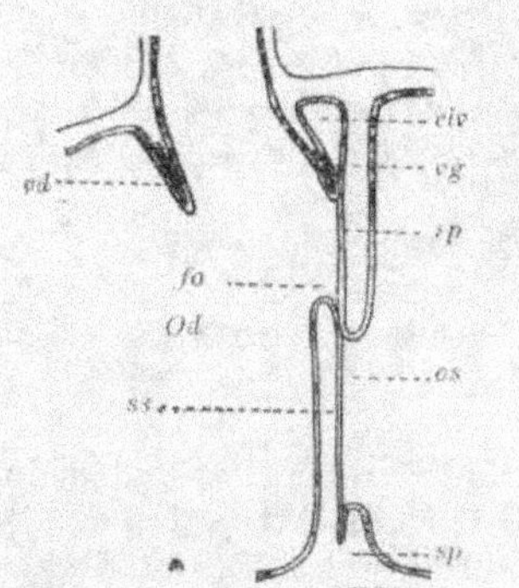

Fig. 2024. — Schémas montrant le mode de transformation de
la cloison interauriculaire : A, l'oreillette droite est supposée
sectionnée parallèlement à la cloison ; — *Vci*, veine cave
inférieure ; *Vcs*, veine cave supérieure ; *vc*, orifice de la veine coronaire ; *vd*, *vg*, valvules fermant les orifices veineux ;
sp, *septum primum*, percé successivement de deux orifices :
l'*ostium primum*, *op*, et l'*ostium secundum*, *os*; *ss*, *septum
secundum* recouvrant complètement l'*ostium primum* et
laissant temporairement ouvert l'*ostium secundum*; *oav*,
orifice auriculo-ventriculaire. — B, coupe à travers la cloison interauriculaire de l'adulte : mêmes lettres ; en outre :
Od, *Og*, les deux oreillettes ; *fo*, fosse ovale ; l'*ostium
secundum*, *os*, est fermé (emprunté à POIRIER).

et où les trois premières paires de poches branchiales sont constituées, le
cœur s'enroule en un tour d'hélice présentant : 1° une partie ascendante
postérieure (fig. 2023, O), où aboutissent les deux veines connues sous le
nom de *canaux de Cuvier* (CC), et dont la région supérieure donnera les
oreillettes; 2° une partie horizontale ou légèrement oblique, qui donnera les
ventricules (V); 3° une partie ascendante antérieure, le *bulbe artériel* (BA),
d'où partent les deux canaux qui donnent les arcs aortiques. A peine la courbure est-elle accusée qu'entre le bulbe artériel et le futur ventricule apparaît une constriction, le *détroit de Haller* (dH). Plus bas, s'en trouve une

autre, plus étendue, le *canal auriculaire* (*Ca*), qui marque la limite entre le ventricule et l'oreillette primitive.

Cette dernière s'allonge transversalement et un léger étranglement la divise en deux lobes, correspondant aux oreillettes définitives. De la partie supérieure de cet étranglement descend peu à peu vers la partie inférieure de l'oreillette une lame membraneuse (*septum superius*, His; *septum primum*, Born). dont le bord inférieur échancré en croissant est tourné vers le canal auriculaire (fig. 2024 *sp*); il se constitue ainsi une oreillette droite dans laquelle s'ouvre le sinus veineux, tandis que l'oreillette gauche ne reçoit que le tronc commun des veines pulmonaires encore peu développées. Le canal auriculaire se cloisonne à son tour. A cet effet, il s'invagine dans le ventricule et en même temps s'aplatit d'avant en arrière; sur chacune de ces faces se forme un *bourrelet endocardique* qui court verticalement tout le long du canal. Les deux bourrelets s'épaississent en marchant l'un vers l'autre, se soudent et forment une cloison verticale, le *septum intermedium* (His). placée dans le prolongement du *septum primum*. La division des oreillettes serait alors complète, si ce dernier, échancré vers le bas, ne laissait pas subsister un petit trou, l'*ostium primum*, par lequel les deux oreillettes communiquent encore un certain temps entre elles; cet *ostium primum* (*op*) finit par se boucher, le *septum primum* et le *septum intermedium* se soudant entièrement l'un à l'autre. Mais avant que cette soudure se soit produite, le *septum primum* s'est percé d'un nouvel orifice, l'*ostium secundum* ou *trou ovale* (*os*), qui persistera jusqu'à la naissance. Il est cependant recouvert en partie, par une autre lamelle, le *septum secundum* (*ss*), partant de son bord supérieur et antérieur. C'est ce *septum secundum*, qui achevant, à la naissance, de recouvrir le trou ovale, obturera celui-ci et complètera la séparation des deux oreillettes.

Le canal auriculaire se raccourcit d'ailleurs au point de se réduire à un orifice, l'orifice auriculo-ventriculaire. Primitivement unique, et en forme de fente transversale, il se divise en deux, lorsque l'atteint le *septum intermedium*, qui proémine même dans la cavité du ventricule par deux petites lames, l'une droite, l'autre gauche.

Pendant ce temps, s'est formée une *cloison interventriculaire* résultant du développement d'une lame de tissu musculaire qui naît de la partie ventrale du ventricule primitif (fig. 2025, *S*) et s'élève peu à peu dans sa cavité; la place de cette cloison est marquée, à l'extérieur du ventricule, par un *sillon interventriculaire*. La cloison interventriculaire se soude en haut avec la valve droite dépendant du *septum intermedium*, tandis que la valve gauche formera la portion droite de la valvule mitrale. En définitive, chaque moitié du ventricule primitif donnera l'un des ventricules définitifs, correspondant à l'une des oreillettes. La cloison intermédiaire n'atteint pas tout d'abord la paroi postérieure du cœur et les deux ventricules communiquent entre eux par un trou, l'*ostium interventriculare* (*Oiv*); cette communication existe momentanément aussi chez les Oiseaux et les Mammifères; mais chez eux l'*ostium interventriculare* qui permet cette communication ne tarde pas à être fermé par le développement d'une lame membraneuse, qui complète par en haut la cloison interventriculaire. Désormais, le cœur est divisé en quatre cavités : deux oreillettes et deux ventricules.

Le sinus veineux déverse le sang qui lui arrive dans l'oreillette droite chez

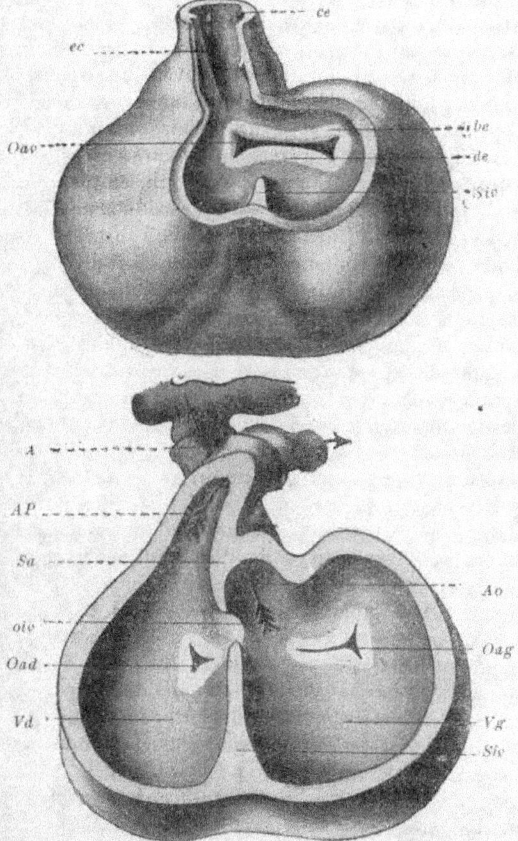

Fig. 2025. — Bipartition du ventricule dans un embryon humain : — A, début de la formation du septum interventriculaire, *Siv*; *Oav*, orifice auriculo-ventriculaire; *be*, bourrelets endocardiques, qui, s'affrontant et se soudant en leur milieu, diviseront l'orifice auriculo-ventriculaire primitif en deux orifices distincts; *ce*, crêtes endocardiques dans le bulbe aortique; leur réunion formera le *septum aorticum*. — B, l'orifice auriculo-ventriculaire est divisé en deux orifices séparés, *Oad*, *Oag*; le septum interventriculaire est complet, sauf un orifice *oiv*, par lequel les deux ventricules, *Vd*, *Vg*, communiquent encore; *A*, aorte; *AP*, artère pulmonaire; *Sa*, extrémité inférieure du *septum aorticum* qui fait saillie dans le ventricule (emprunté à POIRIER, d'après KOLLMANN).

les Oiseaux et les Mammifères; ses parois droite et gauche se prolongent dans la cavité de cette oreillette et se soudent à leur partie supérieure, formant ainsi une fausse cloison, le *septum spurium* (His); il se confond d'ailleurs bientôt complètement avec l'oreillette dont il forme la paroi postérieure, si bien que les veines caves qu'il recevait finissent par déboucher directement dans l'oreillette. ainsi que la veine coronaire. Des deux prolongements que les parois du sinus veineux présentaient dans la cavité de l'oreillette, le gauche s'atrophie complètement; la partie moyenne de la droite forme la *valvule d'Eustache*. la partie inférieure, la *valvule de Thebesius*.

Développement du système artériel. — Cependant, les deux aortes primitives se sont formées, comme nous l'avons vu, immédiatement au-dessous des myomères et aboutissent en avant, en se courbant en arc vers la face ventrale, au bulbe artériel, qui surmonte le ventricule primitif Elles se sont peu à peu séparées des vaisseaux de l'aire vasculaire et sont devenues indépendantes. Une portion de la splanchnopleure s'est glissée au-dessous et en avant d'elles, pour aller former le mésentère, en les enfermant dans le corps de l'embryon (1). Elles sont encore uniquement formées par leur endothélium, se rapprochent peu à peu l'une de l'autre, se soudent d'avant en arrière; leurs parois en contact se résorbent, et il n'y a plus qu'une aorte médiane, à laquelle le mésoderme fournit sa tunique adventice.

Bientôt les deux crosses aortiques primitives s'allongent en avant, de manière à former de chaque côté une anse vasculaire plus étendue; cinq anastomoses s'établissent entre sa branche ascendante et sa branche descendante et il s'établit ainsi six paires d'*arcs aortiques* (fig. 2026, *1*), rappelant ceux des Poissons, des Batraciens Pérennibranches, et des larves des autres. Aucun de ces arcs ne persiste entièrement. Chez les Mammifères (fig. 2026, *6*), où leur réduction est poussée au maximum, le 5ᵉ s'atrophie entièrement; des deux premiers, il ne subsiste que les parties latérales, dorsale et ventrale, qui se continuent respectivement par les carotides internes et externes (*ci,ce*) et qui restent reliées à leur base par le 3ᵉ arc, qui persiste entièrement, formant par son origine la *carotide commune* (*cc*). Les arcs de la 4ᵉ paire sont conservés, perdent leur communication avec le 3ᵉ arc, et chacun d'eux se continue avec la portion de la branche dorsale de l'aorte primitive qui le mettait en communication avec le 5ᵉ et le 6ᵉ arcs. L'arc du côté droit se rattache au tronc aortique par sa base, unie à celle du 3ᵉ arc, et qui constitue le *tronc brachiocéphalique droit* (*bc*) de l'adulte; il se recourbe en crosse en arrière et reçoit au passage l'artère sous-clavière droite (*scl. d*), au delà duquel il ne se continue pas; ce 4ᵉ arc n'apparaît ainsi que comme la base de cette artère sous-clavière, dont il a le calibre. Le 4ᵉ arc gauche forme la *crosse définitive de l'aorte* (*ao*); complètement séparé du 3ᵉ arc, il se continue avec l'aorte primitive gauche, qui se continue elle-même avec l'aorte commune. Le tout forme l'aorte unique de l'adulte, qui reçoit sur son trajet courbe, l'artère sous-clavière gauche (*scl.g*). Les arcs de la 6ᵉ paire persistent et donnent naissance, chacun, à une *artère pulmonaire*. Celui de droite disparaît au delà de la naissance de cette artère; celui de gauche. au contraire, persiste, au delà de la naissance de l'artère pulmonaire jusqu'à l'aorte descendante, pendant toute la vie embryonnaire, formant le *canal artériel*; il disparaît après la naissance, rendant la circulation pulmonaire tout à fait indépendante du système aortique.

(1) Vialleton, Développement des aortes chez l'embryon de Poulet *Journ. de l'Anat. et de la Physiol.*, 28ᵉ année, 1892.

La base commune des 6ᵉˢ arcs aortiques part, comme les autres arcs, du tronc aortique primitif; mais celui-ci s'est divisé par une cloison longitudinale en deux rampes, rappelant ce qui s'est passé déjà chez les Batraciens, et la rampe droite, qui communique avec le ventricule droit se continue uni-

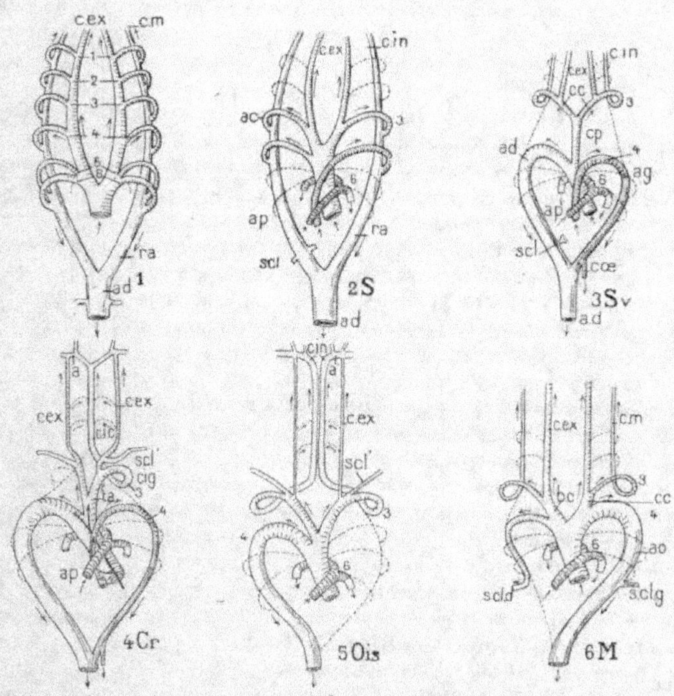

Fig. 2026. — Modification des arcs aortiques dans les divers groupes de Vertébrés Amniotes : — 1, type primitif à 6 paires d'arcs aortiques; 1-6, les 6 paires d'arcs aortiques; c.ex, c.in, carotide externe et carotide interne; ra, racines aortiques; ad, aorte dorsale. — 2 S, système aortique de la plupart des Sauriens : mêmes lettres, en plus : ac, arc carotidien (3ᵉ arc aortique); ap, artère pulmonaire. — 3 Sv, système aortique chez quelques Sauriens (Varanidés) : lettres comme ci-dessus; en plus : cp, carotide primitive; cc, carotides communes; ad, ag, aorte droite et aorte gauche; scl, artère sous-clavière primitive; cœ, artère cœliaque. — 4 Cr, système aortique des Crocodiliens : ta, tronc aortique; cig, carotide interne gauche; cic, carotide interne commune; a, anastomose transversale des carotides interne et externe; scl', sous-clavière secondaire. — 5 Ois, système aortique des Oiseaux. — 6 M, système aortique des Mammifères : ao, aorte; scld, sclg, sous-clavières droite et gauche; bc, troncs brachio-céphaliques (Rémy Perrier et Cépède, imité de Hochstetter).

quement par les deux arcs de la 6ᵉ paire (artères pulmonaires), celle de gauche desservant tous les autres vaisseaux.

Des phénomènes analogues d'atrophie se produisent dans les *artères intersegmentaires*, auxquelles l'aorte donne naissance au niveau de la ligne de jonction des myomères successifs, et qui accusent, comme les nerfs, la structure métamérique primitive des Vertébrés. La plus grande partie des artères sous-clavières répond à la 6ᵉ paire d'artères cervicales; les 5 suivantes se résorbent, tandis que les *artères intercostales* persistent et demeurent métamériquement disposées. Viennent ensuite les *artères ombilicales* dont nous avons précédemment indiqué l'origine: elles envoient une branche à l'allantoïde ou, chez l'Homme, à son pédicule, et traversent l'ombilic pour gagner le placenta chez tous les Mammifères.

On constate chez les Oiseaux (fig. 2026, 5) une réduction analogue à celle que nous venons de voir chez les Mammifères, et les Reptiles nous montrent plusieurs étapes d'une réduction moins avancée, les reliant à la disposition initiale. Chez tous, avec des modifications, dont le détail sera donné à propos des divers groupes, la destinée des 3 premiers arcs est très analogue à ce qui passe chez les Mammifères : disparition des 2 premiers arcs, sauf leur partie ventrale et dorsale, la première partant du bulbe aortique et conduisant à la *carotide externe*, la dorsale, placée sur le prolongement de la racine aortique correspondante et se continuant par la *carotide interne* ; le 3e arc, qui persiste, établit la liaison entre l'une et l'autre carotides. Chez les Lézards et divers autres Sauriens (fig. 2026, 2), ce 3e arc conserve sa communication avec le 4e arc par la racine aortique, qui persiste dans toute son étendue ; il existe donc deux paires de crosses aortiques ; dans tous les autres Reptiles et chez les Oiseaux, cette communication se résorbe, et le 3e arc, devenu complètement indépendant, n'apparaît plus chez l'adulte que comme la base des carotides, les arcs aortiques de la 4e paire demeurant seuls comme crosses aortiques. Ces crosses s'entrecroisent à leur départ du ventricule. Celle qui correspond au 4e arc de droite, est en relation avec les 3es arcs ou *arcs carotidiens*, que ces arcs conservent, comme chez les Lézards, leur communication distale avec les 4es arcs, ou qu'ils soient devenus indépendants (fig. 2026, 3) ; l'arc de gauche, au contraire, ne fournit aucune artère à la tête.

Chez les Sauriens et les Chéloniens, les parties persistantes des arcs aortiques de la 3e et de la 4e paire demeurent logées dans la partie antérieure du thorax. Chez les Varans et les Serpents (fig. 2026, 3), le 3e arc remonte en avant jusque dans le cou, tandis que la crosse aortique droite dépendant du 4e demeure en place ; la portion du tronc aortique d'où naissent les arcs carotidiens s'allonge en conséquence et forme un tronc impair, la *carotide primitive* (*cp*), qui semble se bifurquer en avant pour donner naissance à deux *carotides communes* (*cc*), d'où naissent les carotides externe et interne. Chez les Crocodiles (fig. 2026, 4), le 3e arc demeure rapproché des deux autres ; les carotides externes sont très grêles et les deux carotides internes se soudent en un seul tronc.

Enfin, chez les Oiseaux (fig. 2026, 5), la crosse gauche de l'aorte disparaît, après une courte apparition ; la crosse droite, seule persistante, part du ventricule gauche et donne naissance à toutes les artères céphaliques ; les carotides internes se rapprochent de la ligne médiane et peuvent même se souder à leur base pour ne former qu'un tronc unique médian ; dès leur arrivée dans la tête, elles s'anastomosent avec les carotides internes, ce qui amène un grand rétrécissement ou même l'atrophie de ces dernières. Quant au 6e arc, chez tous les Amniotes, comme chez les Mammifères, il fournit les artères pulmonaires, qui communiquent quelque temps, par un canal artériel ou canal de Botal, avec les racines aortiques correspondantes, puis deviennent indépendantes chez l'adulte par résorption de ce canal artériel.

Développement du système veineux. — Nous avons vu précédemment comment prenaient naissances les *veines omphalo-mésentériques* ou *veines vitellines*, les premières formées. Elles aboutissent directement au cœur en voie de formation, se réunissant, avant d'y aboutir, en une veine commune, première indication du *sinus veineux*, qui se continue par le cœur, sans aucune interruption. Il s'y ajoute ensuite plusieurs veines longitudinales, contenues dans le corps même de l'embryon. L'une est impaire : c'est la *veine sous-intestinale* (p. 2628), qui paraît être une formation tout à fait primitive et qui disparaît chez les Amniotes au cours du développement embryonnaire. Les autres sont paires et symétriques : ce sont les *veines jugulaires*, ou *cardinales antérieures* (fig. 2027, *v.c.a*), qui ramènent le sang de la région céphalique, et les *veines cardinales* ou *cardinales postérieures* (*v. c.p*) qui collectent le sang du reste du corps. Les deux veines cardinales d'un même côté, auxquelles s'ajoute la *veine sous-clavière*, convergent au niveau du cœur dans un vaisseau transversal, dirigé de dehors en dedans. Les deux canaux ainsi formés sont les *canaux de Cuvier* (*cCd, cCg*), qui reçoivent aussi les deux veines vitellines (*v.v.d. v.v.g*) et se jettent dans le *sinus veineux* (*SV*) ou *sinus reuniens*, lequel s'est fortement accru (His). Lorsque la vésicule allantoïdienne se sera déve-

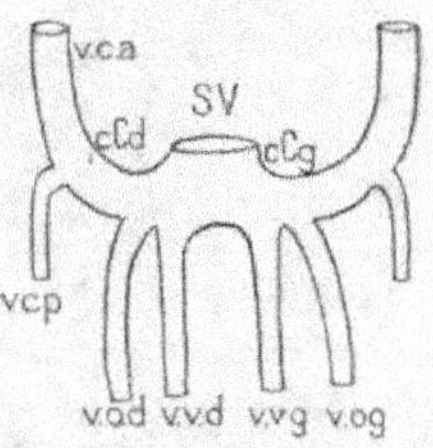

Fig. 2027. — Disposition primitive des troncs veineux terminaux chez l'embryon des Amniotes : — *v.c.a*, veine cardinale antérieure (v. jugulaire) droite ; *vcp*, veine cardinale postérieure (ou simplement v. cardinale) droite ; *cCd, cCg*, canaux de Cuvier droit et gauche ; *vvd, vvg*, veines vitellines (omphalo-mésentériques) ; *vod, vog*, veines ombilicales ; *SV*, sinus veineux (Hochstetter, in Hertwig).

loppée, elle sera desservie à son tour par deux grosses veines, les *veines ombilicales* ou *allantoïdiennes* (*vod, vog*) qui aboutissent également aux canaux de Cuvier ; ces veines se fusionnent en une seule dans le cordon ombilical. Ce système primitif, très symétrique (fig. 2027) et rappelant le système veineux des Poissons, se modifie ensuite profondément pour donner le système veineux définitif, qui est, au contraire, fortement dyssymétrique.

A. Les deux veines jugulaires persistent ; mais les canaux de Cuvier dans lesquels elles se jetaient, se relèvent vers la tête, deviennent presque longitudinaux, et se mettent dans le prolongement des veines jugulaires (fig. 2029, B, C, D) ; ils deviennent les *veines caves supérieures* (*vcs*). Chez les Sauropsidés et chez la plupart des Mammifères, les deux veines caves supérieures persistent, dyssymétriques d'ailleurs, puisque la droite va directement à l'oreillette, tandis que la gauche doit s'allonger transversalement pour atteindre celle-ci (mêmes fig.).

Chez l'Homme et quelques autres Mammifères (Porc, Ruminants), une anastomose transversale ne tarde pas à se former entre les deux canaux de Cuvier (fig 2030 B) ; la partie du canal de Cuvier gauche située en arrière de cette anastomose s'atrophie et l'anastomose en question amène dans la veine cave droite tout le sang de la moitié gauche de la tête ; l'anastomose devient la *veine brachio-céphalique* gauche ou *veine anonyme* gauche (*van*), et la veine cave droite devient la *veine cave supérieure* unique (*vcs*).

Toutefois, si le canal de Cuvier gauche (fig. 2030, *ccg*), par la résorption de la veine cardinale, cesse de recevoir du sang de la tête, sa terminaison dans l'oreillette persiste, mais sa destinée dépend de la permanence ou de la disparition de la veine cardinale postérieure gauche qui s'y jetait aussi. Si celle-ci persiste, devenant l'*hémiazygos* de l'adulte (*haz*) (Voir plus

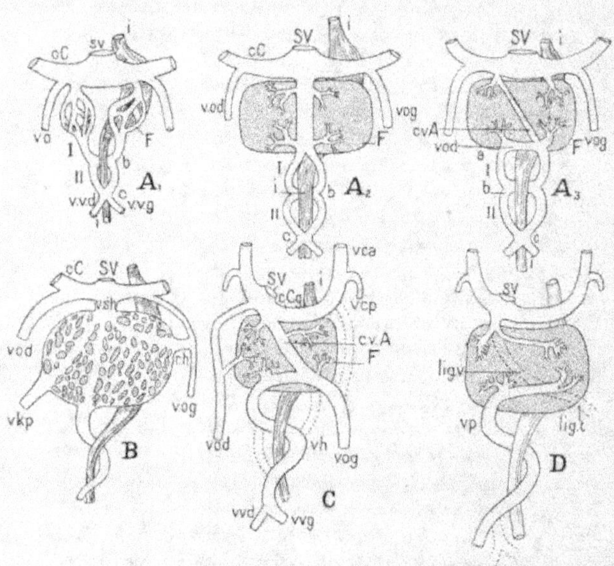

Fig. 2028. — Développement du système veineux du foie chez les Vertébrés Amnions : — **A**, Formation du double anneau veineux péri-intestinal : A₁, chez les Reptiles ; A₂, chez les Oiseaux ; A₃, chez les Mammifères. — **B**, le second système porte donné par la veine ombilicale. — **C**, disposition temporaire et **D**, disposition définitive chez les Mammifères : — *v.c.a*, *v.c.p*, veines cardinales antérieure et postérieure ; *cCd*, *cCg*, canaux de Cuvier droit et gauche ; *vod*, *vvg*, veines vitellines (omphalo-mésentériques) ; *vod*, *vog*, veines ombilicales ; *a*, jonction postérieure sous-intestinale des deux veines vitellines ; *b*, leur anastomose sus-intestinale ; *a*, leur anastomose antérieure sous-intestinale chez les Oiseaux et chez les Mammifères ; *I*, *II*, les deux anneaux péri-intestinaux ainsi formés (en grande partie, d'après HOCHSTETTER).

loin, p. 2956), le canal de Cuvier gauche lui sert de débouché ; si elle disparaît (fig. 2030 C), celui-ci, contournant le sillon coronaire, forme le *sinus coronaire* (*cor*), qui reçoit les veines des parois du cœur.

B. Les veines omphalo-mésentériques (fig. 2027, *vvd*, *vvg*) ou veines vitellines, et les veines ombilicales (*vod*, *vog*), qui ramènent au cœur respectivement le sang de la vésicule ombilicale et de l'allantoïde, sont primitivement sensiblement symétriques, (fig. 2027). Elles viennent déboucher à peu près côte à côte dans les canaux de Cuvier correspondants (*cCd*, *cCg*), avant que ceux-ci ne se réunissent dans le sinus veineux (*SV*). Ces quatre veines fourniront en définitive le réseau veineux qui va se développer dans le foie et deviendra le *système porte hépatique*, mais par suite de transformations successives qui sont assez semblables chez tous les Vertébrés Allantoïdiens pour qu'on puisse en faire une étude d'ensemble (fig. 2028).

Ce sont les veines omphalo-mésentériques qui fournissent le premier système porte (A). Chacune d'elles pénètre dans le foie en voie de formation, et s'y résout en un grand nombre de petits rameaux anastomosés. Les deux plexus ainsi formés se réunissent bientôt en un seul : le foie reçoit de la sorte tout le sang qui revient de la vésicule ombilicale, et aussi celui de l'intestin, que la veine intestinale amène dans la veine omphalo-mésentérique droite.

Tandis que, chez les Reptiles, les deux veines restent séparées jusqu'au canal de Cuvier, chez les Oiseaux (A₂), elles se réunissent, avant leur terminaison, en un canal commun, le *tronc veineux*, qui va déboucher directement dans le sinus veineux, et c'est de ce tronc veineux que partent les rameaux afférents dont les ramifications formeront le réseau du foie. Chez les Mammifères (A₄), elles sont réunies par une anastomose transversale (*a*), dans le foie lui-même, immédiatement en avant du canal par lequel celui-ci débouche dans l'intestin ; cette anastomose est donc ventrale par rapport à l'intestin, comme l'est aussi le tronc veineux des Oiseaux.

Dans les trois classes, les deux veines vitellines s'unissent par une anastomose transversale (*b*) qui est *dorsale* par rapport à l'intestin, et qui est placée en arrière du foie, au niveau de l'ébauche dorsale du pancréas et un peu après celle-ci. Puis les deux veines, continuant leur trajet vers l'ombilic se rapprochent l'une de l'autre et s'unissent encore, par une anastomose (*a*), qui est cette fois ventrale par rapport à l'intestin, pour se séparer de nouveau peu après et se rendre enfin dans la paroi du sac vitellin. Il s'est formé de la sorte deux anneaux veineux successifs (*I* et *II*) autour de l'intestin, le premier étant incomplet chez le Lézard, où les deux veines ne s'unissent pas dans le foie. Mais bientôt, la branche de droite du cercle postérieur et la branche de gauche du cercle antérieur s'atrophient (B) et la combinaison de ces deux régressions a pour résultat de constituer une veine ombilicale unique, enroulée en hélice autour du tube digestif. Comme cette veine reçoit la veine mésaraïque venant de l'intestin, elle fonctionne donc comme *veine porte*.

A ce premier système veineux intrahépatique, dépendant des veines omphalo-mésentériques, vient s'ajouter plus tard l'apport des veines ombilicales, qui ramènent le sang de l'allantoïde : ces veines réunies dans le cordon, se séparent dans le corps de l'embryon et suivent les parois latérales de celui-ci, pour aller se jeter dans le canal de Cuvier correspondant. La gauche avant d'arriver au sinus, détache une branche (B, *rh*) vers le foie et y amène une partie du sang qu'elle charrie ; peu à peu même la partie de cette veine qui est au delà de sa branche hépatique s'atrophie et disparaît (C) ; tout le sang de la veine ombilicale gauche se rend dès lors au foie et c'est à ce moment le principal apport sanguin que reçoit cet organe. Elle s'y résout en un plexus, qui constitue un second système porte, lequel se confond d'ailleurs rapidement avec le premier. La veine ombilicale droite ne fournit de branche hépatique que chez les Mammifères (c). Mais, dans tous les Allantoïdiens, même chez les Mammifères, elle ne tarde pas à disparaître, au moins pour la plus grande partie et le sang de l'allantoïde arrive au foie exclusivement par la veine de gauche.

Chez les Mammifères, les choses se passent un peu autrement. En arrivant au foie, la veine omphalo-mésentérique gauche, avant sa résorption partielle, s'y prolonge en une voie sanguine, qui devient rapidement volumineuse et remonte obliquement pour aller déboucher dans la veine droite quand celle-ci sort du foie. Cette voie veineuse est le *canal veineux d'Arantius*. Plus tard, la branche hépatique de la veine ombilicale gauche aborde le foie au niveau même de la naissance du canal d'Arantius, qui paraît ainsi la continuer à son tour, et qui, par conséquent, persistera après la résorption de la vésicule ombilicale. L'anastomose intra-hépatique qui reliait les deux veines afférentes met en relation d'autre part ce canal avec la veine omphalo-mésentérique droite, dont le segment supérieur a persisté comme veine porte. Une grande partie du sang qui, du placenta, arrive au foie, traverse ainsi ce dernier sans passer par le réseau du système porte et arrive directement au sinus veineux. Il y débouche par la terminaison primitive de la veine vitelline droite qui seule a persisté et où vient déboucher le canal d'Arantius : ce sera la *veine sus-hépatique commune*.

Les choses restent en cet état jusqu'à la naissance. A ce moment (D), la veine ombilicale s'oblitère naturellement, et il en est de même du canal veineux d'Arantius : ils se réduisent à l'état de ligaments : c'est le *ligamentum teres* (*lig. t.*) et le *ligamentum venosum* (*lig. v.*) du foie. Quant à l'anastomose transversale qui réunissait primitivement les deux veines à l'intérieur du foie, elle persiste et c'est elle qui amène chez l'Homme le sang de la veine ombilicale droite, devenue la veine-porte unique, dans le lobe gauche et dans le lobe carré du foie, au moins chez l'Homme. Quant à la veine efférente du foie, reste de la veine omphalo-mésentérique droite et du canal d'Arantius, qui entraîne tout le sang qui a traversé le foie, et qui aboutissait d'abord directement dans le sinus veineux, elle devient la *veine sus-hépatique*, captée finalement par la veine cave inférieure.

C. Celle-ci, qui est appelée à prendre une importance prédominante, a une origine assez complexe. Chez les Reptiles, elle est tout d'abord liée au système porte rénal. La veine caudale (fig. 2029 A, *v. caud*) des embryons de Reptiles se bifurque en arrivant au niveau de l'extrémité postérieure du mésonéphros, dont il sera question plus loin, et les deux branches résultant de cette bifurcation viennent longer intérieurement chacune un des reins primitifs, mais ne se continuent pas au delà de leur extrémité antérieure. Elles envoient aux reins toute une série de branches, qui s'y capillarisent, et le sang qu'y envoient ces *veines afférentes rénales* ne peut s'échapper que par des veines efférentes, qui doivent déboucher du côté externe. Là court tout le long du rein la *veine cardinale postérieure* (*vcpd, vcpg*); c'est elle qui reçoit le sang qui a traversé le rein. Ainsi se constitue le *système porte rénal*.

Mais ces relations se modifient profondément ensuite. La veine caudale

envoie une anastomose de chaque côté vers la veine cardinale correspondante (B, *a*) et se sépare ensuite de ses branches rénales pour ne plus communiquer qu'avec les veines cardinales. Celles-ci par contre s'oblitèrent en avant
du rein et cessent ainsi de communiquer avec le cœur (C). Elles constituent
les *veines de Jacobson*. D'un autre côté, les veines qui courent le long du

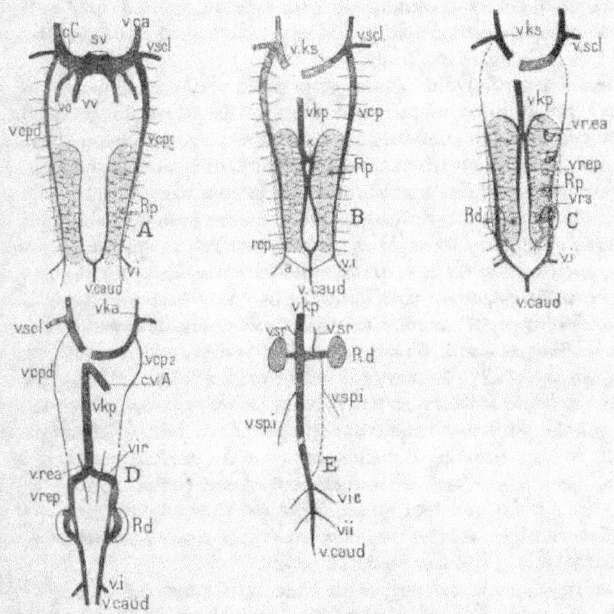

Fig. 2022. — Évolution de la partie postérieure du système veineux chez les Amniotes (système porte rénal, veines cardinales postérieures, veine cave postérieure). — A, B, C, stades successifs chez le Lézard : — *v.caud*, veine caudale; *vi*, veines iliaques; *v.c.p*, veines cardinales postérieures; *v.c.a*, veines cardinales antérieures (jugulaires); *v.scl*, veine sous-clavière; *vv*, veines vitellines (omphalo-mésentériques); *va*, veines ombilicales; *cC*, canaux de Cuvier; *S V*, sinus veineux; *Rp*, reins primitifs; *a*, anastomoses de la veine caudale et des veines cardinales postérieures; *vkp*, veine cave postérieure, *vka*, veine cave antérieure; *x*, anastomose des deux veines rénales internes; *vra*, veine rénale afférente (originellement veine cardinale postérieure); *vrea*, *vrep*, veines rénales externes antérieure et postérieure; *Rd*, reins définitifs. — D, E, derniers stades de l'évolution chez le Lapin : *v.caud*, veine caudale; *vi*, *vii*, *vie*, veines ischiatiques; *vie*, veine nitrarénale du mésonéphros actuellement disparu; *vrea*, *vrep*, restes des veines rénales efférentes; *Rd*, reins définitifs; *vkp*, veine cave postérieure; *cv.A*, canal veineux d'Arantius dans le foie; *vcpd*, reste de la veine cave postérieure droite (v. azygos) *vcpg*, reste de la veine cave postérieure gauche (v. hémiazygos); *v.sp.i*, veine spermatique interne; *vsr*, veine de la glande surrénale (figures schématiques, d'après HOCHSTETTER).

bord interne du rein, et qui ne communiquent plus avec la veine caudale,
se continuent au delà de l'extrémité antérieure du rein, qu'elles ne dépas-
saient pas à l'origine, et vont se mettre chacune en relation avec une
petite veine, venue de la veine omphalo-mésentérique correspondante au
voisinage de son embouchure dans le sinus veineux, et qui n'est autre que
l'ébauche de la *veine cave postérieure* (*vkp*).

Le cours du sang dans le rein est donc entièrement interverti. C'est
maintenant la veine externe (cardinale postérieure) qui est la veine rénale

afférente, et le sang, allant de l'extérieur à l'intérieur, débouche dans la veine interne et est ramené au cœur par la veine cave, qui lui fait suite et qui prend ainsi toute l'importance qu'elle conservera chez l'adulte.

Les deux veines caves postérieures ne persistent d'ailleurs pas l'une et l'autre. Une anastomose transversale (B, x) réunit en effet les deux veines interrénales et le sang venant du rein gauche, passant par cette anastomose, va être pris tout entier par la veine cave postérieure droite, qui seule persiste, la gauche s'atrophiant.

Les traits essentiels du développement du système veineux sont, chez les Oiseaux, presque les mêmes que chez les Reptiles ; toutefois, les veines efférentes rénales ont une origine différente : la droite est un rameau de la veine hépatique ; la gauche se forme d'une manière indépendante. Les parties postérieures, seules persistantes, des veines cardinales se rejoignent en arrière de l'ischiatique en formant un arc dans lequel débouchent la *veine ischiatique caudale* et la *veine coccygo-mésentérique*, qui unit le système de la veine porte à celui de la veine cave postérieure. Le système porte rénal se constitue, mais disparaît chez l'adulte. La veine cave résulte de l'union de la veine hépatique droite avec les veines efférentes du mésonéphros.

Chez les Mammifères, où le système poste rénal n'existe pas, une anastomose, qui existait déjà à travers le rein chez les Oiseaux, relie directement la veine cardinale à la veine interrénale du même côté. Une autre anastomose, placée au même niveau, relie les deux veines interrénales. A ce moment, comme chez les Reptiles, la partie des cardinales placée en arrière de l'anastomose se sépare de la partie antérieure et tout le sang de la partie postérieure du corps revient au cœur par les veines interrénales (*vir*), qui se mettent en relation, ici encore, avec les veines caves postérieures et il continue par elles son chemin jusqu'au cœur.

Les deux veines caves persistent chez les formes inférieures (Échidnés, Édentés, Cétacés). Mais en général, il ne persiste que la droite, l'anastomose interrénale amenant à celle-ci le sang de toute la région postérieure gauche. C'est cette *veine cave inférieure unique* qui va aboutir au sinus veineux, après avoir reçu les veines sus-hépatiques, et ramène ainsi au cœur à peu près tout le sang de la région postérieure du corps.

D. La portion antérieure des veines cardinales postérieures s'est fortement réduite ; elle aurait disparu même complètement si ces veines ne recevaient les veines intercostales. La veine droite continue à déboucher dans le canal de Cuvier correspondant, devenu la veine cave supérieure droite. C'est la *veine azygos* ou *grande azygos* (fig. 2030 A, *az*).

La veine cardinale gauche disparaît complètement chez le Lapin, le Chat (fig. 2030 A), où les veines intercostales gauches aboutissent comme celles de droite dans la grande azygos. Elle persiste au contraire toute seule chez le Porc et les Ruminants (B), la grande azygos s'étant résorbée chez ces Mammifères.

Enfin, chez l'Homme, la disposition est assez variable. Le plus souvent (C), la veine gauche s'unit par une anastomose transversale plus ou moins oblique (*x*) avec sa congénère et constitue la *petite azygos* ou *hémi-*

azygos (*ha*). Mais parfois la partie supérieure reste en communication directe avec la veine jugulaire gauche constituant une *hémiazygos accessoire* (*haz*).

On peut se demander maintenant quelle est la raison des changements profonds que subit l'appareil vasculaire chez les Vertébrés supérieurs et surtout chez les Amniotes, quelles sont les causes qui substituent à une symétrie presque parfaite une dyssymétrie en apparence capricieuse.

On ne saurait reporter l'origine de ces dyssymétries à la dyssymétrie primitive des Vertébrés qui se manifeste chez l'Amphioxus. La symétrie se

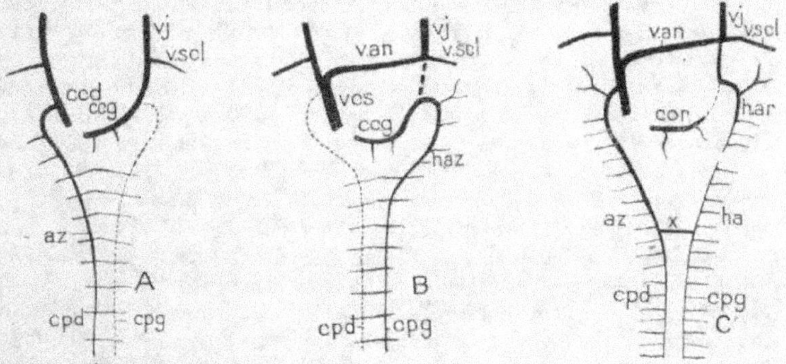

Fig. 2030. — Évolution définitive des veines cardinales (jugulaires et azygos) chez les Mammifères. — A, chez le Lapin; B, chez le Porc; C, chez l'Homme : — *vj*, veines jugulaires (cardinales antérieures); *v.scl*, veines sous-clavières; *v.an*, veine anonyme (tronc brachio-céphalique gauche); *az*, grande azygos (v. card. post. droite); *haz*, veine hémiazygos (v. card. post. gauche); *haz-a*, hémiazygos accessoire; *ccd*, *ccg*, canaux de Cuvier droit et gauche, devenant les veines caves supérieures. Par suite de l'anastomose *v.an* qui les unit, le canal de Cuvier droit devient la veine cave supérieure unique de beaucoup de Mammifères; *cor*, veine coronaire; *x*, anastomose entre les deux veines cardinales postérieures *cpd*, *cpg* (qui deviennent les veines azygos et hémiazygos) (HOCHSTETTER).

rétablit trop vite chez ses descendants et chez lui-même, pour que la dyssymétrie initiale ait pu persister par hérédité.

Les phénomènes de croissance sont réglés par l'activité plus ou moins grande de la nutrition, et par les pressions extérieures ou intérieures qui s'exercent sur les organes, suivant qu'ils sont pleins ou creux; ce sont ces dernières qu'il faut envisager pour les vaisseaux. Seulement, les formes réalisées dans le passé sous l'action de ces pressions, sont conservées par l'hérédité bien longtemps après que ces pressions ont cessé de s'exercer; de sorte que pour expliquer les modifications que subissent les organes au cours du développement embryogénique, il faudrait faire intervenir non seulement les formes actuellement agissantes, mais aussi celles qui ont agi dans le passé et qu'il est souvent impossible de démêler sûrement.

Quelques-unes des causes actuelles de ces transformations de l'appareil vasculaire apparaissent cependant. La croissance rapide de l'appareil vasculaire par rapport aux parties avoisinantes explique la courbure en S du cœur. Cette courbure introduit dans l'appareil dont il est l'organe principal une cause de dyssymétrie, et elle se relie elle-même, dans une certaine mesure, à la formation de la courbure nuchale. D'autre part, à mesure que l'embryon des Sauropsidés s'accroît sous la coque plus ou moins rigide de l'œuf, son attitude se modifie et l'appareil vasculaire en éprouve le contre-coup. Les vaisseaux enfin se ramifient irrégulièrement et s'anastomosent; le cours du sang peut ainsi changer, les vaisseaux se distendre, d'autres se vider et le réseau vasculaire se modifie en conséquence d'une façon qui pourrait paraître capricieuse, si ces modifications ne s'étendaient pas à des ordres ou à des classes entières de Vertébrés.

Développement du système lymphatique. — Le système des vaisseaux lymphatiques est une dépendance du système veineux. D'après Florence Sabin (1), sa première indication consisterait en deux petits bourgeons creux qui naissent respectivement au point de jonction des veines sous-clavières et des cardinales antérieures; peu à peu, ces bourgeons, qui constituent les *cœurs lymphatiques antérieurs*, se pédiculisent et demeurent attachés aux veines sous-clavières. Chaque cœur lymphatique donnerait naissance à deux bourgeons périphériques qui se ramifient activement sous la peau et fournissent les premiers lymphatiques de la tête et du thorax. Entre les deux bourgeons périphériques se forme en outre sur chaque cœur un bourgeon central; celui de droite devient la *grande veine lymphatique*; celui de gauche se divise, embrasse l'aorte et s'allonge pour former le *canal thoracique*. En arrière, à la bifurcation de la veine ischiatique et de la veine cardinale postérieure, il se formerait également de chaque côté un cœur lymphatique, qui donnerait naissance aux lymphatiques de la région postérieure du corps. Mais Lewis a vu les lymphatiques naître simultanément sur les veines cave, jugulaire interne, mésentérique, etc., sous forme de petites bosselures irrégulières qui s'anastomosent entre elles et perdent la plupart de leurs connexions avec les veines; les premiers lymphatiques formés, ceux des jugulaires, confluent en un vaste sac qui a été pris pour un cœur lymphatique. Il n'y a, chez les Sauropsidés, que deux troncs lymphatiques postérieurs.

Développement de l'appareil uro-génital. — Nous avons dit (page 2.631) quelle est l'origine et quelles sont, d'une manière générale, les transformations ultimes de l'appareil rénal des Vertébrés aquatiques; là, elles s'arrêtent au mésonéphros; elles se poursuivent plus loin chez les Amniotes, où le mésonéphros est remplacé par un *métanéphros*. Le proné-phros ne se forme, chez les Reptiles et les Oiseaux, que sur un petit nombre de segments, où il est d'ailleurs réduit à l'état d'ébauches, situées, chez les Lézards, sur les segments 5 à 12, chez la Tortue, sur les segments 4 à 10; chez les Oiseaux, sur les segments 4 à 15. Il consiste en une paire de glo-mérules de Malpighi, situés dans ces segments, et en un canal collecteur ou canal de Wolff, accompagné d'un canal accessoire. Il est plus restreint encore chez les Mammifères.

On se rappelle (p. 2.633) que les tubules pro-néphridiens naissent de la

---

(1) FL. SABIN, *On the origin of lymphatic system from the veins*. Journal of Anatomy, vol. I, 1901-1902 et vol. IV, 1905. — FAVARO, *Das Lymphsystem*, Bronn's Klassen und Ordnungen. Bd. 6, Fische, 1909.

région rétrécie du mésoderme qui unit chaque myoméride à la plaque latérale correspondante, région qui a reçu, suivant les auteurs, le nom de *mésomère, pédicule, néphrotome, plaque moyenne*, etc. (fig. 2031, *nt*).

Les figures 1.844, page 2.633 indiquent les phases successives du développement de l'appareil néphridien chez un Vertébré, jusqu'à l'apparition du mésonéphros; nous ajouterons seulement que Félix a quelque peu modifié la nomenclature de ces parties pour le pronéphros; il appelle *canal principal* le canal néphridien qui va de la *chambre interne* au canal de Wolff, et

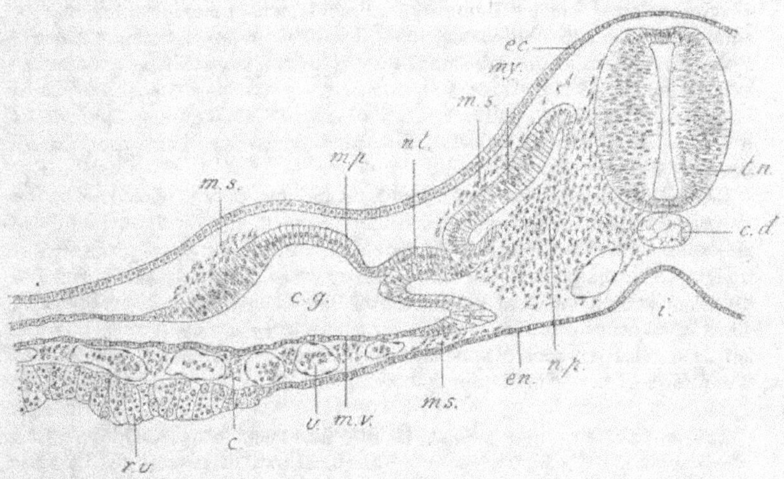

Fig. 2031 — Coupe diagrammatique transversale d'un embryon de Poulet : — *tn*, tube nerveux ; *cd*, corde dorsale ; *i*, gouttière intestinale ; *er*, ectoderme ; *en*, endoderme ; *rv*, rempart vitellin ; *v*, vaisseaux sanguins ; *c*, îlots de substance conjonctive ; *my*, myotome ; *np*, protovertèbre ; *nt*, plaque intermédiaire, aux dépens de laquelle se développeront les néphridies ; *mp*, *mv*, lame pariétale et lame viscérale de la plaque latérale du mésoderme (somatopleure et splanchnopleure, séparées par la cavité générale, *cg*) ; *ms*, mésenchyme, issu du mésoderme et donnant le tissu conjonctif (Prenant, Bouin et Ancel).

canal néphrostomal primaire celui qui va de la chambre interne à la cavité générale, où il s'ouvre par le néphrostome cilié. Si la chambre interne s'écarte latéralement de ces canaux, elle leur est reliée par un canal spécial le *canal accessoire*; au lieu de s'ouvrir dans la cavité générale, le néphrostome (certains Ganoïdes) peut s'ouvrir dans une chambre semblable à la chambre interne et pourvue comme elle d'un glomérule : c'est la *chambre interne*, d'où part un canal cilié, s'ouvrant enfin dans la cavité générale, et qu'on appelle *faux canal néphrostomal*. Mais tout peut se réduire au canal principal, à la chambre interne, à son glomérule et au néphrostome.

Le pronéphros, le mésonéphros et le métanéphros ne sont pas des organes indépendants : le mésonéphros naît sur certaines parties du pronéphros, auquel il succède, dans une région plus ou moins éloignée de celle qui porte les canalicules; il coexiste par conséquent durant un certain temps avec lui; le métanéphros se forme dans la région inférieure du mésonéphros. Dans les types où il existe, il semble donc que l'appareil néphridien use peu à peu sa vigueur antérieure, tandis que des parties nouvelles se forment dans sa région postérieure, qui devient fonctionnelle à mesure que les parties anciennes s'usent. Tandis que le mésonéphros fonctionne toute la vie chez les Vertébrés aquatiques, il ne fonctionne que durant la période embryonnaire chez les Amniotes; il n'en persiste que les parties qui sont utilisés comme conduits génitaux. Il acquiert un grand développement chez les Mammifères Monotrèmes, où ses canalicules se terminent par un néphrostome cilié. Il est encore fonctionnel chez les Marsupiaux. Il est au contraire si rudimentaire chez les Mammifères Monodelphes que son existence a été contestée; il existe réellement, mais durant un temps très court. Chez le Porc, ses glomérules ne subsistent que jusqu'au moment où ceux du métanéphros entrent en fonction; chez la Taupe, on les observe encore chez des embryons de 7 à 9 millimètres; chez le Cobaye, ils disparaissent très vite; il n'y en a plus du tout chez le Rat. Ils se résorbent dans l'embryon humain dès qu'il a atteint 22 millimètres.

Le métanéphros existe seul chez les Amniotes adultes, dont il constitue l'appareil urinaire. Ses canalicules ne dérivent jamais directement des pédicules, mais d'un tissu néphrogène résultant de leur dégénérescence et de leur fusion en un cordon continu. Ils ne débouchent pas dans le canal de Wolff, mais dans un canal spécial, l'*uretère*, qui a bourgeonné sur ce dernier. Chez les Sauropsidés, il se produit sur cet uretère des canalicules primaires, sur lesquelles poussent des canalicules secondaires et tertiaires. Chez les Mammifères, ces canalicules poussent au contraire, directement sur l'uretère.

Les modifications que présentent ultérieurement le mésonéphros et ses conduits dans leurs rapports avec les organes génitaux seront décrits dans les chapitres spéciaux relatifs aux Reptiles, aux Oiseaux et aux Mammifères.

PREMIÈRE CLASSE

REPTILES

Morphologie extérieure. — La dénomination de Reptiles est tirée de l'allure des animaux qui composent actuellement cette classe, et desquels on dit qu'ils *rampent*.

Effectivement, les Reptiles qui sont nos contemporains se déplacent en faisant mouvoir sensiblement dans un plan horizontal leur bras et leur cuisse, leur main et leur pied, de sorte qu'ils ne sont soulevés au-dessus du sol que de la hauteur de l'avant-bras ou de la jambe. Dans ces conditions, leur ventre et leur queue traînent le plus souvent à terre de toute leur longueur, pouvant contribuer à la progression par des mouvements alternatifs de flexion ou d'extension, par des ondulations s'étendant d'arrière en avant, si bien que les membres ont pu s'atrophier ou disparaître chez divers Sauriens, soit en arrière (CHIROTIDÆ), soit en avant (*Scelotes*, *Pseudopus*), soit même en totalité (AMPHISBÆNIDÆ, *Anguis*, *Soridia*, *Acontias*, *Aniella*, *Ophisaurus*); ils font totalement défaut chez tous les SERPENTS ou OPHIDIENS. Mais les Reptiles actuels ne sont que le résidu d'une vaste classe d'animaux, qui a commencé à se différencier des Batraciens durant la période primaire, et est arrivée à son apogée durant la période secondaire, où ils constituaient les plus puissants des animaux terrestres. N'ayant à lutter contre aucun être capable de produire et de dépenser plus d'énergie ou une énergie plus continue, beaucoup d'entre eux ont alors atteint des proportions colossales, jusqu'à 40 mètres de longueur (*Atlantosaurus*), et leurs formes se sont pliées aux conditions d'existence les plus variées, comme devaient le faire plus tard celles des Mammifères.

Les plus anciens des Reptiles conservent l'allure des Batraciens à queue de la période primaire, avec lesquels ils ont la plus grande ressemblance.

Il a suffi que la tachygénèse ait amené la disparition des fentes et des arcs branchiaux avant la naissance, supprimé par conséquent toute métamorphose après la sortie de l'œuf, pour que le Batracien soit devenu Reptile. Aussi n'y a-t-il qu'une très faible distance entre les plus primitifs des Reptiles, les COTYLOSAURIDÆ et les Batraciens du groupe des STÉGOCÉPHALES, en particulier les *Archegosaurus*.

De ce même groupe semblent aussi être dérivés directement les RHYNCHOCÉPHALES et les CROCODILIENS, qui ont aussi les humérus et les fémurs horizontaux. Mais cette allure, conservée également par les LACERTILIENS actuels, a été abandonnée par un grand nombre de groupes fossiles. Les uns ont rapproché du plan médian l'extrémité distale du premier segment de leurs membres, de sorte que ce segment, cessant de se mouvoir dans un plan horizontal, est arrivé à se déplacer dans un plan vertical, l'animal se trouvant ainsi haussé de toute la longueur de la projection verticale de ce segment (SAUROPODA, ORTHOPODA, CERATOPSIDA); quelques-uns se sont dressés sur leurs membres postérieurs, en utilisant seulement ces derniers pour la marche (THEROPODA, ORNITHOPODA) et en laissant libres pour des adaptations diverses les membres antérieurs; de la sorte, était déjà préparé l'avènement des Oiseaux. D'autres ont acquis l'aptitude à voler, se constituant une rame aérienne par l'extension de la peau de leurs flancs le long de leur doigt interne démesurément allongé (PTEROSAURIA); c'est le procédé que reprendront plus tard, en le perfectionnant, les Chauves-Souris. D'autres enfin, redevenant aptes à se mouvoir essentiellement sur l'eau ou dans l'eau, à la façon de nos Cétacés, sans rien changer à leur respiration essentiellement aérienne, ont transformé leurs pattes en palettes natatoires, qui sont toujours demeurées au nombre de quatre (ENALIOSAURIA). Toutes ces formes ont disparu lorsqu'elles ont eu à lutter pour l'existence contre des animaux à température constante, présentant les mêmes adaptations, à la concurrence desquels ils ne pouvaient échapper. La suprématie de ces concurrents, Mammifères et Oiseaux, s'est surtout accentuée lors de l'apparition des hivers, durant lesquels leur activité demeurait continue, tandis que le froid engourdissait plus ou moins leurs rivaux. Les seuls Reptiles qui aient persisté sont ceux qui pouvaient échapper à la lutte, grâce à leur aptitude à se dissimuler, ou à quelque moyen passif de protection, comme l'armure tégumentaire des Crocodiles, la carapace des Tortues, les ornementations et les colorations mimétiques du tégument de beaucoup de Sauriens et d'Ophidiens, ou enfin à quelque moyen de défense exceptionnel, comme la dent venimeuse d'un grand nombre de Serpents. C'est d'ailleurs dans les régions chaudes, où les conditions de la lutte, grâce à la constance relative de la température extérieure, étaient moins inégales, que le plus grand nombre des formes ont persisté et évolué. Bien que la classe des Reptiles soit de celles qui comptent encore des formes animales puissantes (Crocodiles, Tortues marines, Boas, Pythons, etc.), les formes qui ont persisté ne laisseraient pas soupçonner quel degré de plasticité a présenté ce groupe et à quel développement de force mécanique il était parvenu.

Il est vraisemblable que les poumons construits comme ceux des Reptiles actuels ne suffisaient pas aux *Atlantosaurus*, aux *Iguanodon* et autres; le fait que les os de certains de ces grands animaux étaient pneumatisés, indique une respiration active, l'aptitude par conséquent à développer, momentanément au moins, une force considérable; mais la peau écailleuse et comme vernissée des Reptiles se prêtait mal à la conservation de la chaleur, et il était difficile que leur température demeurât constante.

Il n'existe plus de nos jours que des Reptiles rampants, et ils peuvent se répartir en trois groupes fondamentaux qui semblent les points terminaux de trois séries indépendantes : les CROCODILIENS, les CHÉLONIENS et les SAURIENS; ces derniers ont eux-mêmes donné naissance au groupe relativement récent des OPHIDIENS ou SERPENTS.

Par la division de leur cœur en quatre cavités, les CROCODILIENS actuels s'élèvent sans doute au-dessus des autres Reptiles, mais ils ont à ce point conservé l'aspect des Batraciens supérieurs du Carbonifère, tels que les *Archegosaurus*, qu'il semble bien difficile d'admettre qu'ils n'en dérivent pas. Il n'en existe plus aujourd'hui que trois genres : les Gavials, les Caïmans et les Crocodiles proprement dits. La forme allongée de leur corps, terminée par une queue longue et puissante et porté par quatre membres courts, se retrouvera chez les Sauriens et le corps, devenu cylindrique ou fusiforme, atteindra son maximum d'élongation chez les Serpents.

Les Chéloniens ou Tortues ont au contraire une petite tête, un corps beaucoup plus large qu'elle et une queue relativement courte (fig. 2031).

Fig. 2031. — Type de Tortue : Tortue marine, *Thalassochelys caretta* (Caouane).

Par le développement d'une *carapace* cornée, recouvrant un squelette dermique, qui constitue souvent une boîte osseuse presque complète, les Chéloniens diffèrent de tous les autres Reptiles et présentent une physionomie toute particulière; ils forment un groupe très nettement délimité et sur l'origine duquel on ne possède actuellement aucun document précis. On les voit apparaître seulement dans le Jurassique supérieur. On distingue, parmi les Tortues, des formes terrestres, des formes de marais, des formes fluviatiles et des formes marines, dont les pattes sont transformées en larges rames natatoires. La maladresse avec laquelle les Tortues terrestres se servent de leurs membres, l'orientation et la brièveté des mains et des pieds, réduits à de véritables moignons, semblent indiquer que ces animaux ne descendent pas directement des Reptiles marcheurs, qui auraient dû conserver, si rien n'était intervenu, une conformation normale. Le degré de développement de la carapace, relativement restreinte, la disposition des membres semblent indiquer que les Chéloniens primitifs étaient des animaux nageurs, dont les Tortues marines sont les plus proches parents, et que ces animaux sont redevenus terrestres, usant de leurs rames comme de pattes.

Sauf un petit nombre d'exceptions (*Phrynosoma*), les Sauriens ou Lacer-

TILIENS ont, comme les Crocodiles, un corps allongé, terminé par une longue
queue et généralement porté sur quatre pattes; mais leur épiderme corné,
au lieu de former des plaques étendues, a simplement une apparence grenue
ou écailleuse et ne recouvre pas de squelette dermique, comme cela a lieu
chez les Crocodiles; l'anus, au lieu d'être longitudinal, a la forme d'une
fente transversale, ce qui leur a fait appliquer la dénomination de PLAGIO-
TRÈMES, qui s'étend aussi aux Serpents.

Fig. 2032. — Réduction des membres chez les Sauriens; — A, *Scincus officinalis.* — B, *Chalcides lineatus*
(= *Seps chalcides*).

Les pattes sont en général terminées par cinq doigts bien conformés,
inégaux et munis chacun d'une griffe terminale; le fait que cette patte était
déjà réalisée chez les Batraciens Urodèles indique que c'était là une conformation primitive. Mais, de même que, chez les Batraciens Pérennibranches,
les *Siren* n'ont pas reconstitué leurs pattes postérieures et que les Batraciens Vermiformes ont perdu tous leurs membres; de même les membres
peuvent se réduire et disparaître chez les Reptiles, en raison surtout du
rôle important joué par les ondulations du corps et de la queue, dont toute
la face ventrale appuie sur le sol. On observe cependant, chez les Crocodiliens actuels, une réduction à quatre du nombre des doigts des pattes postérieures, qui ne saurait être sûrement attribuée à cette cause.

La réduction et la disparition des membres chez les Sauriens se poursuivent
parallèlement dans trois groupes principaux indépendants, et constituent par

suite un phénomène de convergence. Ces trois groupes correspondent aux ANGUIDÆ, ZONURIDÆ, ANNIELLIDÆ, aux TEJIDÆ, AMPHISBÆNIDÆ, enfin aux SCINCIDÆ, GERRHOSAURIDÆ, ANELYTROPIDÆ et sans doute DIBAMIDÆ.

Dans la première série, à côté de formes à 4 membres pentadactyles bien développés (*Diploglossus, Gerrhonotus, Zonurus*), se rencontrent d'autres formes dont les 4 membres, ou bien sont pentactyles mais très petits (*Chamæsaura ænea*), ou deviennent tétradactyles (*Sauresia*), ou enfin sont stylifor-

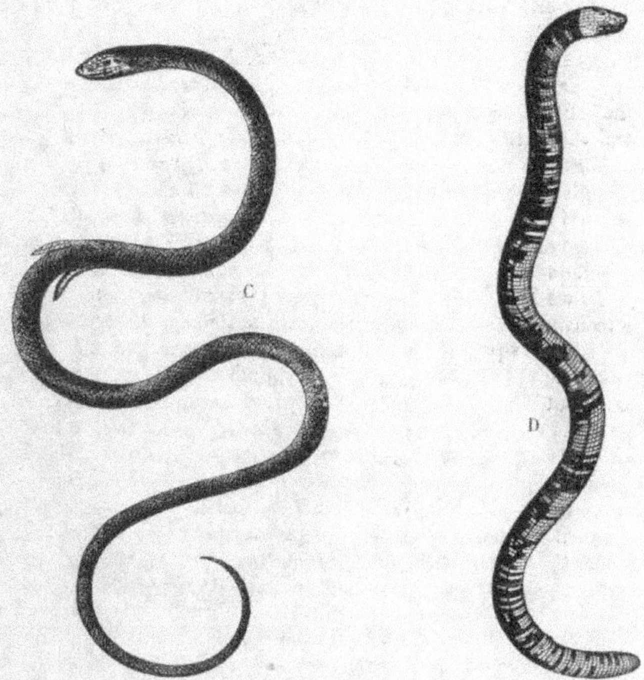

Fig. 2032 *bis*. — Réduction des membres chez les Sauriens (Suite) : — C, *Pygopus lepidopus*. D, *Amphisbæna fuliginosa*.

mes et indivis (*Chamæsaura anguina*). La patte antérieure n'a plus de doigts chez les *Panolopus*, et la postérieure présente seulement un tubercule représentant le doigt externe ; tandis que les os de l'avant-bras et du bras sont seuls représentés dans la première, la seconde possède un fémur, un tibia et un tarse. Même chose chez le *Chamæsaura macrolepis*. Les *Ophisaurus* et les *Ophiodes* ont perdu toute trace de membres antérieurs visibles extérieurement, bien qu'ils soient en général représentés par des os inclus au milieu des muscles. Les membres postérieurs sont représentés par des rudiments dans l'*Ophisaurus (Pseudopus) apus*, ces rudiments même disparaissant chez l'*Ophisaurus ventralis* et chez notre Orvet (*Anguis fragilis*), auxquels l'absence de membres donne un faciès tout à fait serpentiforme, faciès qui s'accentue encore dans l'*Aniella pulchra*.

Une série tout à fait semblable est présentée par les TEJIDÆ américains : elle comprend, à côté d'un premier groupe à pattes bien développées présentant 5 doigts (*Tupinambis*, *Ameiva*), ou 4 seulement aux pattes postérieures (*Tejus*), un second groupe qui n'a plus que des pattes très courtes ou excessivement réduites. Elles ont encore 5 doigts courts chez les *Heterocordylus*, mais déjà l'externe est rudimentaire et sans ongle ; il n'y en a plus que 4-4 ou 4-3 chez les *Scolecosaurus* (*Brachypus*).

Les doigts se réduisent à de simples tubercules chez les *Cophias* (*Microdactylus*). Chez les *Propus* (*Ophiognomon*), les pattes postérieures se réduisent à un petit tubercule (*Pr. trizonalis*) ou disparaissent entièrement (*Pr. vermiformis*), et cette régression nous amène aux AMPHISBÆNIDÆ, parmi lesquels le *Chirotes* a encore des membres antérieurs, avec 4 doigts pourvus de griffes, tandis que tous les autres sont complètement apodes (fig. 2032 *bis* D).

La série qui a pour point de départ les SCINCIDÆ est plus riche encore en stades de régression des membres. A côté des formes typiques, à pattes et doigts normaux (*Scincus* [fig. 2032 A], *Mabuia* et autres) et les formes tout à fait dépourvues de membres, tous les passages sont représentés. Il y a plus : nous les trouvons dans une suite d'espèces nettement apparentées par les caractères tirés du squelette et de l'écaillure, et qui sont, par suite, justement réunies dans un même genre. Le plus typique à cet égard est le genre *Lygosoma*, dont les diverses espèces présentent les degrés les plus divers dans les dimensions et la constitution des membres. Tandis qu'un très grand nombre de ces espèces conservent le type lacertoïde bien caractérisé, avec les quatre pattes normalement développées et pentadactyles (par exemple. *L. smaragdinus* Less., de la Malaisie et de la Mélanésie), quelques-unes (*L. fuscum* Dum. et Bibr., des mêmes régions), en gardant des pattes de longueur ordinaire, perdent simplement un doigt à la patte antérieure, dont presque toujours, la régression est plus accentuée que celle de la postérieure.

Les pattes, tout en ayant la conformation habituelle, et conservant leurs 5 doigts, se raccourcissent dans *L. Bougainvillei* (elles ont respectivement 8 et 14 millimètres pour une longueur de corps de 135 millimètres); mais elles n'ont plus que 4 doigts chez *L. (Chiamela) lineatum* Gray, de l'Inde (4 et 6 mm. pour 130 millimètres de longueur totale) que 3 (*L. Hemiergisi* et *peruviense* Fitz., de l'Australie méridionale), que 2 en avant, 3 en arrière (*L. [Eumeisa] anchietæ* Bonap., du Sud-Ouest Africain) que 2 aux quatre pattes (*L. [Chelomeles] quadrilineatum* D. et B., de l'Australie occidentale). Elles se raccourcissent encore (8 et 9 mm. pour 300 mm. de longueur totale) chez *L. (Chelomeles) reticulatum* Günth, de l'Australie orientale, et d'autres ; les pattes antérieures prennent la forme d'une étroite baguette indivise de 3, 5 millimètres chez *L. (Rhodona) Gerrardii* Günth (longueur : 134 mm.) dont la patte postérieure a 11 millimètres et est didactyle. Elle est réduite encore à un petit mamelon et la patte postérieure est devenue styliforme chez *L. (Soridia) miopus*. Günth., et disparaît entièrement chez *L. bipes* Fisch. La patte postérieure, qui a encore 2 doigts dans cette espèce, n'en a

Tableau récapitulatif de la variation des membres dans le genre *Lygosoma* Gray.

G. LYGOSOMA	RÉPARTITION GÉOGRAPHIQUE	LONGUEUR DU CORPS		MEMBRE ANTÉRIEUR			MEMBRE POSTÉRIEUR		
		Longueur totale	Du museau à l'anus	Longueur	Rapport de cette longueur à la longueur du corps	Nombre des doigts	Longueur	Rapport de cette longueur à la longueur du corps	Nombre des doigts
L. smaragdinum Len	Malaisie, Mélanésie	246	103	37	0.36	5	45	0.44	5
L. fuscum Dum. et Bibr.	Malaisie, Mélanésie	184	67	22	0.33	4	36	0.54	5
L. Bougainvillei D. et B.	Australie S.	135	63	8	0.13	5	14	0.22	5
L. lineatum Gray	Inde	130	57	4-5	0.09	4	6	0.10	4
L. decresiense Fitz.	Australie S.	?	47	6-5	0.06	3	10	0.21	3
L. anchietæ Bocage.	Afrique S. O.	?	30	6	0.2	2	12	0.4	3
L. quadrilineatum D. et B	Australie O.	136	58	6	0.1	2	10	0.18	2
L. reticulatum Günth.	Nouv. Galles du Sud.	?	205	8	0.04	3	9	0.04	3
L. Gerrardi Günth.	Australie O.	134	67	3-5	0.05	1-2	11	0.17	4
L. miopus Günth.	Australie N. O.	?	82	Réduit à un tubercule.			8	0.10	1
L. bipes Fisch.	Austalie N. O.	?	57	Absent			10	0.18	2
L. præpeditum Boulgr.	Australie O.	127	66	Absent.			Styliforme. (long comme 3 écailles).		
L. truncatum Peters	Australie (Queensland).	78	42	Rudiment indivis.			Rudiment indivis.		
L. ophioscincus Boulgr.	Australie (Queensland).	142	75	Absent.			Absent.		

plus qu'un dans *L. (Soridia) præpeditum* Boulgr., et disparaît à son tour dans *L. (Ophioscincus) ophioscincus* Peter.

On s'explique que, devant une pareille variation, les auteurs, se basant sur les caractères tirés des membres, aient pu établir toute une série de genres, dont la synonymie que nous donnons plus haut montre la multiplicité. Mais il s'agit évidemment ici d'organes tombés en désuétude et dont le plus ou moins grand degré de persistance n'a qu'une très faible valeur

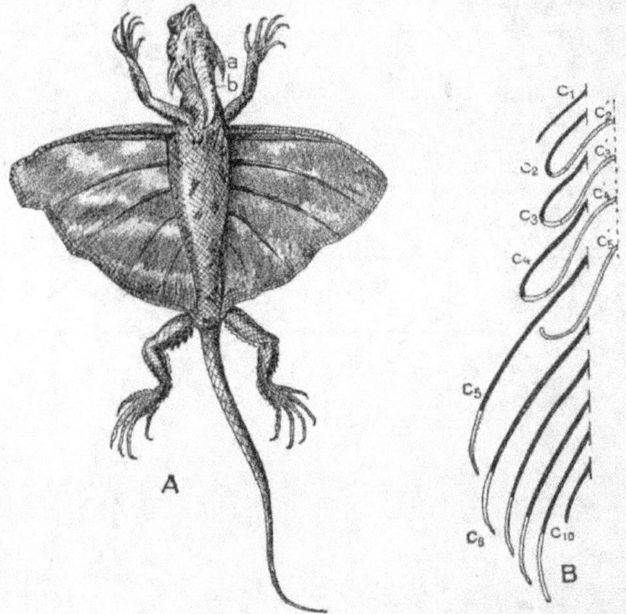

Fig. 2033. — *Draco volaus* (vu par la face ventrale). — *a, b,* les lobes cutanés médian et latéraux de la gorge. — B, Schéma de la disposition des côtes dans le patagium. En noir, le segment vertébral des côtes (leur insertion sur la colonne vertébrale est figurée pour chacune par un trait noir) ; en blanc, le segment intermédiaire ; en grise, le segment sternal. Les 3 côtes C_2-C_4 sont seules complètes ; dans la côte 5, le segment sternal est séparé des deux autres ; les côtes suivantes n'ont plus de segment sternal et restent flottantes dans le patagium (ANTHONY).

systématique, ce qui justifie leur réunion en un seul genre. Le tableau de la page précédente résume les variations des membres dans le genre *Lygosoma*.

Même série régressive dans le genre *Chalcides* (*Gongylus, Seps*), dont les formes primitives (*Ch. ocellatus*) a déjà 4 pattes très raccourcies. Ces pattes n'ont plus que 3 doigts dans notre espèce méridionale, le *Ch. lineatus* (*Seps chalcides*) (fig. 2032 B). Elles sont réduites à des tubercules dans le *Ch. Güntheri*. Les *Cyclodus* et les *Trachysaurus* ont de même les membres remarquablement courts et le nombre des doigts qu'ils portent se réduit à 4, à 3 ou à 2 ; chez les *Brachymeles*, les membres antérieurs n'ont plus que 2 doigts, les postérieurs un seul. Les *Sceloies* n'ont plus que des membres postérieurs avec 2 doigts pourvus d'ongles ; les membres postérieurs deviennent eux-mêmes rudimentaires chez les *Ophiodes*. Enfin, il n'y a plus de membres du tout chez les *Melanoseps*, la plupart des *Acontias* et dans les petites familles des ANYLEPTIDÆ et des DIBAMIDÆ, dans les derniers desquels toute ceinture et le sternum ont disparu.

Il faudrait ajouter à cette liste les PYGOPIDÆ dont la position zoologique est incertaine, et dans lesquels les membres postérieurs persistent seuls, conservant à leur intérieur les rudiments ossifiés des orteils (fig. 2032 *bis* C).

Le passage des Lacertiliens aux Ophidiens se fait sans doute par l'inter-

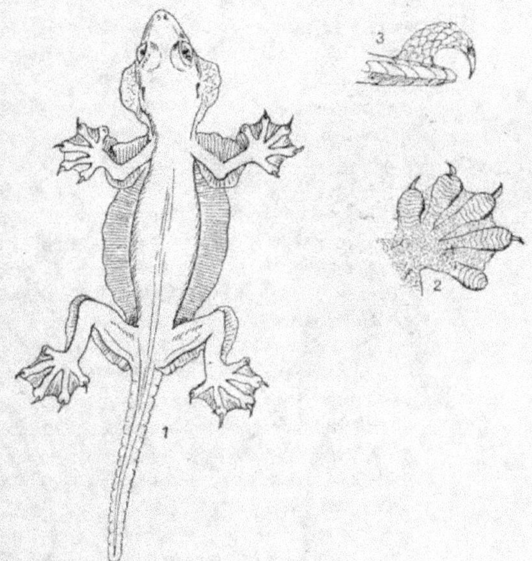

Fig. 2034. — 1, *Ptychozoon homalocephalum*. — 2, le pied droit, vu par dessous, montrant les replis transversaux propres aux GECKONIDÆ et la palmure interdigitale. — 3, un doigt, vu de profil, montrant l'insertion très particulière de la phalange unguéale (GADOW).

médiaire d'un groupe de Reptiles terrestres à pattes courtes; toutefois, les PYTHONOMORPHES, qui sont marins (*Mosasaurus*, *Clidastes*), présentent avec les deux groupes de curieuses affinités. Ils ont un corps allongé dépassant 8 mètres de long, pas de sternum et quatre membres courts adaptés à la natation.

L'absence de membres devient générale chez les OPHIDIENS ou SERPENTS, qui, par la disposition transversale de leur fente anale, se rapprochent des Sauriens, mais qui n'ont plus ni sternum, ni rudiment d'épaules, ni de bassin.

Seuls parmi les Ophidiens, les OPOTERODONTA (*Typhlops*, etc.) et les PYTHONIDÆ (*Boa*, *Python*, etc.) ont encore des rudiments de membres postérieurs, cachés sous la peau et ne laissant apparaître au dehors que les ongles qui les terminent et qui se montrent de part et d'autre de l'anus (fig. 2066, p. 3015). Ces membres rudimentaires suffisent à établir que les Serpents descendent de Reptiles et plus spécialement de Sauriens pourvus de membres ; mais il est, dans l'état actuel de nos connaissances, impossible de déterminer de quel groupe de Sauriens ils se rapprochent le plus. Bien que les Serpents ne remontent pas au delà de la période tertiaire, la Paléontologie ne donne, de son côté, que de vagues renseignements sur leurs origines.

Contrairement à ce qui s'est produit durant la période secondaire, les adaptations des membres des Reptiles actuels sont extrêmement restreintes, justement parce que, lorsque l'animal est à terre, il n'emploie guère ses membres qu'à se cramponner pour se pousser en avant. Il y a bien encore quelques genres de Lézards volants (*Draco*), mais l'aile (fig. 2033), ou plutôt le parachute, n'est ici qu'un repli de la peau des flancs dans lequel s'engagent cinq paires de côtes presque rectilignes qui le soutiennent à la façon des baleines d'un parapluie.

On peut considérer comme un acheminement vers le parachute des Dragons la large bordure cutanée que le *Ptychozoon* présente de chaque côté du corps, tout le long des flancs, des membres antérieurs et postérieurs et de la queue, et qui s'étend même en palmure entre les doigts (fig. 2034). Le *Ptychozoon* étant essentiellement grimpeur, ce repli tégumentaire s'est sans doute formé par suite de l'aplatissement de l'animal contre son support. Les seules modifications que présentent les pattes des Reptiles terrestres consistent dans la présence, chez beaucoup de Sauriens grimpeurs, de papilles adhésives et la modification de l'écaillure à la face inférieure des pattes (Geckos, fig. 2035) et dans les transformations que subissent les membres chez les formes aquatiques. Les pattes postérieures

Fig. 2035. — Gecko (*Tarentola mauritanica*) grimpant le long d'un mur (emprunté à Rémy Perrier).

sont en effet, entièrement palmées chez les Crocodiliens ; les Tortues d'eau douce ont aussi des pattes palmées, qui sont remplacées, chez les Tortues marines, par de véritables rames natatoires, dans lesquelles les doigts sont entièrement empâtés, si bien qu'ils ne peuvent être distingués à l'extérieur ; les rames antérieures sont d'habitude assez allongées. Chez les Tortues terrestres, les doigts ne sont pas non plus mobiles ; seuls, les ongles sont apparents au dehors. Nous avons déjà signalé les conclusions que l'on peut tirer de ces faits.

Tégument (1). — *Épiderme*. — La couche cornée de l'épiderme des Reptiles, dont les cellules cornées se superposent suivant des assises diffé-

<hr>

(1) O. Cartier, Studien über den feineren Bau der Haut bei den Reptilien : I. Abth. Die Epidermis der Geckotider. — II. Abth. Ueber die Wachsthumerscheinungen der Oberhaut von Schlangen und Eidechsen bei der Haütung. *Arbeiten aus d. zool.-zool. Institut zu Würzburg*, Bd, I, 1874. — G. Kerbert, *Archiv. fur mikrosk. Anat.*, Bd. XIII. — W. Lwoff, Beiträge zur Histologie der Haut der Reptilien. *Bulletin de la Société impériale des naturalistes de Moscou*, 1, IV, 1884. — F. Todaro, Sulla struttura intima della pelle di Reptili. *Ricerche nel*

renciées, se comporte différemment au point de vue de sa durée dans les divers ordres : elle se détache périodiquement par larges plaques (fig. 2036) qui tombent isolément, chez les Sauriens; chez les Ophidiens, en s'isolant des couches sous-jacentes, elle forme un fourreau continu, d'où l'animal sort, comme une larve d'insecte de son étui de chitine, au moment de la mue. La couche qui va tomber est séparée de la couche qui va la remplacer par une lame cuticulaire. Une partie du tégument subsiste à l'extrémité de la queue des Crotales, dont la *sonnette* est formée par

Fig. 2036. — Coupe à travers l'épiderme de la surface libre de la tête de *Voltzkowia mira* Boulgr., Saurien apode de Madagascar (l'épiderme se prépare à la mue) : — *E*, couche cornée de l'épiderme près d'être éliminée; *a*, cuticule; *b*, couche granuleuse; *c*, couche homogène; *d*, couche lâche; *e*, couche de kératohyaline; — *E'*, couche cornée de remplacement, en voie d'édification; *a'*, cuticule; *b'*, couche cornée; *cM*, couche de Malpighi; *S*, papille sensorielle (W.-J. Schmidt).

l'ensemble des parties épidermiques qui ont persisté après chaque mue (fig. 2037).

Chez les Tortues et les Crocodiles, les assises de cellules qui se kératinisent s'ajoutent les unes aux autres, de sorte que la couche cornée s'épaissit sans cesse, et ce n'est qu'accidentellement que quelques-unes de ses parties viennent à se détacher. Fréquemment, la couche cornée est *pneumatique*, en certains points, c'est-à-dire qu'elle est creusée de fins canaux remplis d'air.

Dans diverses parties du corps, la couche cornée peut prendre un développement exceptionnel. C'est ainsi qu'elle forme, sur les mâchoires des Tortues, un revêtement à bord tranchant, dont la présence a favorisé par réduction d'usage la disparition des dents. Il s'est de même formé, chez divers Reptiles anciens, appartenant en général au groupe des DINOSAURIA, des épaississements cornés de l'épiderme, sous lesquels se sont produites peu à peu des excroissances osseuses que l'épiderme kératinisé a continué à recouvrir comme d'un étui, constituant ainsi de véritables cornes analogues

laborat. di anat. normale della R. Univ. di Roma, vol. II, fasc. 1, 1878. — A. BATELLI, Beiträge zur Kenntniss des Baues der Reptilienhaut. *Arch. f. mikr. Anatomie*, Bd. XVII, 1880.

à celles des Ruminants actuels. Ces cornes sont portées par les post-frontaux chez les Ceratopsida, par la région nasale chez les *Ceratosaurus* : ces formes montrent les termes extrêmes de ce processus, dont les phases primitives n'ont pas encore été retrouvées.

L'extrémité des doigts des Reptiles est généralement armée d'une griffe, dans laquelle s'engage l'extrémité très développée de la phalange, séparant ainsi l'une de l'autre la *plaque* et la *sole unguéales* ; la première présente toujours une différenciation histologique plus avancée que la seconde. Un

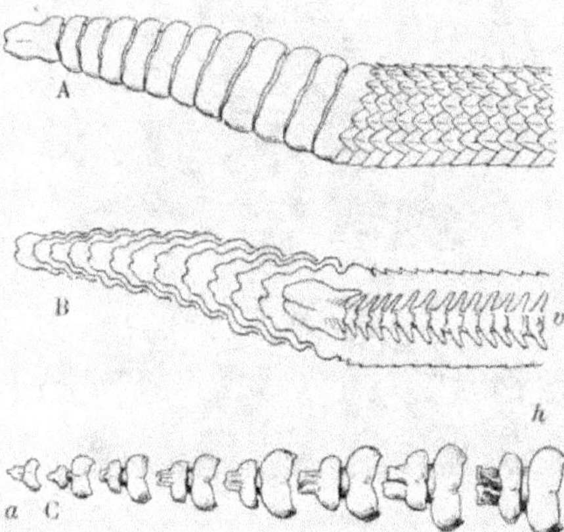

Fig. 2037. — Sonnette de Crotale (*Crotalus horridus*). — A, vue extérieure ; B, coupe sagittale ; C, les anneaux successifs désarticulés : — *a*, anneau terminal ; *h*, le premier anneau ; *v*, les dernières vertèbres (A, d'après Gadmann ; B. et C, d'après Czermak, emprunté à Calmette).

repli de la peau, qui semble d'abord se développer du côté dorsal (Chelonida), se rabat sur la base de l'ongle.

L'épiderme est formé de cellules aplaties vers la surface, arrondies dans les couches plus profondes, et, parmi elles, se trouvent, chez les Caméléons et divers autres types, des cellules qui ont des reflets irisés, en raison de stries onduleuses qu'elles présentent à leur surface.

Glandes cutanées. — La peau des Reptiles ne présente de glandes qu'en des régions extrêmement circonscrites : les Lézards n'en possèdent, par exemple, que sur le côté interne de la cuisse, où leurs orifices sont disposés en une rangée rectiligne (fig. 2038 A). Les glandes elles-mêmes, particulièrement développées chez les mâles, parfois par contre absentes chez les femelles, sont des tubes qui se bossellent ou se ramifient plus ou moins, et qui produisent une sécrétion solide, formée de cellules kératinisées, émise sous forme d'un cylindre aplati. Il existe une double rangée d'orifices chez les *Atoponotus*, *Metopoceros*, etc.; la rangée unique se prolonge au devant de l'anus chez les *Uromastix*, disposition d'où dérivent peut-être les pores préanaux des *Amphisbœna*.

Chez les Crocodiles, les seules glandes cutanées sont les *glandes du*

musc, au nombre de deux, dont l'orifice est apparent sur la mâchoire inférieure, et deux autres glandes à l'intérieur des lèvres de la fente cloacale;
celles-ci ne sont pas visibles du dehors.

Des glandes existent aussi chez les Chéloniens à la jonction du bouclier
dorsal et du bouclier ventral. Les Trionychidæ, outre ces glandes, en possèdent une autre, souvent paire, s'ouvrant vers le milieu du bord antérieur
de chaque moitié du bouclier ventral. Ces glandes, à la vérité, ont pour ori-

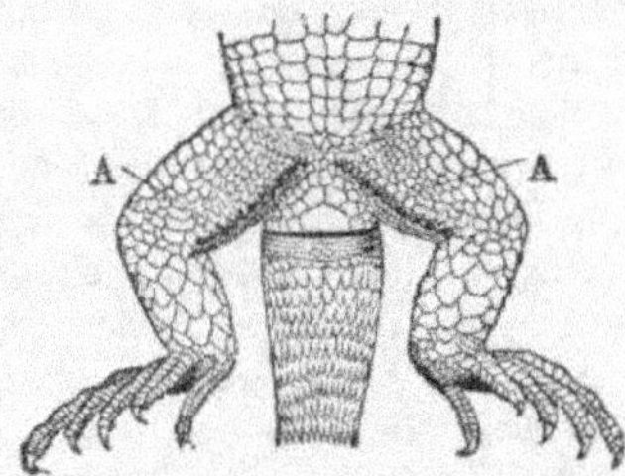

Fig. 2038. — Vue ventrale de la région anale et des pattes postérieures, montrant la fente cloacale
et les glandes cutanées fémorales, *A*.

gine non plus une prolifération de l'épiderme, mais un repli de la totalité
du tégument.

Derme. — Le *derme* ressemble à celui des Batraciens (p. 2740), mais, au
lieu de se disposer par couches, les faisceaux conjonctifs commencent déjà

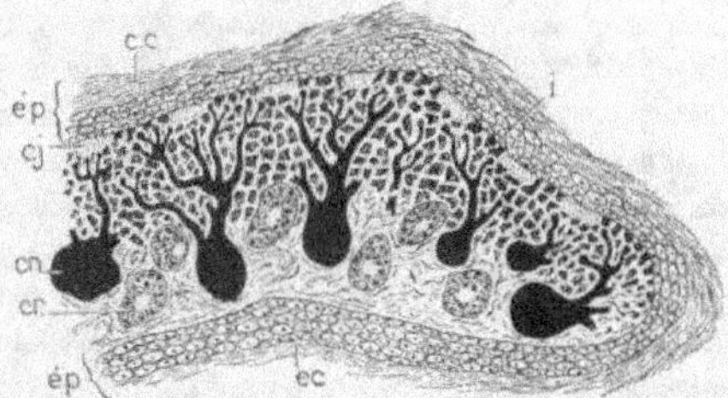

Fig. 2039. — Coupe de la peau du *Calotes versicolor*, menée au niveau de la région sous-maxillaire : — *ép*, épiderme; *cc*, sa couche cornée; *i*, iridocystes; *cj*, chromatophores jaunes; *cn*, chromatophores noirs; *cr*, chromatophores rouges (Mandoul).

à s'entrelacer. A la surface qui touche à l'épiderme, s'élèvent de nombreuses
papilles, de formes et de dimensions très variées, qui déterminent sur l'épiderme des saillies plus ou moins apparentes, séparées les unes des autres par
des sillons en aires closes, et qui simulent des écailles; ces saillies peuvent
se prolonger en piquants ou en appendices, tels que ceux dont l'ensemble
forme, tout le long de la carène médiane dorsale des Iguanes, une crête inin-
terrompue.

Le derme contient fréquemment des chromatophores, doués de mouvements amiboïdes, susceptibles parfois, comme ceux des Batraciens,
d'émigrer dans l'épiderme, et qui donnent à divers Sauriens et Ophidiens la

faculté de changer de couleur, soit sous l'influence de leurs émotions, soit
en raison de la propriété qu'ils possèdent d'adapter leur couleur à celle des
objets sur lesquels ils sont posés. Les Caméléons sont célèbres pour cette
faculté, dont le déterminisme a été rigoureusement établi (1). Mais elle n'est
pas spéciale aux Caméléons et se retrouve chez divers autres Sauriens,
comme les *Calotes* de l'Inde, les *Ameiva* d'Amérique, les *Uromastix* de
l'Inde et d'Afrique. Ces changements de couleur sont soumis à des cir-
constances diverses chez les Caméléons et les *Calotes*; chez les *Uromastix*,
ils sont liés aux changements de température : l'animal est de couleur
sombre, quand il a besoin de s'échauffer; il est de couleur claire, au
contraire, quand, étant exposé au froid, il a besoin de diminuer son rayon-
nement (2). Il semble en être de même chez un assez grand nombre de
Sauriens. Chez les Caméléons et les *Calotes* (fig. 2039), l'épiderme est
incolore et la couche de Malpighi n'a de particulier que la présence, parmi
les cellules ordinaires, de cellules irisées, que nous avons signalées plus
haut, et qui, nous l'avons dit, doivent ce caractère aux stries
onduleuses de leur surface. La région supérieure du derme contient un
grand nombre de petites cellules pressées les unes contre les autres et
remplies de granulations très réfringentes, principalement constituées par
de la guanine en petits cristaux : ce sont les *iridocystes* (fig. 2039, *i*); elles
forment une couche qui, par diffusion, paraît blanche à la lumière réfléchie;
les cellules les plus voisines de la surface contiennent des gouttelettes oléa-
gineuses qui leur donnent une teinte jaune. Les *chromatophores* sont ici
disposés en couche, à peu près à la limite de la région granuleuse et de la
région fibreuse du derme; ils émettent chacun un certain nombre de pseudopodes, ramifiés surtout à leur extrémité, qui se dirigent presque verticalement vers la surface, où ils s'entrecroisent souvent; ils sont bourrés de
grains de pigment, d'une même couleur pour chaque chromatophore, mais
dont la couleur varie d'un chromatophore à l'autre, rouge chez les plus
profonds, noire dans la couche moyenne, jaune dans les plus superficiels
(fig. 2039). Sous l'influence de certaines excitations nerveuses, en particulier sous celle des excitations visuelles, les cellules de l'un des groupes
émettent des pseudopodes plus ou moins étendus (fig. 2040, I à III), et les
granules pigmentaires du chromatophore se portent vers les extrémités de
ces pseudopodes; il en résulte la formation d'écrans diversement colorés,
par lesquels la teinte de la peau se trouve modifiée, et se combine avec
celles qui résultent de la présence de la guanine et des gouttelettes oléagi-
neuses. Chez divers autres Reptiles (*Anguis, Coluber*), il existe des cellules
ramifiées, mais immobiles, contenant un pigment blanc, qui contribue à
donner à la peau de ces animaux son aspect particulier.

Les changements de couleur de la peau des Caméléons et des *Calotes*
sont principalement sous la dépendance du grand sympathique. L'excitation

(1) Paul Bert, Sur le mécanisme et les causes des changements de couleur chez le Caméléon. *Comptes rendus de l'Académie des Sciences*, t. LXXXI, 1875, p. 938. — G. Pouchet,
Journal de l'Anatomie et de la Physiologie de l'Homme et des animaux, t. VIII, 1872.
(2) Jules Lefèvre, *Chaleur animale et Bioénergétique*, 1911, p. 600.

d'un nerf mixte fait pâlir toute la région à laquelle il se distribue ; sa section
détermine au contraire l'apparition d'une teinte noirâtre. La section de la
moelle fait également apparaître cette teinte sur toute la région postérieure ;
elle ne se montre que sur la moitié de cette région, si la moelle n'a été qu'à
demi-sectionnée. Au contraire, pendant l'anesthésie et après la mort, le corps

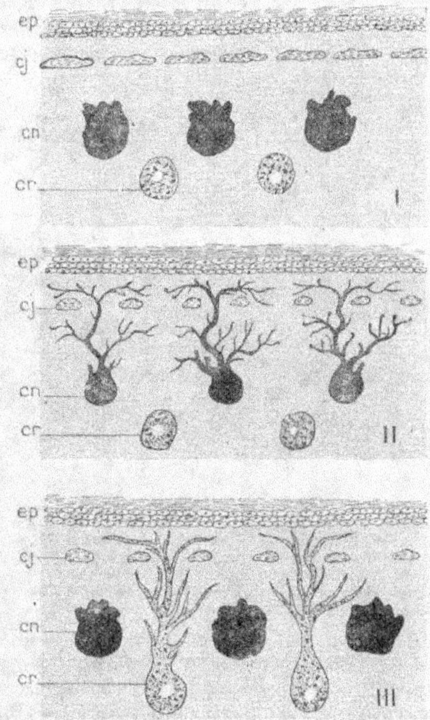

Fig. 2040. — Diagrammes montrant le jeu des chromatophores de différentes teintes, présidant aux changements de
coloration ; — En I, la teinte jaune domine ; en II, la peau est bleue ou noire, suivant le degré d'expansion des
chromatophores et la dimension des granules pigmentaires noirs ; en III, la teinte est brune. Mêmes lettres que
dans la fig. 2039 (MANDOUL).

devient blanc-jaunâtre. Quand on enlève un œil, le côté correspondant
change de couleur, beaucoup plus rapidement que l'autre ; le côté de l'œil
aveugle reste beaucoup plus clair, après l'ablation d'un œil, que le côté
opposé ; l'ablation des deux yeux rétablit l'égalité de teinte entre les deux
côtés. La lumière fait directement foncer les parties du tégument sur lesquelles elle vient frapper ; l'œil agit sur les téguments par l'intermédiaire de
l'hémisphère cérébral du côté opposé ; mais chaque hémisphère a aussi une
action sur son côté.

Fausses-écailles et plaques épidermiques.

Fausses-écailles et plaques épidermiques. — La peau des Reptiles présente en général, sur presque toute sa surface, de nombreuses élévations du derme, ou *papilles*, sur lesquelles la couche cornée de l'épiderme s'épaissit plus ou moins, et arrive parfois à former des verrues, des tubercules (GECKONIDÆ, CHAMÆLEONTIDÆ, *Sphenodon*), des piquants (*Phrynosoma*) ou des lames, comme celles qui se disposent en une crête longitudinale occupant toute la longueur du dos et de la queue des Iguanes. Le plus souvent, ces papilles sont inclinées en arrière, et comme rabattues les unes sur

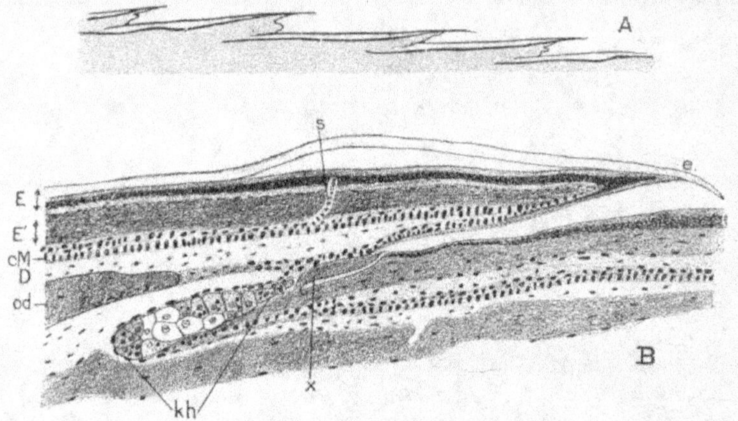

Fig. 2041. — A, Coupe du tégument dorsal de *Wallskowia mira* (voir fig. 2037), dans l'axe d'une série longitudinale d'écailles, montrant l'imbrication de celles-ci. — B, Coupe grossie à travers une écaille, au moment de la mue ; — E, E', e, Ms, comme dans la fig. 2037 ; D, derme ; od, formations osseuses du derme (ostéodermes) ; kh, groupe de cellules à kératohyaline, dans la partie basilaire de l'épiderme de la surface inférieure de l'écaille, au fond de la gouttière qu'elle forme avec l'écaille sous-jacente ; x, coussinet corné dans le prolongement du groupe à kératohyaline ; e, partie cornée externe de l'écaille (W.-J. SCHMIDT).

les autres (fig. 2041 A). L'épiderme qui les recouvre croît en une lame, qui les dépasse légèrement (fig. 2041 B), de manière à former ce qu'on appelle communément des *écailles*, mais qui, très différentes des vraies écailles des Poissons, seraient plus justement désignées sous le nom de *fausses-écailles*. Elles s'imbriquent les unes sur les autres à la face dorsale de beaucoup de SAURIENS et d'OPHIDIENS ; mais elles ont le plus souvent, sur la face ventrale de ces derniers, la forme de plaques transversales, et peuvent alors être utilisées pour la reptation. Les divers arrangements des écailles servent à la délimitation des divisions dans ces deux ordres.

Sur la tête de beaucoup de Sauriens et d'Ophidiens, les fausses-écailles sont remplacées par des plaques régulièrement disposées, dont la considération est également utilisée par la systématique (fig. 2042). De telles plaques se retrouvent sur toute la surface du corps des CROCODILIENS.

La couche cornée de l'épiderme forme aussi, sur le dos de la plupart des TORTUES, cinq rangées longitudinales de plaques, mieux appelées *boucliers*, *scutelles* ou simplement *écailles*, totalement indépendantes d'ailleurs, tant dans leur forme que dans leur configuration, des plaques du squelette dermique sous-jacent (fig. 2043). On donne le nom de *plaques médianes* à celles qui forment la rangée médiane dorsale, celui de *plaques latérales* à celles qui les avoisinent (1) et de *plaques marginales* à celles qui forment la bordure de la carapace. La première plaque médiane est, en général, précédée d'une plaque impaire, incluse au milieu des plaques marginales antérieures, mais de forme différente : c'est la *plaque nuchale*. Entre les plaques dorsales et ventrales s'intercalent dans les familles des CHELYDRIDÆ, DERMATEMYDIDÆ, PLA-

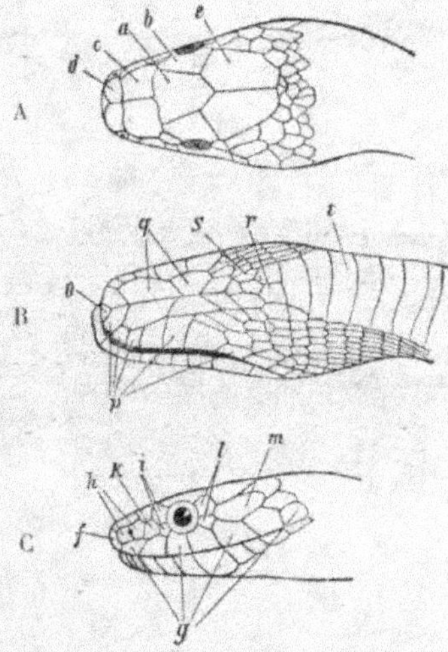

Fig. 2042. — Face dorsale (A) et face ventrale (B) de la tête de *Coluber Æsculapii*; C, face latérale de *Tropidonotus viperinus* : — *a*, plaque frontale; *b*, plaques sus-oculaires; *c*, plaques préfrontales; *d*, plaques internasales; *e*, plaques pariétales; *f*, plaque rostrale; *g*, plaques labiales supérieures; *h*, plaques nasales; *i*, plaques préoculaires; *k*, plaque frénale; *l*, plaques post-oculaires; *m*, plaque temporale; *o*, plaque mentonnière; *p*, plaques labiales inférieures; *q*, plaques sous-maxillaires; *r*,*s*, plaques gulaires ou gutturales; *t*, plaques ventrales (SCHREIBER).

TYSTERNIDÆ et CINOSTERNIDÆ, des *plaques margino-latérales* ou *plaques inframarginales*. Dans d'autres familles, ces plaques ne se développent qu'en avant et en arrière; on désigne les premières sous le nom de *plaques axillaires*; les secondes sont les *plaques inguinales*. Chez les *Macrolemmys*, il existe, par contre, de chaque côté, 3 ou 4 petites plaques supramarginales entre les latérales et les costales. Il y a en général, 5 plaques médianes, 4 paires de latérales et de chaque côté 12 marginales, dont les dernières, appelées *supracaudales*, se soudent souvent pour constituer une plaque postérieure impaire, la *plaque pygale*. Chacune de ces plaques présente une aire centrale lisse, l'*aréole*, entourée d'une série d'anneaux concentriques

(1) On emploie fréquemment, pour désigner ces plaques, les expressions de *plaques neurales* et de *plaques costales*, ce qui entraîne une confusion fâcheuse avec les plaques osseuses dermiques qui portent le même nom, et qui ne leur correspondent pas exactement.

séparés les uns des autres par un sillon. Il se forme chaque année un anneau nouveau, de sorte qu'on peut, en général, évaluer avec la plus grande facilité l'âge d'une Tortue. La face ventrale est aussi protégée par des plaques cornées; ce sont une paire de *gutturales* ou *gulaires*, souvent précédées d'une plaque impaire, la *plaque intergulaire*, une paire d'*humérales*, une de *pectorales*, une d'*abdominales*, une de *fémorales* et une d'*anales* (fig. 2043 B).

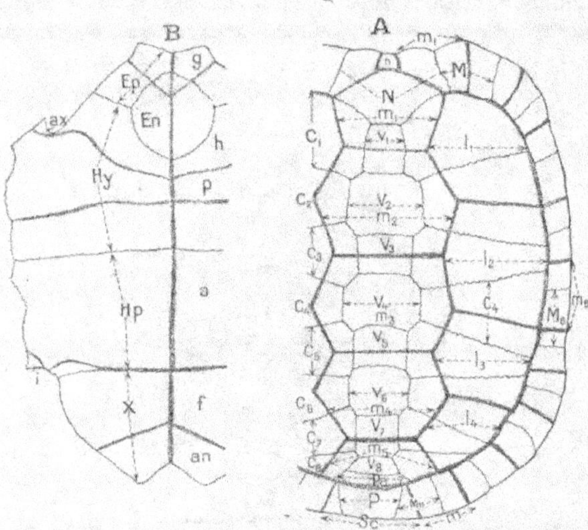

Fig. 2043. — Boucliers cornés et plaques osseuses de la carapace dorsale (A) et du plastron (B) de *Testudo ibera*. Les boucliers cornés sont séparés par un trait épais granuleux, les plaques osseuses par une fine ligne ondulée. — A. Carapace : **Boucliers cornés**, m_1-m, boucliers médians (ou plaques neurales); l_1-l_4, boucliers latéraux (ou plaques costales); m_1-m_{11}, boucliers marginaux; n, écaille nuchale; sc, écaille sus-caudale. **Plaques osseuses** : V_1-V_8, plaques vertébrales ou neurales; C_1-C_8, plaques costales; M_1-M_{11}, plaques marginales; N, plaque nuchale; Py, plaque pygale; Pa, plaque pygale antérieure. — B. Plastron : **Boucliers cornés** (plaques plastrales) : g, gulaires; h, humérales; p, pectorales; a, abdominales; f, fémorales; an, anales; ax, axillaires; i, inguinales; — **Plaques osseuses** : Ep, épiplastron; En, entoplastron; Hy, hyoplastron; Hp, hypoplastron; X, xiphiplastron (d'après Boulenger).

Squelette dermique. — Un assez grand nombre de Reptiles présentent des ossifications dermiques plus ou moins développées; il en existe sur la face dorsale, sur la face ventrale et sur le crâne chez diverses espèces de *Platydactylus*; dans les régions supra-orbitales et temporales des Iguanidæ, Anguidæ, Lacertidæ, où elles recouvrent la fosse supra-temporale, et sur tout le tronc des Anguidæ, des Gerrhosauridæ et des Scincoidæ (fig. 2041, o), où les plaquettes osseuses, ou *ostéodermes*, affectent dans la peau une disposition très régulière.

Chez les Dinosauriens, des plaques dermiques plus ou moins isolées existaient fréquemment et pouvaient se développer en épines ou en lames dressées, formant, chez les *Stegosaurus*, une puissante crête dorsale défensive.

Ce squelette arrive à former une véritable cuirasse dermique chez les Crocodiliens, où les plaques osseuses, relativement puissantes, se disposent en bandes régulières, longitudinales ou transversales suivant les espèces ; ces plaques pouvaient être, chez les espèces anciennes, soudées entre elles ou imbriquées ; elles formaient, chez les *Aetosaurus*, du Trias, une cuirasse complète ; dans les formes plus récentes, elles tendent à se réduire et à se dissocier sur la face dorsale, mais elles forment encore, chez les TELEOSAURIDÆ, un puissant bouclier ventral ; ses éléments sont tout à fait dissociés chez les Crocodiliens actuels.

Le squelette dermique atteint son maximum de développement chez les TORTUES, où il forme, avec la coopération du squelette interne, la *carapace* dont ces animaux sont revêtus. La carapace comprend un *bouclier dorsal* et

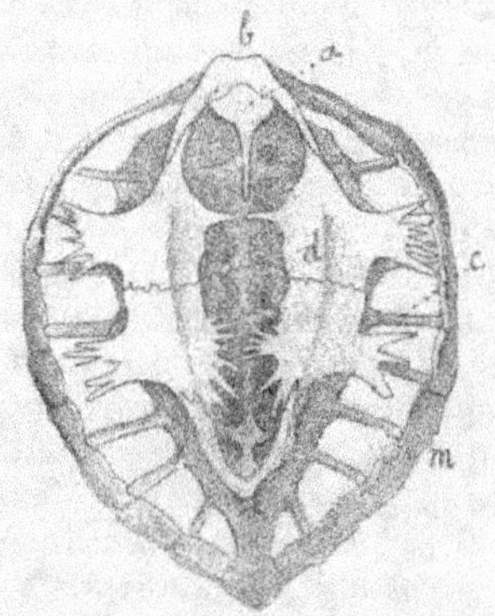

Fig. 2044. — Carapace et plastron incomplets de *Chelone mydas*, vus par la face ventrale : *a*, entoplastron ; *b*, épiplastron ; *c*, côtes ; *d*, hypoplastron ; *m*, plaques marginales de la carapace (POUCHET et BEAUREGARD).

un *bouclier ventral*. On réserve quelquefois le nom de *carapace* au bouclier dorsal et l'on donne celui de *plastron* au bouclier ventral. La carapace résulte de la formation des plaques osseuses dermiques, auxquelles viennent ordinairement se souder, après s'être elles-mêmes élargies, les apophyses épineuses de huit vertèbres dorsales, de la 2ᵉ à la 9ᵉ, et les côtes qui leur correspondent. Ces plaques sont les *plaques neurales* ou *vertébrales*, en général au nombre de 8, et les *plaques costales*, également au nombre de 8 de chaque côté (fig. 2043). Il s'y ajoute une ceinture continue de plaques dermiques, qui forment la *bordure* de la carapace. La plaque antérieure impaire est dite *plaque nuchale*, la postérieure *plaque pygale*, sous-jacentes aux plaques épidermiques de même nom, mais ne leur correspondant ni en étendue, ni en configuration ; les autres, symétriques deux à deux, sont les *plaques marginales*, au nombre de 10 à 13 paires. Entre la deuxième plaque neurale et la plaque pygale peuvent s'intercaler de une à trois petites plaques, en rapport, comme la dernière neurale, avec la dernière paire costale ; on leur réserve généralement le nom de *plaques pygales antérieures*.

Le plastron est formé par quatre paires de plaques osseuses symétriques, qui sont, d'avant en arrière et de chaque côté : l'*épiplastron*, l'*hyoplastron*, l'*hypoplastron* et le *xiphiplastron*. Il s'y ajoute quelquefois (PELOMEDUSIDÆ) une paire supplémentaire, le *mésoplastron*, entre l'hyo- et l'hypo-plastron. Les plaques d'une même paire se rejoignent sur la ligne médiane; mais, en arrière des deux épiplastrons, se développe en outre habituellement une pièce impaire, l'*entoplastron*.

On peut suivre, dans quelque mesure, chez les différentes formes de Chéloniens, l'évolution de cette boîte osseuse. Elle a dû avoir manifestement pour point de départ le développement d'un squelette dermique continu, qui a amené l'immobilité du tronc, l'atrophie de sa musculature, et permis dès lors l'élargissement des côtes et des apophyses épineuses des vertèbres, ainsi que leur mise en contact immédiat avec le derme. Les restes de la carapace dermique primitive se retrouvent dans le tégument dorsal des *Dermatochelys* ou *Sphargis*, qui contient une mosaïque de plaques osseuses plus ou moins hexagonales, sensiblement disposées en rangées longitudinales, dont trois médianes et deux latérales sont particulièrement nettes; la plaque nuchale est ici très développée. Ce squelette était tout à fait indépendant du squelette interne.

A mesure que l'élargissement des côtes, d'abord proximal (*Protosphargis*, *Sphargis*), gagnait de plus en plus sur la longueur de celles-ci, encore libres à leur extrémité chez les *Chelone* (fig. 2044), totalement soudées chez les *Testudo*, le squelette dermique dorsal s'est réduit aux plaques marginales, nuchale et pygale; les autres pièces ont disparu ou peut-être se sont confondues avec les apophyses épineuses et les côtes élargies.

Le plastron s'est développé de même graduellement. Il est réduit à un mince anneau périphérique de huit plaques osseuses chez les *Dermatochelys*, auxquels l'entoplastron fait défaut. L'hyo- et l'hypoplastron s'élargissent et leurs bords sont déchiquetés chez les *Chelone*, mais le centre de l'anneau demeure vide; il existe déjà un *entoplastron*. Toutes ces plaques s'élargissent en cercles, mais sont encore absolument indépendantes, sauf l'hyo- et l'hypoplastron, chez les *Cycloderma*; enfin elles arrivent au contact et leurs bords se soudent en engrenage chez les *Testudo*.

Anatomie comparée du squelette interne. — 1° **Squelette céphalique** (1). — Le crâne prend, chez les Reptiles, son étendue définitive : il ne s'arrête plus, comme chez les Batraciens, à la 10° paire nerveuse (nerf vague), il englobe les racines de la 12° paire (nerf hypoglosse). Les phénomènes de la transformation du cartilage en os ont subi les effets de la tachygénèse; il en est résulté que le squelette céphalique cartilagineux demeure incomplet et que la formation des pièces osseuses qui se substituent à lui est, en revanche, très précoce. Le nombre de ces pièces tend encore à diminuer.

Les os issus de la carapace céphalique (voûte du crâne) sont, d'avant en arrière (fig. 2047 A) :

1° Les *os nasaux* (*N*), qui peuvent se confondre en une pièce impaire

<hr>

(1) F. Siebenrock, *Zur Kenntniss des Kopfskelettes der Scincoiden, Anguiden, und Gerrhosauriden*. Annal. des K. K. Nat. Hofmus. Bd. VII, Heft. 3, 1892. — Gaupp, *Beiträge zur Morphologie des Schädels*, Morph. Arbeiten, Iena, Bd. IV, 1895, p. 77-130, Pl. VI-VII.

(*Monitor*); ils manquent à quelques Lézards et font défaut aux Tortues ; ils peuvent être plus ou moins refoulés en arrière par le développement des pré-maxillaires et rétrécis par celui des maxillaires, avec qui ils sont d'ordinaire en contact.

2° Les *os frontaux* (*Fr*), pairs chez les *Lacerta*, *Monitor*, OPHIDIENS, soudés en une pièce impaire chez les CROCODILIENS et la plupart des LACERTILIENS ; ils ne prennent une part importante à la formation de la paroi de la cavité crânienne que chez les Ptérodactyles et les Oiseaux.

3° Les *préfrontaux* ou *ethmoïdaux latéraux* (*Prf*), qui forment le bord anté

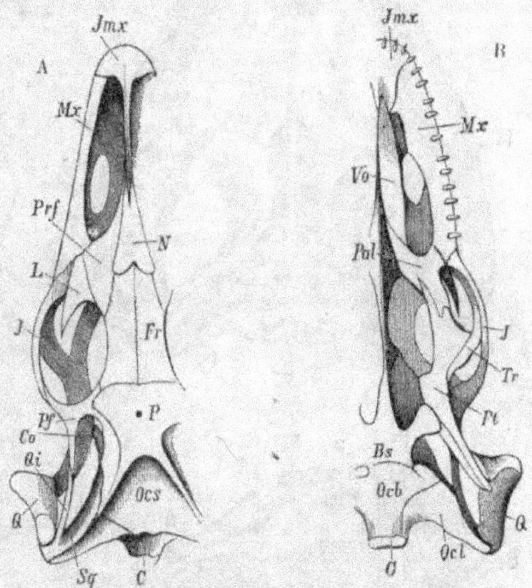

Fig. 2045. — Crâne de Varan ; — A, vu par la face dorsale ; B, par la face ventrale. — *Jmx*, intermaxillaire ; *Mx*, maxillaire ; *N*, nasal ; *L*, lacrymal ; *Prf*, préfrontal ; *Fr*, frontal ; *Pf*, post-frontal ; *P*, pariétal ; *Ocs*, sus-occipital ; *C*, condyle ; *Sq*, squamosal ; *Q*, carré ; *Qt*, quadratojugal (?) ; *Co*, columelle ; *J*, jugal ; — *Vo*, vomer ; *Pal*, palatin ; *Pt*, ptérygoïdien ; *Tr*, transverse ; *Bs*, basisphénoïde ; *Ocb*, basioccipital ; *Ocl*, exoccipital (GEGENBAUR, in CLAUS).

rieur de l'orbite, situés en avant des frontaux et même des nasaux (TORTUES) ; ils sont contigus chez les CROCODILIENS et les TORTUES, tandis qu'ils sont séparés l'un de l'autre par les nasaux et les frontaux chez le *Sphenodon* et les LACERTILIENS ; ils sont accompagnés, chez les CROCODILES et la plupart des Lézards, d'un *os lacrymal* (*L*).

4° Les *postfrontaux* (*Pf*), qui forment le bord postérieur de l'orbite et, en s'unissant à d'autres os dépendant du squelette péribuccal, déterminent dans une large mesure, la configuration de la tête : ils se soudent au-dessus de l'orbite avec les préfrontaux chez beaucoup de Lacertiliens ; ils se divisent souvent chez ces animaux en deux pièces ;

5° Un nombre variable de *supraorbitaires* (fig. 2046, *s.or*) situés au bord de l'orbite et en dehors des frontaux.

| 6° Un *postorbitaire*, rudimentaire chez les Lacertiliens, qui, chez le *Sphenodon* (fig. 2046, *por*) et les Stégocéphales, unit le postfrontal au squamosal et au jugal ;

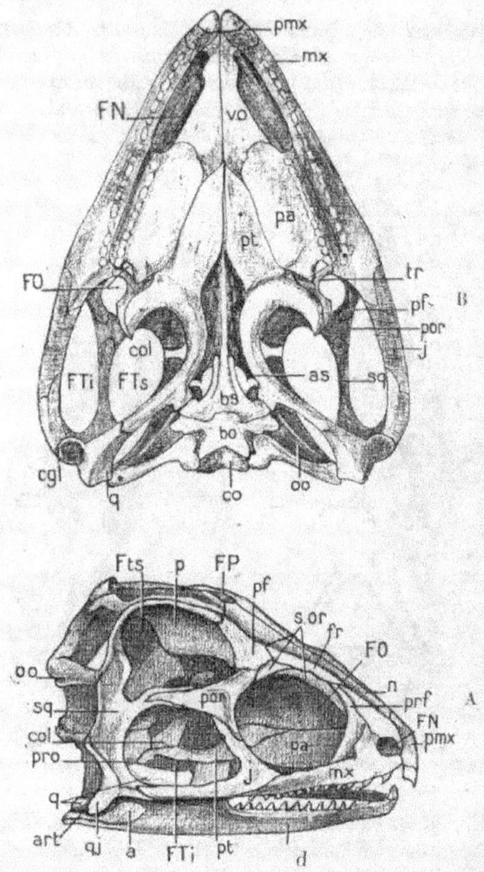

Fig. 2046. — Crâne de *Sphenodon* (*Hatteria*) *punctatus* : — A, vu de profil; B, vu par la face ventrale : — *pmx*, prémaxillaire; *mx*, maxillaire; *n*, nasal; *prf*, préfrontal; *fr*, frontal; *pf*, post-frontal; *s.or*, os sus-orbitaires; *por*, post-orbitaire; *p*, pariétal; *FP*, trou pariétal; *oo*, opisthotique; *sq*, squamosal; *col*, columelle; *pro*, prootique; *q*, carré; *qj*, quadrato-jugal; *j*, jugal; *pt*, ptérygoïde; *pa*, palatin; *art*, articulaire; *a*, angulaire; *d*, dentaire; — *FN*, fosse nasale; *FO*, fosse orbitaire; *FTs*, *FTi*, fosses temporales supérieure et inférieure; — Fig. B : mêmes lettres; en plus : *tr*, transverse; *bo*, basi-occipital; *co*, condyle; *bs*, basi-sphénoïde; *as*, alisphénoïde; *cgl*, cavité glénoïde (Günther).

7° Les *pariétaux* (*P*), tantôt séparés (Tortues), tantôt unis en une pièce impaire (Crocodiliens, Sauriens, Ophidiens); cette pièce porte, chez les Sauriens, à son bord antérieur, un *foramen parietale*, correspondant à un œil pinéal plus ou moins rudimentaire, et elle envoie en arrière, de chaque côté, un processus, arqué en dehors, vers le squamosal. Le pariétal et le squamosal, en même temps que le post-frontal, auquel tous deux s'unissent, circonscrivent un orifice, large chez les SAURIENS, étroit chez les CROCODILIENS, qui conduit dans la *fosse temporale* (fig. 2046, *Fts + Fti*) (Voir plus loin); chez les Tortues, ces trois os s'affrontent et forment une large plaque qui recouvre

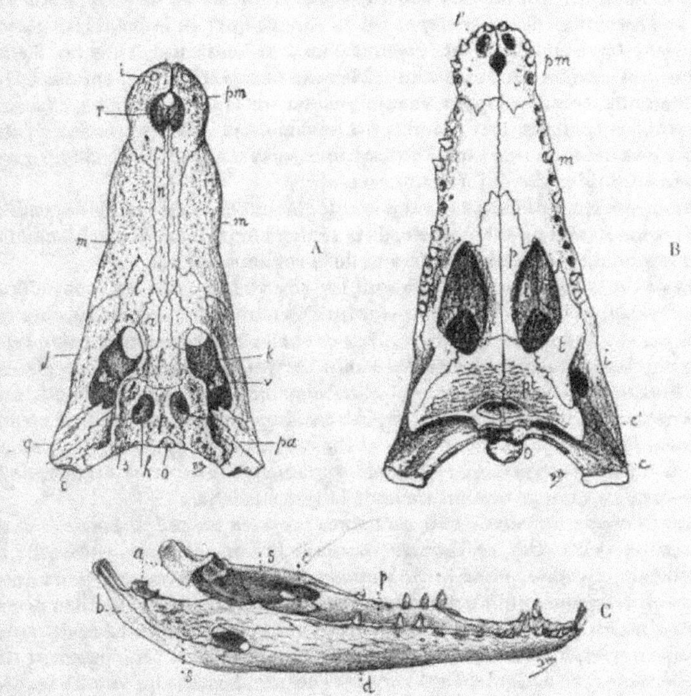

Fig. 2047. — A, Crâne d'Alligator vu par sa face supérieure : — *pm*, prémaxillaire (*i*, sa perforation laissant pour la dent correspondante de la mâchoire inférieure); *m*, maxillaire; *n*, nasal; *l*, lacrymal; *a*, préfrontal; *f*, frontal; *b*, post-frontal; *p*, pariétal; *o*, sus-occipital; *s*, squamosal; *c*, carré; *j*, jugal; *q*, quadrato-jugal; — *r*, fosse nasale impaire; *k*, fosse orbitaire; *h*, fosse temporale; *v*, arcade jugo-pariétale; — *B*. Le même crâne vu par la face inférieure : *p*, palatin; *pt*, ptérygoïdien; *t*, transverse; *i*, jugal; *o*, basi-occipital et condyle; *c*, carré; *c'* quadrato-jugal; *t*, trou logeant une dent inférieure. Les autres lettres comme en A ; — C, Maxillaire inférieur d'Alligator; *a*, articulaire; *b*, angulaire; *s*, supra-angulaire; *c*, coronoïdien; *p*, splénial; *d*, dentaire (POUCHET et BEAUREGARD).

a fosse temporale. Les pariétaux des Tortues se prolongent jusqu'à la crête occipitale et forment avec elle un important processus postérieur.

8° Le *jugal* (J), qui, en général, s'appuie en arrière sur le postfrontal et va s'attacher en avant au maxillaire, formant arcade au-dessus de l'orbite;

9° Le *quadrato-jugal* (Qj), qui relie le jugal au squamosal et contribue à former l'arcade ci-dessus.

10° Le *squamosal* (Sq), qui s'intercale entre le postfrontal et les pièces

osseuses qui recouvrent la capsule auditive ou le sommet du crâne; il se
relie à l'os carré (*O*), qu'il supporte chez les Serpents, et recouvre en partie
la caisse du tympan. Entre le squamosal et le pariétal s'intercale un autre
os, le *supratemporal*.

Les os nasaux portaient, chez les *Ceratosaurus*, une tubérosité, sans doute
surmontée d'une corne; des tubérosités semblables se développaient sur
les postfrontaux des *Ceratops*, et s'allongaient en véritables cornes
osseuses, vraisemblablement revêtues d'un étui kératinisé, chez les *Triceratops*, qui avaient en outre une tubérosité nasale. Chez ces animaux, les
postfrontaux, très développés, se rejoignaient sur la ligne médiane, chassant
en avant les frontaux très réduits; les squamosaux et les pariétaux s'étendaient en arrière en une lame formant une sorte d'auvent protecteur, garni
sur son bord de petits os formant crénelure.

Les os développés dans le crâne cartilagineux (base du crâne) dépendent
de la région nasale ou ethmoïdale, de la région interorbitaire ou sphénoïdale,
de la région de la capsule auditive et de la région occipitale.

Les os de la *région ethmoïdale* sont les *vomers* (*Vo*). Ces os sont pairs et
bien développés chez les Sauriens et les Ophidiens, un peu moins chez les
Tortues, et ils contribuent encore, chez ces animaux, à former la voûte buccale; ils sont refoulés hors de cette voûte par les maxillaires et les palatins
chez les Crocodiliens : ils forment alors, comme chez les Mammifères, une
lame verticale à l'intérieur de la région nasale, et une voûte palatine secondaire est formée par les maxillaires et les intermaxillaires, auxquels s'ajoutent en arrière les palatins et les ptérygoïdiens, tous ces os étant unis à
leurs symétriques par une suture sur la ligne médiane.

Dans la *région inter-orbitaire*, on trouve toujours un *présphénoïde* (*Ps*) et
un *basisphénoïde* (*Bs*), ce dernier touchant lui-même le basi-occipital; le
basisphénoïde forme, chez le *Sphenodon* et chez les Sauriens, deux apophyses divergentes, qui s'articulent avec les *alisphénoïdes* (*as*), bien développés chez les Crocodiles, rudimentaires chez la plupart des Lézards, dont
la cloison orbitaire est membraneuse et repose sur un prolongement du
basisphénoïde; ces os font défaut chez les Tortues, à moins qu'on ne regarde
comme tels des os situés en avant du prootique et que l'on peut aussi bien
considérer comme des dépendances des pariétaux et des frontaux.

Le parasphénoïde, si développé chez les Batraciens, où il contribuait à
former la voûte buccale, est absent, sans doute à cause du développement
des muscles de la région postérieure du pharynx, qui s'insèrent sur les pièces
du squelette péripharyngien et déterminent une augmentation importante
de leurs dimensions. Certains petits os des Lacertiens sont peut-être encore
des parasphénoïdes rudimentaires.

Des os qui se formaient autour de la *capsule auditive*, le *prootique* (*po*)
ou *pétreux*, est seul bien développé; son bord antérieur correspond au trou
de sortie de la 3e branche du trijumeau. Sauf, chez les Tortues, où il est
indépendant (fig. 2051, *oo*), l'*opisthotique* est fusionné avec l'occipital latéral
et l'*épiotique* fait défaut. Cette diminution du nombre des os tient ici sans
doute à la réduction du labyrinthe.

Dans la *région occipitale*, les os sont plus nombreux que chez les Batraciens et correspondent mieux à ce que l'on observe chez les Poissons : on y observe un *occipital supérieur* (so), deux *occipitaux latéraux* (eo), et un *basi-occipital* (bo), qui circonscrivent le *trou occipital* ; les trois derniers prennent part à la constitution d'un *condyle occipital unique* (co), servant à l'articulation du crâne avec la colonne vertébrale, et à la surface duquel on peut distinguer leurs ligues de suture ; ce condyle, légèrement oblique chez les Crocodiles, est placé exactement sur le prolongement de la base du crâne chez les autres Reptiles. Les occipitaux latéraux des Tortues se rejoignent au-dessus du trou occipital, de manière à exclure du bord du trou

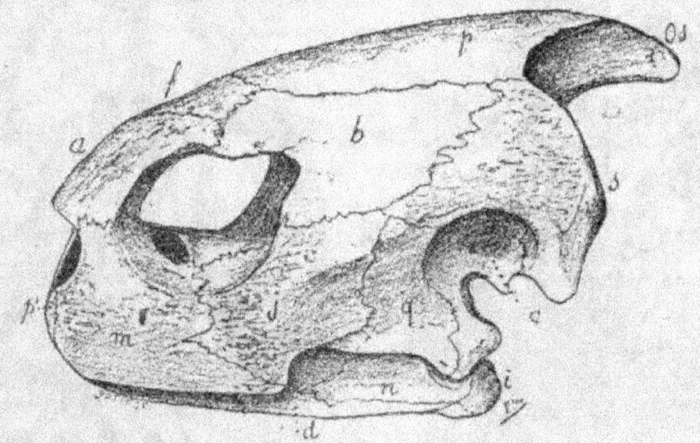

Fig. 2043. — Crâne de *Chelone mydas*, vu de profil ; — p', prémaxillaire ; m, maxillaire ; f, frontal ; p, pariétal ; b, post-frontal ; j, jugal ; q, quadrato-jugal ; s, squamosal (ces derniers os formant une voûte qui recouvre la fosse temporale ; c, carré ; Os, sus-occipital ; i, angulaire ; n, articulaire ; d, dentaire (Pouchet et Beauregard).

occipital l'occipital supérieur. Ce dernier porte une crête médiane saillante dont il a déjà été question plus haut.

Les premières pièces du squelette péripharyngien, celles qui forment les bords antérieur et latéraux de la bouche sont les *prémaxillaires* (pmx, imx) et les *maxillaires* (mx) qui portent les uns et les autres des dents : les premiers sont fusionnés entre eux chez la plupart des Sauriens et chez les *Chelys* ; ils sont très petits chez les Ophidiens et les Tortues. Les maxillaires forment toujours la partie la plus importante du bord de la mâchoire supérieure, et sont remarquables chez les Ophidiens par leur grande mobilité (fig. 2050) ; ils se réduisent, en même temps que les dents disparaissent et sont remplacées par des lèvres cornées et tranchantes, chez les Tortues. Les os qui suivent forment deux séries symétriques, comprenant chacune un *palatin* (pa) et un *ptérygoïde* (pl), largement séparées l'une de l'autre, chez les Sauriens et les Ophidiens ; les palatins étaient unis sur la ligne médiane chez les Téléosauriens, les ptérygoïdes demeurant séparés ; les uns et les autres sont, chez les Tortues et les Crocodiles, en articulation sur la ligne médiane, de manière à former, avec les vomers auxquels les premiers s'articulent, une voûte buccale complètement fermée. Les palatins se soudent même en formant une crête médiane, qui s'étend jusqu'au vomer chez les Tortues ; il en est de même pour les ptérygoïdes chez les Crocodiles. Les ptérygoïdes s'unissent en arrière avec les os de base du crâne ; toutefois, ils demeurent libres chez les OPHIDIENS et vont s'appuyer sur l'os carré. Chez les CROCODILIENS, les SAURIENS et les OPHIDIENS, ils sont unis avec le maxillaire par un os latéral, l'*os transverse* (*tr*), correspondant peut-être à l'ectoptérygoïde des Poissons ; ils sont reliés aux pariétaux par la *columelle*, qui est épaisse chez

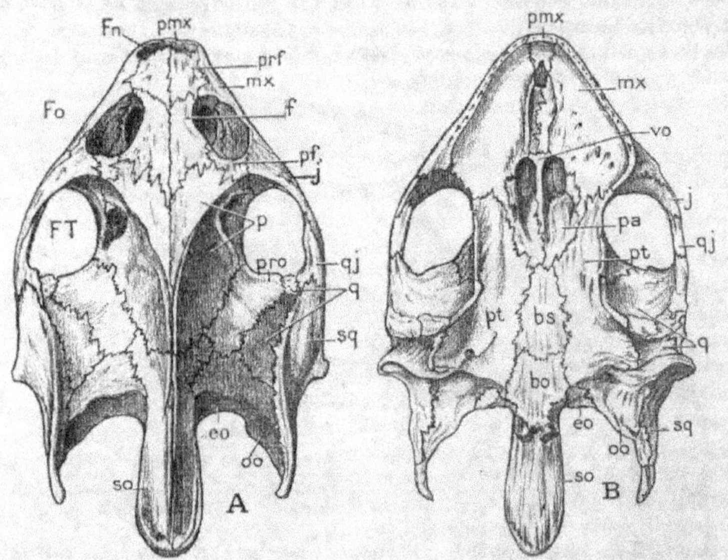

Fig. 2049. — Crâne de *Trionyx* sp? : — A, vu par la face dorsale : *pmx*, premaxillaire ; *mx*, maxillaire ; *prf*, préfrontal ; *f*, frontal ; *pf*, post frontal ; *p*, pariétal ; *so*, sus-occipital ; *oo*, opisthotique ; *pro*, prootique ; *sq*, squamosal ; *q*, carré ; *qj*, quadrato-jugal ; *j*, jugal ; *Fn*, fosse nasale ; *Fo*, fosse orbitaire ; *FT*, fosse temporale. — B, vue inférieure : mêmes lettres ; en plus : *vo*, vomer ; *pa*, palatin ; *pt*, ptérygoïde ; *bs*, basisphénoïde ; *bo*, basioccipital ; *eo*, exoccipital ; *co*, condyle (Rémy Perrier, d'après Hoffmann).

le *Sphenodon*, en forme de bâtonnet allongé chez les SAURIENS. L'*os carré*, ossification de tout ce qui subsiste du cartilage palato-carré, dont la partie antérieure s'atrophie de bonne heure, s'articule à la fois avec le crâne et avec la mâchoire inférieure à laquelle il sert d'appareil de suspension. Il est immobile et fixé au crâne chez le *Sphenodon*, les CROCODILIENS et les CHÉLONIENS ; il est au contraire mobile chez les SAURIENS et les SERPENTS, tandis que tous les autres os primitivement issus du cartilage palato-carré sont soudés au crâne.

Les pièces osseuses qui viennent d'être décrites circonscrivent des cavités ou *fosses*, communiquant avec l'extérieur ou les unes avec les autres : leur importance physiologique et morphologique est considérable, et il est nécessaire d'en préciser les rapports ; ce sont : les *fosses nasales* (fig. 2049, *Fn*), les *fosses orbitaires* (Fo), les *fosses temporales* (FT), les *fosses tympaniques* et les *fosses occipitales*.

a) Les *fosses nasales* sont circonscrites par les os nasaux, les vomers, les

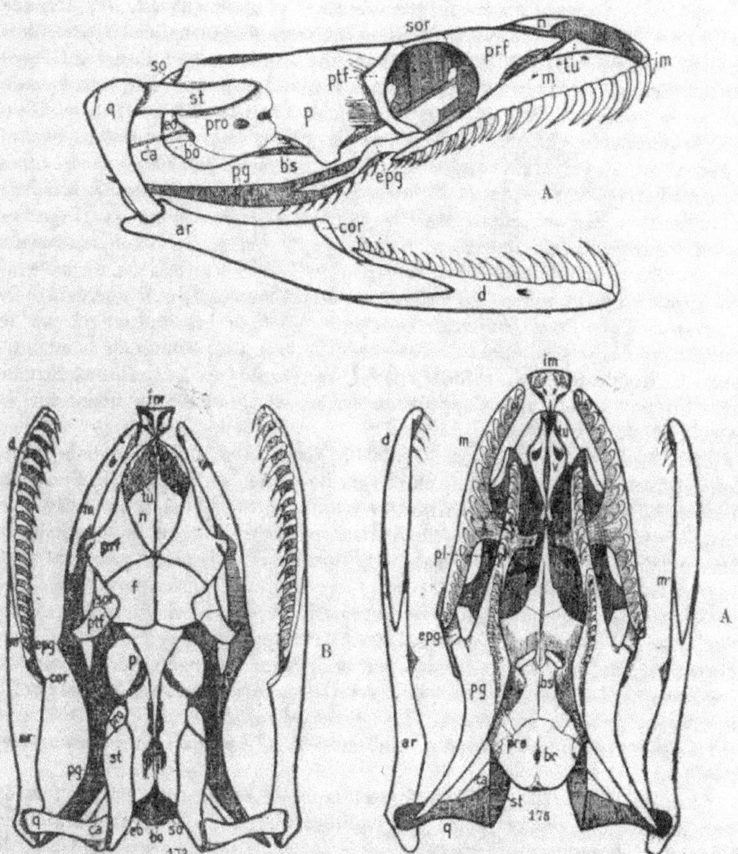

Fig. 2050. — *Crâne de Python regius* : — A, vu de profil ; B, vu par la face supérieure ; C, vu par la face inférieure ; — *im*, prémaxillaire ; *m*, maxillaire ; *tu*, tubirnal ; *n*, nasal ; *prf*, préfrontal ; *f*, frontal ; *ptf*, postfrontal ; *p*, pariétal ; *pro*, prootique ; *st*, squamosal ; *bo*, basioccipital ; *so*, susoccipital ; *eo*, exoccipital ; *q*, carré ; *ca*, columelle de l'oreille ; *bs*, basisphénoïde ; *pg*, ptérygoïdien ; *epg*, transverse (= ectoptérygoïdien) ; *ar*, articulaire ; *cor*, coronoïde ; *an*, angulaire ; *d*, dentaire ; *pl*, palatin ; *vo*, vomer (Marie Phisalis).

maxillaires et les palatins ; chez les Sauriens, elles s'ouvrent dans la cavité buccale par deux longues fentes, séparées l'une de l'autre par les vomers ; mais, par la soudure des maxillaires et des palatins, il se forme, comme on l'a vu, chez les Crocodiles et les Tortues, une voûte complète, un *palais* osseux, qui sépare les fosses nasales de la région buccale antérieure.

b) Les *fosses orbitaires* sont toujours nettement circonscrites et leur contour est constitué par les os des régions frontale et sphénoïde.

c) En raison de la façon variée dont les os de la carapace céphalique s'unissent entre eux pour former, autour du crâne proprement dit, des arcades saillantes, la région qui suit présente d'intéressantes transformations. Chez les THÉROMORPHES et les HYDROSAURIENS, une arcade unique, l'*arcade temporale*, s'étendait de la région orbitaire à la région temporale ; elle était formée par les os post-frontal, jugal, quadrato-jugal et squamosal ; cette disposition n'a été conservée que chez les TORTUES (fig. 2049) ; l'espace au-dessus duquel s'étend l'arcade temporale est désigné sous le nom de *fosse temporale*. Chez tous les autres Reptiles, les os de la carapace dermique s'unissent de manière à former non plus une, mais plusieurs arcades. Chez les CROCODILES, le pariétal et le squamosal demeurent appliqués sur le crâne, la fosse temporale est par cela même réduite. Mais une apophyse, dirigée en arrière, du préfrontal, s'unit à une apophyse du squamosal dirigé en avant, et il en résulte la formation d'une *fosse temporale supérieure*, limitée intérieurement par le pariétal et qui se prolonge inférieurement le long du pédicule de la mandibule. Le quadrato-jugal, refoulé entre le carré et le jugal, continue à former avec lui une arcade, qui s'appuie en arrière sur le carré, en avant sur le post-frontal.

Chez les RHYNCHOCÉPHALES (fig. 2046), l'os postorbital s'intercale entre le post-frontal, auquel il s'unit en dessus, le squamosal, auquel il s'unit en arrière, et le jugal, auquel il s'unit en avant. La fosse temporale se trouve ainsi divisée en : 1° une *fosse temporale supérieure* (*Fts*) qui se termine par une arcade occipitale transversale, à la formation de laquelle prennent part le pariétal et le squamosal ; 2° une *fosse temporale inférieure* (*Fti*), que limitent en arrière, le pédicule de la mandibule, essentiellement fourni par l'os carré, et uni à un squamosal, très développé comme chez les Batraciens ; en bas, une arcade formée par une longue branche horizontale du jugal, celui-ci s'articulant en avant avec le maxillaire, en arrière, par cette apophyse, avec le squamosal. Le quadrato-jugal est ici réduit à une petite pièce exclue de l'arcade, mais fixée à la jonction du squamosal et du jugal.

Chez les Varans (fig. 2045), la fosse temporale inférieure n'est pas fermée par le bas ; le postorbitaire est rudimentaire, mais le postfrontal bien développé demeure en rapport avec lui ; il s'articule inférieurement avec le jugal, dont la branche horizontale postérieure fait défaut et qui se relie dès lors au carré par l'intermédiaire du ptérygoïde ; le quadrato-jugal a disparu ; le carré acquiert une mobilité à laquelle participent la mandibule et le ptérygoïde ; il est accompagné d'un autre os, le *paraquadratum*, qui est peut-être un supratemporal. Le squamosal est en outre rejeté dans l'arcade occipitale, à la place de l'apophyse du pariétal qui entrait jusque là dans sa formation. Ces dispositions se simplifient chez les *Iguana* : le *squamosal*, très petit, unit les os pariétal, carré et post-frontal, tandis que le jugal lui est aussi relié par un prolongement postérieur longeant le bord inférieur du post-orbitaire. Chez les *Uromastix*, le postorbitaire a disparu ;

le postfrontal, quoique très petit, continue à relier le pariétal au jugal ;
le squamosal, en forme de V, relie directement le pariétal, le carré et le
jugal et prend part, par sa branche postérieure, à la formation de l'arcade
occipitale, comme chez le *Sphenodon*. Chez les *Lygosoma*, le postfrontal,
s'étendant en arrière, ferme la fosse temporale.

Les GECKOTIENS présentent des dispositions encore plus simples : l'arcade

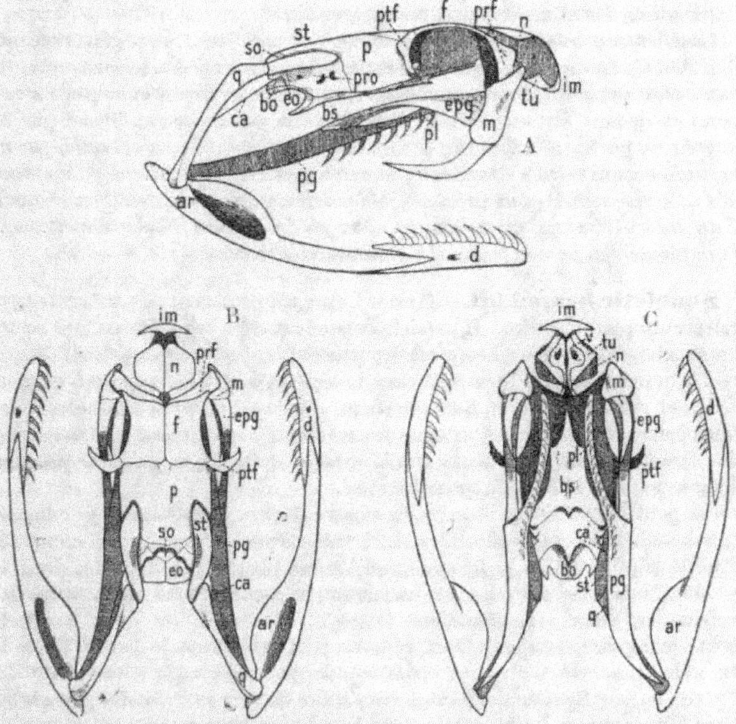

Fig. 2051. — Crâne de *Vipera aspis*. — Mêmes lettres que pour la fig. 2050 (Marie Phisalix).

occipitale est déprimée et dirigée en arrière ; elle contient encore un petit
squamosal, mais le jugal est réduit à un rudiment porté par le maxillaire
et la fosse temporale a disparu ; la charpente squelettique externe issue de
la carapace céphalique se trouve ainsi réduite au minimum.

Chez les SERPENTS (fig. 2050 A) l'arcade temporale et l'arcade occipitale
ont également disparu, de telle sorte que le carré (q) n'est plus relié au
crâne que par le squamosal (st) et acquiert ainsi une grande mobilité ; il
subsiste cependant, en arrière du bord supérieur de l'orbite, un os vertical
qui peut être soit un post-frontal, soit un post-orbitaire. Une réduction
analogue de l'arcade orbitaire était déjà réalisée chez les PTÉROSAURIENS.

d) La région située en avant de l'os carré, entre le squamosal, le post-orbitaire, le jugal, le ptérygoïde ou les os qui se joignent à eux, région qui contient la columelle, et dans laquelle s'ouvrent la fenêtre ronde et la fenêtre ovale, n'est autre chose que la *caisse du tympan*.

La variété de ces dispositions trouvera sans doute son explication dans une connaissance exacte de la façon dont les Reptiles ont usé de leur musculature primitive pour s'assurer de la meilleure manière possible l'utilisation des aliments mis à leur disposition.

La mâchoire inférieure est construite sur un plan à peu près constant (fig. 2047 C). Le cartilage de Meckel est enveloppé par un étui osseux, comprenant, en avant et en dehors, un *dentaire*, qui porte les dents, et auquel correspond en dedans un *operculaire*; l'angle de la mâchoire est formé par un *angulaire*, un *supra-angulaire* et un *complémentaire*; le tout est suivi par un *articulaire*, qui vient s'attacher à l'os carré. Les os prémaxillaires et dentaires des Cératopsidés étaient précédés, les premiers d'un os *rostral*, les seconds d'un *prédentaire*, qui existait aussi chez les *Iguanodon*, *Hadrosaurus*, etc.; l'origine de ces os exceptionnels demeure indéterminée.

Squelette branchial. — Il ne se forme plus de branchies, même temporaires, chez les Reptiles. Il persiste cependant chez ces animaux des restes du squelette de l'appareil respiratoire primitif; ces restes constituent l'appareil hyoïdien, dont les formes variées indiquent plutôt les adaptations nouvelles et accidentelles, en quelque sorte, d'un organe qui a perdu ses fonctions primitives que la persistance de caractères héréditaires; les deux sortes de caractères sont d'ailleurs combinées de telle façon qu'ils ne peuvent donner aucune indication généalogique.

On peut admettre qu'il subsiste encore 3 arcs branchiaux, y compris l'arc hyoïdien, chez le *Sphenodon*. Le 1er et le 3e sont en continuité complète avec la copule, qui a la forme d'une longue plaque pentagonale, dont le sommet antérieur s'allonge en une lame triangulaire, les deux sommets voisins en deux arcs hyoïdiens longs et recourbés, les deux sommets postérieurs en deux appendices, représentant sans doute le 3e arc. Entre le 1er et le 3e arc, vient s'insérer sur la copule, par une simple suture, le 2e. Le 1er arc ou arc hyoïdien est ici en continuité directe avec l'étrier, ce qui ne peut laisser aucun doute sur l'origine hyoïdienne de cet osselet.

La plupart des Sauriens présentent une disposition analogue de l'appareil hyoïdien (fig. 2052 A), mais le corps de la copule est court et grêle; il se continue en avant en une pointe, fort longue chez les *Chamæleo*, qui se dirige vers la langue et constitue le *processus entoglosse*, tandis qu'en arrière il se prolonge en deux pointes, souvent fort longues, tantôt divergentes (*Lacerta*), tantôt contiguës (*Iguana*), et même soudées plus ou moins, et qui représentent vraisemblablement le 2e arc branchial; l'arc hyoïdien et le 1er arc branchial, toujours bien développé, viennent au contraire simplement s'articuler au corps. L'arc hyoïdien est également relié à l'étrier et il est divisé en deux segments; le 2e arc (1er branchial), plus court, est souvent aussi bisegmenté; ses deux parties sont cependant soudées en un seul stylet chez les Geckos (*Platydactylus*). Le 2ᵉ arc branchial est très réduit chez ces mêmes animaux, ainsi que chez les *Phrynosoma*, les *Scincus* et chez les Varans, où l'arc hyoïdien est, en revanche, très allongé, recourbé en arrière et porte sur chacun de ses deux segments un appendice latéral, bifurqué chez les *Phrynosoma*.

Chez les Tortues (B), la copule est une plaque allongée, qui demeure cartilagineuse en totalité chez les Chelonidæ. Le plus souvent, elle s'ossifie en partie, au moins dans sa portion postérieure (*Chelodina*, *Emydura*). Elle peut également développer 3 paires de pièces osseuses devant la base de chacun

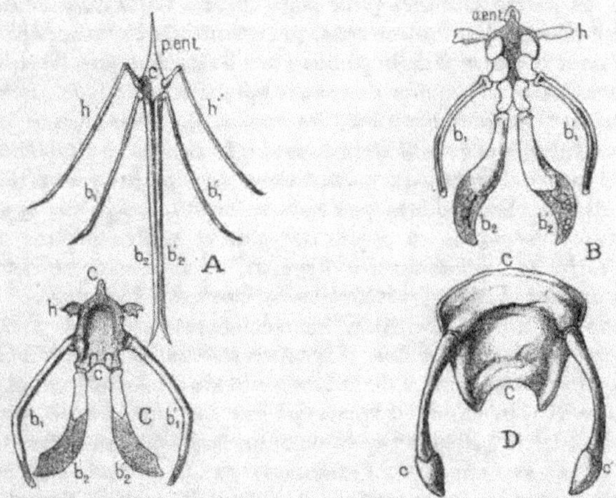

Fig. 2052. — Appareil hyoïdien, vu par la face interne : — A, de *Goniocephalus dilophus* (Saurien Agamidé). — B, de *Trionyx chinensis*. — C, d'*Emys caspica*. — D, d'*Alligator lucius* ; — *c*, copule (corps de l'hyoïde); *p.ent*, processus entoglosse; *h*, *h'*, arcs hyoïdiens; *b₁*, *b'₁*, *b₂* *b'₂*, arcs branchiaux de la 1ʳᵉ et de la 2ᵉ paires; *c.c'*, cornes postérieures chez les Crocodiliens (Hoffmann).

des arcs (*Trionyx*, fig. 2052 B), ou enfin s'ossifier entièrement (*Chelys*). Cette copule porte 3 paires d'arcs : l'arc hyoïdien reste toujours petit, parfois même très réduit ou tout à fait absent (*Testudo*), nettement articulé au corps de l'hyoïde; il est tantôt cartilagineux (*Chelone*, *Chelydra*), tantôt ossifié (*Trionyx*). Les deux autres arcs sont les deux premiers arcs branchiaux, également articulés et toujours bien développés; ils peuvent s'ossifier partiellement, par exemple la majeure partie du premier et la base du second chez les *Emys* (fig. 2052 C); ils sont entièrement ossifiés dans le genre *Chelys*.

Les Crocodiliens ont, au contraire, un appareil hyoïdien formé par une grande plaque concave (fig. 2052 D), munie de deux cornes, dont l'assimilation soit à un arc hyoïdien, soit à un premier arc branchial demeure douteuse.

L'appareil hyoïdien est surtout réduit chez les Serpents : il se compose, en général, chez ces animaux, d'un petit arc latéral cartilagineux, qui se soude sur la ligne médiane avec son symétrique, et s'allonge plus ou moins vers

le pharynx. Rarement, il est représenté par une plaque hyoïdienne munie de
cornes.

2° **Colonne vertébrale**. — Les formes fossiles anciennes des Reptiles
nous montrent encore, dans la constitution de leur rachis, les types de vertèbres qui représentent les phases primitives de l'évolution de la vertèbre :
le type *lépospondyle*, dans lequel le corps est réduit à un mince étui osseux
continu, à peine épaissi au milieu de la vertèbre (MICROSAURIA), le type
lemnospondyle, dans lequel le corps se trouve morcelé en plusieurs pièces
distinctes, les *pièces arcuales* (voir page 2.751). Cette disposition caractérise le petit groupe des PROREPTILIA, provenant du Permien de l'Amérique
du Nord, et qui fait en réalité le passage des Batraciens aux Reptiles, il a été
tour à tour rattaché au premier de ces groupes (Stégocéphales) et au second ;
on le considère comme reptilien, en raison de l'importance des pièces
arcuales ventrales, qui jouent le principal rôle dans la constitution du corps
vertébral (type *gastrocentrique*), tandis que ce sont les pièces dorsales qui
dominent chez les Batraciens (type *notocentrique*). Les pièces constituantes
peuvent restées séparées en pièces dorsales et ventrales dans une même
vertèbre (vertèbre *rachitome* des *Eryops*), ou se souder en deux disques
placés l'un derrière l'autre (vertèbre *embolomère* des *Cricotus*).

Dans tous les autres Reptiles, les vertèbres s'ossifient complètement
(type *stéréospondyle*). Toutefois, il persiste souvent des interventrales indépendantes, placées à l'arrière de la face ventrale des vertèbres, et désignées
sous les noms d'*intercentres* ou *hypapophyses*. Ces intercentres se retrouvent
sur presque toute la longueur de la colonne vertébrale chez les RHYNCHOCÉ-
PHALES, les PAREIASAURIENS, les THÉRIODONTES et, parmi les Sauriens, chez les
GECKOTIENS. On ne les rencontre que dans la portion antérieure de la région
cervicale chez les ICHTHYOSAURIENS, les PLÉSIOSAURIENS et la plupart des
Lacertiliens. C'est à ces intercentres, quand ils sont indépendants dans la
région caudale, que s'attachent les arcs inférieurs réunis en chevron.

La corde dorsale persiste encore dans toute l'étendue de la colonne
vertébrale des *Sphenodon* ou *Hatteria*, derniers représentants du groupe
des RHYNCHOCÉPHALES, et chez les Geckos (ASCALABOTA) ; la corde présente
même, dans ces deux groupes, une dilatation intervertébrale, de sorte que
les vertèbres sont *amphicœliques*. Elles l'étaient de même chez un bon
nombre de Reptiles de la période secondaire, les TÉLÉOSAURIENS, précurseurs
des Crocodiles, et les ICHTHYOSAURIENS, par exemple. Les Geckos rappellent
encore les Batraciens par la formation de tissu cartilagineux aux dépens
de la corde dans la région moyenne du corps des vertèbres.

Dans tous les autres Reptiles, il se forme dans la partie intervertébrale,
de la corde, un *cartilage* ou *disque intervertébral*. Le disque intervertébral se
subdivise à son tour en deux parties, qui s'ossifient et se soudent, l'un à la
face postérieure de la vertèbre précédente, de manière à former une saillie,
l'autre à la face antérieure de la vertèbre suivante, de manière à former
une cuvette, qui reçoit cette saillie ; les vertèbres deviennent ainsi *procœliques*. C'est le cas de la plupart des Reptiles tertiaires et actuels, et,

parmi les Mésozoïques, des PTÉROSAURIENS et des PYTHONOMORPHES. Toutefois, cette transformation n'est pas absolument générale, et il subsiste des vertèbres amphicœliques dans la queue de divers Sauriens, comme aussi dans le cou des TORTUES. Dans le cou des Tortues d'ailleurs, où la mobilité reste grande, la forme du corps des vertèbres présente de l'une à l'autre une variation remarquable et tous les types peuvent s'y trouver représentés (fig. 2053).

Chez les CROCODILIENS, le disque intervertébral ne se divise pas; il demeure à l'état de fibro-cartilage, constituant une sorte de ligament inter-

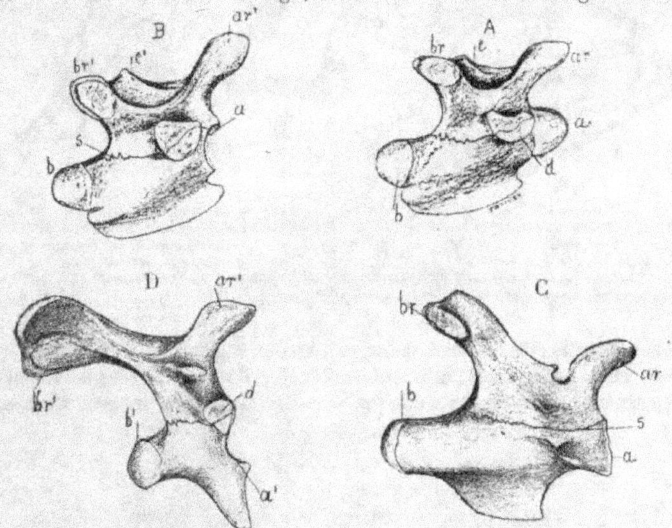

Fig. 2053. — Quatre des 8 vertèbres cervicales de la *Chelone mydas* : — A, 1re vertèbre, amphicondylienne; B, 5e vertèbre, procœlique; C, 7e vertèbre, plane en avant, convexe en arrière; D, 8e vertèbre, procœlique; — *a, a'*, face antérieure; *b, b'*, face postérieure; *ar, ar'*, facettes articulaires antérieures; *br, br'*, facettes articulaires postérieures; *s*, suture entre les arcs neuraux et le corps vertébral; *d*, apophyse transverse; *e,e'* apophyse épineuse (POUCHET et BEAUREGARD).

vertébral; les vertèbres se terminent par deux faces à peu près planes (vertèbres platycèles), rappelant ce qu'on observe chez les Mammifères, ou plus souvent elles sont plus ou moins procœliques (fig. 2054). Les deux vertèbres sacrées sont planes en avant, concaves en arrière; la première caudale est biconvexe. Toutefois, la plupart des Crocodiliens mésozoïques ont encore des vertèbres plus ou moins biconcaves.

Sur le corps de la vertèbre, ou tout au moins dans son voisinage, se développent des *apophyses transverses*, particulièrement bien développées sur le tronc et la queue des *Crocodiles*; on a vu comment ces apophyses se relient chez les Tortues, aux plaques costales de leur carapace.

Chez les *Iguanes* et les *Serpents*, les corps des vertèbres s'articulent directement entre eux; chaque vertèbre présente, en arrière, au-dessus du trou médullaire, une saillie dite *zygosphène* (fig. 2055, *zs*), dont les deux extrémités latérales se terminent en pointe : le zygosphène de chaque vertèbre s'engage dans une cavité correspondante de la face antérieure de la vertèbre suivante, le *zygantrum* (*za*). Ce mode d'union des vertèbres est d'ailleurs, en quelque sorte, accessoire, car, chez tous les Reptiles, y compris ces mêmes

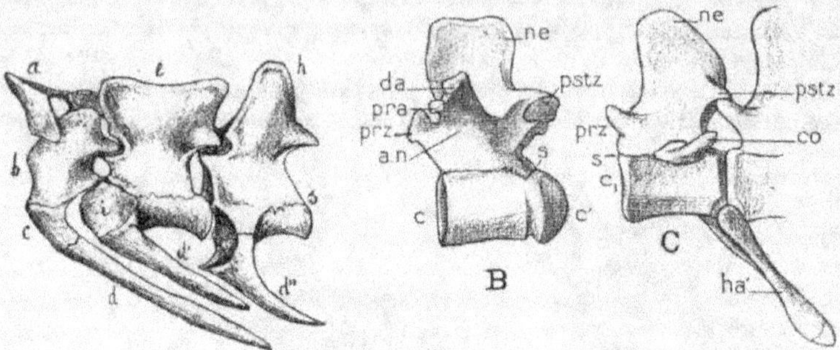

Fig. 2054. — Vertèbres d'Alligator : — A, les trois premières vertèbres cervicales : *a*, proatlas ; *b*, corps de l'atlas ; *t*, apophyse odontoïde de l'axis ; *s*, 3e vertèbre, amphicœlique. *e*, *h*, arcs neuraux ; *d*, *d'*, *d"*, côtes (Pouchet et Beauregard). — B, vertèbre dorsale procœlique. — C, vertèbre caudale platycèle : *c*, face antérieure concave (ou plane) ; *c'*, face postérieure, convexe du corps vertébral ; *cn*, arc neural ; *ne*, neurépine ; *da*, diapophyse (apophyse transverse) ; *pra*, parapophyse ; *prz*, prézygapophyse, *pstz*, postzygapophyse ; *c*, côte caudale rudimentaire ; *ha'*, hémapophyse des vertèbres caudales (Huxley).

Ophidiens, les vertèbres sont unies entre elles au moyen d'*apophyses articulaires* ou *zygapophyses* (*z,z'*), qui se développent symétriquement sur les arcs neuraux, et par lesquels chaque vertèbre se met en rapport avec celle

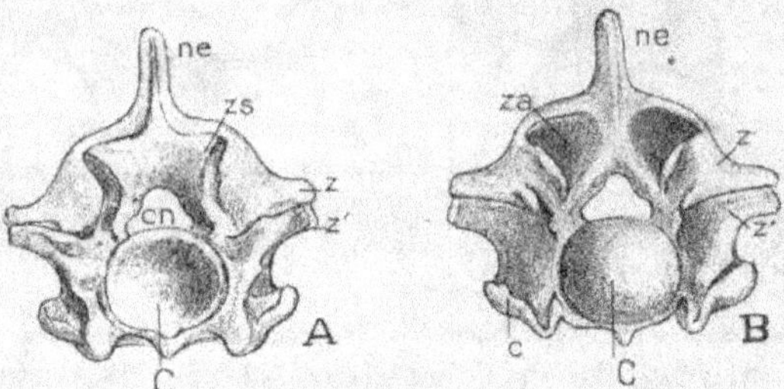

Fig. 2055. — Vertèbre de Serpent : — A, face postérieure ; B, face antérieure : — C, corps vertébral ; *cn*, canal neural ; *ne*, apophyse épineuse ; *zs*, zygosphène ; *za*, zygantre ; *z*, *z'*, zygapophyses ; *c*, facette d'insertion des côtes (Huxley).

qui la précède et avec celle qui la suit. (Voir aussi fig. 2054, *prz, pstz*).

Les arcs neuraux et le corps de la vertèbre s'ossifient d'une manière indépendante : ils demeurent très longtemps séparés, chez les *Crocodiles* et chez les *Tortues*, par une suture (fig. 2053 et 2054, *s*) ; l'époque tardive de cette soudure fait partie d'un ensemble de conditions du squelette, qui permet à ces animaux de grandir pendant la plus grande partie de leur vie, elle-même fort longue.

Les arcs neuraux d'une même paire sont reliés par une apophyse épineuse qui atteint son maximum de développement sur les vertèbres du tronc, mais est également bien développée sur les vertèbres caudales des *Sauriens* et des

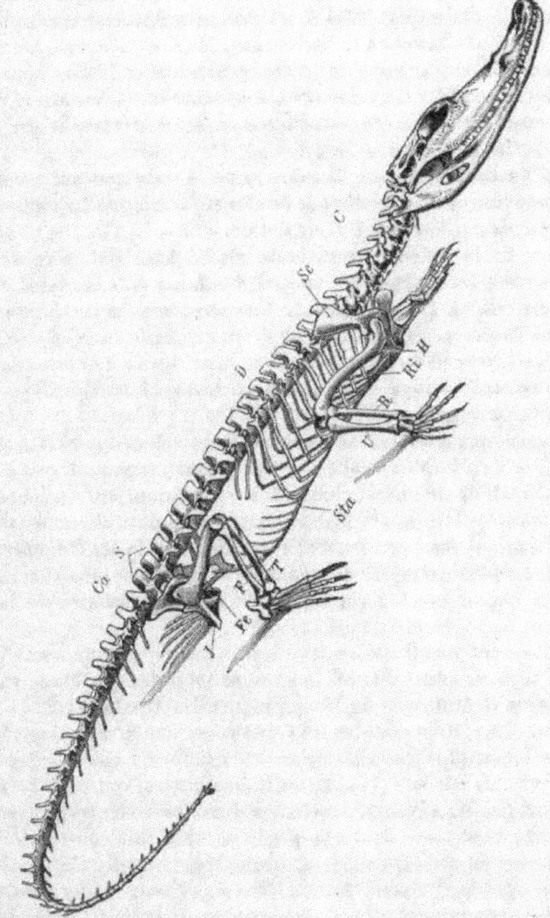

Fig. 2056. — Squelette de Crocodile ; — *C*, région cervicale ; *D*, région dorsale ; *L*, région lombaire ; *S*, région sacrée ; *Ca*, région caudale de la colonne vertébrale ; *Sc*, scapulum ; *H*, humerus ; *R*, radius ; *U*, cubitus (*ulna*) ; *Ri*, côtes ; *Sta*, métasternum ou sternum abdominal ; *I*, ischion ; *Fe*, fémur ; *T*, tibia ; *P*, péroné (*fibula*) (emprunté à CLAUS).

Crocodiliens (fig. 2054 et 2055 *ne*). Comme chez les Batraciens, les arcs hémaux sont surtout développés dans la région caudale et ces arcs, qui délimitent un canal caudal, ont une position intervertébrale.

En raison du voisinage du crâne, la 1ʳᵉ vertèbre, l'*atlas*, présente quelques modifications particulières : il peut en être de même de la seconde, l'*axis*, dont le corps est toujours solidement uni à celui de l'atlas, et forme avec lui l'*apophyse odontoïde*, au-dessous de laquelle se soudent à une pièce impaire les arcs inférieurs de l'atlas (fig. 2054 A, *c*). Les arcs demeurent plus ou moins séparés du corps de l'atlas chez le *Sphenodon*, les CROCODILIENS, les SAURIENS et les TORTUES; ils se soudent à lui chez les SERPENTS. L'atlas porte encore, chez les *Sphenodon* et les CROCODILIENS, une pièce supplémentaire en forme d'arc, dite *pro-atlas*, qui a été considérée, comme le reste d'une vertèbre antérieure à l'atlas (fig. 2054, A, *a*).

L'occipital ne s'articule avec la colonne vertébrale que par un seul condyle, reçu dans une concavité dont le fond est formé par l'apophyse odontoïde et les parois par l'arc ventral de l'atlas.

La division de la colonne vertébrale en régions est plus nettement marquée que chez les Batraciens; elle est d'ailleurs différemment exprimée dans les divers ordres. Lorsqu'il existe des membres, on distingue généralement d'une façon assez nette une *région cervicale*, une *région dorsale*, une *région lombaire*, une *région sacrée* et une *région caudale* (fig. 2056). Ces régions se caractérisent en général, par le degré de développement des côtes qui s'y rattachent.

Les côtes existent sur toutes les vertèbres cervicales (fig. 2054 A, *d*, *d'*, *d''*) chez la plupart des Reptiles; elles ne s'accusent cependant que par leurs centres d'ossification distincts, chez les Tortues, dont les vertèbres cervicales sont remarquablement allongées. La présence d'un *sternum* avec lequel les côtes s'articulent rend particulièrement distincte la région dorsale chez les SAURIENS. Le plus grand développement d'une ou de plusieurs vertèbres caractérise la région sacrée, qui sépare la région lombaire de la région caudale.

Chez les Reptiles quadrupèdes, la région sacrée est une sorte de point relativement fixe, en avant duquel le nombre total des vertèbres varie dans des limites assez restreintes : de 18 (la plupart des Tortues) à 29 (*Varanus*). La répartition des vertèbres entre les régions cervicale, dorsale et lombaire se fait d'une façon plus variable selon les groupes : ainsi, le nombre de vertèbres cervicales est de 9 (1) chez les CROCODILIENS, qui ont 12 (*Gavialis*), 11 (*Crocodilus*) ou 10 (*Alligator*) vertèbres dorsales, avec respectivement 3, 4 et 5 vertèbres lombaires, de sorte que le nombre total des vertèbres présacrées demeure 24 chez tous les CROCODILIENS actuels. Ce nombre était déjà le même chez les PTÉROSAURIENS. Il est également à peu près constant et de 18 ou 19, chez les TORTUES, où les régions dorsale et lombaire ne sont pas distinctes. Chez les SAURIENS proprement dits, on compte en général de 7 à 10 vertèbres cervicales.

La région sacrée se réduit encore à une seule vertèbre chez certains Lacertiliens; mais habituellement il s'en ajoute une seconde. Ces deux vertèbres, surtout la première, ont leurs apophyses transverses plus développées que celles des autres vertèbres; elles sont nettement reconnaissables chez

---

(1) CUVIER et BRUHL ne comptent que 7 vertèbres cervicales.

le *Sphenodon*, les Crocodiliens, beaucoup de Lacertiliens, les Tortues et un grand nombre de Dinosauriens ; mais, dans ce dernier groupe, une 3ᵉ vertèbre vient souvent s'ajouter aux deux vertèbres primitives, et même le nombre des vertèbres est porté à 4, 6 (*Mosasaurus*, *Iguanodon*) et même à 10 (*Triceratops*), par suite de l'extension des os iliaques le long de la colonne vertébrale.

Le nombre des vertèbres de la région caudale est tout à la fois plus considérable et plus variable, en raison sans doute du rôle que joue la queue dans la propulsion de l'animal. Les *Monitor* ont, par exemple, 117 vertèbres caudales et beaucoup d'autres Sauriens une centaine. Cette multiplication s'étend au corps tout entier lorsque, par suite du défaut de membres, toutes les parties prennent part à la reptation, ainsi que nous l'avons indiqué précédemment. Les Amphisbænide ont déjà 130 vertèbres, le *Tropidonotus natrix*, 222 et les *Python*, 422.

Lorsque les vertèbres caudales sont très allongées, ainsi que cela arrive chez certains Lacertiliens, elles peuvent se diviser en deux pièces placées bout à bout, et dont l'antérieure porte les apophyses transverses et l'arc neural

Au-dessous des vertèbres cervicales se développe dans les muscles de beaucoup de Lacertiliens une pièce osseuse, l'*hypapophyse*, qu'il ne faut pas confondre avec une apophyse hémale ; une semblable pièce peut se retrouver au delà de la région cervicale chez les Crocodiliens et les Serpents.

Les côtes. — Le nombre et le degré de diversité des côtes dépendent essentiellement de deux causes : 1° la conservation de dispositions ancestrales primitives ; 2° le raccourcissement et la suppression des membres, qui déterminent une adaptation de plus en plus étroite à la reptation, dans laquelle les côtes finissent par intervenir. Les côtes des Reptiles anciens (Rhynchocéphales, Crocodiliens), tout en présentant des caractères spéciaux dans chaque région, peuvent exister sur toute la longueur du corps. Il en est de même chez les Sauriens serpentiformes et chez les Serpents, et, de plus chez ces animaux, la disparition des membres, en supprimant toute division nette du corps en régions, détermine dans la forme des côtes une homogénéité qui n'existait pas chez les Reptiles primitifs.

Les côtes peuvent se montrer déjà sur l'atlas (Crocodiliens, fig. 2054, nombreux Lacertiliens) ; toutefois, même chez des Reptiles aussi anciens que les Rhynchocéphales, l'*atlas* et l'*axis* peuvent en être dépourvus (*Sphenodon*), et les côtes ne commencent qu'à la 3ᵉ vertèbre cervicale, pour s'accroître progressivement jusqu'au moment où elles atteignent le sternum (fig. 2057 bis, cv_1-cv_6) ; l'absence des côtes peut se retrouver pour quelques-unes des vertèbres suivantes chez les Sauriens ; chez les Tortues, les côtes cervicales sont tout à fait atrophiées (fig. 2058). Lorsqu'il n'existe pas de sternum, même dans les cas où persistent les membres (Hydrosauriens), il ne se manifeste pas de démarcation précise entre les côtes cervicales et les suivantes (Ophidiens) ; la différence est nette, au contraire, chez les types à sternum développé ; néanmoins, la forme des côtes cervicales se modifie peu à peu de la 1re à la dernière ; la côte s'allonge généralement, et tend à se rapprocher de la forme des côtes dorsales (fig. 2057).

Chez le *Sphenodon*, les Crocodiliens et un certain nombre de Sauriens (Scincoïdes), le cartilage qui termine la côte s'élargit à son extrémité libre et elle peut prendre la forme d'un T renversé (Crocodiliens), ou ne présenter, sur son bord postérieur (*Sphenodon*), qu'une saillie qui se retrouve sur les côtés dorsales et peut demeurer cartilagineuse (Crocodiliens) ou s'ossifier (*Sphenodon*) ; il se constitue ainsi une *apophyse uncinée* (fig. 2057,

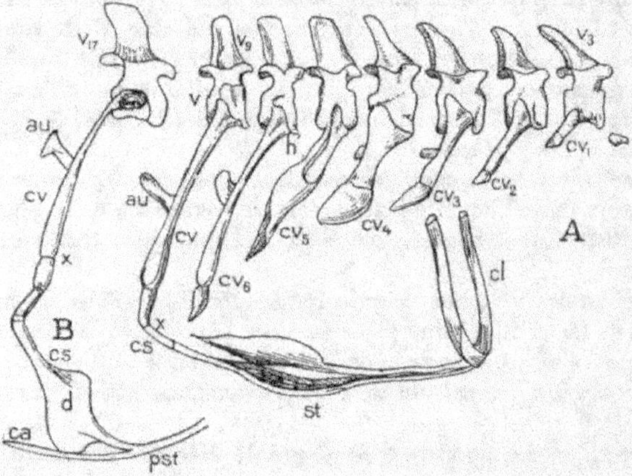

Fig. 2057. — Vertèbres antérieures (l'atlas et l'axis ne sont pas figurés) du *Sphenodon punctatus*, montrant les côtes cervicales progressivement croissantes : — c_3, troisième vertèbre cervicale, portant la 1re côte cv ; cv_6, 6e côte cervicale, dépendant de la 8e vertèbre, non encore reliée au sternum ; c_9, 9e vertèbre à laquelle s'attache la 1re côte sternale ; cv, cs, ses segments vertébral et sternal, se rattachant l'un à l'autre en x ; au, apophyse uncinée ; st, sternum ; h, hémapophyse. — v_{17}, 17e vertèbre et sa côte (mêmes lettres), rattachée au parasternum, pst (Voir p. 3002).

au) ; elle a peut-être pour origine la bifurcation terminale que présente la côte chez certains Batraciens et elle se retrouvera constamment chez les Oiseaux.

Les côtes cervicales conservent souvent la double jonction avec le corps des vertèbres, comme cela existe pour les côtes des Batraciens Urodèles. La côte s'unit ainsi par sa tête (*capitulum*) avec le corps de la vertèbre et par sa seconde branche, très courte (*tuberculum*), avec une diapophyse de la vertèbre ; l'ensemble des côtes cervicales délimite ainsi, concurremment avec les vertèbres qui les portent, un *canal vertébral*, où passe l'artère vertébrale. La côte portée par l'atlas a souvent cependant une articulation simple (Crocodiliens, Dinosauriens). La double articulation se retrouve pour toutes les côtes chez les Ichthyosauriens ; mais la double articulation cervicale est en général remplacée peu à peu sur le tronc par une articulation simple, réalisée sans doute par suite du grand développement et de l'orientation horizontale que prend la diapophyse. L'articulation des côtes avec la colonne vertébrale devient aussi simple chez les Plésiosauriens et chez les Sauriens ; il existe cependant chez les premiers, sur les côtes cervicales, des traces de l'articulation double primitive et, chez les seconds, un ligament unit en outre la base des côtes antérieures à celle de l'arc neural, déterminant la formation, sur la côte, d'une apophyse qui semble un reste de la double articulation primitive.

La partie dorsale et la partie ventrale des côtes thoraciques se comportent souvent différemment. La partie dorsale, dans les côtes, en nombre variable suivant les types, qui s'unissent au sternum, s'ossifie seule en général; la partie reliée au sternum se calcifie simplement à sa surface; il se forme ainsi un segment *dorsal* ou *vertébral* (fig 2057, *cv*) et un segment *sternal* (*cs*) qui s'unissent l'un à l'autre par un cartilage ordinaire, en formant un angle à sommet dirigé en arrière. Chez les *Phrynosoma* et les formes voisines, les côtes cervicales s'allongent de manière à venir s'insérer sur la première côte sternale.

En arrière du sternum, les côtes continuent à s'unir sur la ligne médiane chez les Chamæleontidæ et certains Geckotiens (*Uroplates fimbriatus*). Dans d'autres cas, au contraire, notamment chez tous les Reptiles dépourvus de membres, la partie ventrale de la côte ne se développe pas. Chez les *Draco* (fig. 2035 B), où trois paires de côtes antérieures s'unissent au sternum, les cinq ou six suivantes s'allongent horizontalement, perdant leur partie sternale, qui persiste cependant dans la 5ᵉ côte, mais reste indépendante de la portion vertébrale. Les côtes ainsi libérées, et presque rectilignes, pénètrent dans un repli latéral du tégument, formant l'appareil de soutien du parachute que constitue ce repli. En général d'ailleurs, chez les Sauriens, à mesure que l'on s'éloigne du sternum, et qu'on se rapproche du bassin, la partie ventrale des côtes disparaît, et la partie dorsale se raccourcit; ce qui en reste peut, dans la même espèce (*Lacerta*, *Anguis*), ou bien demeurer indépendant et suspendu à une courte apophyse transverse, ou bien se souder à l'apophyse et constituer avec elle un processus horizontal d'une assez grande étendue. C'est de la sorte que se constituent les processus latéraux des vertèbres sacrées qui portent le bassin, et ceux des premières vertèbres caudales. Sur les vertèbres caudales, les côtes demeurent toujours très petites.

Les côtes des Tortues prennent, comme on l'a déjà dit, une part importante à la constitution de la carapace de ces animaux et offrent, pour cette raison, des rapports tout particuliers. Réduites à des rudiments soudés aux vertèbres dans la région cervicale, elles sont immobilisées dans toute l'étendue du reste du corps. Dans des appendices cartilagineux transversaux du corps de la vertèbre, les cellules cartilagineuses présentent un arrangement régulier et forment une ligne de séparation entre deux régions qui s'ossifient d'une façon indépendante : l'une, proximale, correspond à l'apophyse transverse, tandis que l'autre, distale, représente la côte. Après leur complète ossification, les côtes présentent une position nettement intervertébrale (fig. 2058); elles demeurent longtemps cartilagineuses, mais il se forme autour d'elles un étui osseux qui, s'élargissant peu à peu, rejoint les formations osseuses voisines et constitue l'une des plaques *costales* (p. 2980).

Comme chez les Anoures, les côtes ne présentent qu'une seule insertion
sur le corps des vertèbres.

Sternum. — Le sternum des Reptiles est toujours en rapport avec des
côtes s'articulant elles-mêmes avec la colonne vertébrale et se forme

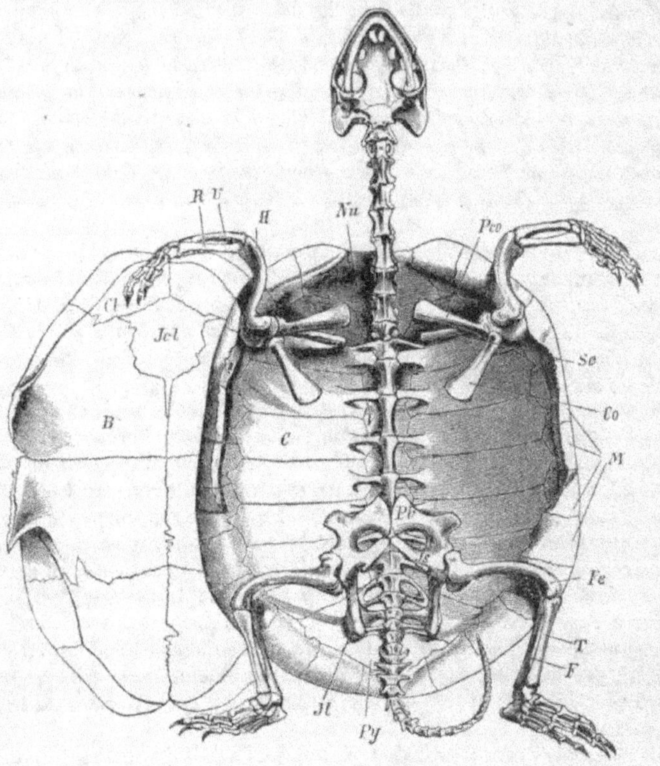

Fig. 2058. — Squelette d'*Emys orbicularis* (*Cistudo europæa*) : — *V*, plaques vertébrales ou neurales ; *C*, plaques
costales ; *M*, plaques marginales ; *Nu*, plaque nuchale ; *Py*, plaque pygale ; *St*, entoplastron ; *Cl*, épiplastron ;
B, hyoplastron, suivi de l'hypoplastron et du xiphiplastron ; *Sc*, scapulum ; *Pco*, procoracoïde ; *Co*, coracoïde ;
H, humérus ; *R*, radius ; *U*, cubitus (*ulna*) ; *Pb*, pubis ; *Is*, ischion ; *Jl*, ilium ; *Fe*, fémur ; *T*, tibia ; *F*, péroné
(*fibula*) (Claus).

embryogéniquement, en effet, au moyen de matériaux empruntés à ces
côtes. Quelquefois une seule paire de côtes prend part à cette formation et
demeure en rapport avec le sternum (*Chamæleo*), mais d'ordinaire ce
nombre est de cinq, six ou même davantage. Le sternum demeure cartilagineux chez les Rhynchocéphales, les Crocodiliens, les Sauriens, et beaucoup de Dinosauriens ; toutefois il peut se calcifier ou même s'ossifier
(*Brontosaurus*, *Cetiosaurus*) dans sa région moyenne et la plaque ainsi
formée prend le nom de *mésosternum*. La forme du sternum (fig. 2059),

est celle d'un triangle à sommet dirigé en arrière, qui présente souvent une ouverture impaire (*t*) (*Lacerta, Lophiurus*) ou deux ouvertures symétriques (*Uromastix, Grammatophora, Stellio*); il s'épaissit parfois en une crête médiane (*Iguana*) et se prolonge d'ordinaire en deux appendices parallèles ou divergents, à extrémité libre, constituant le *xiphisternum* (*Iguana, Phrynosoma*); au xiphisternum peuvent venir se relier deux paires de côtes (*Lophiurus*). Les deux moitiés du xiphisternum, en s'accolant sur la ligne

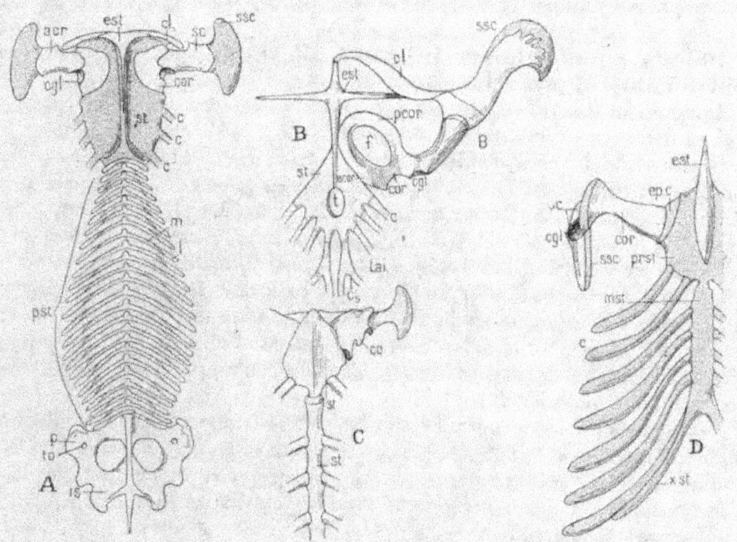

Fig. 2059. — Sternum et ceinture scapulaire. — A, de *Sphenodon* (*Hatteria*) *punctatus*, avec le parasternum et la ceinture pelvienne; B, de *Lacerta*; C, de *Chamæleo*; D, de Crocodile : — *st*, sternum; *prst, mst, xst*, promésosternum, et xiphisternum; *t*, la perforation médiane de *Lacerta*; *est*, épisternum; *pst*, parasternum chez le *Sphenodon*; *m.l*, ses pièces médiane et latérales; *c*, côtes; *cor*, coracoïde; *p.cor*, procoracoïde; *ep.c*, épicoracoïde; *f*, fenêtre coracoïdienne; *sc*, scapulum; *ssc*, suprascapulum; *acr*, acromion; *c.gl*, cavité glénoïde; *p*, pubis; *is*, ischion; *to*, canalis obturatorius. (A, d'après GEGENBAUR et PARKER; B, C, d'après GEGENBAUR; D, d'après PARKER).

médiane (*Platydactylus*), forment une pièce impaire dont les deux moitiés symétriques sont souvent reconnaissables.

Mais il peut se former aussi des pièces sternales impaires par la soudure directe, sur la ligne médiane ventrale, d'une série de côtes symétriques, et, dans ce cas, les pièces médianes résultant de cette soudure, tout en s'unissant les unes aux autres, demeurent distinctes (*Chamæleo*) (fig. 2059 C); l'appareil sternal ainsi constitué par une série longitudinale de pièces peut être distingué sous le nom de *métasternum*. Le sternum et le métasternum forment chez les CROCODILIENS un cartilage continu (fig. 2059 D); le métasternum est même divisé à son extrémité postérieure de manière à constituer un véritable xiphisternum : deux côtes aboutissent au sternum, de 5 à 7 au métasternum : chez les *Alligator*, par exemple, trois côtes aboutissent au corps du métasternum, deux à ses branches divergentes; dans le genre *Crocodilus*, ces nombres sont au contraire 4 et 1 (fig. 2059, D). Le sternum faisait défaut aux Plésiosauriens, il manque également aux Serpents; mais, dans les deux cas, il s'agit vraisemblablement d'une régression; les Ptérosauriens présentaient bien une plaque osseuse médiane, à la place du sternum; mais, comme les côtes ne s'y rattachaient pas, il semble qu'il s'agisse plutôt ici d'une pièce osseuse d'origine tégumentaire, analogue à celles que nous allons décrire sous le nom d'*épisternum*.

Pièces squelettiques internes d'origine tégumentaire : épisternum et parasternum. — Alors que le sternum est encore cartilagineux, on trouve, superposée à sa région antérieure, une pièce osseuse, qui en demeure ordinairement indépendante (fig. 2059, *est*); elle représente très vraisemblablement l'épisternum d'origine tégumentaire des Stégocéphales, car elle s'ossifie directement, comme les pièces de la carapace dermique. On peut lui conserver ce nom d'*épisternum*. La pièce médiane antérieure du plastron, ou entoplastron, des Tortues lui correspond sans doute, mais elle présente sa forme typique dans l'épisternum des Rhynchocéphales (fig. 2059 A) des Crocodiliens (D) et des Sauriens (B), qui est superposé à la région antérieure et-médiane du sternum. C'est une pièce médiane en forme de T ou de croix chez les Rhynchocéphales et chez les Sauriens, où les clavicules sont, comme chez les Stégocéphales, en rapport avec elle et fixées sur son bord antérieur.

Cette pièce est beaucoup plus réduite chez les Crocodiliens, où elle a la figure d'une lancette allongée, pointue en avant et en arrière. Chez les Plésiosauriens, les Ptérosauriens et les *Iguanodon*, il existe également une pièce interclaviculaire, que ses rapports avec les clavicules semblent désigner comme un épisternum.

Le *parasternum*, qui correspond aux os dermiques ventraux des Stégocéphales (p. 2743), a été conservé chez les Hydrosauriens et chez beaucoup de Dinosauriens parmi les Reptiles fossiles; il est bien développé chez le *Sphenodon* (fig. 2059 A, *pst*) et les Crocodiliens, parmi les Reptiles actuels. Le parasternum du *Sphenodon* est représenté par une série de pièces arquées, parallèles les unes aux autres, qui sont logées dans la région médiane de la paroi ventrale; elles se répètent, au nombre de 25 environ, depuis le sternum jusqu'au bassin, avec lequel la dernière d'entre elles est en contact ; chacune d'elles présente sur la ligne médiane une petite apophyse dirigée en avant. Toutes ensemble forment une sorte de plastron ovale, plus étroit en avant qu'en arrière, et dont la plus grande largeur correspond au dernier tiers de sa longueur. Chaque arc est, en réalité, formé de trois pièces : une médiane portant l'apophyse, et deux latérales; ces pièces s'unissent en biseau, de manière à simuler un arc unique continu; elles sont contenues dans le muscle grand droit, et métamériquement disposées, mais de telle façon que deux d'entre elles correspondent à une seule côte.

Les arcs ventraux du parasternum des Crocodiliens (fig. 2056, *Sta*) présentent, au contraire, une métaméridation correspondant à celle des côtes;

ils sont également contenus dans le muscle grand droit abdominal. Les pièces médianes font ici défaut ; les pièces latérales atteignent le faisceau fibreux de la ligne blanche ; les arcs antérieurs sont simples et moins développés que les postérieurs qui sont formés chacun de deux pièces étroitement unies et placées dans le prolongement l'une de l'autre. Comme les pièces parasternales proviennent de pièces osseuses dermiques dont les rangées transversales peuvent être en nombre quelconque dans un même métamère, les différences que l'on observe dans la métaméridation de ces pièces chez le *Sphenodon* et les CROCODILES sont sans importance au point de vue général de la structure métamérique des Vertébrés et témoignent simplement que ces deux groupes de Reptiles se sont développés indépendamment l'un de l'autre.

3° **Squelette des membres**. — *Ceinture scapulaire*. — Les pattes des Batraciens, se développant, comme les nageoires de Poissons, immédiatement en arrière de la région respiratoire, se trouvaient naturellement ramenées au voisinage immédiat de la tête lorsque les branchies s'atrophient et disparaissent. La ceinture scapulaire était très rapprochée du crâne et vraisemblablement reliée à lui chez les Batraciens primitifs ; elle en est déjà plus éloignée chez les Batraciens actuels, et s'en éloigne davantage encore chez les Reptiles, de sorte que la région scapulaire avec laquelle commence le tronc, se trouve séparée de la tête par un cou, plus ou moins allongé suivant les ordres de Reptiles que l'on considère. Il est demeuré assez court chez les RHYNCHOCÉPHALES, les CROCODILIENS et les SAURIENS ; il est plus long chez les TORTUES, parce qu'il constitue avec la queue les seules régions mobiles de la colonne vertébrale ; il s'efface naturellement lorsque la ceinture scapulaire disparaît, comme cela a lieu chez les Serpents. Il était démesurément allongé chez les PLÉSIOSAURIENS, très net chez les PTÉROSAURIENS, dont la tête était orientée à 90 degrés par rapport à lui, comme cela se voit chez les Oiseaux. Il en était de même chez les DINOSAURIENS à allure bipède (*Iguanodon, Lælaps, Compsognathus*, etc.) et aussi chez les grandes formes à allure quadrupède (*Atlantosaurus, Megalosaurus, Stegosaurus, Diplodocus*, etc.).

L'état primitif de la ceinture scapulaire est peut-être représenté par la disposition que l'on trouve chez les HYDROSAURIENS. Du côté ventral, cette ceinture comprenait ici trois pièces osseuses, qui doivent être considérées comme un *procoracoïde*, un *coracoïde* situé derrière lui et une *clavicule* (1). Le procoracoïde et le coracoïde peuvent n'être séparés que par une fontanelle (*Nothosaurus*) et même demeurer à l'état cartilagineux tout en se reliant à l'omoplate (*Ophthalmosaurus*). Chez les LÉPIDOSAURIENS, le coracoïde présente une autre perforation dont le bord extérieur est formé par un cartilage que l'on peut considérer comme une partie nouvelle comparable à un *épicoracoïde* (2).

(1) H.-G. SEELEY, Further observations on the shoulder-girdle and clavicule arch in the Ichthyosauria and Sauropterygia. *Proceed. Royal Society*, London, vol. LIV, p. 149, 1893.
(2. DOLLO, Première et deuxième note sur les Dinosauriens de Bernissart. *Bulletin du Musée d'histoire naturelle de Belgique*, t. I, p. 161-180, et p. 205-211, 1883

On retrouve ces parties plus ou moins développées chez les Reptiles actuels, mais elles naissent toutes d'une même ébauche cartilagineuse; le cartilage primitif est même en grande partie conservé et continue à relier entre elles les régions qui arrivent à s'ossifier. L'ébauche cartilagineuse conserve la forme de hache à deux tranchants (fig. 2059 A), précédemment décrite chez les Batraciens; le tranchant dorsal constitue la *région scapulaire* (sc) proprement dite; le tranchant ventral, la *région coracoïdienne* (cor); une cavité glénoïde (cgl) se développe à peu près à la jointure de la portion rétrécie qui unit les deux tranchants; elle marque la limite des deux régions. L'ossification se produit sur le bord postérieur de cette région rétrécie; elle englobe toujours la cavité articulaire, comme chez les *Salamandra*. L'épaule du *Sphenodon* reproduit cette épaule de *Salamandra*, sauf qu'elle ne présente pas d'échancrure séparant le procoracoïde du coracoïde. Chez les *Lacerta*, *Grammatophora*, *Lœmanotus*, *Stellio*, *Anguis*, *Chirotes*, etc., il se produit, dans le cartilage, une perforation (B, f), obturée, comme chez les Batraciens, par une mince membrane; on peut admettre que cette perforation est homologue dans les deux cas et désigner par les mêmes noms de *coracoïde, procoracoïde, épicoracoïde*, les parties qui sont semblablement placées par rapport à elle. Mais à cette perforation initiale vient le plus souvent s'en ajouter une seconde, plus petite, du côté de l'épicoracoïde, puis une (*Uromastix*) ou même deux autres (*Iguana*), également plus petites et d'autant plus petites qu'elles s'éloignent davantage de la grande perforation initiale du côté de l'omoplate. L'orientation du grand axe de la grande perforation, d'abord longitudinale, est ainsi modifiée; il devient normal par rapport au bord commun de l'omoplate et du coracoïde; dès lors, la région du cartilage que l'on peut désigner sous le nom de procoracoïde est tout à fait réduite, et il est à peine nécessaire de conserver ce mot. La région ossifiée comprend une partie de la portion rétrécie du cartilage initial; elle couvre le bord postérieur de la région correspondante de ce cartilage, envahit la cavité glénoïde et la dépasse pour ne laisser libres que le bord large, dirigé vers la ligne médiane, du cartilage coracoïdien, son bord antérieur, qui correspond en partie à l'épicoracoïde et au procoracoïde, et toute la région dorsale, dite *suprascapulaire*, et qui quelquefois arrive, elle aussi, à se calcifier. De la sorte, la moitié dorsale du cartilage initial, tout le bord antérieur et le bord interne de ce dernier constituent un cartilage continu. La région osseuse, qui entoure la cavité articulaire, est divisée par celle-ci et par la grande perforation en deux régions auxquelles on peut convenir d'appliquer les dénominations de *coracoïde* pour la région ventrale et d'*omoplate* pour la région dorsale.

La grande perforation subsiste seule chez les Lacertiliens sans pattes (*Anguis*, *Chirotes*), ou même disparaît complètement (*Lialis*, *Pygopus*), en même temps que la partie ossifiée se réduit plus encore que chez les Batraciens. On peut voir là un retour vers l'état primitif. Mais la dégénérescence ne s'arrête pas à cet état : lorsque les membres font complètement défaut, il ne se produit plus de cavité articulaire; la séparation entre l'omoplate et le coracoïde est ainsi effacée et la région qui s'ossifie est très limitée.

La ceinture scapulaire est complétée par le développement d'une clavicule (B,*cl*). D'abord creusée en dessous en forme de gouttière, cette clavicule se ferme sans englober aucune partie du cartilage : elle n'est plus d'ailleurs appliquée sur le cartilage procoracoïde, mais va de l'extrémité antérieure de l'épisternum à une saillie (*acromion*) qui s'est développée sur l'omoplate, dans la région où celle-ci passe au suprascapulaire. Elle est généralement grêle et s'élargit seulement près de l'épisternum (*Cyclodus*), où elle peut être perforée (*Ascalabotes*).

Cette épaule compliquée se réduit chez les Caméléons, les Tortues et les Crocodiles. Les Caméléons n'ont pas de clavicule ; leur coracoïde est court et sans procoracoïde, leur omoplate, longue et grêle, n'est suivie que d'un suprascapulaire très réduit. Peut-être ces réductions sont-elles la conséquence des atrophies musculaires qu'ont dû produire la lenteur des mouvements de l'animal et la longue durée de ses phases d'immobilité.

C'est aussi par suite de l'immobilité de certaines parties, qui résulte pour elles du développement de la carapace, que la ceinture scapulaire des Tortues s'est simplifiée ; elle ne comprend que 3 os convergeant vers la cavité glénoïde (fig. 2058) : 1° l'*omoplate*, longue, cylindrique (*Sc*), surmontée d'un petit supra-claviculaire ; 2° le *procoracoïde* (*Pco*), également cylindrique et dont les rapports rappellent de très près ceux de la clavicule des Sauriens ; 3° le *coracoïde* (*Co*), plus développé que les autres os et très élargi à son extrémité dirigée vers la ligne médiane ; il est continué vers la ligne médiane et en avant par un *épicoracoïde* cartilagineux, sur l'extrémité antérieure duquel s'appuie le procoracoïde ; ce dernier demeure souvent en grande partie cartilagineux, ce qui ne permet pas, dans l'état actuel des idées, de l'assimiler à un os d'origine tégumentaire comme la clavicule et conduit à penser qu'il s'est détaché du cartilage scapulaire primitif. Les clavicules sont d'ailleurs peut-être représentées par les deux épiplastrons, qui viennent se fixer sur l'endoplastron et présentent avec ce dernier des rapports analogues à ceux des clavicules des Stégocéphales avec leur épisternum ; les hyoplastrons représenteraient, dans cette hypothèse, les paraclavicules ; ainsi s'affirmeraient une fois de plus, les liens qui semblent rattacher les Tortues aux Batraciens, plus étroitement que les autres Reptiles.

La ceinture scapulaire comprenait chez les formes primitives des Crocodiliens (*Belodon, Allosaurus*) une clavicule, une omoplate et un coracoïde ; elle est réduite chez les Crocodiliens actuels (fig. 2059 D), à une omoplate relativement petite et à un coracoïde fixé au sternum ; les deux os ne sont unis que par un cartilage, assimilable à un procoracoïde rudimentaire, qui forme quelquefois une pièce nettement distincte. Un petit suprascapulaire prolonge l'omoplate du côté dorsal. Le coracoïde est traversé par un nerf à son extrémité supérieure, et il se termine par une région cartilagineuse, reste de l'épicoracoïde.

Une semblable simplification s'est produite chez les Dinosauriens.

Squelette du membre antérieur. — Les différences considérables qui se sont manifestées dans la classe des Reptiles, relativement au mode de locomotion se sont naturellement répercutées sur le squelette des membres. Cette diversité ne semblerait pas très considérable si l'on ne considérait que les Reptiles actuels, dont l'allure est demeurée rampante; elle le devient, si l'on ajoute à ce résidu d'une classe, dont le développement prit durant la période secondaire tant d'ampleur, les formes nageuses, volantes ou dressées sur leurs pattes, dont les allures ont été indiquées p. 2962.

Des dispositions voisines encore de celles des Batraciens sont offertes par le *Sphenodon* et les Tortues aquatiques (*Chelydra, Chelone, Trionyx*, etc.). Chez le *Sphenodon* (fig. 2060), l'humérus (*H*) court, mais assez fort, présente, à son extrémité inférieure, deux tubercules, surmontant l'articulation du coude, l'un du côté du radius, l'autre du côté du cubitus : ces tubercules, ou *épicondyles*, servant à l'insertion des muscles de l'avant-bras, existaient déjà chez les Batraciens, mais présentent ici plus d'importance; chacun d'eux porte un orifice destiné au passage d'un nerf qui le traverse : l'épicondyle radial est percé du *trou ectépicondylien*, servant au passage du nerf radial; l'épicondyle ulnaire, ou *épitrochlée*, présente un *trou entépicondylien*, où passent le nerf médian et l'artère brachiale; ce dernier, plus grand et qui atteignait chez les THÉROMORPHES un développement plus grand encore, se retrouve fréquemment chez les Mammifères et présente par suite une grande importance phylogénique.

Le cubitus, bien plus volumineux que le radius, présente une olécrane obtuse et massive, mais très développée. A leur extrémité distale, le radius et le cubitus sont écartés l'un de l'autre et comprennent entre eux l'intermédiaire. Les dix os du carpe sont distincts, sauf dans quelques cas individuels, où les deux centraux sont soudés; le 5ᵉ carpien est cependant petit; près de l'articulation du cubitus et de l'ulnaire, un cartilage complémentaire constitue une pièce squelettique nouvelle, qui fournira plus tard l'*os pisiforme* (*p*). L'articulation des os de l'avant-bras et de la main laisse à celle-ci une grande mobilité.

On observe des dispositions très analogues chez les *Chelydra*, toutefois avec un moindre développement de l'olécrane et une moindre liberté du radius, de sorte que la mobilité de la main est principalement due au mode d'articulation des os du carpe.

L'arrangement des os, typique encore chez la *Chelydra*, est modifié légèrement chez les *Chelone* (fig. 2061 C) par la grande longueur que prend l'ulnaire et par l'exacte superposition de l'intermédiaire et de l'unique central, qui forment ensemble une série à peu près de la longueur de l'ulnaire; ce dernier et la colonne formée par ses deux voisins s'articulent ensemble sur le cubitus; ils portent d'autre part les carpiens 2 à 5, de sorte que toute cette partie de la main est sous la dépendance du cubitus, tandis que le radial, le 1ᵉʳ carpien et le 1ᵉʳ doigt sont du domaine exclusif du radius; le pisiforme, à peine ébauché et cartilagineux chez la *Chelydra*, est ici un os très développé et les doigts sont extrèmement longs et grêles. La main des Tortues terrestres se raccourcit beaucoup et son carpe se modifie profondément : le central se fusionne d'ordinaire avec le radial et plusieurs des pièces, les carpiens 1-2-3, par exemple, chez les *Testudo*, se soudent en un seul os. Le nombre des phalanges des doigts varie chez ces animaux avec la forme de leurs pattes. Les *Chelydra* ont 3 phalanges à tous les doigts, sauf au pouce qui n'en a que deux ; les *Chelone* ont perdu une phalange au 5e doigt, en dépit du grand allongement de leur main transformée en rame ; les *Testudo* ont, malgré l'extrême brièveté de leurs mains, 3 phalanges à tous les doigts, y compris le pouce.

Les Sauriens présentent une extrême variété d'organisation, puisque dans les deux groupes des Scincoïdiens et des Chalcidiens, on assiste à la disparition graduelle des pattes, dont il ne reste plus que l'épaule chez les

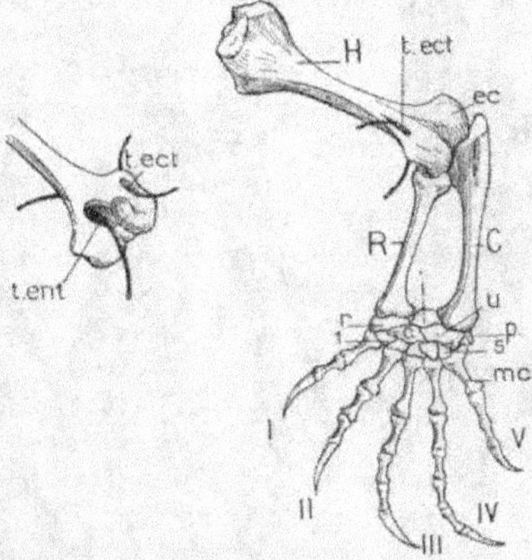

Fig. 2060. — A, membre antérieur de *Sphenodon* (*Hatteria*) *punctatum*, vu par sa face antérieure. — B, l'extrémité distale de l'humérus du même, vu par sa face postérieure ; — *H*, humérus ; *ec*, épicondyle externe ; *t.ect*, trou ectépicondylien ; *t.ent*, trou entépicondylien ; *R*, radius ; *C*, cubitus ; *r*, radial, *i*, intermédiaire ; *u*, ulnaire ; *c*, os central du carpe ; *1-5*, os carpiens distaux ; *p*, pisiforme ; *mc*, métacarpiens ; I-V, doigts (Gunther).

Anguis. Les pattes des Lacertiliens ne s'éloignent guère de celles du *Sphenodon* que par l'égalité des dimensions transversales du cubitus et du radius, par la fusion des deux centraux, par le fréquent transfert du central ainsi formé en avant de l'ulnaire et du radial, par la variété de forme et d'arrangement des cinq carpiens, enfin par la présence fréquente d'un pisiforme osseux bien développé (*Lacerta, Zonurus*), qui demeure parfois cependant cartilagineux (*Uromastix*).

Chez les Sauriens, comme chez le *Sphenodon*, le nombre des phalanges s'élève successivement de 2 à 5 du 1er au 4e doigt, et retombe brusquement à 2 au 5e. Chez les Caméléons, les doigts, unis sur une grande longueur par les téguments, se divisent en deux paquets, entre lesquels les branches des arbres sont saisies comme par une pince. Cette adaptation particulière entraîne dans le squelette de la main quelques intéressantes modifications (fig. 2061 B). Au radius et au cubitus correspondent, comme d'habitude, le radial et le cubital, sur lesquels il n'y a aucune contestation ; un troisième os, très volumineux, articulé avec les 2 premiers, forme presque tout le reste du carpe et s'articule directement avec les métatarpiens 2, 3, et 4, et, par l'intermédiaire de 2 cartilages, avec les métacarpiens 1 et 5; ces cartilages représentent certainement les 1er et 5e carpiens. Quant à l'os principal, il est interprété tantôt comme le central (fig. 2061 B), les autres carpiens étant soudés aux métacarpiens correspondants, tantôt comme le résultat de la coalescence des 2e, 3e et 4e carpiens, le central étant alors représenté par un petit cartilage compris entre le radial et l'ulnaire cartilagique. dans la première hypothèse, serait l'intermédiaire.

En passant du *Sphenodon* et des Tortues aux Lacertiliens, le cubitus,

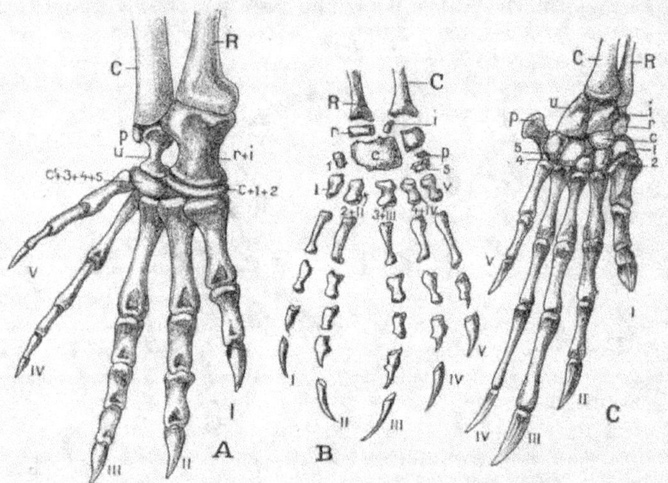

Fig. 2061. — A. main de Crocodile; B. de Caméléon; C. de Tortue (*Chelone virgata*); — R. radius; C. cubitus; r, radial; i, intermédiaire; u, ulnaire; p, pisiforme; c,c, centraux; 1-5, os carpiens; I-V, métacarpiens et doigts.

d'abord plus gros que le radius, cessait de le dépasser en grosseur; chez les Crocodiliens, il en est de même; mais, dans le carpe, le radial est devenu beaucoup plus gros que l'ulnaire (fig. 2061 A), et ce renversement des proportions habituelles s'étend jusqu'aux doigts; les trois doigts qui correspondent au radius sont plus longs et plus gros que les deux doigts que porte le cubitus; aussi le quatrième doigt n'a-t-il plus que quatre phalanges, comme le 3e. Le carpe a subi, d'autre part, un arrêt très net dans son développement. Le radial soudé à l'intermédiaire et l'ulnaire sont ossifiés et fortement développés, mais tous les autres os sont représentés par deux disques cartilagineux, intercalés, l'un entre le radius et les deux métacarpiens correspondants, l'autre entre l'ulnaire et les trois métacarpiens restant. Toute la main se trouve ainsi divisée longitudinalement en une série de pièces cubitales et une série parallèle de pièces radiales.

Lorsque, dans le groupe des Dinosauriens, l'extrémité distale des humérus et des fémurs est ramenée au voisinage du tronc, les mouvements de ces os s'accomplissent désormais non plus dans un plan horizontal, mais dans

un plan vertical; le tronc se trouve éloigné du sol de toute la hauteur de la
projection verticale des membres, dont les deux parties principales se sont
allongées; tout le poids du corps, qui traînait jusque là à terre, se trouve
alors supporté par les membres et il en résulte des dispositions squelettiques nouvelles. La cause première de ces transformations remonte à
l'action des muscles adducteurs des membres, qui peu à peu ont fixé ces der-

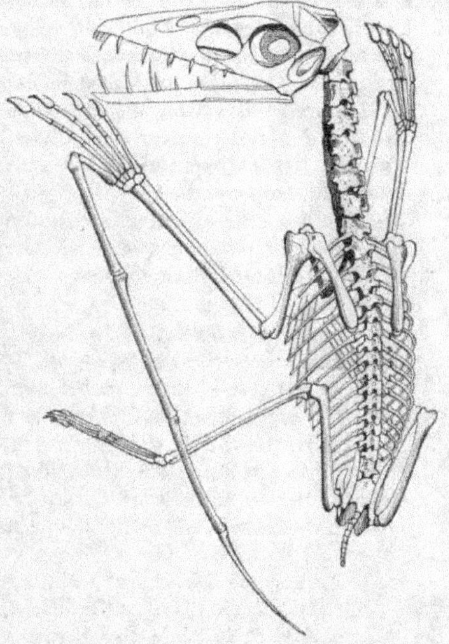

Fig. 2062. — *Pterodactylus crassirostris* (emprunté à Claus, d'après Goldfuss).

niers dans une position qui n'était d'abord qu'accidentellement et péniblement maintenue pour quelques-uns d'entre eux (*Chamæleo*).

Des modifications d'un tout autre ordre se montrent chez les Ptérosauriens fossiles (fig. 2062). La main possède ici quatre doigts, dont le plus
extérieur, démesurément allongé, soutenait un repli de la peau des flancs,
permettant sans doute un vol analogue à celui de nos Chauves-Souris. Les
deux os de l'avant-bras eux-mêmes, très notablement allongés, donnaient
à cette sorte d'aile une envergure notable. Par contre, le carpe conservait
une structure assez primitive : il possédait 6 os disposés en deux rangées,
la première de 2 os, la seconde de 4.

Enfin, chez les Énaliosauriens, essentiellement nageurs à la façon de nos
Cétacés, les pattes se sont transformées en palettes natatoires rappelant,
dans quelque mesure, les nageoires des *Ceratodus* : chez les Sauroptérygiens (*Plesiosaurus*), les os du bras et de l'avant-bras sont très raccourcis,

mais cependant bien reconnaissables ; les os de la première rangée du carpe
et les deux centraux ont seuls conservé leurs rapports ; les carpiens de la
seconde rangée ne se distinguent plus des métacarpiens. Chez les ICHTHYO-
PTÉRYGIENS (*Ichthyosaurus*), l'humérus se distingue seul par son développement particulier ; le radius, le cubitus, les os du carpe, ceux du métacarpe
et les doigts présentent tous le même aspect, et vont seulement en diminuant de dimension, à mesure qu'on s'éloigne de la base de la main ou
du pied (fig. 2063). Les deux rangées des os du tarse sont cependant recon-

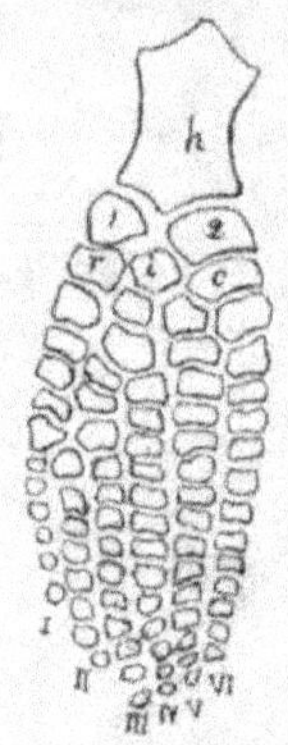

Fig. 2063. — Membre an-
térieur d'*Ichthyosaurus
communis* : — *h*, humé-
rus ; *l*, radius ; *2*, cubitus ; *r*, radial ; *u*, ulnaire ;
entre les deux, l'intermédiaire, I-VI, doigts.

naissables à leur disposition, ainsi que les deux centraux ; les phalanges se sont multipliées jusqu'à une
quinzaine, et il existe, du côté ulnaire, un sixième
doigt qui paraît résulter d'un dédoublement du cinquième. Les Ichthyosauriens forment un rameau venu
trop tard, trop court et trop spécialisé du vaste tronc
des Reptiles pour qu'on puisse croire qu'un os aussi
généralement répandu que le pisiforme soit un reste
héréditaire de ce sixième doigt ainsi qu'on l'a supposé (1).

Ceinture pelvienne. — La large plaque ventrale
qui formait la partie principale du bassin des Batraciens se retrouve chez un grand nombre de Reptiles
primitifs ; mais, entre les *ischions*, se développent, sur
cette plaque, des *pubis*, qui envahissent même la cavité
articulaire ; en outre, le canal du nerf obturateur
s'agrandit et se transforme en une grande ouverture
circulaire (*foramen obturatum*), que bordent en avant
les pubis, en arrière les ischions (*Plesiosaurus*), en
même temps que les ilions se réduisent. Ces dispositions fondamentales sont variées de diverses façons chez les TORTUES
(fig. 2058), dont les ilions, courts et de faible diamètre, sont tantôt presque
cylindriques (*Chelone*, *Sphargis*), tantôt dilatés à leur extrémité libre, et
s'articulent à deux vertèbres sacrés (*Emys*), rarement à trois. Les pubis
sont très développés aux dépens des ischions ; chaque pubis porte en avant
un prolongement, qui s'unit au plastron par un ligament. Sur la ligne
médiane, il subsiste, au devant des pubis, une lame cartilagineuse (*épipubis*
de certains auteurs). Les pubis et les ischions se réunissent souvent (*Testudo*)
sur la ligne médiane, circonscrivant de chaque côté un large *foramen
obturatum*. Il y a de même parfois (*Sphargis*) une pièce cartilagineuse
médiane, entre les pubis et les ischions ; de plus, les deux *foramina obturata*
s'agrandissent vers cette direction, finissant par n'être plus séparés que par
un ligament (*Chelosus*, *Trionyx*).

Toutes les pièces du bassin du *Sphénodon* (fig. 2059 A) sont en contiguïté,
comme chez les Tortues, et il existe deux *foramina obturata*, séparés
comme chez les *Testudo* ; toutefois, le nerf obturateur, au lieu de passer par

---

le foramen, se creuse un canal spécial (*canalis obturatorius, to*), dans le pubis. Cette dernière disposition est conservée chez les Sauriens (fig. 2064, A, B, et C; *co*), mais ici les deux *foramina* se rejoignent sur la ligne médiane en un, et se confondent en un vaste orifice (*foramen cordiforme, f.cor*), sépa-

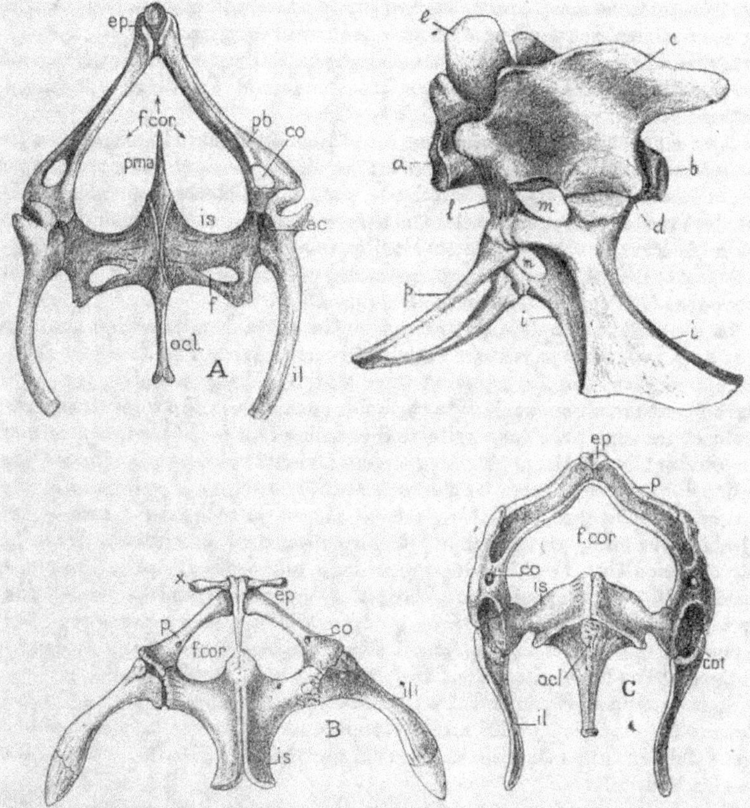

Fig. 2064. — Ceinture pelvienne : — A. de *Lacerta muralis*; B. de Caméléon; C. de Gecko, vus de face : — *il*, ilion; *pb*, pubis; *is*, ischion; *f.cor*, foramen cordiforme (réunion des deux *foramen obturatorius*); *co*, canal obturateur; *f*, second foramen ou foramen de Leydig; *pma*, cartilage pré-ischiatique; *a cl*, os cloacal; *ep*, épipubis; *cot*, cavité cotyloïde (Hoffmann). — D, bassin d'Alligator, vu de trois quarts, avec les deux vertèbres sacrées, auxquelles il s'attache : *a*, première vertèbre sacrée, avec *g*, sa neurépine; *b*, deuxième vertèbre sacrée; *j*, ilion; *d*, cavité cotyloïde; *i*, les deux ischions; *p*, les deux pubis unis par un ligament; *m*, trou ilio-ischiatique, fermé en avant par un ligament (Pouchet et Beauregard).

rant largement l'une de l'autre la région postérieure des pubis et la région antérieure des ischions, qui ne sont plus réunis que par un ligament médian. Les trois os (*ilion, pubis, ischion*), ne se touchent plus que dans la région de l'*acetabulum*, ou *cavité cotyloïde*, qu'ils contribuent tous les trois à former. Les foramens entament plus largement les pubis, devenus très étroits, que les ischions; les processus latéraux que portent les premiers de ces os se sont amoindris comme eux ou même ont complètement disparu (*Varanus, Chamæleo*). Il existe quelquefois un *épipubis* (*ep*), qui peut s'ossifier (*Gecko*); de petits ossicules, de signification inconnue, se rencontrent chez les *Chamæleo* (*x*), fixés au pubis, au voisinage de la symphyse, et fréquemment partent des ischions des pièces de soutien paires ou impaires, qui pénètrent dans la paroi cloacale et peuvent s'ossifier (*os cloacal* ou *hypo-ischion, ocl*).

L'atrophie des membres des Sauriens serpentiformes ne fait complètement disparaître aucune des pièces de leur bassin, et les ilions demeurent même unis aux vertèbres sacrés.

Il en est tout autrement chez les Amphisbènes, dont le bassin est réduit à des rudiments d'ilions et de pubis; les ilions ne sont plus reliés que secondairement à la colonne vertébrale, par l'intermédiaire d'une côte, ou ils perdent toute relation avec elle. On trouve encore les rudiments de pubis chez les Pythonidæ et les Boidæ ainsi que dans quelques familles des Sténostomes; il peut s'y ajouter des restes des parties périphériques des membres dans les deux premières familles (fig. 2065).

La séparation complète de l'ischion et du pubis dans la région ventrale que nous avons vue se réaliser chez les Sauriens existe également et s'exagère même chez les Crocodiliens (fig. 2064 D). Mais, en outre, les pubis deviennent membraneux dans la région qui avoisine la ligne médiane ventrale et ne sont plus dans cette région reliés l'un à l'autre que par une membrane; ils ne portent plus de processus latéraux et le *canalis obturatorius* est confondu, comme chez les Tortues, avec le *foramen obturatum*. La diminution d'importance du pubis s'accuse encore parce qu'il est exclus par l'ischion de toute participation à la formation de l'acétabulum. Dans la région articulaire, l'ischion développe deux tubérosités l'une antérieure à l'acétabulum, l'autre postérieure, et le pubis s'articule en gardant une certaine mobilité à la face antérieure de la première. Enfin, tout en demeurant fixé à deux vertèbres sacrées seulement, l'ilion s'élargit beaucoup en tous sens et devient l'os le plus important du bassin.

Sous ce rapport cependant, les Crocodiliens sont dépassés par les Théromorphes, dont l'ilion prend un développement en largeur bien plus grand que celui des autres Reptiles et qui n'est comparable qu'à celui qui caractérise les Mammifères.

Dans les groupes fossiles des Anomodontes et des Dinosauriens, les membres, amenés à se mouvoir tout entiers dans des plans verticaux, ont à soutenir tout le poids de l'animal; les muscles qui font mouvoir leurs pièces osseuses, ayant à effectuer un travail plus considérable, deviennent plus volumineux, provoquent la formation de surfaces osseuses d'insertions plus considérables; le bassin est profondément modifié dans sa forme et il se fixe à une série de vertèbres, dont le nombre peut s'élever à 6 chez les Anomodontes, à 10 chez les *Triceratops*; aussi l'ilion s'étend-il considérablement soit en avant seulement de l'acétabulum (*Stegosaurus*), soit en avant et en arrière (*Claosaurus, Triceratops*).

Le pubis et l'ischion de chaque côté forment l'un avec l'autre un angle très obtus, les pubis s'allongent beaucoup en avant, tandis que les ischions

s'allongent en arrière; l'ischion présente en avant, comme chez les Crocodiles, des tubérosités qui comprennent entre elles l'acetabulum; le pubis
s'articule bien aussi à la tubérosité antérieure, mais il s'insinue entre elle
et l'ilion, de manière à prendre part, bien que sur une faible étendue, à la
délimitation de l'acetabulum, qui est perforé au fond. En s'allongeant en
arrière, l'ischion court parallèlement au prolongement postérieur de l'ilion,
lorsqu'il existe. En outre, le pubis émet, chez les ORTHOPODES et les ORNITHO-
PODES, un prolongement postérieur qui court en avant de l'ischion prolongé
en arrière, peut être aussi épais que lui et le dépasser (*Stegosaurus*), ou
demeurer grêle et court (*Claosaurus*); ce *post-pubis* peut s'accoler seulement
à l'ischion, se souder avec lui ou se mettre seulement en rapport avec une
apophyse de cet os. Ces dispositions sont en rapport avec le développement
considérable que prennent, chez ces animaux, les membres postérieurs et
aussi la queue, développement qui est passé à l'extrème chez les *Iguanodon*.

Ce développement des membres postérieurs prépare l'attitude bipède, qui
devient constante chez les Oiseaux, dont le bassin présente effectivement de
nombreuses analogies avec celui des Dinosauriens.

Squelette des membres postérieurs. — L'apparition d'une saillie
(*trochanter*) sur le côté externe du fémur, au-dessous du condyle, ou tête, de
cet os, la prédominance marquée acquise par le tibia sur le péroné sont les
seuls caractères normaux qui apparaissent dans le squelette de la cuisse et
de la jambe des Reptiles; des différences dans les proportions sont à peu près
les seules modifications importantes qu'il présente d'un groupe à l'autre.
Les os du tarse sont sujets, au contraire, à de nombreuses variations, consistant en ce que les os qui le composent se soudent les uns aux autres de
diverses façons, et qu'il tend à s'établir une dislocation du tarse en deux
parties, l'une qui entre en rapport plus direct avec les os de la jambe et
notamment le tibia, l'autre qui se relie d'une façon plus ou moins étroite au
métatarse. Ces deux parties sont mobiles l'une sur l'autre, le central formant entre les deux une sorte de tête articulaire; par là, les mouvements
de pied se trouvent à la fois étendus et régularisés.

Chez le *Sphenodon*, le tarse est déjà modifié de la façon qui sera décrite
plus loin chez les SAURIENS.

Au point de vue de la constitution de leur tarse, les TORTUES
présentent, au contraire, d'intéressantes étapes successives : chez les
Chelydra, l'intermédiaire s'est déjà soudé au tibial, pour former un *astragale*; le fibulaire a conservé son indépendance, ainsi que les trois premiers
tarsiens; les deux autres sont soudés pour constituer un *cuboïde*. Chez les
Chelone, le central se confond en outre avec l'astragale. Chez les *Emys* et
les *Testudo* (fig. 2066 C), le fibulaire entre, à son tour, dans le complexe,
de sorte que tous les os de la première rangée du tarse sont remplacés par
une seule grande pièce osseuse; les os de la seconde rangée n'éprouvent
pas dans ces genres de nouvelles modifications. Les doigts demeurent
au nombre de cinq; le 5e tarsien se recourbe en équerre pour s'insérer
latéralement sur le cuboïde.

Chez les Crocodiliens (fig. 2066 A), avec le tibia s'articule un astragale, formé, comme chez les *Chelone*, par la fusion du tibial, de l'intermediaire et du central; un cartilage, représentant les 3 premiers tarsiens, relie directement cet astragale au métatarse. Le fibulaire est conservé indépendant et le 4e tarsien s'insère entièrement sur lui; il en résulte que le tarse, déjà

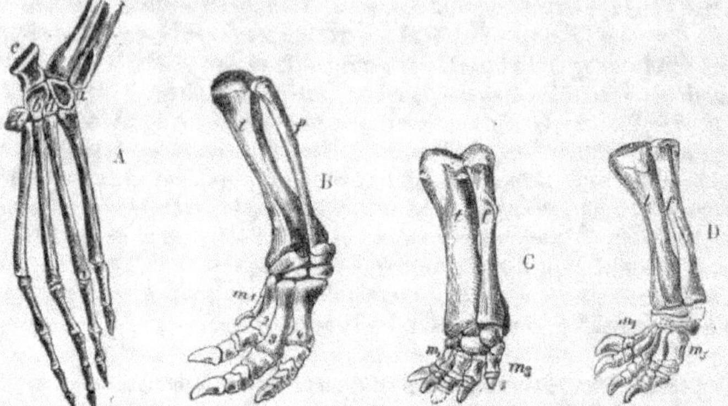

Fig. 2065. — Pieds de Reptiles secondaires : — A, de *Teleosaurus*; B, de *Camptonotus*; C, de *Stegosaurus*; D, de *Morosaurus* : — t, tibia; f, péroné; a-d, os du tarse (emprunté à Hornes).

divisé en deux parties transversales, se trouve décomposé en deux parties longitudinales, relativement indépendantes l'une de l'autre : l'astragale et les trois premiers tarsiens fusionnés, portent ensemble trois doigts; le fibulaire et le cuboïde portent un 4e doigt normal et un cinquième réduit à son

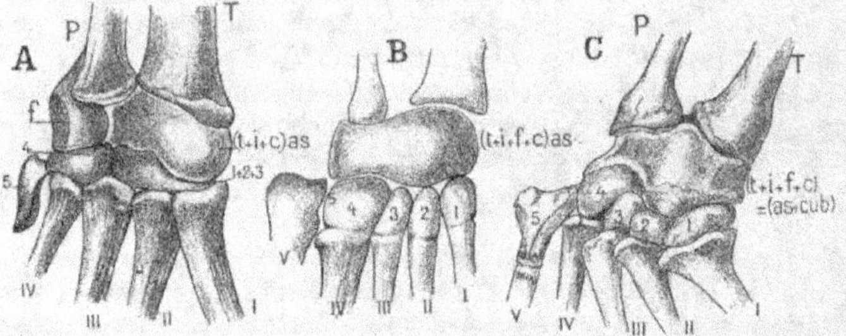

Fig. 2066. — Tarses : — A, d'*Alligator lucius*; B, de *Lacerta agilis*; C, de *Testudo græca* : — T, tibia; P, péroné, t, tibial; i, intermédiaire; f, fibulaire; c, central; as, astragale, résultant de la fusion de plusieurs des pièces précédentes; 1-5, os tarsiens; I-V, métatarsiens.

métatarsien, ce qui ramène à quatre le nombre des doigts fonctionnels des Crocodiles. Cette division longitudinale du tarse qui, parmi tous les Reptiles vivants, est spéciale aux Crocodiles, se retrouvera chez les Mammifères sans qu'on puisse y voir un indice de parenté entre les deux groupes.

Chez les Sauriens, (fig. 2066 B), les trois os de la 1re rangée et le cen-

tral se fusionnent, comme chez les *Emys*, en une seule pièce ; sauf le fibulaire, ils ne s'ossifient même plus d'une façon distincte (tachygénèse) ; des

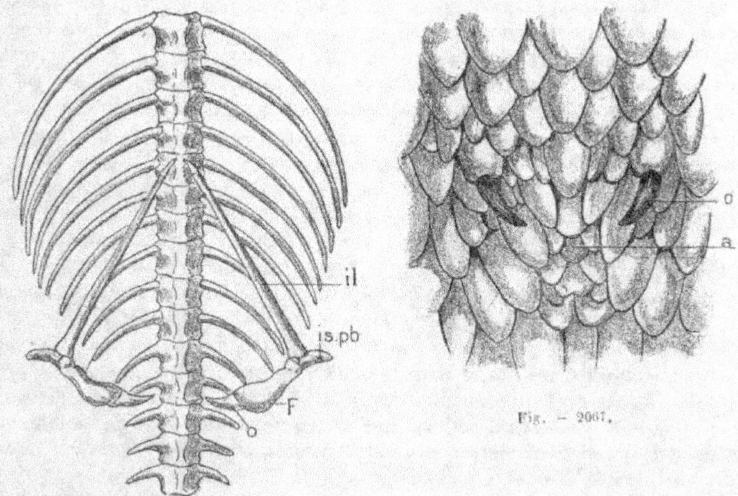

Fig. 2067. — Ceinture pelvienne et membres postérieurs rudimentaires de *Python Sebæ* : — *il*, iliou ;
is, pb, ischio-pubis ; *F*, fémur ; o, ongle terminal (d'après une pièce conservée dans les galeries d'Anatomie comparée du Muséum National d'Histoire naturel le de Paris).
Fig. 2067. — Les ongles terminaux (o), vus de l'extérieur, de part et d'autre de l'anus (a) (ROMANÈS).

cinq os de la 2e rangée, les trois premiers se soudent aux métatarsiens
correspondants ; le 4e et le 5e forment un cuboïde. Le tarse du *Chamæleo* ne
diffère que par des particularités secondaires de celui des
autres Lacertiliens ; mais il renferme des pièces restées
rudimentaires, dont la détermination est un peu incertaine.
Les doigts des Lacertiens, des Chamæléons, des Iguaniens,
des Geckotiens sont constamment au nombre de cinq, et
le cinquième, comme chez les Tortues, s'insère latéralement sur le cuboïde. Chez les Scincoïdiens, où les membres tendent à se réduire, cette réduction commence par
le nombre des doigts et, de genre en genre, gagne de
proche en proche, jusqu'au fémur, de sorte qu'il ne persiste
plus, en fin de compte, qu'un rudiment de bassin (p. 2965).
Les AMPHISBÉNIENS et les OPHIDIENS sont totalement privés
de membres fonctionnels ; on retrouve cependant, chez les
BOIDÆ et PYTHONIDÆ, réunis parfois pour cela sous le nom
d'Ophidiens Péropodes, les rudiments d'un fémur, faisant
suite à un long ilion, articulé à un ischio-pubis réduit en

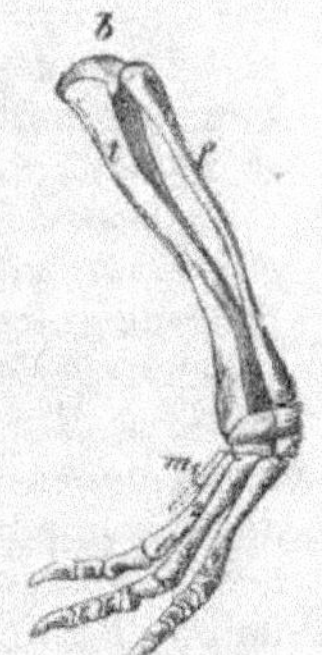

Fig. 2068. — Patte pos-
térieure de *Laosau-
rus* (emprunté à
HOXLEY).

forme de griffe, et le membre se termine même par un ongle, qu'on voit
extérieurement de part et d'autre, un peu en avant de l'anus (fig. 2067,).

Chez les DINOSAURIENS fossiles, on assiste, au contraire, au passage de l'allure plantigrade des Reptiles actuels, que conservaient encore les Sauropodes, à une allure digitigrade, dans laquelle les doigts continuaient, en général, à appuyer sur le sol de toute leur longueur, les métatarsiens se relevant au contraire plus ou moins complètement. Avec cette allure nouvelle, le tibia tend à prendre plus d'importance encore qu'il n'en avait acquis déjà, et le péroné à devenir de plus en plus grêle (*Camptonotus*, *Laosaurus*, fig. 2064 et 2068), ce qui correspond à une limitation croissante des mouvements de flexion et d'extension. En même temps, ces os, supportant plus directement le poids du corps et les chocs contre le sol, tendent à s'allonger, surtout lorsque, l'animal se redressant, les membres postérieurs arrivent à être les seuls organes de locomotion (ORTHOPODES). Les os de la première rangée du tarse et le central se soudent de manière à constituer, comme chez les Crocodiles, deux pièces osseuses, un fibulaire et un astragale, qui se relient respectivement par une articulation immobile avec le péroné et le tibia ; le cuboïde se forme comme d'habitude et conserve ses rapports avec le fibulaire ; les autres os de la 2ᵉ rangée, encore au nombre de trois, portant autant de métatarsiens, chez les *Compsognathus*, se fusionnent d'ordinaire en une seule pièce, en rapport avec l'astragale ; cette pièce porte le 1ᵉʳ doigt ; la seconde pièce le 2ᵉ ; le 3ᵉ et le 4ᵉ tendent à se localiser directement sur la pièce tibiale qui déborde latéralement sur les os de la 2ᵉ rangée. Par suite du redressement du pied, les doigts les plus courts cessent de toucher le sol ; ils s'atrophient peu à peu : tandis que les *Morosaurus*, presque plantigrades, ont cinq doigts, les *Camptonotus* ont perdu leur 5ᵉ doigt et le 1ᵉʳ correspondant au pouce est extrêmement court et grêle ; il est rudimentaire chez les *Laosaurus*. Des cinq doigts primitifs, trois seulement demeurent donc fonctionnels (*Compsognathus*, fig. 432, p. 321) et, comme ils servent exclusivement à soutenir le corps, leurs métatarsiens agissent toujours ensemble et de la même façon, deviennent de plus en plus solidaires et finissent par ne plus se mouvoir indépendamment l'un de l'autre (*Ceratosaurus*), en attendant qu'ils se soudent, comme ils le feront chez les Oiseaux.

Système musculaire. *Muscles de la tête*. — Dans le domaine d'innervation du trijumeau se développent, chez les Reptiles, comme chez les Batraciens, les muscles adducteurs ou élévateurs de la mâchoire inférieure. Ces muscles sont également décrits sous les noms de *masséter*, de *temporal*, de *ptérygoïde* ; mais, faute de recherches comparatives suffisamment méthodiques, il est impossible de dire comment ces muscles sont dérivés de ceux qui, chez les Batraciens, ont déjà reçu ces noms. De ces muscles, le *masséter* est le plus développé ; il s'insère en haut sur l'arcade zygomatique, en bas sur la surface externe de la mandibule ; le *temporal* occupe la fosse de ce nom ; il n'est pas situé plus profondément que le précédent, dont il n'est pas toujours très nettement séparé, de sorte qu'on peut les considérer, l'un et l'autre, comme dérivés d'un *adducteur de la mandibule*, primitivement unique (fig. 2069, *ad. m.*) ; chacun d'eux présente d'ailleurs plusieurs subdivisions, dont le nombre et le mode d'insertion varient suivant les espèces. Chez les Serpents, où il n'y a pas d'arcade zygomatique, ces muscles s'insèrent sur les pariétaux et se rejoignent sur la ligne médiane, comme chez les Urodèles.

Les *muscles ptérygoïdiens* s'insèrent d'une part sur les os ptérygoïdes, d'autre part sur la mandibule, où ils présentent plusieurs subdivisions. Chez les Serpents, les mouvements de la mâchoire supérieure sont déterminés par plusieurs paires de muscles, qui vont de la base du crâne, les uns à l'os carré, les autres au ptérygoïde, les autres au vomer.

Dans le domaine du facial, l'*abducteur de la mandibule* est constitué, chez le *Sphenodon*, par un collier musculaire, situé en arrière du tympan, qui s'attache très haut sur le crâne, et va se fixer en bas, en s'amincissant en arrière, à la région articulaire de la mandibule (1). Ce muscle présente une

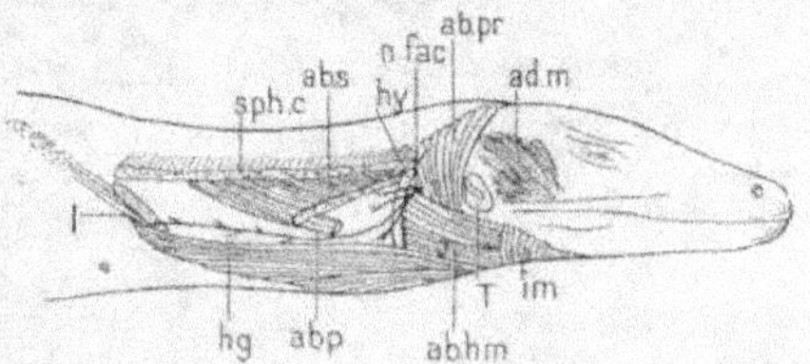

Fig. 2069. — Vue latérale de la musculature de la tête et du cou du *Varanus bivittatus* : — *ad.m*, muscle adducteur de la mandibule (masséter, temporal); *ab*, abducteur de la mandibule et ses divers faisceaux (*ab.s*, superficiel; *ab.m*, médian; *ab.h*, profond; *ab.hm*, hyo-mandibulaire); *im*, intermandibulaire; *sph.c*, sphincter colli (constricteur superficiel); en majeure partie enlevé, il descend jusqu'à la ligne médio-ventrale où il rejoint son congénère; *n.fac*, nerf facial; *hy*, arc hyoïdien (corne antérieure de l'hyoïde); *I*, premier arc branchial (corne postérieure); *T*, tympan (G. Ruge).

disposition analogue chez les CROCODILIENS. Il se divise, au contraire, chez les SAURIENS, en plusieurs muscles distincts (4 chez les Varans), qui s'attachent soit sur l'aponévrose superficielle, soit sur l'hyoïde, et ont aussi plusieurs insertions sur la mandibule.

Chez les Serpents venimeux, les articulations des éléments osseux qui déterminent les mouvements si étendus de la bouche ont déterminé dans la musculature des modifications assez profondes, qui ont été notamment étudiées avec détails par Marie Phisalix (2) (fig. 2070).

Il existe également un *mylo-hyoïdien* (fig. 2069, *im*) représentant l'intermandibulaire des Batraciens, qui prend part à la formation du plancher buccal et recouvre en avant les abducteurs de la mandibule. Ce muscle fournit un faisceau à l'étrier (columelle) et il s'en détache, chez les Crocodiles, un *dépresseur de la capsule auditive*, ayant pour antagoniste un *élévateur*, dérivé en partie de l'abducteur de la mandibule.

Il est très développé chez le *Sphenodon*, où il émet un faisceau qui se confond vers le haut avec les fibres de l'abducteur de la mandibule et où il est immédiatement suivis par un *sphincter colli*, réduit à un certain nombre de faisceaux lâchement unis. Ce muscle prend plus d'importance chez les

(1) G. RUGE, *Ueber d. peripherischen Gebiet des Nervus facialis bei den Wirbelthieren.* Festschrift für GEGENBAUR, Bd. III, 1896.
(2) MARIE PHISALIX, *Anat. comp. de la tête et de l'app. venimeux chez les Serpents* Ann. Sc. Nat., 9ᵉ série, t. XIX, 1914. — *Animaux venimeux et venins.* 2 vol. Paris, Masson, 1922.

CROCODILIENS : il se divise en une région antérieure et une région postérieure ; il en acquiert davantage encore chez les TORTUES et chez les SAURIENS.

Chez ces derniers (*Monitor*), il recouvre les faisceaux postérieurs du mylo-hyoïdien, cache en partie les adducteurs, et il est divisé longitudinalement par une ligne tendineuse en une région supérieure et une région inférieure. Il fournit chez les *Iguana* le muscle releveur du fanon.

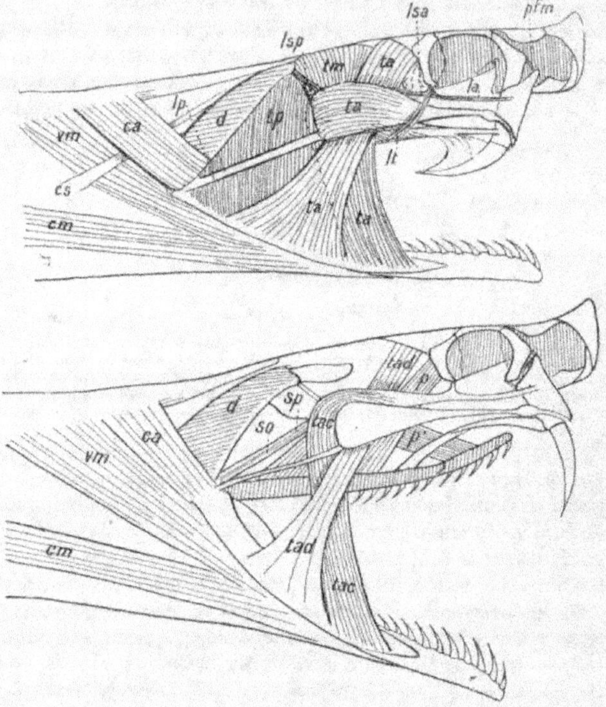

Fig. 2070. — Muscles de la tête et plus spécialement de la région buccale de *Vipera aspis* : — A, couche superficielle ; B, couche profonde : — *ca*, muscle cervico-angulaire ; *cm*, m. costo-mandibulaire ; *cs*, m. dorso-squamosal ; *d*, m. digastrique ; *la*, ligament antérieur ou de Soubeiran ; *lp*, ligament postérieur ; *lsa*, lig. postorbital ; *lsp*, ligament supérieur ; *lt*, ligament ptérygoïdien ; *p*, muscle postorbito-ptérygoïdien ; *p'*, m. sphéno-palatin ; *pfm*, ligament préfronto-maxillaire ; *so*, muscle sous-occipito-articulaire ; *sp*, m. sphéno-ptérygoïdien ; *ta*, muscle temporal antérieur, compresseur de la glande venimeuse ; *tad*, m. pariéto-mandibulaire profond ; *tm*, m. temporal moyen ; *tp*, m. temporal profond (Marie PHISALIX).

Innervé par le pneumogastrique, le *muscle trapèze* s'insère soit sur les vertèbres cervicales (*Crocodilus*), soit sur ces vertèbres et sur le crâne (SAURIENS), d'une part, sur la ceinture scapulaire d'autre part ; il peut se décomposer en deux autres muscles, dont l'antérieur est le *céphalo-cléïdoépisternal*, le postérieur, le *céphalo-dorso-claviculaire*. Ce dernier muscle et une partie du premier ont quitté le domaine du pneumogastrique et sont innervés par des nerfs médullaires. Il y a là une indication de l'insuffisance de l'innervation pour la détermination des homologies. Les Crocodiles possèdent aussi deux muscles qui peuvent être rattachés dans une certaine mesure au trapèze : le *céphalo-sternal* qui va du crâne au sternum en suivant les côtés du cou, où il est scindé en deux par la 1re vertèbre cervicale, et un second muscle qui, de l'aponévrose dorsale, va, comme le trapèze, à l'omoplate.

Les *muscles scalènes* et le *muscle long*, bien que situés dans la région du cou, appartiennent à un autre domaine que les précédents ; ils représentent les parties de la musculature latérale qui sont demeurées en place après la formation du cou par le glissement du tronc en arrière, et qui se sont modifiées en conséquence.

Muscles du tronc. — Les muscles dorso-latéraux des CROCODILIENS et des SAURIENS, qui courent tout le long de la partie dorsale des flancs,

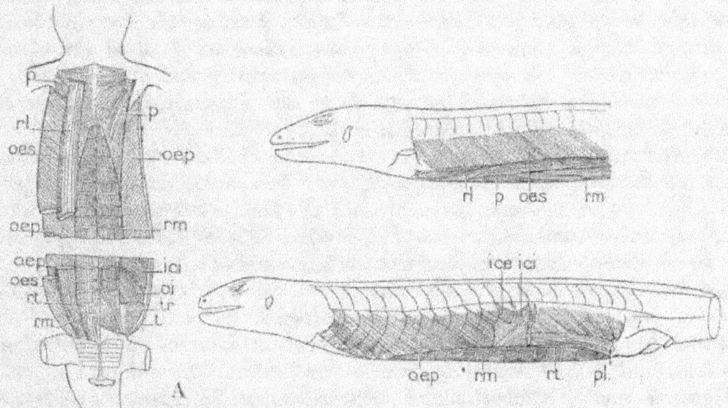

Fig. 2071. — Musculature ventrale du tronc de *Lacerta agilis*. — A, vue ventrale : sur la gauche de la figure, se voient les muscles superficiels : *oes*, muscle oblique externe superficiel ; *rl*, muscle droit latéral ; ils ont été enlevés seulement sur une petite partie, pour montrer l'oblique externe profond, *o.e.p.* Sur la droite de la figure, ces muscles ont été entièrement enlevés dans la partie supérieure, montrant, outre l'oblique externe profond, le pectoral, *p* ; dans le bas de cette partie de droite, l'oblique externe profond a été à son tour enlevé, et on voit le muscle intercostal interne, *ici*, l'oblique interne *oi*, et enfin, après ablation de ces derniers dans la région terminale, le transverse, *tr* ; *t*, triangulaire ; *rm*, droit médian. — B, partie antérieure vue de côté ; couche superficielle, les téguments enlevés (mêmes lettres). — C, seconde couche de muscles, après l'ablation de l'oblique externe superficiel et de la ceinture scapulaire avec ses muscles, et, en outre, dans la partie antérieure, du droit latéral. Mêmes lettres ; en outre, *ice*, *ici*, intercostaux externe et interne (MAURER).

depuis le cou jusqu'à la queue, forment dans leur ensemble une bande médiane séparant deux bandes latérales ; chacune est composée (fig. 2071) d'une série de faisceaux musculaires qui vont, soit d'une vertèbre à l'autre, soit d'une côte à l'autre, et présentent en conséquence une disposition métamérique. L'orientation des faisceaux est différente dans la bande médiane et dans les bandes latérales, au moins dans la plus grande partie de leur étendue. Dans les bandes médianes, les fibres vont de l'apophyse épineuse d'une vertèbre aux apophyses transverses de la vertèbre suivante : leur direction est donc à peu près transversale, et on peut considérer leur ensemble comme constituant une sorte de *muscle transverso-spinal*. Dans les bandes latérales, les faisceaux musculaires vont d'une apophyse transverse à l'apophyse qui la suit et à la côte correspondante, lorsqu'elle existe; ils se dirigent d'arrière en avant et de dedans en dehors; on peut considérer leur ensemble comme constituant un *muscle transverso-costal*.

Les bandes musculaires subissent, au voisinage de la tête et du bassin, des modifications dans la direction et la constitution des faisceaux. Dans la région antérieure du thorax et dans la région cervicale, les faisceaux de la bande médiane, tout en continuant à s'insérer sur les apophyses épineuses, se redressent et tous ensemble forment deux masses musculaires puissantes divisées en plusieurs couches, et symétriquement placées de chaque côté de la colonne vertébrale; elles vont s'insérer sur la région occipitale du crâne tout près de la ligne médiane et assurent les mouvements de la tête. De leur côté, à partir de la région moyenne du thorax, les bandes latérales tendent à se confondre avec la bande médiane; en se rapprochant de la région antérieure du thorax, elles se renforcent; leurs points d'insertion s'isolent davantage les uns des autres; au niveau du cou, les faisceaux prennent insertion sur les côtes cervicales et constituent enfin une masse épaisse, qui va s'insérer sur la tête en recouvrant les bords de la bande médiane.

En arrière, les bandes médiane et latérales se confondent, pour se relier à la musculature de la queue, qui présente une disposition métamérique toute spéciale; les faisceaux correspondant aux bandes latérales forment une large couche musculaire, le *muscle ilio-costal*, dont les fibres s'insèrent sur les côtes d'une part, sur les apophyses transverses et le tronc d'autre part.

Ces modifications de la musculature postérieure du tronc ne se produisent pas, naturellement, chez les Serpents, qui sont dépourvus de membres; celles de la région antérieure sont aussi moins importantes, et les deux moitiés de la bande médiane se confondent pour se fixer à la tête.

Dans la queue, la musculature dorso-latérale et la musculature dorso-ventrale ont conservé la disposition métamérique primitive et ne diffèrent pas l'une de l'autre; les myomères sont coniques comme chez les Poissons, les cônes étant très aigus; quatre, exactement semblables, ont leur ouverture en avant; ils sont séparés par trois autres, à ouverture postérieure, dont les pointes s'intercalent entre eux.

La présence d'une carapace immobile chez les TORTUES ne laisse plus subsister de la musculature dorso-latérale du tronc qu'un ruban musculaire reliant les apophyses transverses des vertèbres (*Chelydra*) ou seulement un certain nombre d'entre elles (*Emys*) et qui peut lui-même disparaître complètement (*Testudo*). Cette musculature ne subsiste que sur les parties mobiles, c'est-à-dire sur le cou et sur la queue. Dans sa région superficielle, les faisceaux du muscle transverso-spinal peuvent courir sans s'interrompre sur plusieurs vertèbres, tandis qu'ils ne vont que des apophyses articulaires postérieures d'une vertèbre aux apophyses antérieures de la suivante dans sa région profonde.

Ils sont surtout individualisés dans la masse musculaire (*splenius capitis*), qui, des dernières vertèbres du cou, va aux apophyses épineuses des vertèbres précédentes et à la région postérieure de la tête. Les muscles de la queue se disposent en plusieurs couches, conservant une disposition métamérique, et dont les plus superficielles partent des apophyses épineuses des vertèbres pour s'attacher à la face interne de la carapace.

Sauf chez les Tortues, dont la carapace détermine un avortement général des muscles du tronc, l'*appareil musculaire de la région ventro-latérale du tronc*, précédemment décrit chez les Batraciens (p. 2767), tend à se compliquer chez les Reptiles, surtout en raison du développement constant des côtes, par la multiplication du nombre de ses couches superposées et par la formation de muscles nouveaux (*m. intercostaux*), dérivés des anciens, auxquels ils s'ajoutent (1) (fig. 3071).

Les *Sphenodon* sont, à cet égard, les moins modifiés, et l'on retrouve chez eux comme d'ailleurs typiquement chez les Sauriens : les *m. obliques externes superficiel* (oes) et *profond* (oep), le *m. oblique interne* (oi), le *m. transverse* (tr) et un *m. droit* simple. Une différenciation des muscles obliques donne naissance aux *m. intercostaux* (ice, ici). Le m. oblique externe profond devient le *m. court intercostal* (*Chamæleo*) et produit par différenciation le *m. long intercostal*; l'*oblique externe superficiel* produit le *m. intercostal externe* (ice) et leur ensemble correspond au m. oblique externe des Batraciens; l'*oblique interne* produit de même, le *m. intercostal interne* (ici). Le m. subvertébral des Batraciens devient le *long intercostal interne*, qui commence sur les bords latéraux de l'intercostal interne. Le *m. transverse* est toujours bien individualisé, mais ne présente pas de métaméridation, non plus que le m. oblique externe superficiel. Le *m. droit* revêt des aspects assez variés. Le squelette parasternal du *Sphenodon* et des Crocodiliens conserve aux couches superficielles de ce muscle une division métamérique très accusée, mais celle-ci s'efface dans les couches profondes, où elle est surtout indiquée par la disposition des tendons d'attache aux parties voisines. Cette division métamérique (rm) persiste cependant chez les formes sans parasternum et ne s'efface chez les *Sauriens* que sur les parties latérales, que l'on distingue sous le nom de *m. droit latéral* (rl). Le m. droit émet fréquemment des faisceaux qui pénètrent dans le tégument et le relient intérieurement à lui (*Sphenodon, Lacerta*).

Le recul de la ceinture scapulaire, en déterminant la formation d'un cou, détermine aussi l'allongement des muscles du système ventro-latéral qui se fixaient à l'os hyoïde, au sternum et à cette ceinture. Il se constitue ainsi chez les Lacertiliens, des *m. omo-hyoïdiens* et *sterno-hyoïdiens* distincts ou simplement, de chaque côté, un faible *m. coraco-hyoïdien* (Tortues), d'où procède peut-être le *m. sterno-maxillaire* des Crocodilés.

En raison du rôle prédominant qu'elle joue dans la locomotion, la musculature ventrale des Serpents s'est modifiée d'une manière particulière; ses couches profondes se relient plus intimement aux côtes, tandis que ses

<hr>

(1) F. Maurer, *Die ventrale Muskulatur der Reptilien* Festschrift f. Gegenbaur, Bd. I, 1896.

couches superficielles se confondent avec le tégument ; de même, le muscle droit se décompose en faisceaux qui unissent entre elles les extrémités des côtes.

La musculature de la queue, dont la disposition normale a été indiquée p. 3020 se différencie, comme chez les Batraciens, en un certain nombre de muscles qui rattachent la queue au tronc et aux membres ; ce sont les *m. ischio-caudal, ilio-caudal, fémoro-caudal* dont les noms suffisent à indiquer les attaches. Le fémoro-caudal des Lézards présente encore des myocommes. L'ischio-caudal fonctionne encore chez les Crocodiles comme un *sphincter du cloaque*. Ce muscle et plusieurs autres du voisinage du cloaque sont individualisés chez les Lacertiliens, ainsi qu'un *rétracteur du pénis*, qui existe aussi chez les Serpents.

Muscles du membre antérieur. — Les muscles de la ceinture thoracique qui appartiennent au domaine du pneumogastrique ou sont pourvus d'une innervation mixte ont été décrits précédemment ; d'autres muscles de cette ceinture appartiennent franchement au domaine des nerfs médullaires. Ceux qui dépendent du domaine des nerfs thoraciques supérieurs s'insèrent, chez les Sauriens et les Crocodiliens, sur les apophyses transverses ou les côtes des vertèbres cervicales ou dorsales d'une part, sur l'omoplate de l'autre ; parmi eux, il faut distinguer un muscle superficiel, le *thoraco-scapulaire*, et un muscle plus profond, s'insérant sur le cou et sur la face interne de l'omoplate, qui fonctionne comme un *élévateur de l'omoplate* ; il s'y ajoute un *pectiné profond* ; une portion de ce muscle s'insère encore sur l'aponévrose dorsale et peut être distinguée comme *m. rhomboïde* ; il reste une indication de cette insertion primitive chez un certain nombre de Sauriens (*Chamæleo*). Le groupe des muscles élévateurs de l'omoplate est représenté chez les Tortues par les *m. collo-scapulaire* et *testo-scapulaire* qui vont respectivement des vertèbres cervicales et des vertèbres dorsales à l'omoplate.

Des côtes, chez les Crocodiliens, de la face interne du sternum, chez les Sauriens, au coracoïde, s'étendent respectivement les *m. costo-coracoïde* et *sterno-coracoïde*, qui appartiennent à la région thoracique inférieure. Des muscles innervés par les nerfs du bras, le plus important est le *m. pectoral*, des Sauriens et Crocodiliens, encore relié chez les Sauriens, aux muscles droit et oblique externe ; ce muscle prend, chez les Tortues, son insertion sur le plastron. Il existe aussi, chez quelques-uns de ces animaux (*Trionyx*), un *m. supra-coracoïde* qui va de la surface externe du coracoïde au processus latéral de l'humérus, et qui rappelle celui des Batraciens, sans doute en raison d'une adaptation commune à l'existence aquatique. Chez d'autres, ce muscle s'étend au procoracoïde et se divise alors en deux autres ; il en est de même chez les Sauriens ; cette division est encore poussée plus loin chez les Crocodiliens.

Le *m. dorso-huméral*, ou *latissimus dorsi*, est un des plus importants de la région du bras. Il se fixe, chez les Lacertiliens, sur les apophyses épineuses des dernières vertèbres du cou et de la plupart des vertèbres dorsales ; son insertion est moins étendue chez les Crocodiliens, mais il est plus ou moins subdivisé et la portion postérieure se continue avec l'aponévrose axillaire ; son insertion se transporte sur la région antérieure du bouclier des Tortues et se limite à la plaque nuchale chez les *Trionyx*. De l'omoplate et du procoracoïde au processus latéral de l'humérus, se rend encore chez les SAURIENS, un *m. scapulo-huméral*, auquel s'ajoute un *cléïdo-huméral* venant de la clavicule, tous deux constituant ensemble un *m. deltoïde* ; ces deux muscles sont séparés chez les Crocodiles et chez les Tortues ; ils sont représentés chez ces dernières par un ensemble de faisceaux se rendant de l'omoplate, du procoracoïde et du plastron à l'humérus et qui rappelle le m. scapulo-dorsal des Batraciens. Un dernier muscle, le *teres major* naît soit de la région postérieure de l'omoplate (CROCODILIENS, SAURIENS), soit de son bord antérieur (CHÉLONIENS), et s'attache au voisinage du *processus médial* de l'humérus ; chez les Chéloniens, il recouvre le sous-scapulaire.

Le principal muscle extenseur du bras, l'*anconé*, présente trois branches d'origine, deux respectivement sur les faces interne et externe de l'humérus, une sur le coracoïde ; c'est la branche principale, constituant le *long anconé*, qui, en raison de son mode particulier d'insertion, chemine latéralement par rapport au tendon terminal du m. grand dorsal ; la branche coracoïdienne du muscle prend, chez les Crocodiles, une grande importance.

Les muscles fléchisseurs du bras sont, comme chez les Batraciens, un *coraco-brachial* et un *huméro-antibrachial*; les *coraco-brachiaux* des Batraciens sont représentés chez les Crocodiles par un muscle unique ; ce muscle se subdivise, au contraire, chez les Lacertiliens et les Chéloniens. Il s'insère, chez les Chéloniens, dans la région supérieure de l'humérus, tandis qu'il peut se prolonger chez les Lacertiliens (*long coraco-brachial*) jusqu'à l'épicondyle du cubitus.

Le coraco-radial propre des Amphibiens se transforme chez les Tortues en un *m. coraco-antibrachial*, qui s'insère sur le coracoïde, parfois par plusieurs branches, et se divise à son extrémité périphérique pour se fixer sur le cubitus d'une part, sur le radius de l'autre. C'est, chez la plupart des LACERTILIENS et les CROCODILIENS, un muscle *biceps*, qui naît du coracoïde en avant du coraco-brachial, par une seule branche, et unit son tendon périphérique à celui de l'huméro-antibrachial, pour se fixer avec lui au radius et au cubitus. Le *m. huméro-antibrachial* se confond à l'origine avec l'huméro-radial chez les Crocodiles, chez les Lacertiliens et les Chéloniens; il naît de l'humérus et s'insère sur le radius et le cubitus, en se confondant parfois avec le biceps ; il est faible chez les Lacertiliens, bien développé chez les Chéloniens.

Les muscles extenseurs qui s'insèrent sur l'avant-bras sont plus nombreux chez les Reptiles que chez les Batraciens. Un ou deux *muscles huméro-radio-métacarpiens dorsaux* s'insèrent d'une part sur l'humérus, d'autre part, en partie sur l'extrémité périphérique du radius, en partie sur le métacarpe.

Avec l'un de ces muscles s'unit quelquefois un *m. huméro-métacarpien*, qui se résout périphériquement en une mince aponévrose, sur laquelle se détachent, en général, trois tendons allant aux doigts. Un *m. huméro-*

cubito-métacarpien dorsal naît en partie de l'épicondyle cubital de l'humérus, en partie du cubitus et attache ses tendons terminaux au métacarpe; le faisceau musculaire qui se rend au premier doigt se différencie souvent en un *m. huméro-métacarpien radial*. Comme chez les Urodèles, on trouve sous ces muscles deux muscles profonds : les *m. huméro-radial* et *cubito-radial*; le premier, né sur l'humérus, se termine à l'extrémité distale du radius, le second, né sur le cubitus, se termine en partie sur le bord externe du radius, en partie sur le carpe et la main, sur le bord radial de laquelle il s'unit aux muscles extenseurs des doigts.

Les muscles fléchisseurs appartenant à la région de l'avant-bras sont les uns superficiels, les autres profonds. Aux premiers appartiennent : le *m. huméro-métacarpien radial* qui naît au voisinage de la fosse cubitale et s'étend jusqu'au carpe; le *m. huméro-métacarpien médian volaris*, de même que le *m. cubital*, passe dans l'aponévrose palmaire, mais demeure musculaire jusqu'à la main. Les muscles profonds ressemblent à ceux des Batraciens.

Outre la musculature qui vient de l'avant-bras, les doigts possèdent des muscles particuliers : chacun d'eux, sauf le 1er et le 5e, est muni de deux *m. latéraux extenseurs*, convergeant vers le cubitus; un muscle analogue existe sur le bord cubital. Il existe des *m. fléchisseurs* analogues.

Les muscles de la jambe et du pied présentent, chez les Reptiles, d'assez nombreuses variations de détails. Mais l'analogie du plan général avec ce qui existe chez les Urodèles est assez grande pour que nous puissions nous contenter de renvoyer pour les points particuliers de cette étude aux mémoires spéciaux (1).

Appareil digestif. — Les téguments qui recouvrent les mâchoires des Reptiles ne fournissent jamais de replis mobiles que l'on puisse assimiler aux lèvres des Mammifères. Ces téguments sont toujours recouverts de plaques cornées, qui se transforment même, chez les Tortues, en lames tranchantes, dont nous retrouverons les analogues dans le bec des Oiseaux.

Dents. — La solidité plus grande des pièces buccales squelettiques permet ici le développement de dents plus fortes que celles des Batraciens. Les prémaxillaires, les maxillaires, les dentaires, très souvent les palatins et, plus rarement, les ptérygoïdes portent des dents chez les Sauriens. Les dents palatines font cependant défaut chez les *Varanus*, *Ameiva*, Chamæleontidæ, Ascalabotidæ, Amphisbænidæ et quelques genres isolés des autres familles. Tous ces os sont au contraire pourvus de dents chez certains Serpents (*Python*), tandis que, chez la plupart des autres, le prémaxillaire en est dépourvu.

Cette réduction des dents est poussée plus loin chez les Uropeltidæ, où

---

(1) Voir notamment : Alb. Perrin, Contribution à l'étude de la myologie comparée. Membre postérieur chez un certain nombre de Batraciens et de Sauriens. *Bull. Sc. de France et Belgique*, t. XXIV, 1893.

le maxillaire supérieur et le dentaire de la mâchoire inférieure portent seuls
des dents ; il n'y en a plus que 5, portées par les très petits maxillaires chez
les *Typhlops*. Elles sont limitées aux mâchoires, chez les Crocodiles tandis
que les Ichthyosaures en présentaient sur le vomer, le prémaxillaire, le

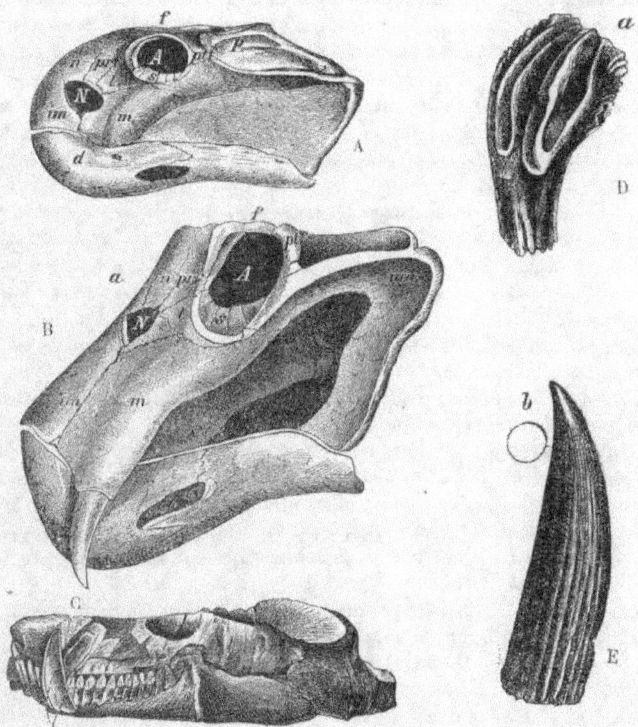

Fig. 2072. — Dents de Reptiles fossiles : — A, *Oudenodon Baini* ; *im*, intermaxillaire ; *m*, maxillaire ; *n*, nasal ;
l, lacrymal ; *prf*, préfrontal ; *f*, frontal ; *ptf*, post-frontal ; *p*, pariétal ; *d*, dentaire ; *N*, narine ; *A*, orbite ; *s*,
anneau sclérotical. — B, *Dicynodon declivis* réduit 3 fois : mêmes lettres. — C, *Galesaurus planiceps*. —
D, dent d'*Iguanodon Mantelli*, vue par la face interne. — E, d'*Ichthyosaurus communis* (emprunté à HŒRNES).

maxillaire et sur le dentaire de la mâchoire inférieure ; le nombre des dents
peut ici atteindre 200. Elles font au contraire totalement défaut aux Tortues,
où elles sont remplacées fonctionnellement par le bec tranchant ; elles man-
quaient aussi aux *Oudenodon* (fig. 2072 A), aux ACERATOPSIDÆ, aux *Pteranodon*.

Les dents des Reptiles sont ordinairement des dents préhensiles et, en
conséquence, peu variées dans leurs formes ; le plus souvent, elles sont
coniques (fig. 2072 E) ou cylindro-coniques, quelquefois tranchantes ou
recourbées en crochet et dirigées en arrière (*Anguis*, OPHIDIENS). Elles

étaient tranchantes et leur couronne était dentée en scie chez les *Iguanodon*
(fig. 2072 D); elles présentent chez les Iguanes une encoche du fond de
laquelle s'élève une petite pointe, et sont munies de deux petites pointes
chez les *Lacerta*.

Les dents fonctionnelles présentent trois modes de fixation aux os qui les
supportent, et ces modes de fixation ont valu respectivement aux Reptiles
qui les présentent les dénominations de *pleurodontes*, *acrodontes* et *thé-
codontes*. Dans le premier cas, les dents sont accolées à la paroi interne de
la mâchoire et leur cavité interne communique avec les espaces creux des
os (*Sphenodon*, Fissilingues, Iguanidæ et Agamidæ d'Amérique, Ascalabotidæ, Amphisbænidæ, etc.) et entre en concrescence complète avec eux chez
le *Sphenodon*. Dans le second, la partie de la dent qui était soudée à la
paroi interne de l'os dentifère n'existe pas, de telle façon que la dent n'est
plus fixée que sur le bord libre de l'os (Chamæleontidæ, Iguanidæ et Agamidæ
d'Asie et d'Australie). Enfin, dans le 3ᵉ cas, les dents sont enchâssées dans
des alvéoles (Crocodilia, *Palæosaurus*, *Thecodontosaurus*, *Plesiosaurus*,
Sauropoda, Theropoda, *Stegosaurus* et autres Orthopoda).

Le plus souvent, toutes les dents sont à peu près semblables ou ne diffèrent entre elles que par leurs dimensions, comme c'est le cas pour la dent
canine du *Crocodilus*; cette différenciation était poussée beaucoup plus
loin chez divers types fossiles. Les dents antérieures de *Nothosaurus*
étaient beaucoup plus longues que les postérieures; c'étaient les dents
moyennes chez les *Ceratosaurus*. Des molaires se caractérisent nettement chez les Thériodontes; elles étaient tricuspides comme celles des
Félins chez les *Galesaurus* (fig. 2072 C), *Cynodraco*, *Empedias*; les *Dicynodon* n'avaient à chaque demi-mâchoire qu'une simple dent en forme de
défense (fig. 2072 B).

Les dents sont aussi fréquemment inégales chez les Serpents (fig. 2073).
La dent antérieure du palais et celle du maxillaire sont plus longues que les
autres chez les *Eudipsas*; il en est de même dans les genres *Lycophidium*,
Spilotes, *Boodon*. Chez les Lycodontidæ, où les dents antérieures des deux
mâchoires sont plus développées, la 3ᵉ ou la 4ᵉ de la mâchoire supérieure en
forme de crochet plein est suivie d'une barre. Au contraire, c'est la dent
postérieure de la mâchoire supérieure qui est la plus longue chez les *Cælopeltis* (A), *Liophis*, *Heterodon*, *Dromicus*, etc., où elle est séparée des autres
par un intervalle. Cette dent présente en avant un sillon souvent en communication avec une glande à venin chez les *Homalocranion*, *Tachymenis*, *Philodryas*, *Bucephalus*, *Dipsas*, Scytalidæ. Ces Serpents, peu venimeux, et non
dangereux pour l'homme, sont souvent réunis sous la dénomination
d'*Opisthoglyphes*, et constituent un groupe de la famille des Colubridæ par
opposition aux *Aglyphes* qui n'ont pas de crochets venimeux, tandis qu'on
donne le nom de *Protéroglyphes* à des serpents franchement venimeux,
formant un 3ᵉ groupe de la même famille, dont la mâchoire supérieure
porte en avant des dents cannelées antérieurement, dents petites chez
les Hydrophidæ (fig. 2073 B), très grosses chez les Élapidæ (*Naja* (A),
Elaps, *Bungarus*). La gouttière se transforme en un canal et la dentition

se réduit beaucoup, la dent venimeuse devenant énorme, chez les Serpents désignés sous le nom de *Solénoglyphes* (C) (VIPERIDÆ, CROTALIDÆ). Ce sont les *crochets venimeux* des Serpents, la gouttière, presque close ou se fermant en un canal chez les Solénoglyphes (fig. 2074), livrant passage au venin et servant à l'inoculation de celui-ci dans la blessure faite par le crochet.

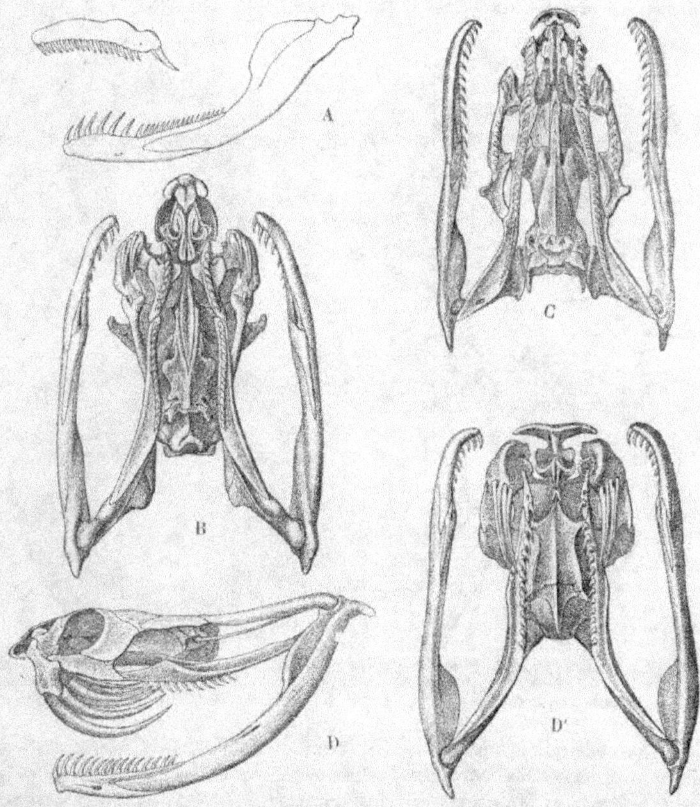

Fig. 2073. — Crânes de Serpents venimeux, montrant la disposition des crochets ; — A, prémaxillaire et maxillaire isolés de *Cœlopeltis insignitus* (**Colubridé Opisthoglyphe**) : à l'arrière du maxillaire, le crochet venimeux. — B, *Naja tripudians* et C, *Hydrus platurus* (**Colubridés Protéroglyphes**). — D et D', *Bitis arietans* (**Vipéridé**) (emprunté à CALMETTE, d'après BOULENGER).

Les dents de la plupart des Reptiles sont accompagnées de dents de remplacement. Ces dents sont, chez les Lézards, au nombre de deux, inégalement développées pour chaque dent fonctionnelle; elles sont situées en dedans de cette dent, et orientées comme elle. A la fin de sa durée, la partie de la dent fonctionnelle appliquée contre l'os se résorbe, ainsi que la partie de l'os à laquelle elle adhère; la dent, attachée seulement au bord libre de l'os, se détache alors bientôt, tandis que la dent de remplacement

grandit et qu'une formation osseuse nouvelle l'attache à la paroi extérieure
de la gouttière dentaire.

Les dents des Reptiles présentent déjà d'ailleurs le mode de développement des dents des Mammifères. L'épithélium de la muqueuse gingivale,
pénétrant dans le tissu conjonctif sous-jacent, fournit à chaque papille
dentaire un organe de l'émail, mais le cordon épithélial qui forme cet

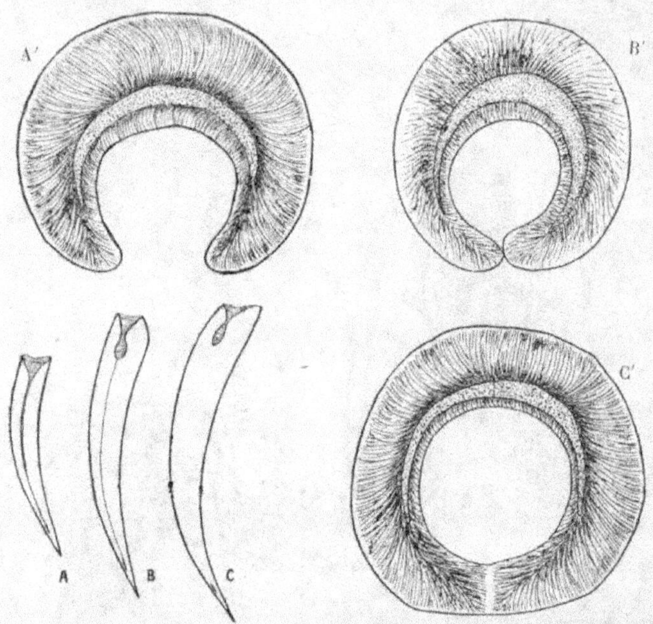

Fig. 2074. — Crochets d'*Hydrophis* (A), de *Naja* (B), de *Vipéridé* (C) et coupes transversales des mêmes
(A',B',C) : dans ces dernières figures, la gouttière et le canal ont été laissés en blanc ; la pulpe est représentée en
pointillé (emprunté à Marie Phisalix).

organe se continue au dedans de lui en une *bandelette de l'émail*, qui donne
naissance à autant de nouveaux organes de l'émail qu'il y a de dents de
remplacement, et relie ainsi génétiquement toutes les dents ; la formation
des dents nouvelles se poursuit pendant toute la vie de l'animal.

Ce même mode de développement et de remplacement se voit notamment
chez les Serpents, pour les crochets venimeux (fig. 2075) ; mais ici, le nombre
des dents de remplacement est beaucoup plus considérable et on peut en
compter simultanément jusqu'à 10 ou 11, sur une coupe transversale dans la
région des crochets, à divers états de développement (fig. 2076); nés en
série linéaire, ils se disposent ensuite sur 2 rangs et montrent tous les
stades successifs de développement ; le crochet fonctionnel est presque toujours accompagné d'un crochet de remplacement prêt à le remplacer immédiatement, et qui est déjà passé dans la cavité de la gaîne, recevant lui aussi

le venin ; entre les deux s'insinue une lame, née de la muqueuse gingivale, qui le pousse vers la dépression du maxillaire où il s'insèrera.

Chez les Crocodiles, la dent de remplacement vient se placer au-dessous de la dent active, de façon à être coiffée par elle, et soulève celle-ci au moment du remplacement (fig. 2077). Chez les *Diplodocus*, qui n'avaient de dents qu'à la partie antérieure des mâchoires, chaque dent était accompagnée de six dents de remplacement situées l'une derrière l'autre. Par tachygénèse, plusieurs dents de remplacement peuvent arriver à être fonction-

Fig. 2075. — Section transversale de la zone de formation des dents de remplacement d'un crochet venimeux de *Vipera berus* adulte : — 1, crochet en fonction ; 2, le second crochet, prêt à le remplacer ; 3-10, les crochets de remplacement successifs ; f, extrémité de la bandelette épithéliale qui a donné les germes dentaires successifs ; h, cavité de la gaine qui entoure le crochet ; b, lame muqueuse interposée entre le crochet fonctionnel et le crochet de remplacement (emprunté à Marie Phisalix, d'après Tomes).

nelles en même temps que la dent primitive ; les dents sont alors disposées en plusieurs rangées ; c'est ce qui avait lieu chez les *Hadrosaurus*, où les dents simultanément en fonction se rejoignaient de manière à former une sorte de pavage.

Avant la naissance, les deux dents de l'intermaxillaire voisine de la ligne médiane prennent un grand développement chez les *Gecko*, *Lacerta*, *Ameiva*, *Anguis*, *Vipera*, *Coronella*, etc., et servent, au moins chez les Lézards, à rompre la coquille de l'œuf (dent de l'œuf, fig. 2078 A). Chez les Crocodiliens, il existe en avant du museau, un tubercule corné (même fig. B et C), qui joue le même rôle, et dont nous retrouvons l'équivalent, au point de vue fonctionnel chez les Oiseaux. Ce tubercule n'a, bien entendu, aucune homologie avec la dent de l'œuf des Lézards.

Chez le *Rachiodon (Dasypeltis) scaber* et l'*Elachistodon Westermanni*,

Colubridés, le premier Aglyphe, le second Opisthoglyphe, qui l'un et l'autre
se nourrissent d'œufs, les hypapophyses d'un certain nombre (jusqu'à 24) de
vertèbres antérieures se développent chacune en un processus élevé, non

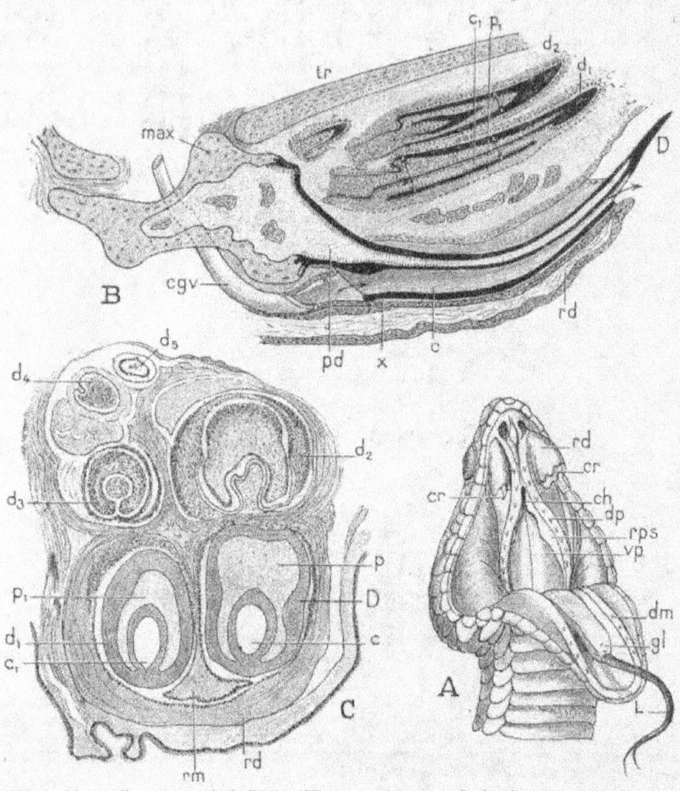

Fig. 2076. — L'appareil venimeux de la Vipère (*Vipera aspis*) : — A, La bouche ouverte en position forcée :
vp, voûte palatine ; *cr*, les crochets, au repos, sur le côté droit de l'animal, en demi-extension à gauche ; *rd*,
gaine de la muqueuse entourant le crochet et limitant une poche qui fait communiquer le canal de la glande
venimeuse avec le canal de la dent ; *dp*, dents palato-ptérygoïdiennes ; *dm*, dents mandibulaires ; *L*, langue ; *gl*,
glotte ; *ch*, orifices internes des fosses nasales. — B, Coupe longitudinale de la région des crochets (ceux-ci au
repos, comme fig. A, *cr*) : *D*, dent venimeuse en fonction : *pd*, sa pulpe ; *c*, son canal ; d_1, d_2, dents de remplacement successives ; p_1, c_1, pulpe et canal venimeux du premier crochet de remplacement ; *tr*, os transverse ; *max*,
maxillaire ; *cgv*, canal de la glande venimeuse, débouchant en *x* dans la poche limitée par le repli de la muqueuse ; *rd*, repli qui conduit directement le venin dans le canal de la dent. — C, coupe transversale de la même
région ; mêmes lettres, en plus : *rm*, repli intérieur de la muqueuse séparant la dent fonctionnelle de la dent prête
à la remplacer (KATHARINER).

recouvert d'émail, quoi qu'on en ait dit, qui fait saillie dans l'œsophage ; il
se constitue ainsi une série d'organes dentiformes, recourbés en avant,
contre lesquels viennent se briser les coquilles des œufs avalés.

Narines internes. — La communication nasale de la cavité buccale avec
l'extérieur, qui existait déjà chez les Batraciens, prend chez les Reptiles

une importance plus grande. Chez les Agames terrestres, les deux orifices internes du canal nasal, très rapprochés l'un de l'autre, s'ouvrent dans un enfoncement de la voûte buccale, qui s'allonge vers le fond de la bouche chez les *Phrynosoma*. Chez les Agames arboricoles, dont la tête est allongée, les conduits nasaux se prolongent en deux gouttières convergentes, qui se fusionnent en une gouttière médiane (*Calotes, Draco*); cette gouttière est large et aplatie chez les Varans et les GECKOTIENS; elle est recouverte par deux replis de la peau convergeant vers la ligne médiane, chez les *Chamæleo*. Chez les SERPENTS, les deux canaux nasaux n'étant plus séparés que par une mince cloison, leurs orifices sont très rapprochés et reportés en arrière (fig. 2076 A, *ch*), en raison de l'existence de deux replis latéraux (*rps*) de la muqueuse, replis dirigés vers la ligne médiane, le long de laquelle ils se recouvrent, ébauchant ainsi un *palais*. Une portion de la cavité buccale est ainsi mise peu à peu au service de l'appareil respiratoire. L'espace situé en arrière de l'orifice postérieur des fosses

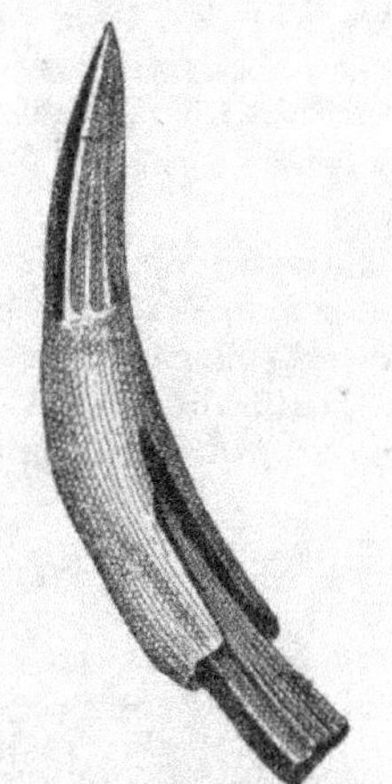

Fig. 2077. — Dent de Crocodile, et sa dent de remplacement, coiffée par elle (emprunté à Pouchet et Beauregard).

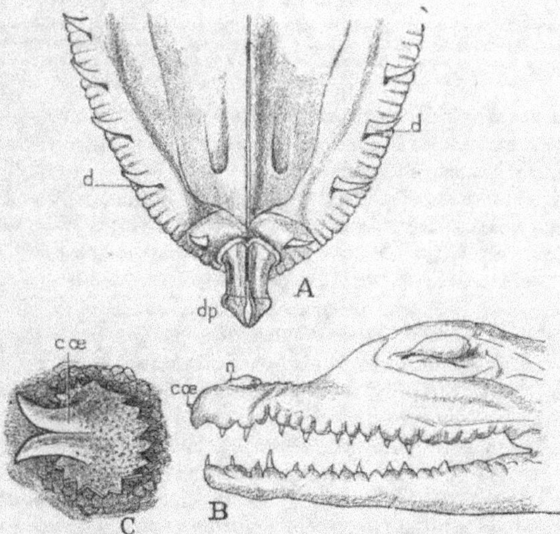

Fig. 2078. — A, Les deux dents provisoires (dents de l'œuf) (*dp*) d'un embryon, près d'éclore, de *Gecko verticillatus*; *d,d*, dents ordinaires. — B, profil de la tête d'un *Crocodilus porosus* montrant la place de la « dent » cornée, *cœ*, servant à rompre la coquille, lors de l'éclosion; *n*, emplacement des narines. — C, la dent cornée plus grossie (*cœ*) (A, d'après Rose; B, et C, d'après Sluiter).

nasales, et dans lequel s'ouvrent les trompes d'Eustache, constitue le *pha-*

rynæ. La cloison naso-buccale est principalemeut composée jusqu'ici de parties molles. Chez les CROCODILES et chez les TORTUES, cette cloison est soutenue par une lame osseuse à la formation de laquelle prennent part les maxillaires, les palatins, les ptérygoïdes; l'orifice des narines est reporté très en arrière (fig. 2049 B).

Langue (fig. 2079). — La langue acquiert chez les Reptiles une indépendance et une mobilité beaucoup plus grandes que chez les Batraciens. Elle présente chez les SAURIENS des différences de forme qui ont été utilisées pour la classification de ces animaux. Chez les GECKOTIENS, les IGUANIENS et les AMPHISBÉNIENS, la langue est courte, peu mobile (fig. 2079 A), assez souvent

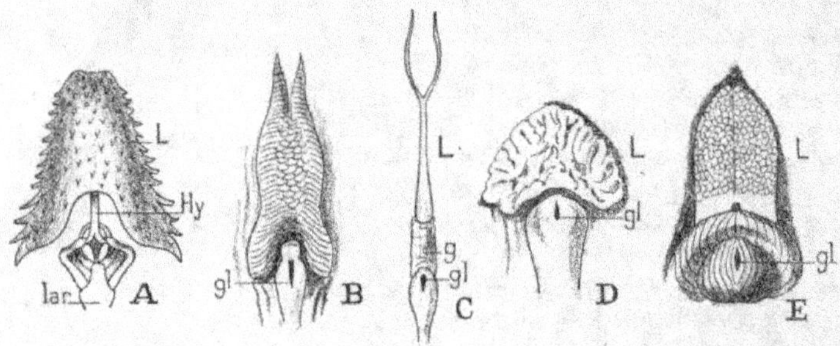

Fig. 2079. — Langues : A, de Gecko (*Phyllodactylus europæus*) (**Crassilingue**), B, chez le Lézard et C, chez le *Varanus indicus* (**Fissilingues**); D, d'*Emys europæa*; E, d'*Alligator* : — *L*, langue; *g*, gaine basilaire; *gl*, glotte; *Hy*, os hyoïde; *lar*, larynx (WIEDERSHEIM).

échancrée en avant et libre sur son bord en arrière (CRASSILINGUES). Elle présente des caractères analogues, mais s'amincit en avant, chez les SCINCOÏDIENS et les CHALCIDIENS (BRÉVILINGUES).

Chez les CAMÉLÉONIENS, elle est au contraire très longue, contenue à sa base dans une gaîne spéciale hors de laquelle elle peut être projetée, son extrémité libre se portant à une distance de 15 à 20 centimètres de l'extrémité du museau. Cette langue se termine par une sorte de tubercule, évasé en entonnoir, recouvert par une muqueuse plissée, sur laquelle des glandes déver-ent une sécrétion visqueuse; elle constitue ainsi un organe de préhension des proies (VERMILINGUES). Chez les FISSILINGUES enfin, la langue est longue, bifide, très protractile; assez large encore chez les *Lacerta* (B), elle devient au contraire très mince chez les Varans (C). Sa base est enfermée dans une gaîne, qui est déjà indiquée chez certains IGUANIDÆ (*Podinema*) par des plis de la muqueuse, en avant de l'orifice laryngien, et qui se montre transitoirement sous cet état chez les embryons de *Lacerta*, mais se développe davantage chez les adultes; cette gaîne atteint son maximum de développement chez les *Varanus* (C). La langue bifide que les *Lacertiens* dardent incessamment hors de leur bouche est surtout un organe de tact.

Elle se présente sous le même aspect long et grêle chez les OPHIDIENS (fig. 2076 A, *L*), tandis que les TORTUES ont une langue courte, large, non exsertile (fig. 2079 D) et que, chez les Crocodiles, cet organe forme sur le plancher buccal une saillie très musculaire fixée sur tout son pourtour et totalement immobile (E). En pénétrant dans cette langue, le muscle hyoglosse se divise en nombreux faisceaux divergents, qui s'entrecroisent avec leurs symétriques et vont se fixer au bord de la langue opposé au côté d'où ils sont partis. Chez les autres Reptiles, on retrouve, mais avec une grande variété de dispositions, les muscles hyoglosses et génioglosses déjà signalés chez les Batraciens.

De très nombreuses glandes, isolées ou diversement groupées, viennent s'ouvrir à la surface de la langue ; elles forment chez les *Chamæleo* une assise régulière, analogue à celle des *Salamandra*, mais ailleurs, elles présentent une grande variété de dispositions, en partie liées aux autres particularités de la surface de la muqueuse. Des papilles aplaties et des plis transversaux se remarquent à la surface de la langue chez de nombreux Sauriens ; ces papilles deviennent de véritables écailles chez les Chalcididæ et beaucoup de Scincoïdæ, tandis que les pointes terminales de la langue deviennent cornées chez de nombreux Sauriens (*Varanus*) et chez les Serpents. Par sa position dans la cavité buccale, la langue est disposée de façon à fermer quand il est utile les orifices de communications des fosses nasales avec la bouche et d'assurer ainsi le passage direct de l'air de la cavité olfactive dans le larynx.

Glandes buccales. — Au-dessous de la langue, l'épithélium de la muqueuse donne naissance à des tubes glandulaires ramifiés, se répétant sur une étendue de surface variable, et qui constituent des *glandes sublinguales* ; elles s'ouvrent, chez les Serpents, à l'orifice de la gaine linguale, dont la paroi inférieure contient un second appareil glandulaire.

Les glandes intermaxillaires des Batraciens sont représentées par des *glandes palatines*, tantôt paires, tantôt impaires, qui sont développées au minimum chez les Amphisbænidæ, au maximum chez le *Chamæleo*. Sauf chez les Chéloniens et les Crocodiliens, ces *glandes labiales*, qui semblent correspondre aux dents, se développent dans la muqueuse du côté externe des deux mâchoires ; celles qui longent la mandibule persistent seules, en général, chez les Sauriens. Elles existent cependant aux deux mâchoires chez quelques-uns, et notamment chez les Caméléons, où le groupe antérieur de la glande labiale supérieure prend un développement particulier. Les deux sortes de glandes sont, au contraire, bien développées chez les Serpents (fig. 2080 et 2081), où la première et la dernière des glandes labiales supérieures ont souvent une couleur et une structure particulières. C'est la dernière de ces glandes, située derrière l'orbite (*Vipera berus*) qui devient la *glande à venin* des Serpents (fig. 2081, *gv*).

La glande venimeuse, ou *glande parotide*, s'oppose ainsi à l'ensemble des autres glandes labiales (*gls*), placées en dedans et en avant d'elles, et que Mme Marie Phisalix réunit sous le nom commun de *glande labiale supérieure*. Tandis que cette dernière est formée d'une série de petits acini, la glande venimeuse est formée de tubes cylindriques, accolés, au nombre de 5 ou 6 chez la *Vipera aspis*, de 4 chez le *Causus rhombatus*, un seul chez

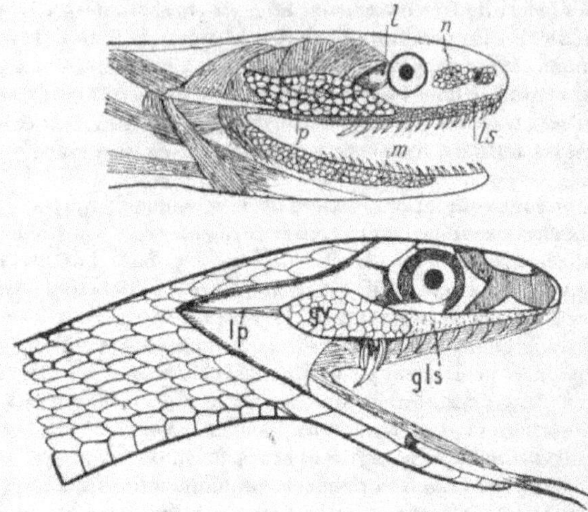

Fig. 2080. — Glandes labiales des Serpents : A, *Tropidonotus natrix*; B, *Cælopeltis monspessulanus* ; *p*, glande parotide (= glande venimeuse); *gls. ls*, glande labiale supérieure; *m*, glande mandibulaire (= glande labiale inférieure) *l*, glande lacrymale; *lp*, ligament postérieur (Marie Phisalix).

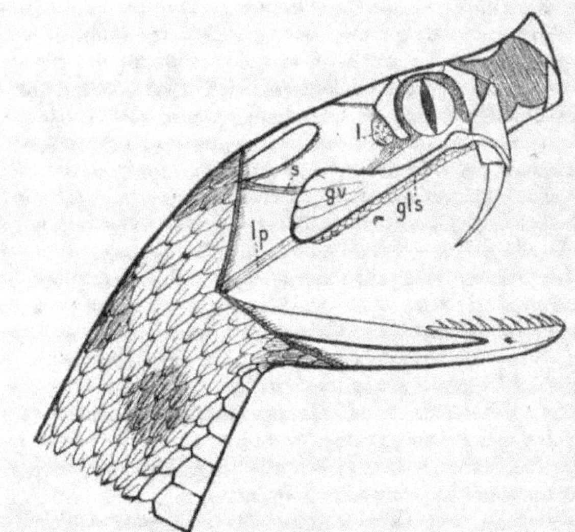

Fig. 2081. — Appareil glandulaire de la bouche de *Vipera aspis* : lettres de la fig. 2080.

Doliophis intestinalis. Chacun de ces tubes est lui-même subdivisé en lobules.

La glande venimeuse existe chez beaucoup de Colubridés Aglyphes (fig. 2080 A, *p*), mais elle n'est pas générale dans ce groupe : les *Coluber helena* et *Æsculapii*, par exemple, en sont dépourvus ; là où elle existe, sa salive est très venimeuse, mais l'animal n'a pas de dents propres à l'inoculer, d'où son innocuité. Elle est au contraire générale chez les Opisthoglyphes (B), où elle vient déboucher à l'arrière de la bouche, au niveau des crochets, par un canal très court, qui s'ouvre dans une gaîne entourant ces derniers. Chez les Protéroglyphes et les Vipéridés, le canal excréteur s'allonge pour aller s'ouvrir en avant, et il présente, chez ces derniers, près de sa terminaison, un léger renflement qui est, en réalité, une nouvelle glande très venimeuse (fig. 2081).

Chez beaucoup d'espèces de *Callophis*, les tubes glandulaires s'étendent sur une partie du tronc et jusque dans la cavité générale.

La glande venimeuse est couverte par une aponévrose du muscle temporal, tandis qu'elle est délimitée, en dessous et partiellement en dedans, par le masséter, de telle façon que la contraction de ces muscles contribue à l'expulsion du venin.

Parmi les SAURIENS, les *Heloderma* ont aussi une glande à venin, mais, contrairement à ce qui a lieu chez les Serpents, elle est située sur la lèvre inférieure. Les Caméléons et les Geckos ont des *glandes palatines* latérales ; les autres Sauriens, des glandes palatines médianes. On observe des *glandes sublinguales* tubuleuses, tantôt disséminées (*Chamæleo*), tantôt réunies en une seule masse (AMPHISBÆNIDÆ). Ces glandes se retrouvent chez les Tortues terrestres ; elles sont très développées chez les Serpents.

Tube digestif. — Parmi les SAURIENS, l'œsophage est long, à parois minces, mais très extensibles chez les GECKOTIENS, la plupart des BRÉVILINGUES (*Gongylus*, *Seps*), les Lézards ; il est même sinueux chez les *Anguis* et les AMPHISBÆNIDÆ, et conduit dans un estomac couché vers la gauche, comme chez les Anoures ; une valvule pylorique en forme de papille le sépare de l'intestin. L'œsophage des Caméléons et des Agames est très large et conduit chez ces derniers à un estomac très volumineux, séparé de l'intestin moyen par une forte valvule pylorique.

L'intestin moyen présente un certain nombre de circonvolutions serrées les unes contre les autres et qui ne s'écartent quelque peu que chez les Orvets (*Anguis*) ; ces circonvolutions disparaissent chez les AMPHISBÆNIDÆ (fig. 2082 A), dont le corps est très allongé. L'intestin terminal est large, rectiligne, et présente un cæcum, encore peu accusé chez les *Lacerta*, très net chez les *Gecko* et les *Seps*.

L'œsophage des OPHIDIENS, particulièrement long et dilatable, conduit dans un long et large estomac, dont il est nettement séparé et qui s'étend en ligne droite, dans l'axe du tronc jusqu'à l'intestin moyen, à l'entrée duquel existe une valvule annulaire. Comme chez les AMPHISBÆNIDÆ, l'allongement du tronc correspond à une absence complète de circonvolutions de l'intestin, qui est simplement un peu sinueux. Dans les deux types, l'intestin est souvent revêtu d'un corps graisseux, lobé, de couleur jaune.

Le rectum des *Amphisbæna* présente du côté dorsal un appendice cæcal (fig. 2082 A, *Cæ*), dont l'homologie avec le cæcum des autres Lacertiens n'est pas certaine.

Chez les Tortues, l'œsophage est assez long, plus ou moins nettement

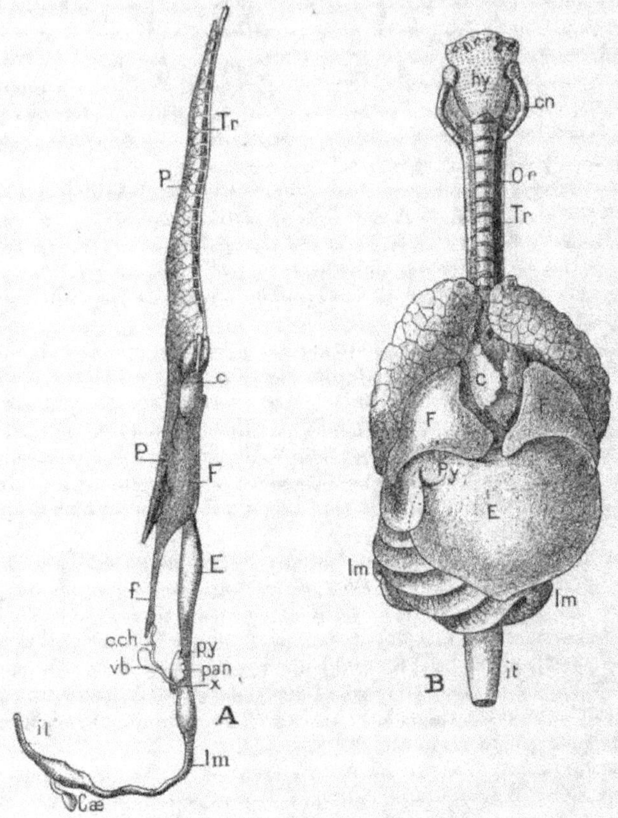

Fig. 2082. — Appareil digestif et viscères voisins : — A, chez l'*Amphisbæna fuliginosa*. — B, chez l'*Alligator* : — *hy*, hyoïde; *cn*, ses cornes postérieures; *Tr*, trachée-artère; *P*, poumons; *C*, cœur; *Œ*, œsophage; *E*, estomac; *Py*, sac pylorique; *F*, foie; *f*, son prolongement postérieur grêle; *c.ch*, canal cholédoque, débouchant en *x* dans l'intestin; *vb*, vésicule biliaire; *pan*, pancréas; *Im*, intestin moyen; *Cæ*, cæcum; *it*, intestin terminal (Wiedersheim).

séparé de l'estomac et généralement rectiligne; toutefois, chez le *Sphargis coriacea*, il se dirige vers le haut, puis se recourbe en avant, pour rejoindre l'estomac; sa paroi interne est armée de longues papilles cornées, dirigées vers l'estomac et que l'on retrouve même dans cet organe. L'estomac forme en général une anse située dans la moitié gauche du corps ainsi qu'on le voit chez les Batraciens Anoures; il n'existe pas toujours de valvule pylorique. Le raccourcissement du corps coïncide avec l'apparition de nombreuses circonvolutions de l'intestin, qui est très long ; ces circonvolutions sont dirigées transversalement.

L'œsophage, large et allongé, des Crocodiles (fig. 2082 B) se rétrécit d'ordinaire avant d'arriver à l'estomac. L'intestin moyen prend naissance latéralement de la région antérieure de ce dernier, de sorte que le cardia et le pylore sont rapprochés l'un de l'autre et qu'une vaste poche stomacale arrondie (*Crocodilus*) ou ovale (*Alligator*), aplatie dans le sens dorsoventral, s'étend en arrière du pylore. Cette poche présente à gauche sa plus forte convexité. Sur les parois dorsale et ventrale, on observe un disque aponévrotique, autour duquel rayonnent les fibres musculaires. Dans la région du pylore, une petite poche arrondie constitue un *estomac accessoire* (*Py*), séparé de l'estomac principal par une gouttière annulaire, plus marquée chez les *Crocodilus* et les *Ramphostoma* que chez les *Alligator*. Il existe toujours une valvule pylorique annulaire. L'intestin moyen (*Im*) décrit un grand nombre de circonvolutions très serrées en une sorte de peloton situé en grande partie à droite et au-dessus de l'estomac.

L'intestin aboutit chez tous les Reptiles à un cloaque incliné vers le dos et dans lequel sont placées les papilles uro-génitales. A sa naissance vient également s'ouvrir, chez les Lacertiliens et les Chéloniens, une vessie urinaire. Un peu plus bas s'ouvrent, chez les Tortues, deux poches symétriques, à parois fortement musculaires et intérieurement couvertes par un épithélium cylindrique stratifié. Ces poches, dont la nature et les fonctions sont inconnues, existent dans les deux sexes, sauf chez les *Trionyx*; elles sont très développées chez les Emydæ.

Le pharynx des Reptiles est couvert par un épithélium pavimenteux stratifié, qui devient cylindrique et vibratile dans l'œsophage, où il se mélange, chez les Crocodiles, de cellules caliciformes. Les glandes œsophagiennes manquent chez les Lézards et les Crocodiles et divers autres Reptiles ; elles existent cependant chez diverses Tortues (*Testudo*, *Chelys*).

L'épithélium cesse d'être vibratile dans l'estomac, dont la paroi présente de nombreuses glandes, rappelant les glandes à présure des Mammifères ; elles ont la forme de sacs (*Lacerta*) ou de tubes, qui peuvent être bifurqués à leur extrémité (Tortues), isolés ou disposés par groupes (Crocodiles). Chaque glande s'ouvre au sommet d'une petite papille et ces papilles donnent à la muqueuse stomacale un aspect velouté. A la partie postérieure de l'estomac, les glandes muqueuses se mélangent aux glandes à présure.

Toutes ces glandes disparaissent dans l'intestin (Sauriens, Crocodiliens), sauf dans l'intestin terminal de certaines Tortues (*Trionyx*, *Chelys*).

La surface interne de l'intestin moyen des Caméléons et des Amphisbéniens présente un revêtement très développé de papilles résistantes, aplaties, imbriquées les unes sur les autres.

Foie et pancréas. — Le foie des Reptiles est, en général, un peu moins développé proportionnellement que celui des Batraciens, dont il conserve la forme bilobée. Sa forme est aussi naturellement influencée par celle du corps. Chez les Tortues, dont le corps est très ramassé, il est très large et ses deux lobes embrassent étroitement le cœur, qu'ils peuvent dépasser en avant, comme chez les Anoures; ils remontent du côté dorsal, où un pont de substance hépatique les unit l'un à l'autre. Il en est de même chez les Crocodiles (fig. 2082 B, F), dont le foie est cependant relativement plus petit, embrasse moins étroitement le cœur et s'étend moins loin en avant.

Dans les deux types, la vésicule du fiel dépend du lobe droit, dans lequel elle est souvent enfouie. Le canal hépatique est généralement simple

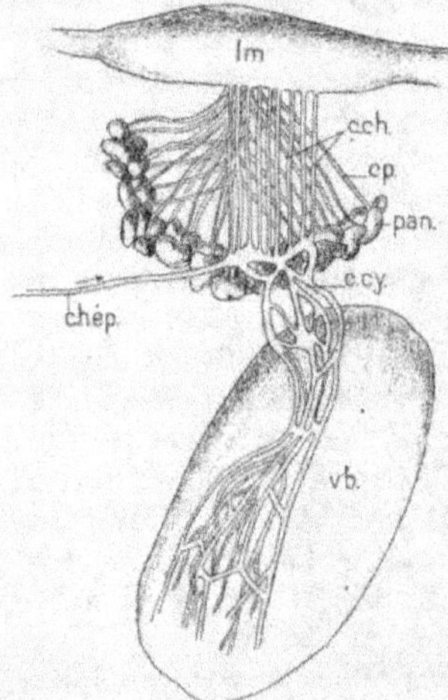

Fig. 2083. — Canaux biliaires et pancréatiques chez le *Python bivittatus*: — *chép*, canal hépatique; *c.cy*, réseau des canaux cystiques; *cch*, canaux cholédoques; *pan*, pancréas; *cp*, canaux pancréatiques; *lm*, intestin moyen (Poelmann).

chez les Crocodiliens, mais il peut se dédoubler ou même se quadrupler, variations qui sont, au moins en partie, individuelles. En même temps que le corps, le foie s'allonge chez les Sauriens; il s'élargit d'avant en arrière, surtout entre la pointe du cœur et la courbure de l'intestin terminal, et il recouvre une plus ou moins grande partie de l'estomac. Son bord postérieur est plus ou moins lobé et la vésicule biliaire est toujours apparente. La veine cave inférieure court le long du bord antérieur de la glande.

Le foie atteint enfin son maximum de longueur relative chez les Sauriens apodes, les Amphisbænidæ (fig. 2082 A, F) et les Ophidiens. Dans ces deux derniers groupes, le foie est particulièrement allongé et réduit au lobe droit; son bord postérieur est encore lobé chez les Amphisbænidæ; il est, au contraire à peu près continu chez les Ophidiens. Dans le premier groupe, il s'allonge en arrière en une sorte de pointe, qui s'enroule en hélice avec la veine cave postérieure et d'où part le *canal hépatique*, qui va se jeter dans la vésicule biliaire située notablement plus bas et tout à fait en dehors du foie. On retrouve, chez les Ophidiens, le même éloignement de la vésicule biliaire et de l'extrémité postérieure du foie; de même aussi le canal hépatique et le canal cystique se joignent l'un à l'autre. Ces deux canaux sont simples dans beaucoup de Serpents non venimeux. Dans la Couleuvre à collier, le long canal hépatique communique, tout près de son extrémité, avec le canal cystique, et le canal cholédoque est très court. Au contraire, chez les Sauriens, chez les Serpents venimeux et aussi chez les Pythons, le canal cystique rappelle, par ses anastomoses nombreuses, la disposition qui a été décrite chez les Anoures, p. 2781. Le canal cholédoque est lui-même représenté par toute une série de petits canaux parallèles, partant d'une sorte de réservoir transversal commun aux trois systèmes des canaux hépatique, cholédoque, cystique (fig. 2083).

Le *pancréas* se trouve toujours dans l'anse du duodénum chez les Reptiles. Chez les Sauriens, il présente une branche latérale transversale, qui va se souder à la rate; cette soudure fait défaut chez l'Orvet; il est plus gros chez les Tortues carnivores que chez les herbivores. Il possède souvent plusieurs canaux excréteurs (Emydæ, Crocodilidæ); mais ceux-ci sont particulièrement nombreux chez les Serpents (fig. 2083, *cp*).

Appareil respiratoire. *Voies aériennes*. — Les Reptiles sont devenus complètement aériens. Si, au cours de leur développement embryogénique dans un œuf toujours pondu à l'air libre, il se développe encore des fentes branchiales, désormais sans usage, ces organes ont toujours disparu bien avant la naissance, et l'animal ne respire jamais qu'à l'aide de poumons. A ceux-ci conduit une trachée-artère, précédée d'un larynx. Le larynx forme, dans l'arrière-bouche, une saillie, qui s'avance assez loin en avant chez les Lacertiens et surtout chez les Serpents; il est en rapport avec l'os hyoïde. Il est essentiellement formé par un *cartilage cricoïde*, qui tire son nom de sa forme plus ou moins complètement annulaire, et qui se présente sous des états très variés de différenciation. Chez beaucoup de Sauriens et de Serpents, il est simplement constitué, soit par la partie antérieure, peu différenciée, du squelette de la trachée-artère, soit par la fusion partielle de plusieurs anneaux; il se développe davantage chez les Crocodiles, où il demeure ouvert en arrière, l'intervalle qui sépare ses deux extrémités étant en partie rempli par une pièce cartilagineuse distincte. Le cartilage cricoïde est très développé chez les Caméléons où il forme une sorte de poche ovoïde fendue en arrière du côté dorsal, et se prolongeant en pointe en avant du côté ventral. Il porte, chez divers Serpents (*Dipsas, Hydrophis, Psammophis*, etc.), deux prolongements antérieurs, les *processus aryténoïdiens*. Ces processus sont isolés chez les *Python*, et constituent les *cartilages aryténoïdes*, que l'on retrouve bien séparés chez tous les autres Reptiles; ils sont en forme d'arc chez les Crocodiles et les Tortues, où il existe en outre un *procricoïde*; on observe aussi, chez certains Serpents, un prolongement antérieur du larynx, le *processus épiglottique*.

Des replis de la muqueuse situés vers la base des cartilages aryténoïdes et dirigés dorso-ventralement réalisent, chez les Caméléons et surtout les Geckos, des *cordes vocales*, qui existent aussi chez les Crocodiles. Ces animaux ont d'ailleurs une véritable voix, qui se traduit, chez les Geckos, par un cri aigu analogue à celui des Souris, par une sorte de beuglement chez les Crocodiles.

Un *muscle constricteur (sphincter du larynx)*, divisé, chez les Crocodiles, en deux moitiés par un raphé antérieur et un raphé postérieur, entoure le cartilage aryténoïde; là seulement lui sont superposés deux *dilatateurs* symétriques, qui se dirigent, d'arrière en avant, du cricoïde vers les aryténoïdes et la muqueuse de la glotte. Le constricteur s'étend, chez les Tortues, jusqu'à l'os hyoïde; il en est de même pour les dilatateurs, chez les Crocodiles, de sorte que la musculature du larynx constitue en partie un appareil de fixation du larynx à l'hyoïde.

A la jonction du larynx avec la trachée-artère, qui forment entre eux un angle à sommet ventral, se développe extérieurement, du côté ventral, chez les Caméléons, une poche dont la paroi interne est formée par la muqueuse, la paroi externe par un tissu fibreux; ce sac s'ouvre dans le larynx par un orifice en forme de croissant, pourvu d'un appareil cartilagineux constitué par deux expansions issues du cartilage cricoïde, et recouvertes intérieurement par la muqueuse, extérieurement par une sorte de mésentère qui les relie aux parois du sac. Si le sac est rempli d'air, les deux languettes cartilagineuses sont écartées l'une de l'autre et l'orifice de communication avec le larynx est maintenu béant; si, par la contraction brusque des muscles du cou, l'air est chassé, les deux languettes se rapprochent par leur propre élasticité, ce qui amène l'occlusion de l'orifice. La gorge du Caméléon peut ainsi se gonfler de façon à donner à l'animal un aspect singulier (fig. 2084), qu'accentue encore l'existence de deux autres sacs, également extensibles, mais proéminant sur la face dorsale du cou et communiquant indirectement avec le pharynx, par l'intermédiaire des cavités tympaniques et des trompes d'Eustache.

La trachée-artère est encore courte chez les Crocodiliens et la plupart des Sauriens; elle s'allonge notablement chez les *Hydrosaurus* et atteint son maximum de longueur, en même temps qu'elle est très étroite, chez les Amphisbéniens; elle s'étend sur près des deux tiers de la longueur du poumon avec lequel elle communique latéralement par de nombreux orifices (fig. 2082 A, *Tr*).

La trachée-artère du *Sphenodon (Hatteria)* pénètre directement dans une sorte de pont qui unit antérieurement les deux poumons (fig. 2086 A); là elle se divise en deux courtes bronches, une pour chaque poumon: chez les autres Reptiles, où les poumons sont bien séparés, il existe deux bronches bien nettes; elles sont courtes chez la plupart des Sauriens, à l'exception des *Monitor* et chez les Serpents; mais elles sont chez ces derniers modifiées par l'avortement plus ou moins complet de l'un des poumons.

Les bronches sont plus longues chez les Tortues; avant sa division en bronches, la trachée-artère de *Sphargis* est incomplètement divisée par une cloison verticale, qui semble préparer sa division relativement rapide en deux bronches, assez allongées chez les *Testudo*. La trachée présente une courbure verticale, à concavité antérieure, chez le *Crocodilus acutus*; elle se recourbe de même, ainsi que les bronches, chez les *Cinyxis*; en outre, elle s'élargit chez le *C. homeana*. Les bronches se terminent à leur entrée dans les poumons chez la plupart des Lacertiens et chez les Serpents. Chez les Tortues, elles se prolongent à l'intérieur du poumon, sous forme d'un étroit canal percé latéralement de nombreux orifices (Voir plus loin).

La trachée-artère et les bronches sont maintenues béantes par des anneaux cartilagineux plus ou moins complets, développés dans l'épaisseur de leur paroi. Les anneaux antérieurs sont ouverts du côté dorsal, les anneaux suivants sont fermés jusqu'au voisinage du poumon, chez le *Sphenodon*, où la trachée va en se rétrécissant. Les anneaux présentent les mêmes par-

Fig. 2044. — Tête de *Chamæleo gracilis*, avec les sacs cervicaux gonflés : — *a*, sac inférieur, en communication avec le larynx ; *b,b'*, les sacs latéraux supérieurs, communiquant avec le pharynx, mais par l'intermédiaire des cavités tympaniques et des trompes d'Eustache (Tornier).

ticularités chez les Caméléoniens et chez les Crocodiliens, où ceux des bronches sont fermés comme ceux de la trachée, auxquels ils font suite ; ils sont fermés sur presque toute la longueur de la trachée chez le plus grand nombre des Sauriens ; au contraire, ils sont incomplets à son extrémité postérieure chez beaucoup de Geckotiens et chez les Ophidiens. Chez beaucoup de Serpents, un plus ou moins grand nombre d'anneaux se soudent latéralement, de manière à former, de chaque côté de la trachée une bandelette cartilagineuse.

Poumons (1). — Les poumons des Reptiles, dans leur état le plus simple, tels qu'on les observe, par exemple, chez l'*Hatteria*, ressemblent beaucoup à ceux des Batraciens. Ce sont encore de simples sacs membraneux (fig. 2086, A), ovoïdes, et présentant intérieurement un système de replis légèrement saillants, anastomosés en réseau ; les bronches ne se rattachent pas au sommet antérieur de ce sac, mais viennent s'insérer en dedans et au-dessous, laissant à la partie antérieure un lobe membraneux, assez court

(1) Milani A., *Beiträge zur Kenntniss der Reptilienlunge*, Zool. Jahrbb. Abth. f. Anat. u. Ontogenie, t. VII et X, 1894 et 1897.

chez l'*Hatteria*, mais qui pourra s'étendre plus ou moins dans les autres
formes ; cette disposition, qui commence seulement à être indiquée chez
les Batraciens (*Bufo vulgaris*), va désormais devenir générale ; le point
d'insertion de la bronche sera aussi le point de pénétration des vaisseaux
dans le poumon et constituera le *hile*. Par leur face dorsale, les poumons
sont d'ordinaire en contact immédiat, sur une partie de leur étendue, avec
la paroi correspondante de la cavité générale, de sorte qu'ils ne sont que

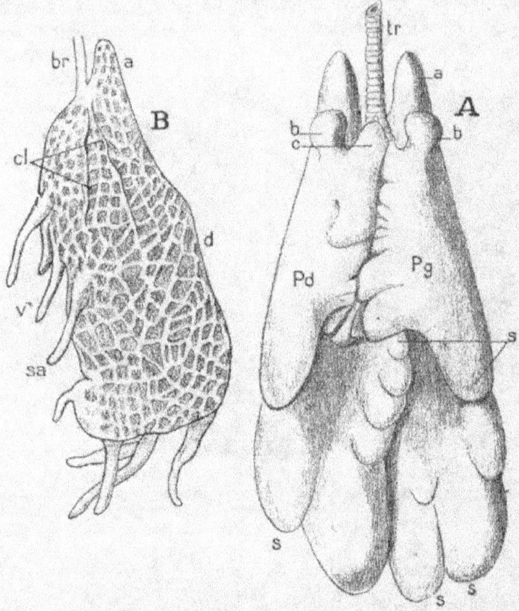

Fig. 2085. — Poumons de Sauriens, vus par leur surface externe : A, de *Chamæleo brasiliensis* ; *br*, bronche ; *cl*, les deux cloisons partant en face de l'orifice bronchique et déterminant trois cavités dans la région proximale du poumon ; *a*, lobe antérieur ; *sa*, sacs aériens ; *d*, *v*, faces dorsale et ventrale. — B, de l'*Varanus bengalensis* ; *Pd*, *Pg*, les deux poumons, étroitement appliqués l'un contre l'autre et présentant chacun une série de boursouflures *s*,*s*, correspondant aux chambres internes (voir fig. 2086 D) : *tr*, trachée-artère et bronches ; celles-ci s'ouvrent sur la face ventrale de chaque poumon, un peu en avant de son milieu ; *a*, prolongement antérieur, logé entre le coracoïde et la clavicule ; *b*, les deux sacs antérieurs ; *c*, sac asymétrique du poumon droit (A, d'après Schimkewitsch ; B, d'après Milani).

partiellement enveloppés par la séreuse, qui ne s'étend pas sur la surface
de contact ; le revêtement séreux est limité à leur face ventrale chez les
Varanus, il recouvre au contraire tout le poumon chez les Crocodiles, où il
existe même une cavité pleurale ; c'est le seul exemple parmi les Reptiles
d'une disposition qui sera générale chez les Mammifères.

La forme des poumons peut présenter quelques particularités importantes.
Ils se découpent sur leurs bords interne et ventral, chez les Caméléons, en
longs appendices grêles, sacciformes (fig. 2085 A), dont le nombre et la
forme varient d'une espèce à l'autre, et souvent parmi les individus d'une
même espèce. On trouve ainsi, chez les Reptiles, l'origine d'une disposition

qui se généralisera, en même temps qu'elle se régularisera, chez les Oiseaux, dont les *sacs aériens*, dépendant des poumons, sont en nombre constant. Les poumons des Varans et des *Salvator* ou *Tejus* (fig. 2082 B) sont encore plus remarquables à cet égard que ceux des Caméléons; sur toute leur surface se développent de gros sacs ovoïdes, membraneux, à paroi interne réticulée, qui leur donnent l'apparence de glandes en grappe.

L'allongement du corps, qu'on observe déjà chez divers Sauriens (Scincoïdiens, Chalcidiens, Amphisbéniens) et qui devient général chez les Ophidiens, entraîne, relativement aux poumons, les conséquences que nous avons déjà constatées chez les Batraciens Vermiformes. L'un des poumons, généralement le droit, s'allonge beaucoup, tandis que l'autre s'atrophie peu à peu et finit par disparaître. La disproportion entre les deux poumons peut être d'ailleurs très inégale dans un même groupe. Les deux poumons existent encore chez les Serpents Péropodes, et il n'y a pas entre eux une très grande différence chez les *Boa*; la différence est au contraire très accusée chez les *Python*. On trouve encore un poumon gauche très réduit chez les *Coluber variabilis*, *Crepidonotus*, *Trigonocephalus*, *Crotalus*, etc.; ce rudiment de poumon disparaît lui-même complètement chez les *Acrochordus*, *Hydrophis*, *Vipera* et chez les *Typhlops*, où le poumon unique est rétréci dans la région moyenne. En même temps que le poumon droit, s'allonge la trachée-artère, dont l'extrémité, bien que reportée très en arrière, continue à porter le rudiment restant du poumon gauche (*Crotalus*), tandis que la partie du poumon droit prolongée en avant de son extrémité postérieure s'accole étroitement à elle (*Typhlops*). Ce poumon s'étend jusqu'au tiers moyen ou au tiers postérieur du corps chez les Amphisbéniens, jusqu'à l'anus chez les *Acrochordus*. L'allongement du poumon n'entraîne pas une augmentation de sa puissance respiratoire aussi grande qu'il semblerait au premier abord; la structure alvéolaire de sa paroi interne, plus ou moins développée dans la région antérieure, se transforme dans la région postérieure; elle fait place, par exemple, à un cloisonnement transversal incomplet chez les *Typhlops*; ou bien elle s'efface peu à peu, si bien que la paroi interne devient lisse dans la région postérieure de ces poumons. La région alvéolaire correspond chez les Serpents au prolongement de la trachée, la région qui suit est transformée en un simple sac, sur lequel ne s'étendent même plus les vaisseaux pulmonaires et qui ne peut servir, en conséquence, que de réservoir d'air. La nutrition de ce réservoir est assurée, comme celle des sacs des Caméléons, par les vaisseaux de la circulation générale.

La structure alvéolaire des parois internes des sacs pulmonaires se complique peu à peu chez les Sauriens, et arrive finalement à se rapprocher, chez les Tortues marines et les Crocodiles, par exemple, de la structure du poumon des Oiseaux. Une saillie plus considérable de certains des replis qui délimitent les alvéoles pulmonaires détermine déjà la formation d'un certain nombre de chambres périphériques, présentant un arrangement défini chez les Geckotiens et les Lacertiens (fig. 2086 B) : ces chambres forment une rangée latérale longitudinale, le long de la face dorsale du poumon chez les *Lacerta*; les parois saillantes de ces chambres, découpées elles-mêmes en alvéoles, dirigées normalement à la paroi chez les *Lacerta*, s'orientent chez les *Calotes*, en convergeant vers l'orifice bronchique de chaque poumon, et cette orientation prépare la formation de voies aériennes qui apparaîtront, lorsque la complication sera poussée assez loin, comme des prolongements plus ou moins ramifiés de la courte bronche primitive. Quelquefois même, certains replis s'allongent, de manière à découper la cavité du poumon en cavités secondaires distinctes : une cloison oblique, allant de bas en haut et de dehors en dedans jusqu'à l'orifice de la bronche, divise ainsi complètement en deux parties le poumon des *Stellio* et des *Iguana* (fig. 2086 D). Chez ces derniers, la bronche arrive dans la chambre antérieure, mais tout contre la cloison de séparation, et celle-ci est percée, à peu de distance de l'orifice bronchique, d'un orifice de communication ; on pourrait presque dire que les deux chambres communiquent chacune directement avec la bronche ; on trouve même une indication de la division de la chambre inférieure et interne en trois autres, par des cloisons incomplètes partant de la région externe de sa paroi. Dans le poumon du *Caméléon* (fig. 2086 A), deux cloisons se dirigent ainsi vers l'orifice de la bronche, et celle-ci, en définitive, s'ouvre par trois orifices dans les trois chambres distinctes qu'elles délimitent ; seulement, ces trois chambres communiquent largement entre elles dans la région postérieure des poumons (1). Le plus souvent, tandis que les alvéoles de la région des poumons voisine des bronches se compliquent, les alvéoles de la région opposée s'élargissent, s'effacent peu à peu et le poumon se termine par une région lisse intérieurement, qui n'est plus utilisée par la respiration et ne sert plus que de réservoir d'air, comme pour le poumon unique des Serpents.

Les poumons acquièrent chez les Varans (fig. 2086 D) la plus grande complication qu'ils présentent chez les Sauriens. Une assez longue bronche pénètre dans chaque poumon à une distance notable de son extrémité antérieure ; elle donne naissance à des canaux, véritables bronches secondaires, tous très courts, se continuant par des sacs à parois *alvéolées* qui divergent vers la paroi externe des poumons. Les plus importants d'entre eux sont disposés de manière particulièrement régulière sur les côtés latéral et médian de la bronche, au nombre de 5 ou 6, de 9 chez le *Varanus varius*. Chacun d'eux se recourbe en arc parallèlement aux faces du poumon et vient se terminer en cul-de-sac du côté ventral. De nombreux orifices de la paroi de ce sac, disposés en rangées longitudinales sur les plus étroits d'entre eux, conduisent dans des chambres plus petites à parois alvéolées. Le premier canal secondaire dorsal va se ramifier dans la pointe antérieure du poumon, tandis que la bronche primaire aboutit à un vaste sac terminal.

Cette disposition s'accentue chez les Crocodiles (fig. 2086 F, F'). Chaque bronche pénètre également ici dans le poumon vers le milieu de son bord interne ; elle s'élargit en y pénétrant et s'y continue, en conservant ses anneaux cartilagineux, sur une longueur relativement faible ; elle présente sur ce trajet un certain nombre d'orifices d'inégal diamètre, disposés en

(1) WIEDERSHEIM R. *Das Respirationsystem der Chamæleoniden*, Ber. Naturforsch. Gesell in Freiburg im Brisgau, t. I, 1886.

rangées longitudinales et conduisant dans autant de chambres pulmonaires,

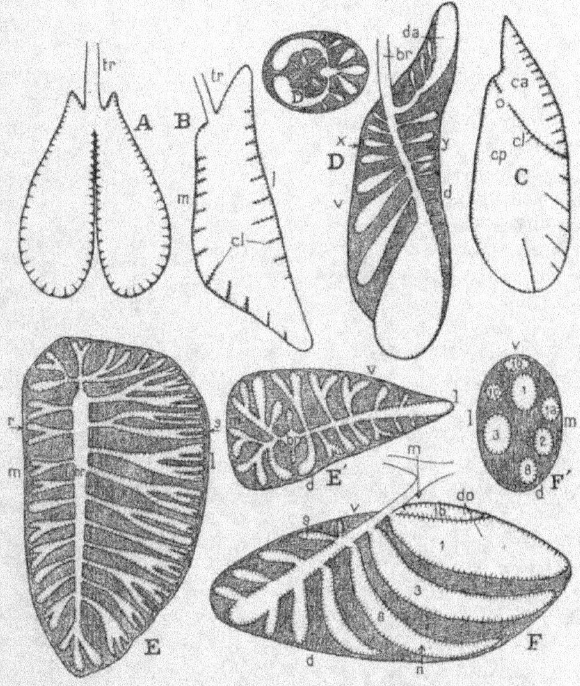

Fig. 2086. — Schémas montrant la constitution intérieure des poumons de divers Reptiles : — A, *Sphenodon punctatus*. La trachée-artère, *tr*, arrive sans se diviser jusqu'aux poumons et conduit à la fois dans l'un et dans l'autre; la paroi, très mince, est entièrement couverte intérieurement de plis bas, limitant des alvéoles. — B, *Calotes* : Pas de bronches véritables; la trachée-artère arrive au poumon à quelque distance du sommet antérieur; la paroi du poumon porte des cloisons lamelleuses, *cl*, qui s'avancent dans la cavité en se dirigeant vers l'entrée de la trachée; toute la surface interne est couverte d'alvéoles. — C, *Iguana* : Une cloison oblique, *cl*, divise entièrement le poumon en deux chambres, *ca*, *cp*, communiquant entre elles par un orifice *o*; la bronche arrive dans la chambre antérieure tout contre la cloison et à peu de distance de l'orifice *o*, amenant l'air simultanément dans les deux chambres. — D, *Varanus* : La bronche se prolonge obliquement dans le poumon, en se réduisant à une gouttière où se continuent des demi-anneaux cartilagineux, et se prolonge elle-même par un canal sans cartilages et à parois alvéolaires; cette voie centrale communique, par des orifices assez réguliers, avec des tubes, se terminant en sacs claviformes assez vastes; ceux-ci présentent de larges alvéoles et communiquent d'autre part avec le tissu spongieux du poumon (représenté en grisé). — D', coupe du même poumon suivant *xy*. — E, *Thalassochelys caretta* : La bronche se prolonge longuement dans le poumon, en conservant des arceaux cartilagineux très serrés, jusqu'au voisinage de son extrémité. Elle présente, sur son trajet, une soixantaine d'orifices conduisant dans des sacs, les uns médians, les autres latéraux; onze sur chaque face sont particulièrement larges et conduisent dans autant de sacs se dirigeant vers la surface, contre laquelle ils se terminent en cul-de-sac; entre les sacs se trouve un tissu spongieux, à mailles nombreuses et serrées; les sacs primaires ont partout une longueur assez faible, mais ils se ramifient en des branches également tubulaires. — E', Coupe transversale du poumon de *Thalassochelys* suivant *st*. — F, *Alligator mississipiensis* : La bronche pénètre dans le poumon sur la face ventrale très en arrière, mais elle y fait un assez court trajet, et, après avoir donné neuf sacs latéraux, elle se continue directement par un autre sac, qui donne, lui aussi, des sacs latéraux semblables aux premiers, et ne diffère de la bronche que par l'absence d'arceaux cartilagineux, et la présence d'alvéoles sur sa paroi. Le sac antérieur, *1*, est beaucoup plus spacieux que les autres, et se subdivise en chambres *1a-1c*, séparées par de minces cloisons. — F', Coupe du poumon d'*Alligator* suivant *mn*. — *o*, *d*, *l*, *m*, côtés ventral, dorsal, latéral, medial.

séparées les unes des autres et dont les parois sont découpées en alvéoles. La bronche perd ensuite ses cartilages, et se continue par un tube alvéolé jusqu'à l'extrémité postérieure du poumon, en donnant des branches allongées, elles aussi à parois alvéolées, qui se ramifient vers la surface, les unes médialement, les autres latéralement ; elles conduisent à des chambres également alvéolées, dont le nombre varie de 7 (*Alligator*, *Sclerops*) à 9 (*Gavialis*) et peut s'élever à 11 ou 13. La première des chambres s'étendant depuis le hile jusqu'au sommet antérieur du poumon, est beaucoup plus vaste que les autres ; la paroi externe de cette chambre concave vers la face interne du poumon, est épaisse et creusée de cavités cylindriques, dont les parois sont richement alvéolées ; les autres chambres sont séparées par des cloisons courbes, sensiblement parallèles à la paroi externe de la première chambre, mais venant s'insérer sur la paroi externe des poumons ; ces cloisons sont au moins aussi épaisses que la première et elles aussi richement alvéolées. Enfin, de la bronche et de ses prolongements naissent des chambres alvéolées plus petites, dirigées ventralement. Au-dessous de la surface du poumon, les trabécules de séparation des alvéoles sont de faible épaisseur, et forment un réseau analogue à celui du poumon des Reptiles primitifs.

Les poumons des Tortues, qui, dans les Tortues terrestres, sont accolés à la face dorsale de la cavité générale, s'étendent jusqu'au bassin, et sont recouverts seulement dans la région ventrale par le péritoine. Les deux bronches (fig. 2086 E, E'), soutenues par des plaques cartilagineuses de dimensions très variables d'une espèce à l'autre, se prolongent longuement à l'intérieur de chaque poumon, presque jusqu'à son extrémité postérieure, et, par des orifices irrégulièrement disposés, conduisent l'air dans les chambres, au nombre de 7 ou 8 chez les *Testudo*, d'environ 14 chez les *Chelonia*, de 11 de chaque côté chez les *Thalassochelys*, sans compter d'autres chambres secondaires, dérivant d'orifices plus petits. Ces chambres, dont les premières tout au moins sont plus ou moins ramifiées, présentent sur leurs parois des alvéoles de divers ordres formant un réseau compliqué. Ce long prolongement de la bronche dans le poumon, spécial aux Tortues, marque la plus haute différenciation du poumon chez les Reptiles et présage la riche arborisation que nous montreront les Oiseaux. Le développement du système alvéolaire est particulièrement frappant chez certaines Tortues marines (fig. 2086 E).

Appareil circulatoire. — *Le cœur*. — Bien que, chez les Reptiles, l'appareil branchial ne soit plus que temporairement représenté, au cours du développement, par les fentes branchiales, le cœur apparaît dans le voisinage de celles-ci, comme si elles étaient fonctionnelles, dans une position analogue à celle où il se forme chez les Batraciens ; mais il recule ensuite beaucoup plus loin, soit au niveau de la ceinture scapulaire ou en arrière du sternum (la plupart des Sauriens et des Chéloniens), soit encore plus en arrière (Crocodiliens), soit même au delà du thorax (Varanidæ) ; il est également très éloigné de la tête chez les Amphisbéniens et les Ophidiens. Il est enveloppé d'un péricarde, à la paroi duquel la pointe du cœur des Sauriens, des Tortues et des Crocodiles est reliée par un ligament, reste de la paroi commune aux deux sac péricardiques (*mesocardium*) qui existaient chez l'embryon.

Le cœur des Reptiles se distingue de celui des Batraciens par la disparition complète du cône artériel, de sorte que le tronc artériel naît directement du ventricule. Les deux oreillettes (fig. 2087, *Od*, *Og*) sont toujours complètement séparées l'une de l'autre, même chez les Tortues, où les mailles de leur réseau musculaire s'élargissent par places de manière à simuler des lacunes. L'oreillette droite, un peu plus volumineuse que la gauche, se développe surtout en avant et du côté ventral, déterminant ainsi une orientation dorso-ventrale du tronc artériel. La disproportion entre les deux oreillettes est surtout considérable chez les Crocodiles, où l'oreillette droite, dirigée en avant, se soude en partie avec le tronc artériel. Cette oreillette est encore, chez les *Sphenodon* (*Halteria*) et les Tortues, précédée, comme chez les Batraciens, d'un sinus veineux pulsatile nettement différencié (fig. 2090, *sv*). Dans ce sinus, s'ouvrent les *veines caves antérieures*, dont les extrémités forment, de chaque côté, un *canal de Cuvier*; il reçoit également la veine cave postérieure, et, chez les Tortues, une partie des veines hépatiques, quelques-unes seulement de ces veines s'unissant en effet à la veine cave postérieure; la plupart de ces vaisseaux aboutissent à la région gauche du sinus chez les *Chelonia*, à la région droite chez les *Chelodon*, à ses deux moitiés chez les *Emys*.

Partout ailleurs, le sinus veineux est étroitement confondu avec l'oreillette et les veines hépatiques se jettent dans la veine cave postérieure, de sorte que le sinus ne reçoit plus directement que les deux veines caves antérieures et la veine cave postérieure. La veine cave antérieure gauche passe derrière l'oreillette gauche chez les Sauriens et les Tortues, tandis que, chez les Serpents, elle est située en dehors de cette oreillette et s'enfonce dans le sillon atrio-ventriculaire. Chez les Crocodiles, l'orifice de la veine cave antérieure gauche dans le sinus est situé plus loin en arrière que celui de la veine cave antérieure droite; entre les deux orifices, se trouve celui de la veine cave postérieure.

Entre l'orifice de la veine cave antérieure gauche d'une part et la région occupée par les orifices de la veine cave antérieure droite et de la veine cave postérieure, d'autre part, il se forme une cloison, seulement indiquée chez les *Halteria*, plus développée chez les Tortues et qui prend plus d'importance encore chez les autres Reptiles où le sinus veineux est très réduit.

Deux valvules, obliques par rapport au plan de symétrie, chez les Lacertiens, les Tortues et les Crocodiliens, perpendiculaires à ce plan chez les Ophidiens, séparent la cavité du sinus de celle de l'oreillette. A leur angle de jonction supérieur vient s'attacher un faisceau musculaire de la paroi de l'oreillette.

L'oreillette droite est, de même que chez les Batraciens, un peu plus grande que la gauche; celle-ci ne reçoit en effet que du sang rouge, venant des poumons, et dont la quantité est moindre que celle du sang transformé en sang noir qui arrive à l'oreillette droite. Les deux oreillettes entourent la base du tronc artériel.

La cloison de séparation des oreillettes est dirigée obliquement d'avant en arrière et de gauche à droite. En avant, à droite de sa ligne de suture

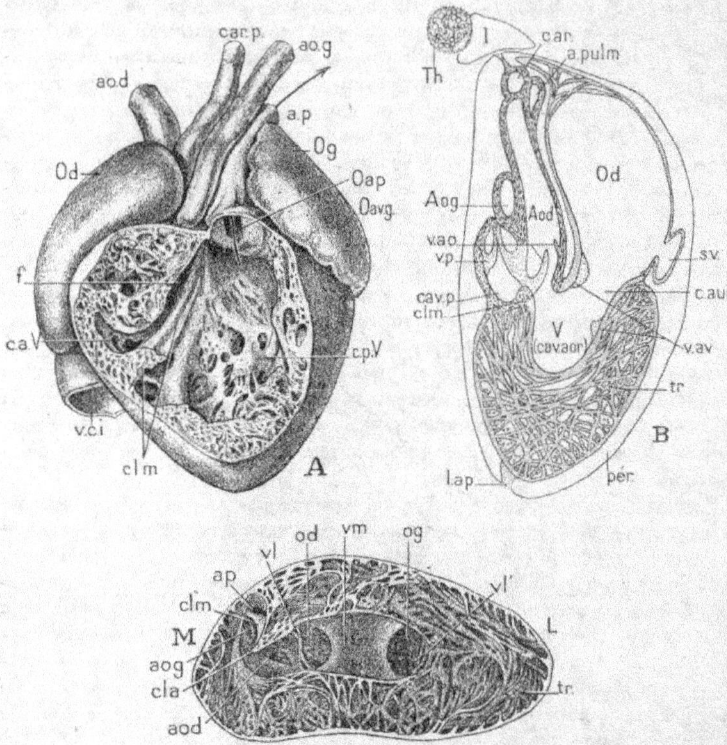

Fig. 2087. — A. Cœur de *Varanus varius*, la paroi ventrale du ventricule en partie enlevée : *Od, Og*, oreillette droite et oreillette gauche ; *ao.d*, aorte droite ; *ao.g*, aorte gauche ; *car.p*, carotide primitive ; *c.p V, cavum pulmonale*, petite chambre ventrale ; *cl.m*, cloison musculeuse incomplète, séparant le *cavum pulmonale* du *cavum aorticum, c.a.V : f*, fente établissant la communication des deux *cavum* ; *Oap*, orifice de l'artère pulmonaire dans le *cavum pulmonale* du ventricule ; *vci*, veine cave inférieure. — B. Coupe longitudinale médiane du cœur d'un embryon de Lézard : *Od*, oreillette droite ; *sv*, sinus veineux ; *c. aur.*, canal auriculo-ventriculaire ; *v.ao*, valvules auriculo-ventriculaires ; *V (cav.aor), cavum aorticum* du ventricule ; *car.p, cavum pulmonale* ; *cl.m*, cloison musculeuse incomplète les séparant ; *Aod*. aorte droite, et ses valvules sigmoïdes ; *v.ao* ; *v.p*, valvules de l'orifice de l'artère pulmonaire ; *Aag*, coupe de l'aorte gauche ; *a.pulm*, coupe de l'artère pulmonaire ; *car*, coupe de la carotide primitive ; *pér*, péricarde ; *tr*, trabécules du myocarde ; *l.ap*, ligament apical du cœur ; *l*, espace lymphatique ; *Th*, corps thyroïde. — C. Coupe transversale du ventricule d'un Lézard adulte (segment antérieur de la coupe) : *M*, côté médial ; *L*, côté latéral ; *od, og*, orifices auriculo-ventriculaires droit et gauche ; *vm*, valvule, formée de 2 lobes, fermant respectivement par leur bord médian, les deux orifices auriculo-ventriculaires ; *vl, vl'*, valvules latérales très réduites ; *ap*, orifice d'entrée de l'artère pulmonaire ; *aod*, orifice de l'aorte droite ; *aog*, orifice de l'aorte gauche ; *clm*, cloison musculeuse incomplète séparant le *cavum aorticum* du *cavum pulmonale* ; *cla*, cloison secondaire séparant, dans le *cavum aorticum*, les deux aortes ; *tr*, trabécules musculaires de la paroi du ventricule (GAUPP).

avec l'oreillette, un repli, qui semble avoir pour origine la courbure de l'oreillette autour du tronc artériel, représente le *limbe de Vieussens*. La valvule gauche fait saillie dans l'oreillette ; l'espace compris entre elle et la cloison est le *recessus septo-valvulaire*, auquel correspond, chez les Crocodiles, une saillie extérieure de l'oreillette.

Le ventricule est pointu et triangulaire chez les Sauriens (fig. 2087 A); plus ou moins cylindrique et allongé chez les Crocodiliens, développé transversalement ainsi que les oreillettes, chez les Tortues (fig. 2090), tandis que toutes ces parties se resserrent et s'allongent comme le corps lui-même chez les Amphisbéniens (fig. 2082 A, *c*) et les Serpents.

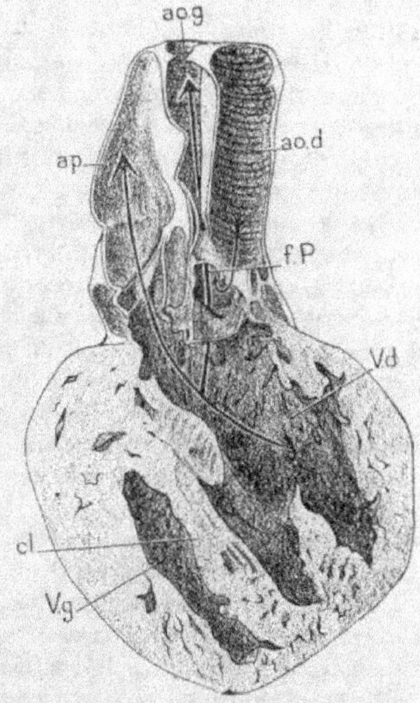

Fig. 2088. — Coupe longitudinale du cœur d'*Alligator lucius* : *Vg*, ventricule gauche, dont la communication avec l'aorte droite *ao.d*, ne se voit pas sur la préparation; *Vd*, ventricule droit, conduisant dans l'artère pulmonaire *ap*, et dans l'aorte gauche *ao.g* ; *fP*, foramen de Panizza, entre la base des deux aortes ; *cl*, cloison interventriculaire (R. Gasch).

L'orifice auriculo-ventriculaire, malgré le cloisonnement, d'ailleurs incomplet, de l'oreillette, demeurait, chez les Batraciens, unique, comme chez les Poissons. Chez les Reptiles, à mesure que la cloison interposée entre les deux oreillettes se complète, elle s'avance jusqu'au bord de l'orifice, rejoint les valvules, disposées perpendiculairement par rapport à elle, qui le borde, et arrive à les diviser chacune en deux valvules secondaires. Les demi-valvules ainsi formées croissent le long du bord libre de la cloison, de manière à constituer finalement par leur union deux valvules portées par son bord libre; l'origine de ces nouvelles valvules est encore indiquée chez les *Chelonia*. Ces valvules nouvelles, (fig. 2087 C, *vm*) sont ainsi disposées l'une à droite et l'autre à gauche, tandis que celles des Batraciens étaient l'une antérieure, l'autre postérieure. Elles sont reliées par des tractus musculaires aux parois du ventricule, comme celles qu'elles ont remplacées; c'est le seul appareil important de fermeture de l'orifice auriculo-ventriculaire chez la plupart des Reptiles.

Les parois internes du ventricule présentent de nombreux tractus musculaires (*tr*), entrelacés d'une façon plus ou moins serrée, de sorte que la cavité centrale libre est entourée par une région spongieuse, dans les interstices de laquelle elle se continue. En général, le réseau musculaire spongieux est plus serré à gauche qu'à droite, et cette différence de structure indique déjà, dans les deux moitiés du cœur, une différence d'action physiologique qui prépare leur séparation; la moitié gauche est toujours plus spacieuse que la droite et c'est à elle qu'appartient la pointe du cœur. Peu à peu, la tendance à la séparation des deux moitiés du ventricule s'accuse par la disposition des tractus musculaires, qui, partant de la paroi du ventricule, prennent une direction commune en s'avançant dans la cavité de celui-ci et s'organisent de façon à former une cloison musculeuse (fig. 2087 A et B, *clm*) d'abord très imparfaite, mais qui devient dans la plupart des cas assez développée pour diviser incomplètement la cavité du ventricule en deux chambres, l'une grande, dorsale, qui reçoit les deux orifices auriculo-ventriculaires et d'où partent les deux aortes, le *cavum aorticum*; l'autre ventrale, plus petite, d'où part seulement l'artère pulmonaire, qui s'est séparée à sa base des deux aortes: c'est le *cavum pulmonale*. Chez les Varanidæ (fig. 2087), la cloison est assez développée pour que les deux chambres, communiquant l'une avec l'autre dans la diastole, soient de fait complètement séparées pendant la systole du ventricule.

Un second repli musculaire divise à son tour le *cavum aorticum*, en s'avançant vers l'orifice commun des deux aortes, et se continue dans la base de celles-ci, de façon à isoler le dernier arc aortique de gauche de tous les autres arcs à la façon que nous dirons tout à l'heure.

Le sang noir qui vient par l'orifice auriculo-ventriculaire droit, le plus rapproché du *cavum pulmonale*, passe en grande partie, dans ce dernier, et le remplit entièrement, et, au moment de la systole du ventricule, il sera lancé dans l'artère pulmonaire. Le sang rouge qui vient par l'orifice auriculo-ventriculaire gauche, passe exclusivement dans la partie gauche de l'orifice aortique, qui commande à l'aorte droite, origine des artères céphaliques. Ce qui reste de sang rouge et ce qui reste de sang noir se mélangent dans la partie droite du *cavum aorticum*, et passent dans la partie droite de l'orifice qui commande à l'aorte gauche, laquelle transporte par suite du sang mélangé. Ainsi se réalise, encore incomplètement, il est vrai, la séparation des deux courants sanguins.

Chez les Crocodiliens (fig. 2090), la cloison musculeuse se complète et il existe vraiment un ventricule droit et un ventricule gauche entièrement séparés, dans un sens, à la vérité, différent de celui où devait nous amener la voie indiquée chez les Sauriens. Le ventricule droit reçoit en effet l'orifice auriculo-ventriculaire droit et donne naissance non seulement à l'artère pulmonaire, mais aussi à l'aorte gauche. Celle-ci ne transporterait donc que du sang veineux, si un orifice, le *foramen de Panizza*, dont il sera question plus loin, ne la faisait communiquer avec l'aorte gauche et ne lui amenait une partie du sang rouge pur qu'elle transporte (fig. 2088 et 2091).

Système aortique. — Le raccourcissement du tronc artériel est déjà frappant chez les Reptiles dans la période embryonnaire ; il s'accentue chez l'adulte, et les 6 paires d'arcs aortiques, auxquelles il donnait naissance (fig. 2026, *1*), bientôt réduites à 4, par régression des deux premières, ne sont jamais à l'état définitif, par disparition de la 5ᵉ, au nombre de plus de 3 ; on peut donner aux arcs persistants les noms d'*arcs carotidiens* (*3*), d'*arcs aortiques proprement dits* (*4*), d'*arcs pulmonaires* (*6*) (fig. 2089).

Ces derniers, après avoir donné les artères pulmonaires, résorbent leur portion distale, cessent ainsi de communiquer avec les racines aortiques correspondantes, et, n'étant plus que la base des artères pulmonaires, peuvent être confondus sous le même nom avec ces dernières (fig. 2089, *ap*). Ces modifications extérieures s'accompagnent de changements dans la conformation interne. On retrouve tout d'abord dans le tronc artériel l'indication des bourrelets longitudinaux qui faisaient saillie dans sa lumière chez les Batraciens, et dont l'un, plus étendu, correspond au repli hélicoïdal de ces derniers. Mais bientôt, ce repli, se développant, isole les arcs pulmonaires, puis l'arc aortique de gauche des autres arcs, et les 6 vaisseaux se répartissent ainsi en 3 groupes, qui forment autant de troncs, se séparant rapidement à peu de distance de leur origine dans le ventricule (Sauriens, Crocodiliens, Chéloniens), ou pouvant même être rein dépendants dès leur origine (Ophidiens).

C'est d'abord le tronc commun des artères pulmonaires (*ap*), qui s'isole le premier, puis, l'arc aortique gauche, qui devient la *crosse aortique gauche*, ou *aorte gauche* (*ag*), et enfin les 3 autres [arcs carotidiens (*ac*) plus arc aortique droit (*ad*)]. Les deux premiers sont en rapport avec la moitié droite du ventricule (du ventricule droit chez les Crocodiliens), et reçoivent du sang noir, mélangé, surtout dans l'aorte gauche, d'une proportion plus ou moins grande de sang rouge ; le 3ᵉ tronc part de la moitié gauche du ventricule (du ventricule gauche chez les Crocodiliens) et reçoit du sang rouge.

Les 2 arcs antérieurs de chaque côté (carotidien et aortique) se réunissent dans la racine aortique correspondante, et les deux racines, descendant d'avant en arrière, se rejoignent bientôt pour former l'aorte. Dans cette aorte arrivera donc, en même temps que le sang rouge amené par le 3ᵉ tronc, du sang noir amené par l'aorte gauche.

Ces 4 arcs persistent chez la plupart des Sauriens (fig. 2089, *2*) ; la racine aortique droite, avant de se réunir à sa congénère, donne naissance aux deux sous-clavières (*scl*), droite et gauche, qui ne contiennent ainsi que du sang rouge, ainsi que les carotides (*c. ex*, *c. in*), nées des arcs carotidiens. Cette localisation sur l'aorte gauche de l'origine des sous-clavières, qui primitivement partaient symétriquement de l'aorte commune, est réalisée par le recul de la réunion des deux racines en arrière de cette origine primitive.

La disposition que l'on vient de décrire chez les Sauriens ne persiste pas chez les autres Reptiles, où l'arc carotidien devient indépendant par résorption de la portion de la racine aortique, qui l'unissait à l'arc aortique du même côté, et il n'existe plus désormais comme chez les Anoures, qu'une *aorte droite* et une *aorte gauche*. Cette simplification est déjà réalisée chez les Varanidæ (fig. 2089 Sv), les Chamæleontidæ, les Amphisbænidæ.

Les carotides paraissent alors naître d'un tronc commun, issu de l'aorte droite, la *carotide primitive* (*cp*) ou *tronc anonyme*, vaisseau très long, courant vers la tête, en suivant la face ventrale de la trachée ; il donne à celle-ci, ainsi qu'à l'œsophage, de nombreux rameaux, et se divise, derrière l'appareil hyoïdien, en deux *carotides communes* (*cc*), l'une droite, l'autre gauche,

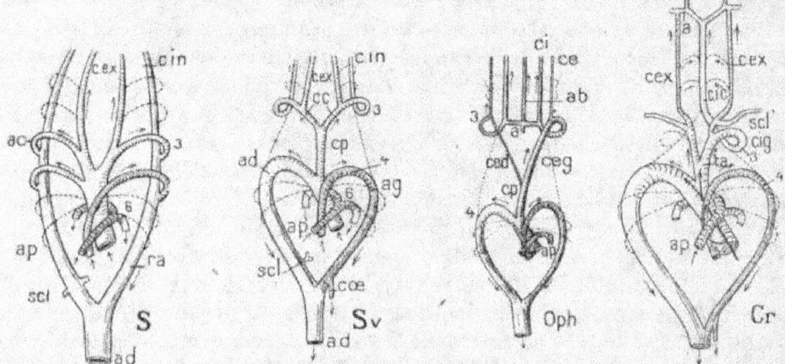

Fig. 2089. — Arcs aortiques des Reptiles : — **S**, chez la plupart des Sauriens. — **Sv**, chez quelques Sauriens (Varanidés). — **Oph**, chez les Ophidiens. — **Cr**, chez les Crocodiliens : — *ta*, tronc aortique ; *ad*, aorte droite ; *ag*, aorte gauche ; *ap*, artère pulmonaire ; *ao*, arcs aortiques, représentés en général par leur numéro d'ordre ; *ra*, racines aortiques ; *ad*, aorte dorsale ; *cp*, carotide primitive ; *cc*, carotide commune ; *cin*, carotide interne ; *cex*, carotide externe ; *cec*, carotide externe commune ; *cic*, carotide interne commune ; *scl*, sous-clavière ; *cœ*, artère cœliaque ; *ab*, artère basilaire du cerveau chez les Crocodiles (emprunté à Rémy Perrier et C. Cépède, imité de Hochstetter).

chacune de ces dernières se bifurquant à son tour en une *carotide interne* (*c. in*) et une *carotide externe* (*c. ex*), qui se ramifient dans la tête.

La disposition du système aortique des Ophidiens (fig. 2089 Oph) est sensiblement la même que celle des Varans ; toutefois, une anastomose s'établit entre les deux carotides internes, et elle donne dans son milieu un vaisseau impair, l'*artère basilaire du cerveau* (*ab*). Comme conséquence, dans quelques cas (*Tropidonotus*), la carotide commune droite se réduit, tandis que celle du côté gauche, paraissant continuer directement la carotide primitive, dessert à peu près seule tout le réseau carotidien. Le plus souvent, il existe une seule artère pulmonaire en raison de la disparition d'un des poumons.

L'aorte gauche donne en général naissance aux artères *cœliaque* (fig. 2089, *cœ*) et *mésentérique*, comme cela avait déjà lieu chez les Batraciens. L'artère cœliaque fournit du sang à l'estomac, au pancréas, au foie, à la rate et à la partie initiale de l'intestin moyen ; l'artère mésentérique irrigue la majeure partie de ce dernier ; elle peut être remplacée par des artères plus petites, naissant d'une manière indépendante et dont l'une constitue une *artère mésentérique postérieure*.

En raison de la séparation complète du ventricule en deux cavités distinctes chez les CROCODILIENS, l'aorte gauche et l'artère pulmonaire ne renferment que du sang noir, en proportion d'ailleurs très différente : des expériences de BRÜCKE montrent que, sur 19 parties du sang lancé par le ventricule droit, 11 vont dans le poumon et 8 seulement dans l'aorte gauche. L'aorte droite ne renferme, elle, que du sang rouge. Mais le septum interaor-

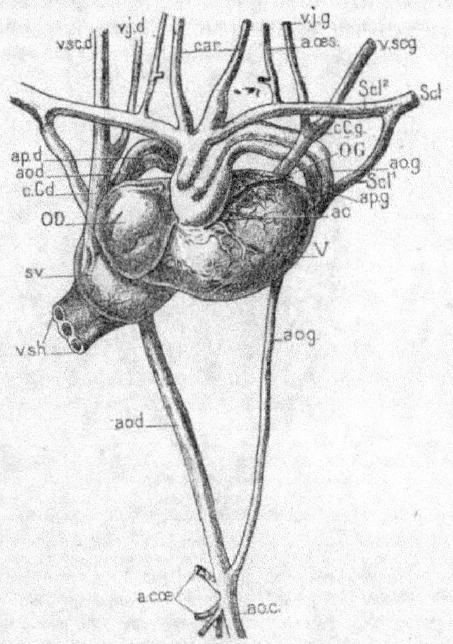

Fig. 2090. — Cœur et gros vaisseaux d'une Tortue (*Podocnemis expansa*) : — V, ventricule ; *OD, OG,* les deux oreillettes ; *ao.d, ao.g,* aortes droite et gauche ; *aoc,* aorte commune ; *ap.d, ap.g,* les deux artères pulmonaires ; *ac,* artère coronaire ; *car,* carotides primitives ; *Scl,* artère sous-clavière droite et ses deux origines : *Scl¹, Sl²,* venant respectivement de la crosse aortique et de la carotide ; *a.œs,* art. œsophagienne ; *a.cœ,* artères cœliaques ; *v.j.d, v.j.g,* veines jugulaires ; *v.sc.d, v.sc.g,* veines sous-clavières ; *cCd, cCg,* canaux de Cuvier ; *v.sh,* embouchures des veines sus-hépatiques dans le sinus veineux, *sv* (FABIAN).

tique, qui sépare à leur base les deux aortes, reste incomplet sur une certaine étendue, où un orifice, le *foramen de Panizza* (fig. 2088, *fP* et 2091 *fP*), permet au sang rouge de l'aorte droite, de passer dans la gauche, où la tension est moins élevée. Cela n'est vrai d'ailleurs que dans la respiration normale à l'air libre. En plongée, quand la respiration s'arrête, le rapport des tensions serait inversée, par l'afflux plus grand du sang noir dans l'aorte gauche, et c'est celui-ci, au contraire, qui passerait dans l'aorte droite (1).

L'aorte droite chez les Crocodiliens (fig. 2089 Cr) donne un tronc

(1) GREIL, Beiträge zur vergl. Anatomie und Entwicklungsgeschichte des Herzens und des Truncus arteriosus der Wirbelliere. *Morph. Jahrb.,* t. XXXI, 1903, p. 123-310, pl. VI-XI, 35 figures dans le texte.

anonyme qui passe sur la face dorsale du pharynx, chemine entre ce dernier et les muscles hypaxiaciques du cou, qu'il traverse en partie, et se divise alors pour former les carotides primitives, divisées bientôt chacune en une carotide externe et une carotide interne. Mais la carotide interne de droite s'atrophie ; celle de gauche persiste seule, et, gagnant la ligne médiane, s'y continue en un vaisseau ascendant unique, la carotide interne commune (*cic*), considérée comme résultat de la fusion, du moins partielle, des deux carotides internes ; ce vaisseau simule la longue carotide primitive des Varans, mais ne lui est pas homologue. Il devient d'ailleurs le principal agent de la

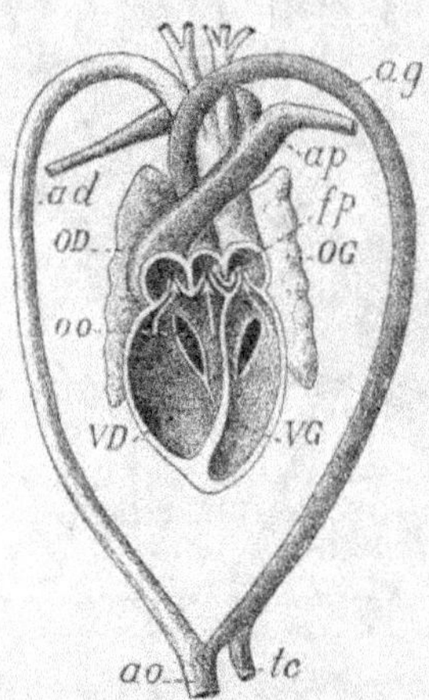

Fig. 2091. — Schéma de la configuration d'un cœur d'*Alligator lucius*, vu par la face ventrale : OD, OG, les deux oreillettes ; VD, VG, les deux ventricules ; oo, orifice auriculo-ventriculaire droit ; ad, aorte droite ag, aorte gauche ; ap, artère pulmonaire ; ao, aorte commune formée surtout par l'aorte gauche ; tc, tronc cœliaque ; fp, foramen de Panizza (GEGENBAUR).

circulation céphalique, en s'anastomosant à un niveau plus élevé avec les deux carotides externes, dont il finit par desservir les branches artérielles terminales, ce qui entraîne la réduction de ces carotides externes. De la base de chacune de ces dernières, part de chaque côté l'artère sous-clavière. On a vu que, chez les Sauriens, les deux sous-clavières partaient de l'aorte droite, peu avant sa jonction avec l'aorte gauche ; mais il existe aussi, et il en est de même chez les CHÉLONIENS (fig. 2090, Scl^2), une sous-clavière partant de l'arc carotidien, qui rejoint finalement la première (Scl^1) ; cette nouvelle racine, peu importante chez la plupart des Sauriens, prend peu à peu la prédominance, finit par persister seule chez les CROCODILIENS et peut reporter son origine en divers points du système basilaire des carotides.

Elle donne d'abord l'artère vertébrale ; après quoi, elle devient l'*artère axillaire*, puis l'*artère brachiale*, qui donne à son tour, par bifurcation, l'*artère humérale* et l'*artère radiale*, d'où naissent les artères de la main réunies par les *arcades palmaires superficielle* et *profonde*.

L'aorte descendante fournit des branches, extrêmement variables dans leur nombre, leur grosseur et leur disposition, aux viscères et aux parois du corps; après avoir donné naissance aux artères du bassin (*artères iliaques et artères ischiatiques*) et des membres postérieurs, elle se termine sous forme d'une *artère caudale*, qui chemine dans le canal formé par les arcs vertébraux inférieurs.

Système veineux. — Le système veineux des Reptiles présente encore certaines analogies avec celui des Batraciens. Il existe, au cours du développement embryonnaire, un *système porte rénal*, qui est plus ou moins conservé chez les Reptiles inférieurs et chez les jeunes individus, tant que fonctionne le mésonéphros concurremment avec le métanéphros, mais qui disparaît chez les Reptiles adultes supérieurs. Les *veines azygos* ou *cardinales postérieures* sont aussi plus ou moins atrophiées et la *veine cave postérieure* reçoit directement les *iliaques primitives* résultant de la fusion des *iliaques externe* et *interne* de chaque côté. L'atrophie des veines azygos met entièrement au service du système veineux antérieur les sinus de Cuvier, qui prennent dès lors les noms de *veines caves antérieures* ou *supérieures* et reçoivent aussi les *jugulaires*, représentant les veines cardinales antérieures. Tous ces points ont été traités p. 2594, dans la partie embryologique. Tandis qu'il ne reste des veines azygos que des anastomoses sans importance entre les veines intercostales, deux *veines vertébrales postérieures* prennent naissance, longeant symétriquement la colonne vertébrale; elles vont se jeter dans la veine cave postérieure. Les veines allantoïdiennes de l'embryon persistent sous la forme d'une veine unique, la *veine abdominale*, qui s'unit à la veine porte.

Les *veines pulmonaires* se confondent en un canal unique avant de s'ouvrir dans l'oreillette gauche; ce canal se dilate en forme d'entonnoir à son orifice, agrandissant ainsi, en quelque sorte, la cavité de l'oreillette. Sa longueur diminue des formes inférieures, telles que l'*Hatteria*, où elle est maximum, les Sauriens primitifs, les SERPENTS, aux formes supérieures, telles que les Varans, les Crocodiles, les TORTUES, où les deux veines sont tout près de s'ouvrir isolément dans l'oreillette.

Lymphatiques. — Il existe chez les Reptiles, comme chez les Batraciens, des espaces lymphatiques sous-cutanés. Mais ces sacs communiquent par des canaux étroits avec des gaines lymphatiques enveloppant les artères, et dont la paroi interne est reliée à la paroi externe des artères par de nombreuses trabécules (TORTUES), ou avec un réseau de canaux lymphatiques différenciés entourant les vaisseaux artériels. L'espace lymphatique qui entoure l'aorte chez beaucoup de Reptiles inférieurs se divise, chez les CROCODILES et les TORTUES, en deux troncs longeant les veines des membres antérieurs; de plus, dans les membres, la tête et le cou, sont déjà délimités des canaux lymphatiques nombreux, venant s'ouvrir dans ces deux troncs, qui s'ouvrent à leur tour dans les veines brachio-céphaliques. En arrière, des troncs lymphatiques s'ouvrent également, chez les Reptiles, soit dans les veines ischiatiques, soit dans les veines afférentes des reins. Au point où les canaux lymphatiques postérieurs s'ouvrent dans les veines, ils se renflent et leurs parois deviennent capables de contractions rythmiques; il se constitue ainsi des *cœurs lymphatiques*, placés sur les apophyses transverses des vertèbres ou sur les côtes, à la limite du tronc et de la queue. Il n'y a pas de cœurs lymphatiques antérieurs analogues à ceux des Batraciens; en revanche, on observe déjà, dans le mésentère des Crocodiles, une *glande mésentérique*, qui n'est autre chose qu'une masse de tissu lymphoïde.

Système nerveux central. — De tous les Reptiles, ceux dont le cerveau a été le moins développé proportionnellement sont les énormes DINOSAURIENS jurassiques. Le diamètre de leur encéphale était environ le tiers du diamètre du renflement crural de la moelle épinière. Celui de tous qui paraît avoir eu le plus petit cerveau est le *Stegosaurus ungulatus*. Les lobes olfactifs, les hémisphères, les cerveaux intermédiaire et moyen, la moelle allongée étaient à peu près de même diamètre, séparés seulement par de faibles étranglements, de sorte que l'appareil cérébral paraissait presque tout d'une venue. Ces animaux devaient être d'une stupidité extrême et c'est sans doute la cause qui, combinée avec leur température variable, a amené leur destruction, lorsque les hivers survenant ont donné l'avantage aux animaux à température et à activité constantes.

Le cerveau du *Sphenodon* ou *Hatteria*, dernier descendant des Rhynchocéphales, présente, au point de vue historique, un intérêt particulier. Mais ce cerveau, assez voisin de celui des Sauriens, s'élève déjà au-dessus de celui des grands Reptiles secondaires; il se distingue de celui des Batraciens par des caractères qui iront en s'accentuant dans les formes plus élevées. Les lobes olfactifs, très allongés, en forme de massue, se rétrécissant en arrière de manière à former deux *tractus olfactifs*, sont distincts l'un de l'autre et se relient sans démarcation nette aux *hémisphères*; ceux-ci, du même diamètre en avant que le tractus olfactif, se renflent rapidement en arrière, de sorte qu'ils sont piriformes, avec la pointe tournée en avant. Ils conserveront cette forme chez tous les Reptiles et, comme elle se retrouvera chez les OISEAUX, on peut la dire caractéristique des SAUROPSIDÆ; ils arrivent à leur bord postérieur, jusqu'au contact des tubercules bijumeaux, si bien que l'épiphyse est la seule partie du cerveau intermédiaire visible en dessus. Les tissus qui forment les parois de l'épiphyse semblent en voie de régression, mais elle se trouve en rapport avec un œil rudimentaire, l'*œil pinéal*, correspondant au *foramen parietale* du crâne (Voir plus loin, p. 3074). Les racines des *tractus des nerfs optiques* se renflent assez souvent en arrière des tubercules bijumeaux; ils constituent ainsi une seconde paire de tubercules (*Lacerta*, *Anguis*), ce qui est un acheminement vers les tubercules quadrijumeaux des Mammifères. Les nerfs optiques s'unissent en dessous en une plaque triangulaire, qui est le *chiasma* des nerfs optiques. Le cervelet demeure étroit; mais il est, en revanche, extrêmement saillant et forme une lame concave en arrière, dressée perpendiculairement sur la moelle allongée (fig. 2092 A, *cerv*); deux pédoncules latéraux le relient aux corps restiformes. Le *tuber cinereum* et l'*infundibulum*, dans lequel se prolonge le ventricule du cerveau intermédiaire sont très développés. L'hypophyse est sphérique, petite, lisse. La région postérieure des hémisphères et le cerveau moyen ont à peu près le même diamètre, qui est surpassé par celui de la région antérieure de la moelle allongée.

Les trois commissures principales des Batraciens, *commissure antérieure*, *commissure supérieure* et *commissure postérieure* persistent chez tous les Reptiles.

Toutes les parties du cerveau sont, chez les Orvets (*Anguis*), placées les unes à la suite des autres, en série linéaire, comme chez les Batraciens ;

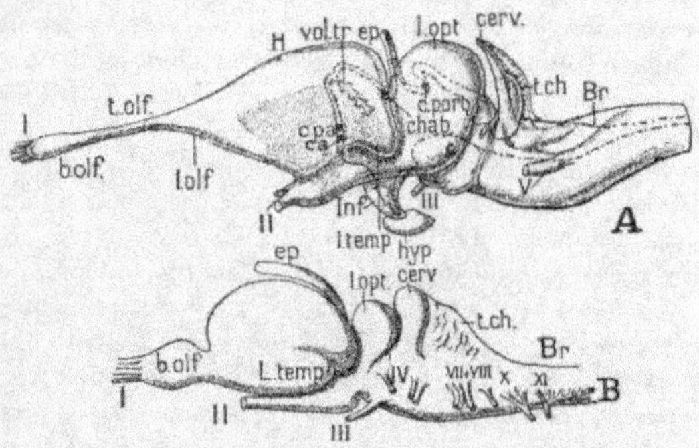

Fig. 2092. — Cerveaux : A de *Varanus griseus* ; B, de *Thalassochelys caretta* : — *Br*, bulbe rachidien ; *t.ch*, toile choroïdienne recouvrant la fosse rhomboïdale ; *cerv*, cervelet ; *l.opt*, lobes optiques (= tubercules bijumeaux) ; *c.post*, commissure postérieure ; *c.hab*, commissure habénulaire ; *ep*, épiphyse ; *Inf*, infundibulum ; *hyp*, hypophyse ; *H*, hémisphère ; *l.olf.*, lobe olfactif ; *t.olf*, tractus olfactif ; *b.olf*, bulbe olfactif ; *l. temp*, lobe temporal ; *cpa*, commissure du pallium (ébauche du trigone [?]) ; *ca*, commissure antérieure ; *I-XII*, nerfs crâniens (HEYNER, *in* BOTSCALI, d'après EDINGER).

elles ne forment une courbe qu'à leur jonction avec la moelle allongée. Elles sont plus ramassées chez les *Lacerta* et les hémisphères sont plus larges en arrière. Chez ces animaux, les hémisphères, les tubercules optiques antérieurs et postérieurs dessinent des étages superposés et la région qui correspond à ces derniers se trouve refoulée contre la moelle allongée, de manière à former avec elle un angle à sommet ventral d'environ 120° (fig. 2092 A) ; la moelle allongée, dont la partie antérieure correspond au sommet de cet angle, doit alors décrire une courbe très prononcée, convexe inférieurement afin de rejoindre la moelle épinière. Les hémisphères des GECKOTIENS et des AGAMIDÆ sont encore plus développés en arrière, plus pointus en avant, mais proportionnellement plus courts que ceux des *Lacerta* ; toutes les parties de leur cerveau semblent, en outre, plus larges, plus courtes et plus ramassées, comme si le cerveau avait éprouvé un refoulement en arrière, impression qui est encore accusée par la forme de la moelle allongée, fortement recourbée en V (1). Les hémisphères mas-

(1) Il est à remarquer que, dans ce groupe, se trouvent des formes dont le corps est remarquablement raccourci, comme les *Phrynosoma*, qui, au premier coup d'œil, ressemblent plus à des Crapauds qu'à des Lézards.

quent entièrement le cerveau intermédiaire et couvrent la plus grande partie du cerveau moyen, de même que le cervelet, plus développé d'ailleurs que chez les Lacertidæ, couvre de son côté la fosse rhomboïdale ; la région médiane du cervelet s'élève en un lobe vertical très saillant, dont la face postérieure est très convexe, tandis que sa face antérieure concave embrasse étroitement le cerveau moyen.

Chez les Ophidiens, les hémisphères cérébraux présentent la forme, pointue en avant, très élargie en arrière, qu'ils possèdent chez les Agamidæ et Ascalobotidæ, mais les diverses parties de l'appareil cérébral ne sont plus, comme dans ces dernières familles, refoulées d'avant en arrière ; elles se disposent les unes derrière les autres en série linéaire, et la courbure de la moelle allongée n'est plus que modérément accusée ; tout cela est en accord avec la tendance à l'allongement que présentent toutes les parties du corps et tous les organes des Serpents.

Au-dessous des hémisphères cérébraux sont creusés les ventricules latéraux, sur le plancher desquels font saillie des *corps striés* très convexes et très développés. Les hémisphères débordent légèrement de chaque côté, en arrière, les tubercules bijumeaux (*Tropidonotus natrix*) ; ceux-ci sont à découvert, nettement séparés l'un de l'autre, un peu plus aplatis et inclinés en arrière ; entre eux et les deux hémisphères, se montre l'épiphyse, qui n'est plus en rapport avec un œil rudimentaire ; l'hypophyse est large, aplatie, verruqueuse. Le cervelet en forme de lame, très saillante en son milieu, s'incline au-dessus de la fosse rhomboïdale qu'il recouvre en partie.

Le cerveau des Chéloniens (fig. 2092 B) est surtout remarquable par la réduction des tractus olfactifs, de sorte que les lobes olfactifs sont directement appliqués sur les hémisphères, comme chez les Batraciens, et surtout par le grand développement de ces derniers, dont les faces inférieure et latérale présentent un sillon qui détache un *lobe temporal* à l'arrière des hémisphères ; c'est une véritable *scissure de Sylvius* ; sur le plancher des ventricules latéraux, les corps striés prennent, eux aussi, un grand développement, et présentent une courbure en arrière, qui est comme une première indication de la *corne d'Ammon* ; par ces deux derniers caractères, le cerveau des Tortues se rapproche de celui des Mammifères. Il n'y a pas de refoulement vers l'arrière des diverses parties du cerveau, de sorte que, malgré leur grand développement, les hémisphères laissent à découvert les tubercules bijumeaux ou lobes optiques ; ces derniers sont très saillants, aplatis, inclinés en arrière, comme chez les Serpents ; le cervelet est, lui-même, très développé, fortement dressé verticalement, convexe en avant, concave en arrière ; en raison de son développement vertical, il laisse bien à découvert la fosse rhomboïdale recouverte par une épaisse toile choroïdienne. L'absence de refoulement postérieur, qui laisse sur le même plan les diverses parties des cerveaux antérieur et moyen, se traduit encore par la courbure relativement faible de la moelle allongée qui est elle-même très développée.

L'*infundibulum* est dirigé en avant, à l'opposé de celui des autres

Reptiles et se prolonge entre les lobes temporaux des hémisphères, où il se termine, comme d'habitude, par l'hypophyse.

Les diverses parties du cerveau des Crocodiles (fig. 2093), ne sont que faiblement refoulées les unes au-dessus des autres, bien que la courbure de la moelle allongée soit très accusée. Il n'y a pas de lobes olfactifs distincts des hémisphères ; ceux-ci sont très volumineux, marqués inférieurement d'un sillon délimitant un lobe temporal ; ils sont très renflés en arrière et dépassent latéralement, plus encore que ceux des Tortues, les tubercules bijumeaux, avec lesquels ils se mettent en contact étroit ; par suite, de tout le cerveau intermédiaire, l'épiphyse apparaît seule en dessus. En revanche, les tubercules bijumeaux sont bien à découvert et précèdent un volumineux cervelet hémisphérique, qui présage en quelque sorte celui des

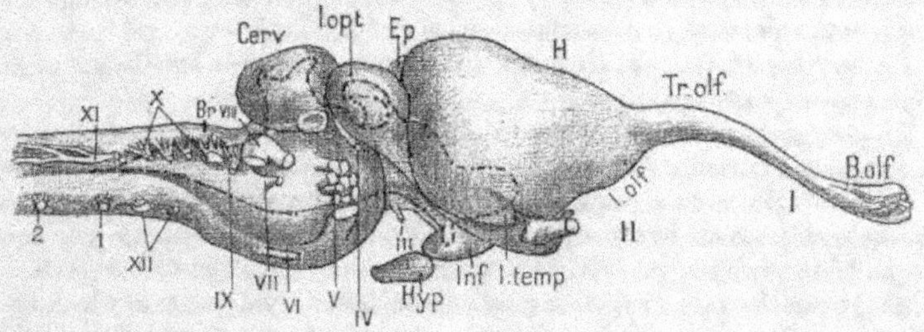

Fig. 2093. — Cerveau de Crocodile : — Mêmes lettres que pour la figure 2092. — *1,2*, premiers nerfs rachidiens. — (Wiedersheim).

Oiseaux. Ce cervelet laisse la fosse rhomboïdale à découvert ; il se relie latéralement à droite et à gauche à deux corps restiformes bien différenciés. Les corps striés remplissent presque entièrement les ventricules des hémisphères ; leur surface convexe n'est séparée que par une simple fente de la paroi interne de ces derniers ; le 3e ventricule est aussi resserré en forme de fente, et la cavité du cerveau moyen est également remplie par une sphère médullaire ; le cerveau paraît de la sorte presque plein. En avant du *trou de Monro*, les parties postérieures des deux hémisphères sont reliées par une commissure unie à la *commissure antérieure* ; mais cette commissure, ne mettant en rapport que des parties du pallium, doit être considérée comme une première indication du *fornix* ou *voûte à trois piliers*, déjà bien accusée chez le *Psammosaurus terrestris*. La *commissure moyenne* s'étend entre les tubercules bijumeaux ou tubercules optiques, et la *commissure postérieure* est située en arrière du 3e ventricule. D'une autre commissure, située entre le cerveau moyen et le cerveau postérieur naît le *nerf cochléaire* ; cette commissure correspond à la *valvule du cervelet* (valvule de Vieussens) des Mammifères. Les Mammifères ne descendant pas des Crocodiles, il ne s'agit pas ici d'homologie réelle, mais de formations correspondantes, qui se sont constituées d'une manière indépendante dans des conditions similaires. C'est dans des formes perdues, intermédiaires entre les Batraciens et les Mammifères, qu'il faudrait chercher les véritables homologies.

Système nerveux périphérique. — Un *nerf olfactif* allongé, aboutissant aux fosses nasales, fait suite au tractus olfactif.

Le chiasma des *nerfs optiques* est souvent complet (SAURIENS); mais l'entrecroisement des fibres se fait de diverses façons : chez le *Lacerta agilis*, par exemple, chaque nerf optique présente une ouverture en ellipse allongée, dans laquelle s'engage l'un des arcs de l'autre ellipse; chez les *Agama*, l'ellipse est accompagnée suivant son grand axe par un cordon de fibres nerveuses; ce cordon diamétral et les arcs d'une ellipse s'entrelacent avec les parties correspondantes de l'autre nerf; ailleurs, chaque nerf se divise en branches plus nombreuses, dont l'entrelacement devient plus compliqué.

Il existe souvent des cellules ganglionnaires dans le *nerf moteur oculaire commun*, ainsi que dans le *nerf ciliaire*, auquel il donne naissance, et sur lequel elles peuvent se rassembler en un *ganglion ciliaire*.

Le *nerf pathétique* sort toujours du cerveau à la limite supérieure et postérieure des lobes optiques.

Le *nerf moteur-oculaire externe* étend son domaine aux muscles de la membrane niclitante (lorsqu'elle existe).

Le *nerf trijumeau* a acquis une indépendance complète; il naît par deux racines qui peuvent sortir séparément du crâne, se réunir avant d'en sortir en un tronc unique, ou bien se diviser et sortir ainsi par des orifices distincts. Des deux racines, l'une est très grosse, sensitive, l'autre beaucoup plus faible, motrice. De nombreux petits ganglions sont disséminés sur son rameau maxillaire, chez les SAURIENS, où il innerve la glande de Harder et les glandes lacrymales. Le rameau mandibulaire est un nerf mixte, qui fournit des rameaux sensitifs et moteurs au territoire où il se ramifie. Très souvent, le ganglion de Gasser se localise exclusivement sur la branche ophtalmique, comme chez beaucoup de Poissons (*Amia*, etc.); il peut aussi exister deux ganglions, l'un pour le rameau ophtalmique, l'autre pour les rameaux maxillo-mandibulaires (*Anguis*, OPHIDIA). Les ramifications motrices partent toutes d'un même tronc.

Le domaine sensitif du *nerf facial* est encore plus réduit chez les Reptiles que chez les Batraciens, tandis que son domaine moteur s'est étendu aux muscles du cou. Du ganglion que porte ce nerf partent : un *rameau palatin*, un *rameau hyoïdo-mandibulaire*, un *rameau buccal*; il contribue aussi, avec le nerf maxillaire supérieur, à la formation du *n. ophtalmique superficiel*. Le rameau palatin sort du crâne par un orifice particulier; il se ramifie dans la muqueuse buccale et présente souvent (GECKOTIENS, SCINCOÏDIENS) de véritables anastomoses; les branches terminales de ce rameau palatin traversent la paroi postérieure de la cavité nasale, s'anastomosent avec les ramifications de la première branche du trijumeau et innervent le museau. Le *rameau mandibulaire* s'anastomose de même avec la branche maxillaire inférieure du trijumeau.

Le rameau palatin et le rameau hyoïdo-mandibulaire sortent respectivement du crâne par un orifice distinct. Ce dernier s'anastomose avec le glosso-pharyngien; ses ramifications se distribuent principalement aux muscles cranio-mandibulaires, aux mylo-hyoïdiens, ainsi qu'aux muscles de l'hyoïde et de la peau du cou. Chez les Sauriens, une branche orbitaire, qui s'anastomose avec les branches du trijumeau, rappelle encore le nerf ophtalmique superficiel et le nerf buccal des Batraciens.

Le *glosso-pharyngien* sort du crâne par un orifice indépendant; cependant il emprunte l'orifice du pneumogastrique chez les Crocodiliens, les Scincoidæ et les Ophidiens. C'est un nerf mixte, qui se ramifie dans la langue comme nerf du goût et dans le pharynx comme nerf moteur; il correspond au nerf du 1ᵉʳ arc branchial des Poissons.

La disposition générale du *pneumogastrique* diffère surtout de celle des Batraciens par l'addition au *ganglion pétreux*, situé sur la racine du nerf à sa sortie du crâne, d'un second ganglion, plus éloigné, le *ganglion noueux*, représentant les ganglions secondaires des rameaux branchiaux des Poissons. Le nerf latéral, par suite de la disparition des organes sensitifs latéraux, est réduit au *rameau auriculaire*.

Trois rameaux métamériques, issus du tronc principal du pneumogastrique représentent autant de nerfs branchiaux; le premier, correspondant au 2ᵉ arc branchial, constitue le 1ᵉʳ *nerf pharyngien*, qui fournit au larynx le *nerf laryngé supérieur*; le 2ᵉ, correspondant au 3ᵉ arc primitif, innerve le pharynx, et fournit aussi un *nerf cardiaque*; le 3ᵉ rameau constitue le *nerf laryngé inférieur* ou *nerf récurrent*. Ces nerfs se rendent aux muscles du larynx (*Sphenodon*) et les caractérisent comme des muscles dérivés des muscles branchiaux des Poissons.

Le pneumogastrique n'est plus, chez les Reptiles, le dernier des nerfs crâniens, comme il l'était chez les Poissons et les Batraciens. Il faut admettre, de toute nécessité, que le crâne s'est ici étendu en arrière, de manière à englober une longueur plus grande de la moelle épinière; d'autre part, que la ceinture scapulaire a également reculé, de manière à laisser libre, entre elle et le crâne, une certaine longueur de la colonne vertébrale, formant la *région cervicale* et correspondant au *cou*. Les paires nerveuses qui suivaient celles constituant le pneumogastrique et qui formaient elles-mêmes le plexus cervical, deviennent, au moins en partie, des paires intra-crâniennes, qui continuent à s'anastomoser entre elles, sans former cependant un véritable plexus, et se répartissent en deux groupes : l'un constituant le *nerf spinal*, ou *nerf accessoire de Willis*, l'autre le *nerf hypoglosse*. Mais la région de la colonne vertébrale qui fait suite au crâne et qui précède la ceinture scapulaire se trouve placée dans les mêmes conditions physiologiques que celle où s'était formé le plexus cervico-brachial des Batraciens; ces conditions physiologiques détermineront ici aussi le groupement en plexus des paires nerveuses qui leur correspondent; seulement, en raison de la plus grande longueur du cou, il se formera deux plexus, un *plexus cervical* et un *plexus brachial*, distincts l'un de l'autre. Ces plexus sont constitués par des paires nerveuses de rang plus élevé que celles qui constituaient le plexus cervico-brachial des Batraciens; ils ne sont donc pas *homologues* de ce dernier, au sens étroit où l'on entend d'habitude ce mot; ils lui sont cependant *comparables*, en ce sens qu'ils résultent de l'action de conditions physiologiques identiques sur des organes métamériques tous de même nature, ne différant que par leur rang dans l'organisme; c'est le genre de similitude qui a été désigné sous le nom d'*homodynamie*, quand on n'avait pas de notions précises sur le mode physiologique de formation des organismes.

Chez les Sauriens Apodes (*Anguis*) et les OPHIDIENS, il ne se constitue pas de *nerf spinal*. Chez les autres Reptiles, un certain nombre de racines médullaires sont reliées par un nerf collecteur longitudinal, qui pénètre dans le crâne et se relie au pneumogastrique, en général au niveau de son ganglion; de ce nerf collecteur partent des rameaux qui se rendent aux muscles de la ceinture thoracique, notamment au sterno-cléido-mastoïdien et au trapèze (*Emys europæa*).

Le *grand hypoglosse* naît en général de la moelle allongée par deux racines (nombreux SAURIENS, OPHIDIENS, *Alligator*, *Emys*), qui correspondent aux racines motrices ou antérieures des nerfs médullaires; les racines postérieures, dont le ganglion persistait encore chez les Sélaciens (*Pristiurus*) et les Batraciens, ont ici disparu, de sorte que le nerf, d'abord mixte, est devenu exclusivement moteur. L'hypoglosse sort le plus souvent du crâne par deux orifices distincts, lorsque ses racines sont multiples; mais il peut aussi sortir par un orifice unique, ou même emprunter l'orifice du pneumogastrique (*Emys europæa*); dans tous les cas, c'est l'os occipital latéral qu'il traverse. Il s'anastomose d'ordinaire avec le spinal et le pneumogastrique, et pénètre dans la langue, à laquelle il fournit ses nerfs moteurs.

Plexus — Chez les Reptiles, deux ou trois branches nerveuses, représentant des racines antérieures, traversent le crâne par des orifices isolés et s'unissent à la première ou aux deux premières paires de nerfs médullaires, pour constituer, comme on l'a dit plus haut, le *plexus cervical*, en s'anastomosant d'ordinaire avec le pneumogastrique et l'hypoglosse. Les nerfs de ce plexus se réunissent en un gros tronc qui distribue ses ramifications aux muscles provenant de la musculature hypobranchiale des Poissons.

Le *plexus brachial* est constitué par un nombre variable de nerfs : 3 chez les *Trionyx*, 4 chez la plupart des autres Chéloniens (*Testudo*, *Emys*, *Chelonia*), les CROCODILIENS, les Geckos, les Orvets (*Anguis*), 6 chez les *Lacerta*. Ce sont les 6e, 7e, 8e et 9e paires de nerfs qui interviennent chez les Geckos, la majorité des Chéloniens et des Sauriens, les paires 7 à 10 chez les Crocodiles, qui ont une vertèbre cervicale de plus que les précédents. Le principal nerf qui se détache de ce plexus est le *nerf médian*, qui, dans l'avant-bras, se divise en *nerf radial* et *nerf cubital*.

Quatre (LACERTILIENS) ou trois (GECKOTIENS) nerfs présacrés, le nerf sacré et un nerf caudal contribuent à la formation du *plexus sacro-lombaire* des Reptiles. Du 3e nerf présacré, avant qu'il ne reçoive une branche anastomotique du second, se détache le *nerf obturateur*; après avoir reçu cette anastomose, il devient le *nerf crural*. La portion du plexus fournie par les 3 nerfs suivants, plus volumineux que les autres, et le nerf post-sacré peut être distingué sous le nom de *plexus ischiatique*, en raison du nerf auquel elle donne naissance.

Grand sympathique. — Le sympathique, dans la région céphalique, chemine en partie dans les os. Il a pour origine apparente, chez les Sauriens (*Anguis*), un connectif en arc, qui va du ganglion de Gasser au pneumogastrique et émet, sur son trajet, un rameau pourvu d'un ganglion, qui se rend à l'hypoglosse. Un second connectif en arc naît en arrière de ce rameau et aboutit au 1ᵉʳ ganglion sympathique, correspondant au 6ᵉ nerf médullaire, en comptant les deux racines de l'hypoglosse comme les deux premiers de ces nerfs. Le cordon longitudinal se divise, à l'origine du cou, chez les Crocodiles, en deux autres, l'un courant à la face ventrale de la colonne vertébrale, l'autre (*ramus profundus*) cheminant dans le canal circonscrit par la base des côtes et rappelant le cordon collatéral des Batraciens; des rameaux communicants unissent les deux cordons. En arrivant dans la région du tronc, le cordon collatéral quitte le canal où il cheminait et se soude avec le cordon principal; dans la région correspondant à la carotide primaire, les deux cordons principaux se soudent eux-mêmes en un cordon impair. Chez les Lacertidæ, les Scincoidæ et les Ophidiens, la chaîne sympathique est de même dédoublée dans la région correspondant aux cinq premiers ganglions spinaux, et les deux cordons d'un même côté sont unis par des cordons communicants; ils aboutissent l'un et l'autre au *ganglion supérieur* (*g. supremum*), porté par le glosso-pharyngien, et envoient de là des filaments au trijumeau, au facial et au tronc formé par la fusion du glosso-pharyngien et de l'hypoglosse.

Les nerfs splanchniques naissent déjà, chez les Reptiles, de la région antérieure du grand sympathique. Le pneumogastrique se met en rapport avec le plexus que ces nerfs forment sur l'intestin, et émet un rameau intestinal: il prend, chez les Ophidiens, une importance qui coïncide avec une réduction considérable du sympathique auquel il semble se substituer. Chez les Tortues, les nerfs splanchniques naissent seulement dans la région moyenne de la chaîne thoracique et forment, autour de l'artère cœliaque, un plexus qui l'accompagne dans ses ramifications; un autre plexus, naissant du 1ᵉʳ ganglion thoracique, se développe dans le cœur et les poumons.

Outre le plexus accompagnant les vaisseaux, il peut exister aussi des troncs nerveux sympathiques le long de l'intestin (*Monitor*).

Organes des sens : *Toucher*. — Par l'intermédiaire des taches tactiles des Anoures, les organes tactiles des Reptiles se rattachent aux organes sensoriels des Vertébrés aquatiques. Il existe, en effet, des taches tactiles toutes semblables sur le bord postérieur d'un très grand nombre d'écailles du *Sphenodon* et d'un nombre moindre d'écailles des Sauriens et des Ophidiens, où les cellules tactiles, pourvues chacune d'une fibre nerveuse, sont situées dans la couche basale de l'épiderme. Ces cellules peuvent être isolées (*Sphenodon*, *Chamæleo*) ou groupées en plaques tactiles (Sauriens, Ophidiens). Chez les Crocodiles, plusieurs taches tactiles sont également réunies sur le bord postérieur des écailles, au sommet d'une saillie épidermique; elles occupent le milieu d'un enfoncement qui les reporte dans le corium, et il se constitue de la sorte des corpuscules tactiles en rapport avec les nerfs. Du *Sphenodon* aux Crocodiles, les organes tactiles, faisant suite à ceux des Batraciens, semblent donc former une série progressive.

Organes de l'odorat. — L'appareil olfactif des Reptiles se caractérise relativement à celui des Batraciens : 1° par la formation, dans la région antérieure des fosses nasales proprement dites, d'une chambre particulière, le *vestibule olfactif*; 2° par sa tendance à s'étendre en arrière, au-dessous du cerveau. Ces deux particularités sont liées en partie au développement plus considérable pris par les os de la face et à la formation d'une voûte osseuse palatine, c'est-à-dire d'un plancher crânien plus étendu.

L'appareil présente à peu près les mêmes dispositions chez les Lacertiens, les Scincoïdiens et les Ophidiens. Le *vestibule* (fig. 2094 A, *vest*), est peu étendu; il est tapissé intérieurement par un épiderme à cellules aplaties, continuation de l'épiderme de la surface du corps, et, comme lui, dépourvu d'éléments glandulaires et d'éléments olfactifs. Il est divisé incomplètement en deux compartiments par un repli de la muqueuse partant de l'extrémité du repli latéral de la cavité nasale proprement dite, ou cavité principale, dans laquelle il s'ouvre; il est circonscrit par les os prémaxillaires, maxillaires et nasaux.

La *cavité nasale proprement dite* (*c. pr*) communique par un orifice arrondi avec le vestibule et peut être située au même niveau que lui (*Lacerta, Pseudopus, Ameiva*) ou un peu au-dessus (Chamæleontidæ, Iguanidæ); en arrière, elle s'ouvre par une fente dans le canal qui aboutit à la narine interne; de son côté, elle est circonscrite par les os maxillaires supérieurs, nasaux, lacrymaux et vomers. La cavité nasale est à peu près simple chez les Chamæleontidæ et les Iguanidæ; chez les Lacertiens et les Sauriens, elle est incomplètement divisée en deux cavités superposées, par une lame courbe longitudinale (*cor*), déjà ébauchée chez les Batraciens et constituant la première indication du *cornet du nez*. Cette lame, dont la section transversale est recourbée en forme d'arc ou de faucille, de façon à constituer une sorte de voûte en encorbellement, est un repli de la paroi externe de la muqueuse, soutenu par une lame cartilagineuse, qui s'avance à travers la cavité jusqu'au voisinage de la cloison nasale (B). Le bord libre de cette lame est reçu dans une sorte de gouttière que forment ensemble la cloison nasale et un repli, concave vers le haut, qui naît de celle-ci. La chambre nasale inférieure, placée au-dessous de cette voûte, communique avec la narine interne et constitue une voie purement respiratoire. Le canal lacrymal s'ouvre en général au-dessous de cette voûte; toutefois chez les Geckotiens, son orifice est transporté dans une rainure de la voûte du pharynx; là, les deux orifices peuvent se confondre. L'épithélium olfactif est surtout développé sur la surface supérieure du cornet et dans la portion de la cavité placée au-dessus de lui. Ainsi se différencient la portion respiratoire et la portion olfactive de la cavité nasale.

La cavité nasale des CHÉLONIENS est tout autrement construite. Chez les *Emys*, le cornet n'est représenté que par une saillie de la muqueuse partant de la paroi latérale; par contre, sur la cloison nasale, se développe, faisant saillie vers la cavité, une expansion à bords digités; le cornet, peu développé

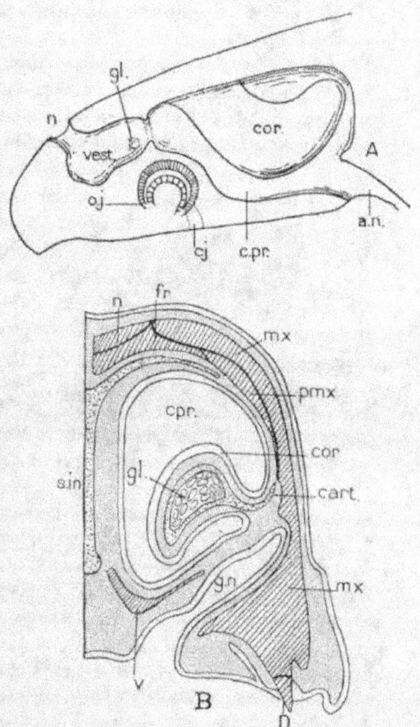

Fig. 2034. — A, Coupe longitudinale de la cavité nasale d'un Lézard (vue de la paroi latérale) : — *n*, narine; *vest*, vestibule; *c.pr*, cavité principale; *cor*, cornet; *a.n*, arrière-narine; *oj*, organe de Jacobson; *cj*, son canal excréteur; *gl*, orifice de la glande nasale. — B, Coupe transversale au niveau du cornet : *n*, nasal; *fr*, frontal; *mx*, maxillaire; *pmx*, prémaxillaire; *v*, vomer; *D*, dent; *s.in*, septum internasal; *cor*, cornet; *cart*, lamelle cartilagineuse du cornet; *gl*, glande nasale; *g.n*, gouttière nasale (A, d'après LEYDIG; B, d'après BONN; les deux figures légèrement modifiées).

d'ailleurs, du *Cinosternum rubrum* est soutenu par un cartilage. La cavité respiratoire, à peine distincte de la cavité olfactive, communique avec l'arrière-bouche par un étroit canal *naso-pharyngien*. Chez les *Chelonia*, une cloison divise en avant chaque cavité nasale en deux cavités superposées; à la cavité supérieure, tapissée d'un épithélium aplati, correspond la narine externe, qui s'allonge, chez le *Chelys fimbriata*, en une trompe soutenue par un cartilage; la cavité inférieure, tapissée par un épithélium cilié, se termine en avant en cæcum; après un assez court trajet, la cloison s'interrompt pour reprendre un peu plus loin et, dans cette nouvelle région, la nature de l'épithélium des deux cavités superposées se trouve intervertie; enfin, tout à fait dans la région postérieure, la cavité supérieure est subdivisée par une nouvelle cloison horizontale en deux autres, toutes deux tapissées par l'épithélium olfactif; la cavité inférieure, placée au-dessous de la cloison primaire, qui, nous l'avons vu, a repris son épithélium aplati, est un simple canal respiratoire qui aboutit à la *narine interne*.

La cavité nasale des Crocodiliens est beaucoup plus compliquée (fig. 2095). Elle est circonscrite en dessous par un processus palatin du maxillaire (*mx*), formant la voûte palatine secondaire, et creusé d'un vaste sinus (*smx*), en dessus par les cartilages nasaux. Immédiatement après la narine externe,

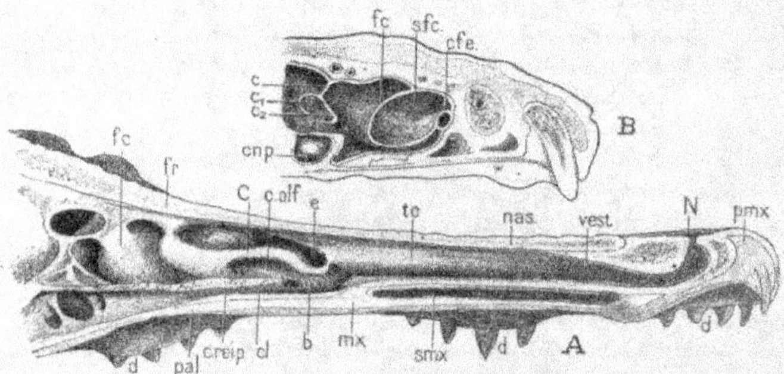

Fig. 2095. — A, Coupe longitudinale de la cavité nasale d'un Crocodile : — N, narine; *pmx*, prémaxillaire; *nas*, nasal; *fr*, frontal; *mx*, maxillaire; *smx*, sinus maxillaire; *pal*, palatin, *d*, dents; *vest*, vestibule; *tc*, travée cartilagineuse, attachée au plafond nasal, et circonscrivant un sinus latéral; *b*, approfondissement du plancher nasal; *cl*, cloison horizontale divisant la partie postérieure de la fosse nasale en deux cavités : la supérieure, olfactive (*c.olf*), l'inférieure respiratoire (*c.resp.*), celle-ci aboutissant à l'arrière-narine; C, cornet; *fc*, « faux cornet ». — B, Coupe transversale menée au niveau de la lettre *c* de la figure A; *c*, lamelle du cornet et ses deux branches, c₁,c₂; *fc*, faux cornet; *sfc*, sinus qu'il circonscrit; *cfe*, son canal faisant communiquer le sinus avec la cavité nasale; *cnp*, cavité nasale postérieure (Gaupp).

un long vestibule nasal, très plat, mais s'élargissant rapidement, s'étend en arrière, flanqué de part et d'autre d'un repli longitudinal, dépendant du plafond de ce vestibule. Assez loin en arrière (en *b*), le plancher de la cavité nasale s'abaisse, et, à partir de ce point, une cloison horizontale la divise en deux cavités superposées : la supérieure, fermée en arrière, est la cavité olfactive proprement dite (*c. olf*), tandis que l'inférieure, aboutissant à la narine interne, représente un canal respiratoire (*c. resp*). Du plafond de la cavité olfactive descend une saillie lamelleuse (B, *c*) presque verticale, soutenue par un cartilage; elle ne tarde pas à se diviser en deux lames courbes divergentes, concaves l'une vers l'autre (*c₁*, *c₂*) et que l'on peut comparer au cornet des Sauriens. En dehors de ce cornet, un second repli lamelleux, semi-cylindrique (*fc*), fixé par son bord médial au plafond de la cavité nasale et, par son bord latéral, à la paroi latérale de celle-ci, circonscrit une cavité étendue dans le sens longitudinal (*sfc*), qui dépasse en avant et en arrière le cornet (fig. 2095 A et B, *fc*); cette cavité communique avec un canal latéral (B, *cfe*) cheminant dans le cartilage ethmoïdal, et aboutissant à un petit sinus, qui s'ouvre enfin, au-dessous du cornet, dans la cavité nasale; ce système compliqué de cavités, tapissé par un épithélium non différencié, ne sert pas à l'olfaction; la muqueuse fonctionnellement olfactive se trouve exclusivement dans le fond de la cavité nasale et sur une partie de la cloison.

Les *glandes nasales* sont moins nombreuses chez les Reptiles que chez les Batraciens. Chez les LACERTIENS, SCINCOÏDIENS, OPHIDIENS, une grosse glande recouvre la paroi latérale externe des fosses nasales et acquiert son maximum de développement dans le repli de la muqueuse qui est l'origine du cornet, dans lequel elle est, à un certain niveau, entièrement enchâssée (fig. 2094 B, *gl*), et dont elle a peut-être déterminé elle-même la formation; son canal excréteur s'ouvre dans la cavité nasale, à la limite entre le vestibule et la cavité olfactive. Chez les TORTUES, deux glandes, de dimensions variables, sont placées sur la voûte des fosses nasales, en partie au-dessous de la peau, en partie au-dessous des préfrontaux; elles s'ouvrent dans la région antérieure des fosses nasales.

D'autres grosses glandes se trouvent, chez les *Trionyx*, sur la région moyenne des fosses nasales, dans lesquelles elles s'ouvrent par plusieurs conduits, ou, chez les *Testudo*, dans la région postérieure; elles s'ouvrent alors dans la bouche (*glandes palatines*). Ces diverses glandes sont remplacées, chez les *Sphargis*, par des glandes unicellulaires. Il n'existe, chez les *Crocodiles*, qu'une seule glande nasale, contenue dans la cavité maxillaire.

Les SAURIENS et les OPHIDIENS possèdent des *organes de Jacobson*, analogues à ceux des Batraciens. Ces organes naissent, comme ceux des Batraciens, de la muqueuse de la cavité nasale, mais ils s'en détachent complètement. Ils prennent alors la forme de deux tubes cylindriques, longitudinalement divisés en deux moitiés, dont l'une s'invagine dans l'autre (fig. 2094, *oj*). La paroi du demi-cylindre extérieur est épaisse et reçoit des ramifications du nerf olfactif; celle du demi-cylindre invaginé est mince et non sensorielle. Un canal excréteur (*cj*) partant de l'extrémité antérieure de l'organe vient s'ouvrir dans la bouche, à travers le palais, assez loin en avant des narines internes, tandis que cet orifice se trouve dans ces narines mêmes chez les Batraciens.

Chez les CHÉLONIENS, l'organe de Jacobson ne communique pas avec la bouche et peut se réduire à une expansion vers l'extérieur d'une région différenciée de la muqueuse olfactive, qui s'étend parfois aussi à la région respiratoire (*Testudo*, *Emys*). Chez les CROCODILIENS, l'organe de Jacobson se borne enfin à s'ébaucher pour disparaître ensuite.

Organes de l'ouïe. — Pas plus que les Batraciens, les Reptiles n'ont d'*oreille externe*; dans le voisinage de l'orifice tympanique, un repli de la peau ébauche cependant chez les CROCODILIENS un commencement de pavillon.

L'*oreille moyenne* elle-même diffère peu de celle des Batraciens. En général (CHÉLONIENS, CROCODILIENS), ses parois sont constituées par l'os carré; mais les os voisins peuvent aussi participer, en proportion variable, à leur constitution. Elle présente, comme chez les Anoures, trois ouvertures : l'une ouverte à la surface du crâne, est fermée par le *tympan*; une autre, tournée vers le labyrinthe, la *fenêtre ovale*, est fermée aussi par une membrane; une troisième met en communication, soit directement (SAURIENS), soit par l'intermédaire d'un canal, la *trompe d'Eustache*, la cavité, pleine d'air, de la caisse du tympan avec le pharynx. Au tympan s'attache une tige, cartilagineuse ou osseuse, la *columelle*, dont l'autre extrémité, en forme de disque ou d'opercule, s'applique sur la membrane de la fenêtre ovale. Ces dispositions générales sont sujettes à de nombreuses variations.

Chez les SCINCOIDIENS et les CAMÉLÉONIENS, il n'y a pas de tympan; chez le

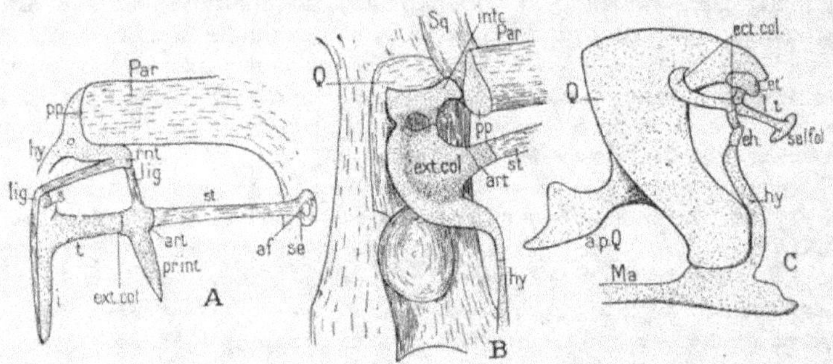

Fig. 2096. — La columelle de l'oreille chez les Reptiles : — A, Schéma de la columelle droite d'un Saurien, vue par la face antérieure : *st*, *stapes* ou étrier, segment interne de la columelle; *ext.col*, extracolumelle, son segment externe; les deux segments faiblement articulés en *art*, ou en continuité, mais différenciés en ce que le stapes s'ossifie tandis que l'extracolumelle reste cartilagineuse ou se calcifie tout au plus. Le pied de l'étrier ou *sole*, *se*, s'applique sur la fenêtre ovale et est souvent percé d'un orifice *af*, où passe l'artère faciale. L'extracolumelle comprend d'une part, une tige, *t*, faisant suite à celle de l'étrier et présentant à sa base une apophyse interne (*pr.int*), et, d'autre part, une branche tympanique, divisée en une apophyse supérieure (*ps*) et une apophyse inférieure (*pi*), appliquée sur le tympan ou reliée à lui; *hy*, arc hyoïdien, appliqué contre la plaque parotique (*pp*) de l'apophyse parotique du crâne, *Par*, *lig*, ligaments. — B, Columelle du *Sphenodon punctatus*. Elle est en continuité directe avec l'arc hyoïdien. Mêmes lettres; en plus : *Sq*, squamosal; *Q*, carré. — C, Columelle du *Crocodilus acutus* : *Ma*, mandibule; *hy*, arc hyoïdien; *eh*, épibyal; *ext.col*, *et* = *st*, *se*, comme en A; *Q*, carré ap.*Q*, son apophyse ptérygoïde (VERLUYS, C, copié de PARKER).

Sphenodon, la caisse du tympan est réduite à un espace situé derrière l'os carré, sur lequel s'étend une membrane correspondant au tympan; chez les AMPHISBÉNIENS, elle fait défaut et la trompe d'Eustache disparaît à son tour chez les OPHIDIENS. Comme, dans tous ces groupes, la columelle persiste cependant, au moins dans quelques-unes de ses parties; si l'on admet que son existence ait été provoquée par la formation de la caisse du tympan, il faut admettre qu'une régression graduelle de l'oreille moyenne s'est produite des Scincoïdiens aux Ophidiens.

La caisse tympanique des LACERTIENS n'est qu'un diverticule, très peu spacieux, en partie limité par les muscles masticateurs, de la cavité pharyngienne, avec laquelle il demeure en large communication; il en est de même chez les GECKOTIENS, mais la communication des deux cavités y devient très étroite.

Chez les CHÉLONIENS, la cavité de la caisse du tympan est subdivisée en une région extérieure très large et une région médiale beaucoup plus petite, par une cloison allant de l'os carré à la columelle : la région extérieure, tournée vers le labyrinthe, est l'*antivestibulum* ; les trompes d'Eustache sont courbées en arc et leurs orifices dans le pharynx assez distants l'un de l'autre.

Chez les Crocodiliens (1), chaque caisse tympanique est en communication avec des cavités pratiquées dans les os environnants, et tapissées par des expansions de sa muqueuse ; ces cavités présentent une disposition régulière, constante dans chaque genre, et sont remplies d'air (fig. 2097). La communication entre l'oreille moyenne et le pharynx s'établit par un orifice unique (*n*), situé sur la ligne médiane et que peut fermer une valvule semi-circulaire ; à cet orifice aboutissent trois canaux, un médian (*o*) et deux latéraux divergents et membraneux (*p, p*) ; le canal médian se divise bientôt en deux branches (*q. r.*), également verticales, dont l'une s'engage dans le basi-

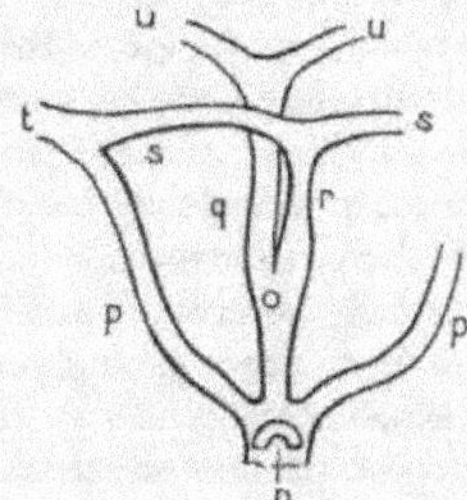

Fig. 2097. — Canaux de communication des deux cavités tympaniques avec le pharynx chez les Crocodiles : — *n*, orifice pharyngien commun, avec sa valvule ; *o*, canal médian, logé entre le basi-occipital et le basi-sphénoïde, et se divisant en arrière en deux branches : l'une antérieure, *r*, pénétrant dans le basi-sphénoïde, l'autre, postérieure, *q*, montant dans le basi-occipital. Toutes les deux se bifurquent en T en arrière, et donnent chacune deux branches qui vont respectivement déboucher dans une des caisses tympaniques, sur le fond de la caisse ; *p*, canal accessoire partant du voisinage de l'orifice pharyngien, et rejoignant la branche *s*, émanée de *r*, pour déboucher avec elle par un canal commun *t*, dans l'oreille moyenne correspondante (Gegenbaur).

sphénoïde, tandis que l'autre continue sa route dans le basi-occipital. Ces deux canaux ne tardent pas à se diviser chacun en deux branches opposées (*s, s ; u, u*), se dirigeant chacune vers une oreille ; les deux branches (*s*) du canal antérieur, creusées dans le basi-sphénoïde, reçoivent les deux canaux latéraux (*p, p*) et vont s'ouvrir sur le plancher de la caisse du tympan, où aboutissent également les branches (*u, u*) du canal postérieur. Les deux caisses du tympan communiquent ainsi directement entre elles.

La columelle apparaît encore nettement comme une partie détachée de l'os hyoïde, chez le *Sphenodon* (fig. 2096 B), les Geckotiens (*Platydactylus*) et même les Lézards (*Lacerta*). Chez le *Sphenodon*, l'hyoïde s'étend jusque dans la région otique, où il se dilate en une plaque cartilagineuse (*extracolumelle*), arrondie extérieurement, percée d'un large trou et en rapport avec la membrane du tympan. De ce cartilage, qui est lui-même rattaché au crâne par un *processus parotique* (*pp*), se détache une tige ossifiée allongée, la *columelle* proprement dite (*stapes, st*), dont l'extrémité épaissie va s'appliquer sur la fenêtre ovale (fig. 2096 A, *se*) ; le *stapes* est

---

(1) Edouard Van Beneden, Recherches sur l'oreille moyenne des Crocodiliens et ses communications multiples avec le pharynx. *Archives de Biologie*, t. III, 1883.

relié à l'extra-columelle par une articulation immobile (*art*), qui disparaît chez la plupart des Sauriens. Il existe une disposition analogue chez les Geckotiens (*Platydactylus*), où le cartilage tympanique de la columelle est en rapport avec une apophyse de l'épiotique, qui fait suite à l'hyoïde. La corne antérieure de l'hyoïde arrive également chez les *Lacerta*, jusqu'à la columelle, qui commence ici à se diviser en une chaîne d'osselets. Cette division est particulièrement accentuée chez les Crocodiliens, où d'autres petites pièces ou des apophyses se relient encore à la columelle et à l'extra-columelle (C).

L'oreille interne des Reptiles diffère de celle des Batraciens par l'ampleur de ses canaux semi-circulaires, qui se manifeste déjà chez le *Sphenodon* et qui ne demeure relativement faible que chez les Tortues. Chez le *Sphenodon*, chez beaucoup de Sauriens (*Iguana*, etc.) et chez les Crocodiliens, l'arc antérieur est beaucoup plus développé que les autres. Le saccule, situé chez les Batraciens au-dessous de l'utricule, vient se placer sur sa face externe et prend un grand développement, manifeste même chez les Serpents (*Python*) et chez les Chéloniens, et l'orifice de communication des deux sacs se transporte dans la région externe et inférieure de l'utricule. Le diverticule sacculaire, qui se termine par la *lagena*, occupe, chez les Tortues, la même place que chez les Urodèles, au-dessous et en arrière du saccule ; il passe en dehors et en dessous chez les Serpents et, partout, communique avec lui par un court et étroit canal, le *canalis reuniens*. Comme cela a déjà été ébauché chez les Anoures, le diverticule présente à sa base un renflement plus ou moins individualisé ; cette région basilaire renferme, comme la lagena terminale elle-même, une tache acoustique. La tache basilaire est, dans les deux groupes sus-nommés, comme chez les Anoures, plus petite que la tache de la lagena. C'est pourtant elle qui, dans les Vertébrés supérieurs, prendra la prédominance et formera le limaçon, tandis que la lagena s'effacera. La tache basilaire repose sur une partie épaissie de la paroi, qui deviendra la *membrane basilaire* de l'organe de Corti et mérite déjà ce nom.

Chez le *Sphenodon* et la plupart des Sauriens, ce sont au contraire la partie basilaire et sa papille qui prennent l'avance sur la lagena. Il y a donc lieu de considérer la disposition réalisée chez les Crocodiles et les Chéloniens comme le résultat d'une régression. La région basilaire n'est d'ailleurs pas ici nettement individualisée et se confond avec la lagena. La papille présente des modifications diverses : elle est simple chez les *Iguana*, se divise en deux chez les *Lacerta*, *Psammosaurus*, etc. ; enfin, chez les *Platydactylus*, *Egernia*, *Plestiodon*, etc., elle s'allonge, ainsi que la membrane basilaire sur laquelle elle repose, entraînant dans son accroissement la partie dans laquelle elle est logée. La région basilaire, dont l'organisation interne s'est ainsi compliquée, est maintenant dans la voie qu'elle a dû suivre également chez les ancêtres amphibiens des Mammifères pour constituer l'organe caractéristique et prédominant de leur oreille interne, le *limaçon*.

Le développement du diverticule sacculaire atteint son maximum chez les Crocodiliens parmi les Reptiles. Il y est devenu un tube ventral cylindrique, allongé, légèrement aplati, tronqué au sommet, légèrement enroulé, déjà comparable au *canal cochléaire* des Mammifères ; un étroit canal, correspondant au *canalis reuniens*, le relie au saccule. Ce canal cochléaire est librement logé dans un autre canal creusé dans le squelette, le *limaçon osseux*, aux parois duquel il est fixé le long de deux lignes longitudinales opposées par des bandelettes cartilagineuses développées dans la membrane basilaire : la cavité du limaçon osseux se trouve ainsi divisée en deux rampes, de part et d'autre du canal cochléaire, nommées, l'une *rampe tympanique* et l'autre *rampe vestibulaire*, parce qu'elles aboutissent respectivement l'une au vestibule qui loge côte à côte l'utricule et la saccule, l'autre à la fenêtre ovale, dont la membrane la sépare de la caisse du tympan. La partie avoisinante du canal cochléaire est recouverte d'une membrane richement vascularisée, le *tegmentum vasculosum*.

La membrane basilaire du canal cochléaire, qui sépare celui-ci de la rampe tympanique du limaçon osseux, supporte, dans la région de pénétration du nerf basilaire, un épithélium très élevé, formé de cellules portant des soies et qui n'est autre que la papille basilaire très développée ; elle peut prendre désormais le nom *d'organe de Corti*. Au-dessus de l'organe de Corti s'étend une formation cuticulaire, la *membrane recouvrante* (*membrana tectoria*), procédant de la paroi du canal cochléaire et que nous verrons se développer chez les Vertébrés supérieurs aux Reptiles. Dans l'organe de Corti, se ramifie le rameau basilaire du nerf acoustique, qui rampe dans la partie axiale du limaçon osseux ; il envoie une branche à la papille de la lagena située à l'extrémité cœcale du canal et que recouvre aussi une mince membrane recouvrante ; dans cette extrémité cœcale se trouve un petit amas d'otolithes.

Organes de la vue. — Le développement de l'œil présente les mêmes traits généraux chez les Vertébrés ; il a été déjà décrit p. 2.616. Nous n'avons à indiquer ici que les particularités de détail que peut présenter l'œil des Reptiles. Il est à peu près sphéroïdal. La sclérotique, sauf chez les Serpents, est en grande partie cartilagineuse ; chez les Sauriens et les Tortues, elle présente souvent des plaques osseuses (fig. 2098, *osc*), de formes très variables, imbriquées de manière à former un anneau péri-pupillaire et qui existaient déjà chez des formes fossiles de Batraciens (Stégocéphales) et chez les Ichthyosaures. La cornée est plus convexe que chez les Batraciens. Le cristallin (*cr*), presque sphérique chez les Tortues et les Serpents, est aplati chez les autres Reptiles et ses deux faces présentent une courbure différente. Dans le premier cas, la chambre postérieure de l'œil est très réduite ; c'est au contraire la chambre antérieure dans le second, où elle peut se réduire à une simple fente entre le cristallin et la cornée. Chez les Lacertiens, les Scincoïdiens et quelques autres types, il se développe un *tapis* sur la choroïde. Un repli plus ou moins étendu de tissu conjonctif, très richement vascularisé et fortement pigmenté, pénètre dans la chambre postérieure de l'œil en partant de la pupille du nerf optique ; ce repli, en forme de coin ou de massue, correspond d'une part à la *campanule de Haller* des Poissons, d'autre part au *peigne* de l'œil des Oiseaux. Ce peigne est surtout bien développé chez les Lacertiens, les Scincoïdiens et les Iguaniens; il est rudimentaire chez les Crocodiliens et les Ophidiens; il fait défaut aux Chéloniens et au *Sphenodon*; il est remplacé, chez les *Trachysaurus* et *Lygosoma*, par un tractus de tissu conjonctif enveloppant un faisceau de vaisseaux, qui part de la papille du nerf optique et vient s'attacher à la face postérieure de la capsule du cristallin. Les muscles de l'iris sont bien développés et formés de fibres striées, ainsi que le muscle ciliaire.

Sauf chez les Crocodiliens, où la rétine renferme en même temps des bâtonnets et des cônes, ceux-ci beaucoup plus nombreux, les Reptiles ne possèdent que des cônes, particulièrement courts chez les Serpents. On en compte 76.000 par millimètre carré chez la *Testudo græca*. Chez beaucoup de Sauriens et de Chéloniens, comme cela se rencontrait aussi chez le *Protopterus* et beaucoup d'Anoures, ils présentent dans leur article interne des gouttes de lipoïdes, dont la plupart sont colorées par des lipochromes en jaune ou rouge, plus rarement en bleu ou vert. Les Crocodiliens ont, sans doute en rapport avec leur vie nocturne, un *tapis rétinien*, qu'il ne faut pas confondre avec le tapis choroïdien dont il a été précédemment parlé. Il est dû à la présence, dans les calices pigmentaires de la couche externe de la rétine en rapport avec les bâtonnets, de petits cristaux qui réfléchissent vivement la lumière et rendent le fond de l'œil comme lumineux.

Paupières. — Il existe constamment, chez les Reptiles, deux paupières, auxquelles s'ajoute une *membrane nictitante*.

Les *paupières* sont très diversement développées. Sauf chez les Crocodiliens, la paupière inférieure soutenue par une lamelle cartilagineuse, est en général plus grande et plus mobile que la supérieure. Les paupières, très caractéristiques, des CHAMÆLEONTIDÆ sont réunies, en avant de l'œil, en un voile continu, percé d'un petit orifice central. Chez certains Sauriens qui se creusent dans le sable des galeries où ils se tiennent cachés (*Eremias*), la paupière inférieure présente en son milieu une plage transparente, particulièrement grande dans les *Cabrita*, de l'Inde. C'est la paupière inférieure qui devient entièrement transparente chez certaines Tortues d'eau douce (*Chelodina*).

Enfin, chez les Geckos, les AMPHISBÆNIDÆ et tous les SERPENTS, la paupière inférieure se relève entièrement en avant de l'œil et se soude à la supérieure, restée rudimentaire, de façon à former un rideau complet transparent, séparé de la cornée par un espace rempli de lymphe, et derrière lequel l'œil est mobile.

La *membrane nictitante* (fig. 2098 A, *mn*) existe chez tous les Reptiles dont les paupières ne sont pas soudées; elle est fixée à la partie supéro-antérieure de l'orbite et peut descendre de là sur la surface de l'œil qu'elle recouvre. Elle renferme des fibres musculaires lisses. Son bord libre, soutenu par un bourrelet cartilagineux, se prolonge par une longue corde tendineuse (*t*), qui se dirige obliquement vers la région opposée du globe de l'œil, contourne celui-ci, et vient se terminer à l'arrière, en rapport avec le muscle pyramidal dont il sera question plus loin.

Les *muscles de l'œil* sont tout d'abord les 6 muscles ordinaires qu'on retrouve chez tous les Vertébrés : les *muscles droits supérieur, inférieur, externe* ou *postérieur, interne* ou *antérieur* (*mds, mdi, mde*), puis les 2 *muscles obliques* (*moi, moe*) ; en outre, il existe un *muscle rétracteur* du globe oculaire (*mr*), absent chez les Ophidiens, divisé en plusieurs faisceaux séparés chez les Chéloniens. Enfin un complexe musculaire est en rapport avec la membrane nictitante : chez les Crocodiliens, il comprend seulement un *muscle pyramidal*, étalé en éventail sur la surface postérieure de l'œil, et dont le sommet se continue directement par le tendon mentionné plus haut de la 3ᵉ paupière ; la contraction de ce muscle pyramidal a pour effet

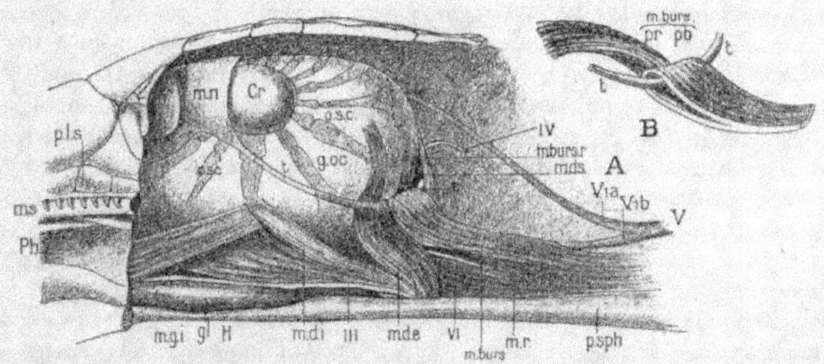

Fig. 2098. — OEil de *Lacerta viridis*, en place dans l'orbite, qui est en partie ouverte : — *ms*, maxillaire supérieur ; *Ph*, le pharynx, vu par sa face interne ; *pls*, plaques labiales supérieures ; *p.sph*, présphénoïde cartilagineux, qui touche en bas, sur la ligne médiane, le cartilage interorbitaire ; *gl.H*, glande de Harder ; *Cr*, cristallin ; *g.oc*, globe oculaire ; *osc*, os sclérotiaux ; *mn*, membrane nictitante ; *t*, son tendon, qu'on voit, par transparence, passer sous le muscle droit externe (*m.d.e*), qui traverse l'anse du *musculus bursalis* (*m.burs*), et reparaît, en *t'*, entre le globe de l'œil et le muscle droit supérieur (*m.d.s*) ; *m.d.i*, muscle droit inférieur ; *m.g.i*, un grand oblique ; *mr*, muscle rétracteur de l'œil ; III, IV, VI, nerfs moteurs de l'œil ; V, trijumeau et ses branches : *V.la, V.lb*. — En B, anse du *musculus bursalis* (*m.burs*) autour du tendon *t* de la membrane nictitante ; *pb*, son faisceau bursal ; *pr*, son faisceau rétracteur de l'œil (Max Weber).

de tirer sur ce tendon et d'étaler la membrane. Chez les Chéloniens, ce muscle pyramidal envoie un faisceau à la paupière supérieure. Enfin, chez les Sauriens, un *muscle en bourse* (*musculus bursalis, m. burs*) que nous retrouverons mieux développé chez les Oiseaux sous le nom de *muscle carré*, part du plancher de l'orbite, tout à côté du muscle rétracteur du bulbe, puis vient se recourber, en lui faisant une gaine, autour du tendon, très épaissi en ce point, de la membrane nictitante (fig. 2098 B) ; il contribue en tirant sur cette sorte de lacet, à étendre la membrane nictitante au devant de l'œil.

Glandes de l'œil. — Il en existe deux : la *glande lacrymale*, au côté postéro-supérieur de l'orbite, et la *glande de Harder*, au côté opposé (fig. 2098). Cette dernière est une glande tubuleuse, très développée chez les Tortues, qui s'ouvre par un seul conduit à la surface interne de la membrane nictitante. La glande lacrymale s'ouvre par plusieurs canaux à la face interne des paupières. Elle est particulièrement développée chez les Tortues marines et chez les Crocodiliens.

A la commissure interne (ou antérieure) des paupières, se voient les

2 orifices des *conduits lacrymaux*; ces derniers se réunissent en un canal, qui vient s'ouvrir dans la cavité nasale à des endroits variables; il y conduit les sécrétions des glandes de l'œil. Chez les Serpents, la glande de l'œil, qui paraît devoir être homologuée à la glande de Harder va s'ouvrir directement dans le canal lacrymal, celui-ci en conduit la sécrétion dans la bouche, tout près de l'orifice de l'organe de Jacobson. La glande n'a plus de rapport avec l'œil et joue sans doute le rôle d'une glande salivaire accessoire.

Œil pinéal. — Il a été déjà mentionné (p. 3056) que l'épiphyse se trouve, chez les Sauriens, en rapport avec un organe particulier, dont la structure rappelle tout à fait celle d'un œil, et qui a reçu le nom d'*œil pinéal*, *œil pariétal*, *organe pinéal*, quelquefois d'*organe parapinéal*. Il importe de préciser sa répartition, sa structure et ses homologies. Il est nettement représenté avec sa structure hautement caractérisée, chez le *Sphenodon* et chez beaucoup de Sauriens (fig. 2099). Il est logé alors dans un orifice percé dans le pariétal, l'*orifice pariétal*, et vient se mettre en rapport avec la peau qui recouvre cet orifice. Comme le trou pariétal a été retrouvé chez la plupart des sous-classes de Reptiles éteints, il est vraisemblable que l'œil pinéal avait, dans ces formes, une extension assez générale. Dans les Reptiles actuels, seuls le *Sphenodon*, les *Lacerta*, les *Anguis* et quelques autres sont pourvus d'un œil pinéal pouvant avoir vraiment une valeur fonctionnelle; partout ailleurs, il présente des preuves certaines de régression. Il manque totalement aux Geckos, et aux représentants des groupes de Reptiles actuels autres que les Sauriens.

A son état de plus complet développement, l'œil pinéal se présente sous la forme d'une vésicule, de forme variable, même chez les divers individus d'une même espèce, tantôt sphérique, tantôt allongée, tantôt, au contraire, plus ou moins aplatie. La portion extérieure de la paroi, sous-jacente à la peau, est en général épaissie de façon à constituer une lentille comparable à un cristallin. La paroi postérieure, épaissie elle aussi, a, au contraire, tous les caractères d'une surface sensorielle analogue à une rétine. Elle renferme des cellules sensorielles, dont la surface, du côté de la cavité de la vésicule, porte de fins prolongements, ressemblant à des cils et baignant dans le liquide qui la remplit; leur base est en rapport avec des fibres nerveuses, qui forment, par leur juxtaposition, une zone plexiforme au niveau du quart externe de la rétine. Entre les cellules visuelles sont interposées des cellules de soutien, pigmentées de brun. La cavité de la vésicule oculaire est remplie par un *corps vitré*, renfermant quelques cellules. Au sortir de l'œil, les fibres nerveuses se réunissent en un nerf (*np*) d'assez faibles dimensions, qui descend vers le cerveau, passe en avant de l'épiphyse, va atteindre le plafond du thalamencéphale au niveau de la commissure habénulaire (*ch*), et se prolonge de façon à aboutir soit au ganglion habénulaire droit (SAURIENS), soit au gauche (*Sphenodon*). Toutefois, à part les genres que nous avons cités plus haut, ce nerf disparaît dans le cours du développement, en même temps que l'organe lui-même montre des caractères de dégénérescence.

Que représente morphologiquement cet organe, qui, au point de vue fonctionnel, semble tout au plus capable de percevoir des différences d'intensité lumineuse? Il faut noter tout d'abord qu'il n' a pas de relations directes

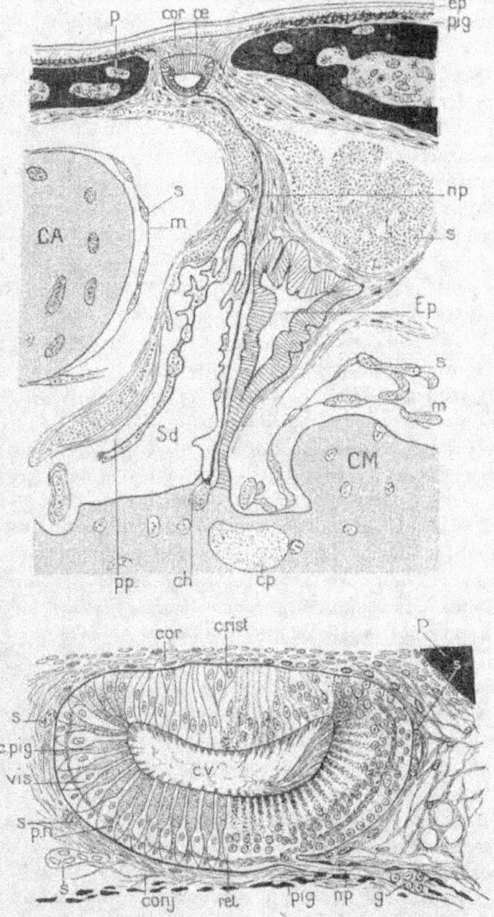

Fig. 2690. — Œil pinéal de *Lacerta agilis*. — A, coupe d'ensemble, légèrement schématisée, montrant les connexions de l'œil pinéal. — B, coupe plus grossie de l'œil : — *ep*, épithélium; *pig*, travées de cellules pigmentaires dans le tissu conjonctif, *P*, os pariétal; *CM*, cerveau moyen (lobes optiques); *CA*, cerveau antérieur; *m*, méninges; *s*, cavités sanguines; *conj*, tissu conjonctif; *œ*, œil pinéal; *cor*, cornée (tissu conjonctif préoculaire, non pigmenté); *np*, nerf pinéal; *ch*, commissure habénulaire; *cp*, commissure postérieure; *c.ab*, commissure aberrante; *Ep*, épiphyse; *Sd*, sac dorsal; *pp*, paraphyse; *crist*, cristallin; *cv*, traînées de cellules du corps vitré; *rét*, rétine; *pn*, plexus nerveux, avec cellules ganglionnaires; *vis*, cellules visuelles; *c.pig*, cellules pigmentaires; *g*, ganglion du nerf pinéal (Nowikoff. Dans la fig. B, la moitié gauche est schématisée d'après Burschi).

avec l'épiphyse, qu'il est placé en avant de celle-ci; dans le développement, il s'individualise de très bonne heure, si même il n'apparaît pas dès le principe indépendamment. On a vu, p. 2514, que les Marsipobranches, seuls de tous les Vertébrés, présentent non pas un, mais deux organes oculiformes dans la région du cerveau intermédiaire ; ces deux organes sont superposés, le plus externe correspond à l'épiphyse et a reçu le nom d'*organe pinéal* ; l'autre, placé au-dessous, est l'*organe parapinéal*. L'organe pinéal est de beaucoup le plus développé ; sa structure rappelle beaucoup celle de l'œil pinéal des Sauriens. Au contraire, les connexions de ce dernier plaident beaucoup plus en faveur de son homologie avec l'organe parapinéal, qui est un peu moins hautement organisé.

Il paraît vraisemblable d'ailleurs que l'organe pinéal et l'organe parapinéal des Marsipobranches ont été primitivement des organes morphologiquement symétriques et formant ensemble une paire ; les fibres nerveuses de l'organe pinéal vont en effet se rendre au ganglion habénulaire droit, tandis qu'on peut suivre celles de l'organe parapinéal jusqu'au ganglion gauche. Les deux organes auraient ensuite chevauché l'un par rapport à l'autre, sous des influences analogues, comme nous l'avons suggéré, à celles qui ont déterminé l'asymétrie de l'Amphioxus.

Appareil uro-génital. — Le *pronéphros* des Reptiles présente de grandes analogies avec celui des Batraciens, dans les types peu nombreux où il est connu. Il y a, chez les Couleuvres, 4 ou 5 canalicules pronéphridiens, métamériques, s'ouvrant dans un canal fermé en avant et continué en arrière par le canal collecteur du pronéphros ; il n'y a plus qu'un seul orifice abdominal chez les *Lacerta*. Le pronéphros perd d'ailleurs peu à peu, à partir des Reptiles, de son étendue, de sa durée, de son importance, tandis que le mésonéphros demeure très développé chez l'embryon, où il est depuis longtemps connu sous le nom de *corps de Wolf*. — Le corps de Wolf persiste encore et conserve ses fonctions quelque temps après la naissance ; chez les *Lacerta*, où il a été particulièrement étudié à ce point de vue, il ne s'atrophie et ne perd ses fonctions qu'au cours du premier sommeil hivernal. De l'extrémité postérieure du canal de Leydig se détache alors un nouveau canal, qui court au-dessous de lui, et se mettra bientôt exclusivement au service de l'appareil rénal, constituant ainsi un *uretère définitif*. Autour de sa région terminale, des cordons cellulaires, dérivés de l'épithélium cœlomique, constituent les ébauches de canalicules néphridiens, que des canaux collecteurs plus larges mettront en communication avec lui et qui se mettent d'autre part en rapport avec de nouveaux glomérules de Malpighi. Ainsi se forme le *rein définitif*, ou *métanéphros*, qui dérive manifestement du mésonéphros, mais prend de plus en plus d'importance, tandis que ce dernier s'atrophie et lui cède entièrement ses fonctions. (Voir aux généralités, p. 2058). Des rudiments plus ou moins importants du corps de Wolf subsistent très souvent (fig. 2099 B) ; le degré de réduction n'est pas toujours le même à droite et à gauche. Ces rudiments sont en général représentés par des corps situés entre les oviductes et la colonne vertébrale et présentent une coloration grise ou jaunâtre, en raison de la dégénérescence graisseuse qu'ils ont subie. Aux restes du canal de Wolf et aux canalicules rénaux sont entremêlés de petits kystes, qui constituent chez les mâles le *testicule* accessoire ou épididyme. Le canal de Wolff peut être suivi jusqu'au cloaque chez les Orvets et surtout chez l'*Uromastix acanthurus*, le *Chamæleo vulgaris*, les *Phyllodactylus* et chez les Ophidiens; c'est un canal blanchâtre, quelquefois sinueux, et portant encore quelques canalicules transversaux; c'est ce que l'on appelle l'*ovaire accessoire* chez les femelles; il persiste plus longtemps que le reste du corps de Wolff, mais finit par disparaître chez les *Lacerta*; il en persiste une partie qui s'étend jusqu'au rein chez le *Gongylus ocellatus*, tandis qu'il ne subsiste que sa région distale chez le *Platydactylus fontanus* (1).

Les reins définitifs des Reptiles (fig. 2100, *N*) sont des organes plus ou moins compacts, assez allongés, situés dans la cavité abdominale ou dans le bassin, en général notablement en arrière de leur lieu de formation originel et s'étendant parfois jusque dans la queue. Ils sont, dans certains cas (*Varanus*), lobés et assez souvent se fusionnent sur une partie de leur étendue, notamment dans leur région postérieure (*Iguana, Lacerta*). Chez les Ophidiens, ils sont allongés et situés, non pas symétriquement, mais en arrière l'un de l'autre, ce qui est une conséquence de l'allongement et du rétrécissement du corps; ils sont en outre marqués de sillons transversaux, irréguliers, plus ou moins sinueux, presque également espacés, mais ne paraissant pas présenter une disposition réellement métamérique. Les canalicules urinaires, leurs canaux collecteurs et les vaisseaux présentent un arrangement défini par rapport aux lobes du rein déterminés par ces sillons. Chez les Chéloniens, au contraire, les reins sont courts et larges, mais souvent découpés en lobes, quelquefois très profonds.

L'uretère longe en général le bord du rein et reçoit sur son trajet les canaux collecteurs de celui-ci, dont les derniers se dégagent, chez les Crocodiles et les Tortues, de chacun des lobes importants du rein pour le rejoindre.

Chez les femelles des Lézards et des Serpents, il persiste un reste du canal de Leydig sous la forme d'un tube, terminé en cæcum à son extrémité libre et qui se jette dans l'uretère correspondant, non loin de l'orifice de ce dernier; chez les mâles, où le canal de Leydig s'est adapté aux fonctions de canal déférent, les liens de ce canal et de l'uretère ne sont plus exprimés que parce qu'ils s'ouvrent, de chaque côté, sur une même *papille uro-génitale*, saillante dans le cloaque. Le rudiment du canal de Leydig a disparu chez les femelles des Crocodiles et des Tortues, dont les uretères s'ouvrent isolément de chaque côté sur une papille spéciale, tandis que, chez les mâles, chacun d'eux présente un orifice commun avec le canal déférent correspondant. Les conduits rénaux affectent, en général, une disposition pennée par rapport aux canaux collecteurs dans lesquels ils déversent leur contenu. Ceux-ci présentent des dispositions caractéristiques, que trahit souvent la forme même des reins; c'est ainsi par exemple qu'à chacune de leurs ramifications principales correspond un lobe du rein chez les Crocodiles et les Tortues.

(1) Schoof, Zur Kenntniss des Urogenitalsystem der Saurien. *Archiv für Naturgeschichte*, Bd. I, 1888.

L'*urine* des Reptiles est une concrétion blanche, presque solide, qui permet de distinguer facilement les uretères. Ceux-ci s'ouvrent directement et isolément dans le cloaque. Les Crocodiliens, les Monitoridæ, les Amphisbænidæ, divers autres Sauriens et les Serpents n'ont pas de vessie; il en existe une, au contraire, chez les Tortues et chez la plupart des Sauriens; mais elle ne correspond qu'à une partie de celle des Batraciens. Elle apparaît bien à la même place chez l'embryon, mais elle se développe rapidement pour constituer l'*allantoïde*, dont les dispositions diverses et les fonctions, pendant la durée de la vie embryonnaire sont étudiées p. 2914. Chez l'adulte, la portion de l'allantoïde contenue dans la cavité abdominale peut disparaître avec le reste de cette enveloppe; quand elle subsiste, elle constitue la vessie, de forme allongée (Orvet) ou élargie ou arrondie (Tortues). La vessie n'est recouverte par le péritoine que sur sa face dorsale, chez les Sauriens; elle est entièrement enveloppée par lui chez les Tortues, où un mésentère la relie à la paroi interne du bassin; elle s'ouvre à la face antérieure du cloaque, indépendamment des uretères, au même niveau qu'eux ou un peu plus bas (Tortues).

Appareil mâle. — Chez les Sauriens, les testicules sont deux organes piriformes, qui deviennent ellipsoïdaux ou sphéroïdaux au moment de la reproduction, et qui sont situés bien au-dessus des reins, de chaque côté de la colonne vertébrale (fig. 2100 A, *H*); ils se modifient un peu chez les Amphisbéniens, où ils sont cylindriques et placés l'un derrière l'autre. Quatre ou cinq canaux étroits les réunissent à un *épididyme*, ou *testicule accessoire* (*Nh*), qui n'est à proprement parler que la partie antérieure, fortement convolutée, du canal déférent; entre eux et le testicule se trouve un corps particulier, le *rein accessoire* ou *corps jaune*, qui n'est autre chose que le reste du corps de Wolff (*Lacerta, Anguis*, etc.). Les testicules des Ophidiens sont naturellement de forme plus allongée. Ceux des Tortues sont en forme d'ellipsoïde allongé et placés en dehors et en arrière des reins. De nombreux canaux efférents en partent, pour se rendre à l'épididyme, situé en dedans par rapport à eux et formé par un tube fortement convoluté, dont les anses sont très pressées les unes contre les autres. Tous ces conduits et les testicules eux-mêmes sont enveloppés d'une épaisse couche de tissu conjonctif, riche en fibres musculaires lisses. On sait peu de chose de l'appareil génital mâle du Crocodile.

Le testicule est constitué, chez les Sauriens et les Ophidiens, par de nombreux canalicules pelotonnés; ces canalicules s'anastomosent en réseau chez les Chéloniens.

L'épididyme et le canal déférent des Sauriens sont formés par un tube replié en de nombreuses anses et sinuosités, pressées les unes contre les autres, jusqu'au cloaque; en y arrivant, le canal déférent se confond avec l'uretère et s'ouvre finalement, indépendamment de son symétrique, au sommet d'une papille située sur la paroi du cloaque (fig. 2100 A).

Chez les Tortues, le canal déférent devient rectiligne près de son extrémité; il ne se confond pas avec l'uretère, mais est enfoui avec lui dans une même enveloppe de tissu conjonctif; tous deux s'ouvrent d'une manière indépendante dans le cloaque.

Le canal de Müller peut se réduire plus ou moins, mais il persiste toujours. Il se présente chez les Sauriens sous forme d'un grêle cordon (*T*), qui s'étend en avant depuis l'épididyme jusqu'à la limite de la région pigmentée

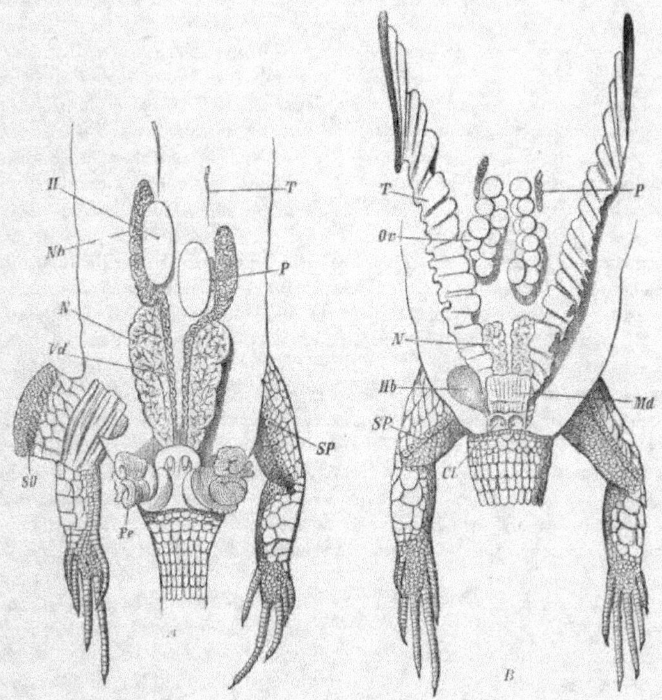

Fig. 2100. — A, appareil génito-urinaire mâle du *Lacerta agilis* : — *N*, rein; *H*, testicule; *Nh*, épididyme; *Vd*, canaux déférents; *P*, restes du corps de Wolff; *T*, rudiments du canal de Müller; *Pe*, les deux pénis, *SD*, glandes fémorales, visibles sous la peau relevée; *SP*, leurs pores externes. — B, Appareil génito-urinaire de la femelle : — *Or*, ovaire; *T*, canal de Müller (oviducte); *Cl*, cloaque; *Md*, intestin terminal ouvert; *Hb*, vessie; les autres lettres comme ci-dessus (emprunté à Claus, d'après Hoffmann).

du péritoine, et se termine en pointe un peu en arrière de l'épididyme. Chez diverses Tortues (*Emys europæa*), chacun de ces canaux est contenu dans un repli péritonéal situé sur le côté du canal déférent et dont la position correspond exactement à celle du repli qui contient l'oviducte chez les femelles. Ils accompagnent sur toute sa longueur le canal déférent correspondant, s'avancent bien plus loin antérieurement et s'ouvrent dans la cavité générale, tandis qu'en arrière, ils se terminent en cæcum un peu avant l'extrémité postérieure du canal déférent (*Emys europæa*). Vers le milieu de leur longueur, leur lumière est obstruée. Cette réduction semble pouvoir aller jusqu'à la disparition de l'organe lui-même, qui n'a pu être retrouvé chez toutes les Tortues. On en a constaté des restes chez les Crocodiles.

Appareil femelle. — Les ovaires des Sauriens (fig. 2100 B, *Ov*) ne sont généralement pas symétriques : le droit est d'ordinaire placé un peu en avant du gauche, et cette dyssymétrie s'accuse chez les formes à pattes très courtes ou nulles et à corps très allongé (*Anguis*). La dyssymétrie s'accuse davantage encore chez les Ophidiens, où l'ovaire droit est plus gros et plus riche en œufs que le gauche, qui peut devenir rudimentaire. La symétrie réapparaît chez les Tortues, où les ovaires, au lieu d'être situés comme chez les Sauriens et les Ophidiens, très en avant des reins, reculent jusqu'au voisinage du cloaque. Ils sont fusiformes chez les Sauriens, plus allongés chez les Ophidiens et prennent chez les Tortues l'aspect de corps elliptiques, plus ou moins déprimés. Dans tous les cas, ils sont enveloppés par le péritoine et reliés à la paroi abdominale par un mésovarium surtout puissant chez les Tortues. Leur paroi est fibreuse et leur cavité traversée par un lacis de travées conjonctives richement vascularisées, délimitant des espaces lymphatiques, et dans les mailles duquel tombent les œufs issus des bandelettes germinatives. Il s'y ajoute chez les Tortues des fibres musculaires lisses.

Comme chez les Batraciens, le repli génital des Reptiles persiste toute la vie, de sorte qu'il se forme constamment des œufs, tandis que cette formation est, chez les Oiseaux, limitée à la vie fœtale et s'arrête peu de temps après la naissance chez les Mammifères. Les œufs de l'ovaire droit des Lacertiliens sont, pendant un certain temps, en avance sur ceux de l'ovaire gauche, mais l'égalité s'établit vers la période de la ponte ; ainsi se préparent les différences si accusées que nous avons signalées tout à l'heure entre les deux ovaires des Ophidiens.

Il existe toujours deux oviductes, résultant d'une simple adaptation des canaux de Müller. Ce sont, chez les Sauriens, deux canaux pliés et repliés une multitude de fois sur eux-mêmes, de manière à paraître constitués par d'innombrables anses transversales superposées (fig. 2100 B, *Od*) ; leur paroi présente une couche fibreuse et une forte couche musculaire et contient des glandes nombreuses sécrétant la substance de la coquille de l'œuf. Une bandelette longitudinale plus épaisse maintient et a sans doute déterminé le plissement transversal du canal. L'oviducte présente chez les Geckos (*Platydactylus, Phyllodactylus*) une série de renflements successifs, capables de contenir chacun un œuf ; cette disposition semble une fixation de la disposition transitoire que présente nécessairement l'oviducte lorsqu'une série d'œufs est engagée à son intérieur. Chaque oviducte s'ouvre dans la cavité générale par un vaste pavillon, au voisinage du bord postérieur du foie ; les deux oviductes sont unis en arrière au rectum par une enveloppe commune de tissu conjonctif, mais ils s'ouvrent séparément un peu au-dessous de lui dans un enfoncement de la paroi dorsale du cloaque. On retrouve une structure analogue chez les Serpents (*Zamenis viridiflavus*) ; mais ici le pavillon terminal, allongé en cuiller, s'ouvre latéralement et son orifice est tourné en dehors ; les plissements transversaux sont moins marqués et disparaissent en arrière ; la bandelette latérale est très faible. L'oviducte droit est notablement plus long que le gauche et tous deux aboutissent à une sorte de poche dyssymétrique, développée aux dépens du cloaque et qui s'étend en avant beaucoup plus à droite qu'à gauche. Il existe déjà une poche analogue chez certains Lacertiliens (*Iguana*). Une fois tombés dans la cavité générale, les œufs mûrs se refoulent et se compriment pour trouver place dans l'étroite cavité générale ; ils forment ainsi une sorte de chaîne compacte, segmentée transversalement, qui se loge au contact de la moitié antérieure de l'oviducte droit. Les oviductes des Tortues sont plissés et pourvus d'une bande latérale comme ceux des Lacertiliens, mais ils sont plus courts, plusieurs fois recourbés et l'ouverture de leurs pavillons est dirigée en arrière. La couche musculaire de leurs parois est très développée, et la couche glandulaire peut atteindre 9 à 10 fois son épaisseur dans la région antérieure et la région moyenne. Dans la région postérieure, la couche musculaire est plus épaisse ; là, les deux oviductes se soudent sans que cependant leurs lumières se confondent et ils s'ouvrent sur le col de la vessie.

Dans les deux sexes, le cloaque des Lacertiliens présente une glande dorsale improprement comparée à une prostate et une glande ventrale plus petite, enfermée dans la paroi cloacale et sécrétant une substance sébacée.

Le *Sphenodon* (*Hatteria*) n'a point d'organes externes de copulation. Au point de vue de ces organes, les autres Reptiles forment deux groupes : l'un comprenant les Sauriens et les Ophidiens, l'autre les Crocodiles, les Tortues et vraisemblablement les Reptiles progéniteurs des Oiseaux, car on retrouve chez les Autruches les mêmes dispositions. Ces organes ne sont bien développés que chez les mâles ; chez les femelles ils existent aussi, mais demeurent à l'état rudimentaire et constituent un *clitoris*. Dans le premier groupe, il existe deux pénis, immédiatement cachés sous la peau de la base de la queue, mais qui ne sont arrivés là que par suite d'une migration ; ils apparaissent en effet, au bout du cloaque, chacun sous la forme d'un tubercule arrondi, librement saillant. Complètement développé, chacun d'eux a la forme d'un corps cylindrique, divisé à son extrémité libre en deux courtes branches terminées en pointe mousse et portant sur la surface de courtes épines épithéliales (fig. 2100 A, *p*). A partir de la région bifurquée court vers la base du pénis un sillon légèrement hélicoïdal dans lequel coule le sperme. Le tissu conjonctif de ces pénis présente tous les caractères d'un tissu érectile : réseau capillaire serré, larges cavernes, fibres musculaires lisses ; l'organe est pourvu d'un muscle rétracteur ; d'autres muscles agissent pour ouvrir, écarter ou rapprocher les lèvres de la fente cloacale. A leur base s'ouvrent deux glandes qui se sont différenciées aux dépens des glandes du cloaque.

Chez les Crocodiles et les Tortues, le pénis, beaucoup moins développé que chez les Sauriens et les Ophidiens, est constitué par deux bourrelets longitudinaux, situés sur la paroi ventrale, contenant de grosses lacunes susceptibles de se remplir de sang et constituant dès lors de véritables corps caverneux. Ces bourrelets sont recouverts par la muqueuse, très riche en fibres lisses ; ils se réunissent en arrière et se terminent par une sorte de *gland* saillant dans le cloaque ; une gouttière s'étend de leur base au sommet du gland. Les parois de la gouttière à sa base et le gland sont constitués par du tissu caverneux. La gouttière est plus profonde et la partie libre du pénis plus développée chez les Crocodiles que chez les Tortues ; les premiers manquent en outre de vessie et de sinus urogénital, de sorte que la gouttière péniale part du cloaque. La forme extérieure du pénis est différente chez les Crocodiles et chez les Tortues ; chez ces dernières, son extrémité peut être simple ou divisée en un certain nombre de lobes pointus, sur chacun desquels se prolonge une ramification de la gouttière spermatique ; cette division en lobes est reproduite par le clitoris. A la base du pénis des Crocodiles se trouvent deux glandes exsertiles, qui représentent peut-être les glandes du pénis des Lacertiliens et semblent indiquer que les Crocodiles ont pu être pourvus d'un pénis tel que celui de ces derniers et qui aurait disparu.

CLASSIFICATION

Nous avons, d'une manière générale, suivi pour la classification des
Reptiles actuels, les données de Boulenger admises par tous les herpé-
tologistes (1).

A. — SOUS-CLASSES DE REPTILES EXCLUSIVEMENT FOSSILES

I. SOUS-CLASSE

PROREPTILIA

*Vertèbres temnospondyles. Membres bien développés, à ceintures de type terrestre.
Apparentés aux Stégocéphales, mais pourvus de vertèbres gastrocentriques. —
Fossiles du Permien de l'Amérique du Nord.*

Eryops, Cope. Vertèbres rachitomes, formées de 3 pièces étroitement juxtaposées, mais
distinctes. *E. megacephalus*, Cope. Crâne long de 40 à 60 centimètres. Permien du Texas.
— *Cricotus*, Cope. Vertèbres embolomères, les arcs neuraux soudés aux interventraux, les
basicentraux unis entre eux, formant une pièce distincte (intercentre). *C. heteroclitus*, Cope.
Permien de l'Illinois et du Texas.

II. SOUS-CLASSE

PROSAURIA

*Vertèbres amphicéliques, lépospondyles ou stéréospondyles, souvent avec des inter-
centres dans la région du tronc et des chevrons mobiles aux vertèbres caudales.*

I. ORDRE

MICROSAURIA

*Petits Reptiles pourvus d'une armature dermique dorsale et d'une armature ven-
trale. Côtes bifurquées.* (Longtemps rapportés aux Batraciens Stégocéphales).

Hylonomus Lyelli, Dawson. Carbonifère de la Nouvelle-Écosse. — *Hyloplesion*, Fritsch
Museau court. *H. Fritschi*, Credn. Permien sup. de Bohême. — *Dawsonia polydens*,
Fritsch. Os de la tête rugueux en dehors. Long. 2 cm. 5 comme les suivants. Permien de
Bohême. — *Melanerpeton pusillum*, Fritsch. Supratemporaux saillants en pointe aux angles
postérieurs du crâne. Permien de Bohême. — *Orthocosta microscopica*, Fritsch. Apophyses
épineuses des vertèbres élargies en éventail. Permien de Bohême. — *Seeleya pusilla*, Fritsch.
Aspect de Lézard; écailles ovales-allongées sur tout le corps. — *Petrobates*, Credner. Armature dermique ventrale simulant des côtes abdominales. *P. truncatulus*, Credn. Grès rouge
inférieur de Saxe.

(1) G.-A. BOULENGER, *Catalogue of the Chelonians, Rhynchocephalians and Crocodiles in
the Brit. Mus.*, 1869. — *Catalogue of the Lizards in the Brit. Mus.*, 3 vol., 1885-1887. — *Catalogue of the Snakes in the Brit. Mus.*, 3 vol., 1893-1896.

II. ORDRE

PROTOROSAURIA

Vertèbres solides; partie tuberculaire des côtes réduite; un trou épicondylien à l'humérus. Pas d'armature dermique dorsale.

1. SOUS-ORDRE

PROTOROSAURI

Moitié ventrale du basssin en grande partie cartilagineuse; pubis représenté par une paire de disques ovales; ischions plus allongés; une armature dermique ventrale formée de chevrons constitués par des séries de pièces paralleles; ilions attachés à plus de deux vertèbres.

Palæohatteria, Credner. Aspect de Lézard, de 40 à 45 centimètres de long. Membres postérieurs plus courts que les antérieurs; arcs neuraux non soudés aux vertèbres. *P. longicaudata*, Credn. Grès rouge inférieur de Saxe. — *Protorosaurus Lincki*, Seeley. Membres postérieurs bien plus longs que les antérieurs. Long. 1 m. 50. Arcs neuraux soudés aux corps vertébraux. Permien supérieur de Thuringe.

2. SOUS-ORDRE

RHYNCHOCEPHALI

Bassin semblable à celui des Lézards. Côtes abdominales trisegmentées. Deux vertèbres sacrées.

Rhynchosaurus, Owen. Narines réunies. Tête courte, à museau replié vers le bas; palatin avec 2 rangées de dents. *R. atriceps*, Owen. Trias sup. d'Angleterre. — *Hyperodapedon*, Huxley, Crâne très court, les palatins avec plus de 2 rangées de dents. *H. Gordoni*, Huxley, 2 mètres de long. Trias d'Ecosse. — *Homæosaurus*, v. Meyer. Narines séparées; crâne allongé. *H. pulchellus*, Zittel. 15 à 20 centimètres de long. Bavière. — *Sauranodon*, Jourdan. Grand *Homæosaurus*, long de 70 centimètres. Jurassique sup. de Bourgogne. — *Pleurosaurus*, v. Meyer. Corps serpentiforme, atteignant 1 m. 50 de long, à membres très courts; plus de 70 vertèbres caudales. *Pl. Thiollieri*, Jourdan. Jurassique supérieur de Bourgogne. D'autres espèces en Saxe. — Une forme vivante en Nouvelle-Zélande : *Sphenodon* (v. p. 3092).

III. *SOUS-CLASSE*

THEROMORPHA

Os carré solidement fixé; un seul arc temporal; un foramen interpariétal; pubis et ischions unis par une robuste symphyse ventrale.

I. ORDRE

PAREIASAURIA

Crâne complètement revêtu d'os dermiques, laissant seulement libres les narines, les orbites, le trou interpariétal. Dents petites, en séries uniformes sur les deux mâchoires. Grands animaux trapus, ayant l'aspect d'immenses grenouilles pourvues d'une courte queue.

Pareiasaurus, Owen. Crâne très massif d'environ 40 centimètres, fortement rugueux. Corps long de plus de 2 mètres et haut de 70 centimètres. *P. Baini*, Seeley. Trias du Cap. — *Elginia mirabilis*, Newton. Crâne seul connu, long de 10 centimètres, portant de fortes épines et des cornes en dessus et à l'arrière. Trias inférieur d'Elgin (Ecosse).

II. ORDRE

THERIODONTIA Owen (= Pelycosauria Cope)

Une paire de fosses temporales, bordées en dessous par le zygoma et séparées par le post-frontal rejoignant le zygoma. Dents différenciées en incisives, canines et molaires, comme chez les Mammifères. Canines inférieures précédant les supérieures.

Fam. **CLEPSYDROPIDÆ**. — Toutes les dents pointues. Canines très saillantes. Incisives en général plus grandes que les molaires. — *Clepsydrops*, Cope: *Dimetrodon*, Cope. Narines séparées par une cloison. Incisives longues, très saillantes, séparées de la canine par une petite barre; molaires courtes. Apophyses épineuses des vertèbres grêles et démesurément longues (60 centimètres pour un corps de 2 cm. 5). *Cl. natalis*, Cope. *D. incisivus*, Cope. Tous du Permien du Texas. — *Naosaurus*, Cope. *Dimetrodon* dont les apophyses épineuses portent de chaque côté 5 ou 6 épines osseuses très longues. *N. claviger*, Cope. Même provenance. — *Lycosaurus*, Owen. 4 incisives à peine plus longues que les 5 molaires et de même forme. Une grande canine précédée d'une petite barre. Maxillaire sinué. *L. curvimola*, Owen. Permien du Cap. — *Ælurosaurus*, Owen. 5 incisives; 5 molaires. Narines fusionnées. *Æ. felinus*, Owen. Permien du Cap. — *Cynodraco*, Owen. 4 incisives de chaque côté; canines tranchantes et crénelées en avant et en arrière; molaires triconodontes comme dans le genre suivant. Grande taille. *C. major*, Owen. Permien du Cap. — *Galesaurus*, Owen. Crâne long et déprimé de 8-9 centimètres de long; 4 incisives; 10 molaires avec une petite pointe basilaire accessoire en avant et en arrière (triconodontes). *G. planiceps*, Owen. Trias du Cap.

Dans le Permien de Russie: *Deuterosaurus biarmicus* Eichwald, *Brithopus* Kutorga, très imparfaitement connus, paraissent pourtant se rattacher à cette famille.

Fam. **DIADECTIDÆ**. — *Molaires allongées perpendiculairement au bord externe du maxillaire, présentant 2 pointes rapprochées à l'angle externe, et une longue surface masticatrice allant de ces pointes au bord interne. Vomer avec une rangée de denticules.*

Empedias Cope. Pas de canine différenciée; rangée de dents continue. *E. molaris*, Cope. — *Diadectes* Cope. Une canine proéminente. *D. sideropelicus* Cope. Tous du Permien du Texas.

Fam. **ENDOTHIODONTIDÆ**. — Ni incisives, ni molaires; le maxillaire, le prémaxillaire et le maxillaire inférieur avec un bord tranchant; à la place de la canine, une forte saillie en forme de dent. Sur le palais, 3 rangées de dents coniques, et autant, leur correspondant sur le bord interne du maxillaire inférieur.

Endothiodon bathystoma Owen. Crâne très massif. Permien du Cap.

Fam. **GOMPHOGNATHIDÆ**. — Molaires multicuspidées.

Gomphognathus, Seeley. Formule dentaire: 3.1.12; une longue barre entre la canine et la molaire. Crâne très semblable à celui d'un Carnivore. *G. polyphagus*, Seeley. Trias du Cap. — *Microgomphodon oligocynus*, Seeley. Trias du Cap. — *Diademodon Browni*, Seeley. Trias du Cap. — *Tritylodon*, Owen. 2 incisives, la 1re grande, la 2e petite; pas de canine: 6 molaires fortement multituberculées. Maxillaire inférieur inconnu. *Tr. longævus*, Owen. Taille d'un Lapin. Trias du Cap. — *Triarchodon*, Seeley. Semblable, mais molaires plus larges que longues. Fort mal connu. Souvent considéré comme des Mammifères, mais ont des frontaux et des post-frontaux distincts, comme les Reptiles. *Tr. Kannemeyri* Seeley. Trias du Cap.

III. ORDRE

ANOMODONTIA

Dents réduites à une paire de fortes canines, ou nulles (peut-être différence sexuelle).

Dicynodon, Owen. Deux énormes canines supérieures. Aucune dent inférieure. *D. feliceps* Owen. Crâne de 12 cm. 5. *D. tigriceps* Owen. Longueur du crâne: 45 centimètres. — *Oudenodon*, Owen. Pas de dents; peut-être les femelles des précédents. *O. magnus*, Owen. — *Cistecephalus microrhinus*, Owen. Voûte crânienne très large en arrière; canines présentes ou absentes.

Toutes ces formes du Permien du Cap; se retrouvent en des formes voisines dans l'Inde dans l'Oural, et même dans le Trias d'Écosse.

IV. ORDRE

PLACODONTIA

Deux à trois dents coniques aux prémaxillaires; trois à cinq molaires larges et plates aux maxillaires; trois paires de plaques beaucoup plus larges, couvrant presque tout le palais.

Placodus, Agassiz. Crâne en triangle allongé. 4 à 5 molaires supérieures. Maxillaire inférieur avec 2 incisives en tronc de cône et 3 molaires en pavé. *Pl. gigas*, Agass. Longueur du crâne : 15 centimètres. Trias moyen de Bavière (aussi en d'autres parties de l'Allemagne et en Russie). — *Cyamodus*, v. Meyer. 2-3 molaires supérieures. Crâne très large. *C. laticeps* Owen. Muschelkalk de Bavière.

IV. *SOUS-CLASSE*

DINOSAURIA

Queue longue; membres construits pour la progression à terre; un grand os carré fixé; côtes bifurquées à la base; une symphyse ischiatique distale. — Du Trias au Crétacé supérieur (Montien).

I. ORDRE

SAUROPODA

Taille très grande; cou et tête très allongés; tête extrêmement petite; prémaxillaires dentés; membres dressés; pieds petits, plantigrades; un pubis simple avec symphyse. Marchaient probablement dans la brousse épaisse, où ils devaient, à l'aide de leur cou, se frayer un passage, la queue traînant à terre. — Du Jurassique supérieur au Crétacé supérieur. Herbivores.

Cetiosaurus, Owen. Vertèbres dorsales opisthocèles, caverneuses; les caudales pleines, amphicèles. Membres antérieurs aussi grands que les postérieurs. Ischions rétrécis à l'extrémité, plus faibles que les ischions. *C. oxoniensis*, Phillips. Avait à peu près 12 mètres de long et 3 mètres de haut. Jurassique supérieur d'Oxford.

Atlantosaurus, Marsh. Ischions élargis à l'extrémité. Vertèbres creusées de grandes cavités. *A. immunis*, Marsh. Pouvait avoir 35 mètres de long. Jurassique sup. du Wyoming. — *Brontosaurus excelsus*, Marsh. 20 mètres de long, 3 mètres de haut. Tête très petite, grosse comme le quart de la 13e vertèbre cervicale. Sacrum de 5 vertèbres soudées, creusées de grosses cavités, renfermant un fort renflement de la moelle. Même origine.

Morosaurus grandis Marsh. Sacrum de 4 vertèbres. Même origine. Des formes alliées dans le Purbeck et le Wealdien d'Angleterre.

Diplodocus longus, Marsh. 26 mètres de long. Dents longues et étroites, droites seulement sur le devant des mâchoires; arcs hémaux avec, de chaque côté, une branche dirigée en avant et une autre dirigée en arrière, les branches de chaque paire soudées en V à leur extrémité distale. Jurassique sup. d'Amérique.

II. ORDRE

THEROPODA

Comme les précédents, mais digitigrades et carnivores. Pattes terminées par des griffes recourbées; les antérieures plus courtes que les postérieures. Progression à la manière des Kanguroos. Pubis et ischions plus ou moins élargis et soudés en symphyse à leur extrémité distale. Os caverneux ou creux.

Zanclodon, Plieninger. Vertèbres pleines, toutes amphicéliques. Pattes antérieures et postérieures à 5 doigts. *Z. lævis*. Plien. Trias sup. de Wurtemberg. Longueur vraisemblable, 3 mètres.

Megalosaurus, Buckland. Vertèbres pleines ou creusées de petites cavités, opisthocèles ou biplanes, amphicèles dans la région cardiaque. Sacrum de 5 vertèbres. Main avec 5 doigts, pieds avec 4. Des côtes abdominales. Taille gigantesque. *M. Bucklandi*, v. Meyer. Jurassique moyen de France et d'Angleterre. — *Allosaurus*, Marsh. 4 doigts en avant, 3 en arrière. *A. agilis*, Marsh. Jurassique sup. de l'Amérique du Nord.

Ceratosaurus, Marsh. Crâne avec, sur les nasaux, une crête longitudinale, que surmontait sans doute une lame cornée tranchante ; métatarsiens soudés. *C. nasicornis*, Marsh. Jurassique sup. du Colorado.

Anchisaurus, Marsh. Vertèbres amphicèles, mais creuses comme tous les os du squelette. Mains et pieds à 5 doigts, dont l'externe est rudimentaire. *A. major*, Marsh. Trias de l'Amérique du Nord.

Cœlurus, Marsh. Tous les os du squelette creux, réduits à leur table osseuse externe. Environ 2 à 3 mètres. *C. fragilis*, Marsh. Jurassique sup. du Wyoming.

Compsognathus, Wagner. Tous les os creux. Patte postérieure presque semblable à celle des Oiseaux : fémur bien plus court que le tibia ; trois doigts en avant et en arrière. *C. longipes*, Wagner. Longueur : 1 m. 70. Jurassique sup. de Bavière.

Hallopus, Marsh. 4 doigts en avant, 3 en arrière. Calcanéum grand, allongé en arrière. *H. victor*, Marsh. Jurassique sup. du Colorado.

III. ORDRE

ORTHOPODA

Pubis présentant une branche antérieure (prépubis) et une branche postérieure (post-pubis), l'une et l'autre non réunies à leur congénère ; prémaxillaires sans dents, mais avec une pièce préhensile prémandibulaire. Dents foliacées, disposées longitudinalement et dentées. Herbivores.

1. SOUS-ORDRE

STEGOSAURI

Plantigrades ; métapodes peu allongés ; plus de trois doigts fonctionnels ; os des membres pleins ; côtes du tronc bifurquées, portées par des diapophyses ; des arcs neuraux. Dos protégé par des plaques osseuses dermiques, parfois verticales, indépendantes du squelette interne.

Scelidosaurus, Owen. 4 doigts, dont 3 fonctionnels aux quatre pattes ; tête très petite ; 2 rangées de plaques osseuses dermiques, le long du dos, une seule rangée sur la queue. Lias inf. d'Angleterre. *S. Harisoni*, Ow., Lias inf. Dorsetshire (Angleterre). — *Stegosaurus*, Marsh. 5 doigts en avant, 3 en arrière, protégés par des sabots. Cerveau 10 fois plus petit que le renflement sacré de la moelle. Des plaques osseuses verticales très grandes tout le long du dos. *St. ungulatus*, Marsh. Environ 9 mètres de long et 3 mètres de haut ; des plaques dorsales, hautes de près de 1 mètre, remplacées sur la queue par des aiguillons jumelés de 60 centimètres.

2. SOUS-ORDRE

ORNITHOPODI

Pattes postérieures puissantes, digitigrades, ordinairement tridactyles ; fémur avec un long trochanter ; os longs creux ; pouvaient se tenir sur les membres postérieurs ; pas d'armature osseuse dorsale.

Camptosaurus, Marsh. Prémaxillaires avec des dents sur le côté. Post-pubis aussi long que l'ischion. Main à 5 doigts, pied à 4, l'un d'eux rudimentaire. *C. dispar*, Marsh. 3 mètres de long. Jurassique supérieur de l'Amérique du Nord. — *Laosaurus*, Marsh. Très voisin, mais 1 m. 50 seulement de long. *L. celer* Marsh. Jurassique du Wyoming (États-Unis).

Iguanodon, Mantell. Prémaxillaire sans dents, post-pubis n'allant pas jusqu'à l'extrémité de l'ischion. Pouce transformé en une forte épine ; 3 doigts postérieurs. *I. bernissartensis*, Bouleonger. Wealdien de Bernissart (Belgique). Longueur, 10 mètres. — *Claosaurus*, Marsh. Seulement 3 doigts fonctionnels à la main. *Cl. agilis*, Marsh. Crétacé moyen d'Amérique.

Hadrosaurus. Prémaxillaire élargi en spatule en forme de bec de canard, sans dents, mais revêtu d'un bec corné. Maxillaires supérieur et inférieur avec plusieurs rangées de dents, placées les unes sur les autres et se remplaçant successivement. *H. mirabilis*, Leidy. 11 mètres de long, la tête ayant 1 m. 20 et portant plus de 2.000 dents. Crétacé sup. de l'Amérique du Nord.

Ornithomimus, Marsh. Os des membres tous creux; 3 métatarsiens fonctionnels, dont le médian a sa tête supérieure refoulée par les deux autres. Caractères d'Oiseaux. *O. velox*, Marsh. Crétacé supérieur du Colorado. Le métatarsien médian avait 60 centimètres de long.

IV. ORDRE

CERATOPSIA

Pubis simples, unis par une symphyse; pas de post-pubis; prémaxillaires et prédentaires sans dents, revêtus d'un bec corné. Dents à deux racines. Os pleins. Crâne se prolongeant en arrière en un bouclier couvrant la partie antérieure du dos; 2 cornes frontales et 1 nasale; aspect de Rhinocéros.

Triceratops, Marsh. Cavité crânienne excessivement petite. *T. horridus*, Marsh. Longueur, 6 mètres; crâne de 2 à 3 mètres de long. Crétacé supérieur. — *Nodosaurus*, Marsh. Une cuirasse complète de rangées de plaques dermiques. *N. textilis*, Marsh. Crétacé moyen du Wyoming.

V. SOUS-CLASSE

CROCODILIENS

Queue longue; membres courts, à humérus et fémurs horizontaux; dents alvéolées, présentes seulement sur les mâchoires.

(Types fossiles)

I. ORDRE

PSEUDOSUCHIA

Des dents seulement sur le devant des mâchoires. Prémaxillaires courts. Narines placées très en avant.

Aetosaurus, Fraas. Crâne court, triangulaire. Tout le corps enveloppé de plaques osseuses dermiques, dont 2 rangées dorsales, disposées transversalement. *A. ferratus*, Fraas. Longueur maximum, 86 centimètres. Keuper supérieur de Stuttgart.

II. ORDRE

PARASUCHIA

Des dents sur toute la longueur des prémaxillaires qui sont très longs. Narines placées très en arrière. Vertèbres biconcaves ou biplanes.

Belodon, v. Meyer. 3 mètres de long; sur le dos, deux rangées de plaques osseuses dermiques rectangulaires, transversalement allongées. *B. Kapffi*, Meyer. Trias supérieur de Stuttgart. D'autres espèces dans l'Amérique du Nord. — *Stagonolepis Robertsoni*, Agassiz. Forme assez voisine, du Keuper d'Elgin (Écosse).

III. ORDRE

EUSUCHIA

Prémaxillaires courts ne forment qu'une faible partie du museau, quand il est long. Narines à l'extrémité du museau.

Teleosaurus, Geoffroy St-Hilaire. Museau très long; os nasaux s'arrêtant loin des prémaxillaires. Une cuirasse ventrale très développée, présentant en arrière un bouclier de petites plaques disposées en rangées irrégulières. *T. cadomensis*, Cuvier. Oolithe supérieure de Caen.

Mystriosaurus, Kaup. Sur la queue, en dehors des deux rangées de plaques dorsales, deux autres rangées de plaques petites. *M. bollensis*, Cuv. Lias supérieur de France et d'Allemagne. — *Pelagosaurus typus*, Bronn. Forme voisine. Même origine. — *Steneosaurus megistorhynchus*, Geoff. St-Hilaire. Bathonien d'Europe. Le genre a persisté pendant tout le Jurassique moyen et supérieur.

Metriorhynchus, v. Meyer. Téléosaure sans orifice sous-lacrymal. Museau de longueur moyenne. *M. Blainvillei*, Deslongch. Jurassique moyen de Normandie. — *Geosaurus*, Cuv. *Metriorhynchus* à préfrontaux très grands, saillants sur les côtés de la tête. *G. grandis*, Wagn. Jurassique supérieur d'Europe.

Macrorhynchus, v. Meyer (= *Pholidosaurus*, v. Meyer). Prémaxillaires prolongés en arrière en une longue pointe comprise entre les nasaux, eux-mêmes très allongés, et les maxillaires. Museau long et étroit, bien distinct en arrière de la partie cranienne. *M. schaumburgensis*, v. Meyer. Néocomien d'Allemagne; Wealdien d'Angleterre.

Thoracosaurus, Leidy. Museau comme le précédent, mais se continuant insensiblement avec la partie cranienne. Arrière-narines réunies, très en arrière et entourées, non plus par les palatins comme dans le type précédent, mais par les ptérygoïdiens. *Th. macrorhynchus*, Blainv. Crétacé supérieur d'Épernay.

Rhamphosuchus, Lydekker. *Macrorhynchus* à nasaux distincts des prémaxillaires et à vertèbres procèles. *R. crassidens*, Falc. Pliocène de l'Inde. 18 mètres de long. — Ici se place le genre actuel *Gavialis* (V. p. 3910).

Atoposaurus Oberndorferi, v. Meyer, *Alligatorium Meyeri*, Jourdan. *Alligatorellus Beaumonti*, Jourdan. Corps petit, en forme de lézard. Crâne court, sans museau. Nasaux prolongés jusqu'aux narines. Formes marines du Jurassique sup. de Bavière et de Cerin Bourgogne. Long. 22-40 centimètres.

Goniopholis, Owen. Crâne large et massif, profondément échancré en avant sur les côtés, au niveau de la séparation du prémaxillaire et du maxillaire; orbites plus petites que les fosses temporales supérieures. *G. simus*, Owen. Purbeck et Wealdien d'Europe.

Diplocynodon, Pomel, de la famille des CROCODILIDÆ, du groupe des *Alligator* (V. p. 3910). Comme le précédent, mais orbites plus grandes que les fosses temporales supérieures. Squelette dermique complet formé de plaques quadrilatères creusées de fossettes, et de structure assez spéciale. De l'Éocène supérieur au Miocène d'Europe. *D. gracile*, Vaillant. Miocène inférieur de l'Allier.

Le genre actuel *Crocodilus* (V. p. 3910) débute au Crétacé terminal (Lignites de Fuveau).

VI. *SOUS-CLASSE*

ICHTHYOSAURIA

Cou court; membres antérieurs et postérieurs en forme de palettes, 6 doigts ou plus; à nombreuses phalanges; queue brisée au dernier quart, et relevée vers le haut à partir de ce niveau (nageoire caudale verticale?)

Ichthyosaurus, Kœnig. Plus de 50 espèces, allant du Trias (*Mixosaurus*, Baur : radius et cubitus allongés et séparés par un intervalle) au Crétacé. Crâne prolongé en bec, garni de nombreuses dents, logées dans une gouttière commune. Long. 1 à 9 mètres. *I. longiformis*, Ow. — *Ophthalmosaurus*, Seeley. Dents nulles ou rudimentaires. Une pièce intermédiaire entre les 2 os de l'avant-bras et de la jambe et de même grandeur que ceux-ci. Jurassique sup. et Crétacé d'Angleterre. *O. oceanicus*, Oxfordien de Peterborough (Angleterre). — *Baptanodon*, Marsh. Forme voisine, du Jurassique du Wyoming (Amérique du Nord). *B. natans*, Marsh. Long. 3 mètres environ.

VII. SOUS-CLASSE

PLESIOSAURIA

*Deux paires de membres à cinq doigts en forme de palettes. Cou très allongé ; queue
courte ; os carré fermement fixé ; dents nombreuses alvéolées ; côtes articulées
seulement au disque vertébral, qui est biconcave.*

I. ORDRE

NOTHOSAURIA

*Membres du type terrestre ; doigts n'ayant pas plus de 5 phalanges ; humérus avec
un tronc épicondylien. Os des membres grêles.*

Mesosaurus, Gervais. Cou d'environ 10 vertèbres. Corde dorsale persistant au travers des
vertèbres ; 4 vertèbres sacrées. *M. tenuidens*, Gerv. 215 cm., moins la queue. Trias d'Afrique
et du Brésil. Voisin des *Prosauria*.

Nothosaurus, Münster. Cou de 16-21 vertèbres ; 3 à 5 vertèbres sacrées. Crâne long et
étroit ; fosses temporales très grandes ; nombreuses dents, celles des prémaxillaires et 2 sur
les maxillaires développées en défenses. *N. mirabilis*, Münst. Muschelkalk d'Allemagne.
Long. : au moins 3 mètres. — *Lariosaurus Balsami*, Curioni. Trias sup. de Lombardie. —
Autres genres voisins du même âge géologique.

II. ORDRE

PLESIOSAURIA

*Pattes transformées en palettes natatoires à phalanges nombreuses. Cou d'au moins
20 vertèbres. 1 ou 2 vertèbres sacrées. Vertèbres planes ou faiblement biconcaves.
Clavicules petites, le plus souvent soudées à l'épisternum ; coracoïdes très larges.
Pas de sternum. Animaux franchement marins.*

Pliosaurus, Owen. Environ 20 vertèbres cervicales courtes et hautes ; côtes bifurquées à
leur base ; clavicule entièrement soudée à l'omoplate. *P. grandis*, Owen. Long. 9 mètres.
Oolithe supérieure d'Angleterre. — *Plesiosaurus*. Conyb. et de la Brèche. Cou très long de
28 à 40 vertèbres. 5 doigts à 8 ou 9 phalanges. Nombreuses espèces, dont la longueur varie de
2 mètres à 3-5 mètres. *Pl. macrocephalus* Buckl. Lias d'Europe.

Elasmosaurus, Cope. Cou très long, de 35 à 72 vertèbres, comprimé latéralement. Côtes non
bifurquées ; queue courte. De l'Oolithe moyenne à la Craie supérieure d'Europe, d'Amérique,
d'Australie, de Nouvelle-Zélande. *E. platyurus*, Cope. Crétacé sup. du Kansas. 15 mètres
de long. — *Cimoliasaurus*. Cope. Cou plus court et déprimé. La limite de ces deux genres
est incertaine.

VIII. SOUS-CLASSE

PYTHONOMORPHA

*Cou et corps très allongés, avec des membres pentadactyles en forme de palettes ;
os carré mobile ; un seul arc temporal latéral ; dents soudées aux mâchoires.*

I. ORDRE

DOLICHOSAURIA

Une symphyse aux mandibules; 2 vertèbres sacrées; pleurodontes.

Dolichosaurus, Owen. 17 vertèbres cervicales; vertèbres fortement allongées. *D. longicollis*, Owen. Long. 1 mètre. Crétacé supérieur d'Angleterre. — *Acteosaurus*, v. Meyer. Vertèbres moyennement longues. Queue longue; pattes antérieures plus courtes que les postérieures. *A. Tommasinii*, v. Meyer. Crétacé inf. d'Istrie.

II. ORDRE

MOSASAURIA

Mandibules reliées par un ligament; bassin sans connexion avec la colonne vertébrale. Crâne de Lézard. Vie marine.

Mosasaurus, Conybeare. 34 vertèbres présacrées, une centaine de vertèbres caudales; vertèbres sans zygosphènes. Crâne allongé; de chaque côté, 2 dents prémaxillaires, 14 maxillaires, placées sur des socles osseux. Membres mal connus. *M. Camperi*, v. Meyer. Crétacé sup. de Maestricht. Le crâne, long de 1 m. 20, au Muséum d'Histoire naturelle de Paris. Longueur de l'animal, environ 7 mètres.

Platecarpus, Cope. Queue très longue. Membres à os courts et larges. *Pl. simus*, Marsh. Crétacé sup. du Kansas. — *Pliopalecarpus Houzeaui*, Dollo. Vertèbres cervicales avec de longues hypapophyses. Crétacé sup. de Hollande. — *Leiodon*, Owen. Queue relativement courte. Dents lisses, comprimées latéralement, à arêtes antérieures et postérieures tranchantes, manquant sur les prémaxillaires. *L. anceps*, Owen, du Crétacé sup. d'Angleterre. *L. haumuriensis*, Hector. Nouvelle-Zélande. Pouvait avoir 30 mètres de long. — Des formes analogues d'Amérique forment le genre très voisin *Tylosaurus*, Marsh. — *Clidastes*, Cope. Un étroit museau pointu, tête longue; corps très allongé; vertèbres en partie avec zygosphènes et zygantres, comme chez les Serpents. Crétacé sup. d'Amérique septentrionale. *Cl. textor*, Cope. Le crâne a 71 centimètres de long.

IX. *SOUS-CLASSE*

PTEROSAURIA

Membres antérieurs à doigt externe très allongé, supportant une membrane alaire.

I. ORDRE

PTERODACTYLIA

Dents alvéolées aux deux mâchoires.

Pterodactylus, Cuvier. Queue courte. Narines grandes, incomplètement séparées de la fosse préorbitaire. Omoplate et coracoïde séparés. Métacarpiens larges; 5e doigt de la patte postérieure rudimentaire. *Pt. spectabilis*, Meyer. Calcaire lithographique de Franconie.

Dimorphodon, Owen. Narines petites, séparées de la fosse préorbitaire. Queue longue, raide. Dents antérieures plus longues. Crâne court. Omoplate et coracoïde fusionnés. Métacarpiens assez courts. 5e doigt postérieur bien développé. *D. macronyx*, Owen. Lias inf. d'Europe. — *Ramphorhynchus*, v. Meyer. Crâne long, l'extrémité des mandibules sans dents; 5e doigt postérieur très court. *Rh. Gemmingi* H. v. Meyer. Jurassique sup. de Franconie.

Ornithochirus, Seeley. Formes mal connues du Crétacé inf. d'Angleterre; crâne très long, dents sur toute la longueur des maxillaires et des prémaxillaires, alvéolées; paraît très voisin de *Rhamphorhynchus*. *O. compressirostris*, Owen. Craie inf. de Burham, Kent (Angleterre).

II. ORDRE

PTERANODONTIA

Un bec pointu, sans dents, comprimé latéralement. Symphyse mandibulaire très longue. Une longue crête postérieure fortement saillante en arrière et dont la carène supérieure se continue en avant jusqu'au bout du museau. Narines réunies à la fosse préorbitaire. Queue courte. Omoplate articulée avec les apophyses épineuses fusionnées des vertèbres dorsales.

Un seul genre : *Pteranodon*, Marsh. Taille considérable. Envergure variant de 1 à 6 mètres. Plusieurs espèces Ex. : *Pt. longiceps*, Marsh. Crétacé sup. du Kansas.

B. — REPTILES ACTUELS

I. SOUS-CLASSE

RHYNCHOCEPHALA

Vertèbres amphicéliques; les dorsales séparées par des intercentres; côtes dorsales à base non bifurquée, s'articulant avec le centre et l'arc neural de la vertèbre. Sternum bien développé; des côtes abdominales. Os carré soudé au crâne; 2 arcs temporaux horizontaux. Anus en fente transversale; pas d'organes copulateurs.

FAM. UNIQUE **SPHENODONTIDÆ**. — Un seul genre actuel, avec une seule espèce : *Sphenodon* (*Hatteria*) *punctatus* Gray. Nouvelle Zélande; petites îles à l'Est de l'Ile du Nord. Longueur : 50 centimètres.

II. SOUS-CLASSE

SAUROPHIDIA

(= PLAGIOTREMATA, SQUAMATA).

I. ORDRE

SAURIA (LACERTILIA)

Humérus et fémurs mobiles surtout dans un plan horizontal, l'animal demeurant élevé à la hauteur de l'avant-bras et de la jambe. Les deux moitiés de la mandibule unies par une symphyse; os carré mobile; cloaque s'ouvrant par une fente transversale, de chaque côté de laquelle, existe, chez le mâle, un organe copulateur rétractile. Membres parfois rudimentaires ou même nuls.

I. SOUS-ORDRE

GECKONIDI

(ASCALABOTA Merrem)

Crâne sans arcs temporaux (post-orbitaire et post-fronto-squamosal); clavicules dilatées, présentant une perforation à leur extrémité sternale (sauf chez les UROPLA-

TIDÆ). Vertèbres amphicèles, sauf chez les Eublepharidæ. Doigts généralement adhésifs; yeux à paupières généralement rudimentaires (sauf chez les Eublepharidæ), mais recouverts d'une membrane transparente (probablement la membrane nictitante) derrière laquelle l'œil peut se mouvoir. Langue large et épaisse, charnue (Crassilingues), exsertile, légèrement échancrée en avant, sans papilles squamiformes, ni plis obliques.

Fam. **GECKONIDÆ**. — Vertèbres amphicèles. Os pariétaux séparés. Clavicules larges et perforées. Yeux sans paupières développées.

I. *Doigts cylindriques, nullement dilatés. Non grimpeurs; vivent sur le sol, sous les pierres, sur le sable, entre les touffes d'herbes.* — Nephrurus, Günth. Doigts courts, renflés sous les articulations, garnis en dessous d'écailles granuleuses; queue courte, terminée par un renflement réniforme. *N. asper*, Günth. Australie orientale. — Chondrodactylus, Peters. Doigts semblables, mais sans ongles. *Ch. angulifer*, Peters. Le Cap. — Teratoscincus, Strauch. Doigts granuleux en dessous, portant des franges latérales bien développées. Vivent dans le sable. *T. scincus*, Schleg. Régions désertiques de la Perse et du Turkestan. — Ceramodactylus, Blanf. Doigts semblables, mais seulement denticulés sur les bords et garnis en dessous d'écailles pointues imbriquées. *C. Doriæ*, Blanf. Arabie. — Stenodactylus, Fitz. Doigts frangés comme chez *Teratoscincus*, mais garnis en dessous d'une série de plaques transverses. *St. guttatus*, Geoffr. Égypte. — Ptenopus, Gray. Doigts fortement frangés aux pattes postérieures, seulement denticulés aux antérieures. *Pt. garrulus*, Smith. Afrique. — Gymnodactylus, Spix. Les deux ou trois dernières phalanges étroites et comprimées. *G. mauritanicus*, Gray. Algérie, Maroc. *G. nebulosus*, Bedd. Asie méridionale. *G. pelagicus*. Grandes Îles du Pacifique. — Phyllurus, Cuv. Semblable, mais queue aussi large que le corps. Australie. *Ph. platurus*, Gray. Queue courte, très aplatie, presque foliacée.

II. *Doigts adhésifs, dilatés progressivement vers l'extrémité.* — Phyllodactylus, Gray. Extrémité des doigts présentant en dessous une large plaque, suivie de plusieurs rangées de petites écailles, puis de lames transversales sur un seul rang. *Ph. europæus*, Géné. Longueur, au plus 7 centimètres. Italie, mais principalement îles voisines. Assez nombreuses autres espèces en Afrique, Amérique tropicale, Australie. — Ptyodactylus, Cuv. Rangées de petites écailles du bout des doigts réduites à deux. Ongles logés dans une échancrure de l'extrémité des doigts élargie et tronquée. Asie Sud-Ouest, Afrique Nord. *Pt. lobatus*, Geoff. Égypte. — Sphærodactylus, Wagl. Une plaque circulaire sous le bout des doigts; un ongle rétractile enchâssé au côté interne. Amérique centrale. *Sph. punctatissimus*, Dum. et Bibr. Martinique.

III. *Doigts dilatés dès la base, mais à phalanges terminales minces et comprimées, insérées au bout de la partie élargie.* — Hemidactylus, Cuv. Phalanges unguéales relevées en dessus, insérées avant le bord terminal de la partie large; 2 rangées de lamelles infradigitales. Presque toutes les régions chaudes. *H. turcicus*, L. (= *verruculatus*, Cuv.). Région médit. *H. mabuia*, Gray, de Madagascar à l'Amérique du Sud. — Lepidodactylus, Fitz. Phalange unguéale terminale, le reste comme le précédent. *L. lugubris*, Dum. et Bibr. Longueur 9 centimètres. Malaisie, Polynésie. — Hoplodactylus, Fitz. Phalange unguéale terminale, lamelles infradigitales sur un seul rang. *H. granulatus*, Gray. Nouvelle-Zélande. — Gecko, Laur. Comme le précédent, mais phalange unguéale très courte; pattes parfois un peu palmées. *G. verticillatus*, Laur. Long. 356 millimètres. Asie orientale. — Ptychozoon, Kuhl. Doigts entièrement palmés, l'interne sans griffe. Corps aplati; une large membrane de chaque côté du cou, le long des flancs, sur le bord antérieur des jambes et le bord postérieur des cuisses et le long de la queue. Espèce unique : *Pt. homalocephalum*, Crev. Long. 18-20 centimètres. Péninsule et îles malaises.

IV. *Doigts entièrement dilatés. Phalange unguéale non comprimée.* — Tarentola Gray. 3ᵉ et 4ᵉ doigts seuls armés de griffes. *T. mauritanica* L. (= *Platydactylus muralis* Dum. et Bibr.) Long. 12-18 centimètres. Région médit. Importé dans le Sud de la France. — Pachydactylus, Wigm. Doigts sans ongles. *P. ocellatus* Cuv. Le Cap.

Fam. **EUBLEPHARIDÆ**. — Vertèbres procèles; os pariétaux fusionnés; des paupières mobiles, bien développées, épaisses.

Eublepharis, Gray. Griffes partiellement rétractiles. Sud de l'Asie, Amérique centrale. — *Coleonyx*, Gray. Griffes rétractiles dans de très grandes gaines. *C. elegans* Gray. Amérique centrale.

Fam. **UROPLATIDÆ**. — Vertèbres amphicèles, clavicules non dilatées, ni perforées ventralement. — Genre unique : *Uroplates*, Gray. Madagascar. *U. lineatus*, Dum. et Bibr.

2. SOUS-ORDRE

LACERTIDI

*Doigts non adhésifs; paupières mobiles; partie ventrale des clavicules non dilatées.
Vertèbres procèles.*

Fam. **AGAMIDÆ**. — Acrodontes; langue épaisse, large; un arc post-orbital et un arc
postfronto-squamosal; pas d'ostéodermes. Régions chaudes de l'Ancien Monde et Australie.

Draco, Linné. Peau des flancs développée en un parachute soutenu par cinq ou six côtes et
se repliant en éventail; un appendice sous la gorge, et deux autres, plus petits, sur les côtés
de celle-ci. Arboricoles. *Dr. volans*, L. Long. 125 millimètres. Malaisie. — *Moloch*, Gray.
Bouche très petite; dents latérales de la mâchoire supérieure dirigées horizontalement en
dedans; corps et queue couverts de grosses épines; une grosse protubérance arrondie sur la
nuque. Espèce unique : *M. horridus*, Gray. Long. 21 centimètres. Vit de fourmis, Australie.
— *Uromastix*, Merrem (Fouette-queue). Incisives unies en une ou deux grandes lames tranchantes. Queue courte, épaisse, revêtue de verticilles successifs de grosses épines contiguës;
corps couvert de petites écailles. Régions désertiques de l'Afrique du Nord et de l'Asie S.
U. spinipes, Daud. Long. 45 centimètres. Égypte. — *Ceratophora*, Gray. Un appendice
flexible, pointu, à l'extrémité du museau, du moins chez les mâles; écailles inégales; tympan
non apparent. *C. aspera*, Günth. Ceylan. — *Lyriocephalus*, Merrem. Deux crêtes osseuses sur
le dessus de la tête. Une crête en dents de scie sur le dos. Sur les côtés, des rangées de
grandes écailles. Ressemble à un Caméléon. Espèce unique : *L. scutatus*, L. Long. 33 centimètres, Ceylan. — *Phrynocephalus*, Kaup. Tympan caché; corps assez déprimé; tête courte
et épaisse; un pli transverse sous la gorge. Au moins le 4ᵉ doigt présentant une frange de
piquants au bord externe; queue préhensile. Steppes de l'Asie Centrale. *P. helioscopus*, Pall.
Sibérie. — *Calotes*, Cuv. Tympan visible, ainsi que dans les trois genres suivants; pas de
repli en travers de la gorge; écaillure égale; une crête d'épines plus ou moins longues sur la
nuque et sur le dos; queue extrêmement longue. Coloration aussi changeante que chez les
Caméléons. Région Indienne. *C. versicolor*, Daud. Long. 40 centimètres. Tout le Sud-Est
de l'Asie. — *Acanthosaura*, Gray. Semblable, mais écailles dorsales inégales. Mêmes régions.
A. minor, Gray. — *Gonyocephalus*, Kaup. Comme les précédents, mais un fort repli en travers de la gorge. Mêmes régions, aussi Australie et Polynésie. *G. chamæleontinus*, Laur.
Bornéo. — *Agama*, Daud. Corps un peu déprimé; chez les mâles, des écailles préanales calleuses,
mais pas de vrais pores; un pli transversal sous le gosier et une fossette de chaque côté; tête
triangulaire; écailles du dos rhombiques, carénées, quelques-unes très fortement, imbriquées
sur la queue. Herbivores. *A. stellio*, L. (*Stellio vulgaris*). Écailles de la queue disposées en
verticilles, grandes, carrées, présentant toutes une forte carène terminée en un tubercule pointu.
28 centimètres de long. Égypte, Asie mineure. — *Physignathus*, Cuv. Des pores fémoraux, au
moins chez les mâles, ainsi que dans les genres suivants. Corps et queue comprimés latéralement; orteils denticulés sur les côtés; écailles rhombiques; une crête dentelée, formée de
petites pointes; un fort repli gulaire transverse. Animaux des lieux marécageux. Siam,
Cochinchine. *Ph. Lesueurii*, Gray. Cochinchine. — *Chlamydosaurus*, Gray. Une seule
espèce, *C. Kingii*, Gray, d'Australie, de grande taille (81 centimètres); autour du cou, une
grande collerette formée de deux larges lobes cutanés réunis ventralement, et soutenue par les
cornes de l'hyoïde, qui sont très longues et en forme de baleines de parapluie; elle peut
s'étaler en avant ou se plisser en se repliant en arrière; écailles irrégulières; l'animal peut se
dresser sur ses longues pattes postérieures, laissant traîner sa longue queue. Insectivore. —
Liolepis, Cuv. Corps déprimé, à écailles granulées, bordé d'un repli tout le long des flancs.
Pas de crête; un pli transverse sous le gosier; queue longue. *L. Belli*, Gray. 35 centimètres
de long, Sud-Est de l'Asie. — *Grammatophora*, Kaup. (*Amphibolurus*, Wagl.). Corps
déprimé. Tête triangulaire. Un fort pli sous la gorge, qui peut s'étaler en une collerette à
bord aminci et hérissé de pointes, soutenue par des branches de l'os hyoïde. Pas de crête
dorsale. *Gr. barbata*, Cuv. Australie. Long. 53 centimètres.

Fam. **IGUANIDÆ**. — Caractères des **AGAMIDÆ**, mais pleurodontes. Tous de
l'Amérique, sauf les genres *Chalarodon*, Peters et *Hoplurus*, Cuvier, de Madagascar et
Brachylophus, Cuvier, des îles Fidji. La famille la plus nombreuse en genres (50) de
tous les Sauriens.

Anolis, Daudin (*Anolius*, Cuvier). Sur le milieu des phalanges digitales, une dilatation portant des lamelles adhésives transverses; doigts plus ou moins dilatés, brièvement réunis à leur

base, la phalange unguéale légèrement relevée au-dessus de la partie dilatée. Grimpent comme les Geckos. Mâle avec un sac jugulaire extensible. Queue longue, non préhensile. Dents latérales tricuspides. Des côtes abdominales. Pas de pores préanaux ni fémoraux. Très nombreuses espèces (105) : *A. carolinensis*, Dum. et Bibr. (14-22 centimètres). Sud-Est des États-Unis, Cuba. — *Xiphocercus*, Fitzinger. *Anolis* à queue préhensile. *X. Valencienni*, Dum. et Bibr. (= *Valenciennesii*, Gray). Jamaïque. — *Polychrus*, Cuvier. Corps fortement comprimé, sans crête, couvert de petites écailles; tête à écailles larges; doigts comprimés, avec, en dessous, des lamelles carénées, et quatre grandes écailles à la base de l'ongle; des pores fémoraux. *P. marmoratus*, L. Amérique du Sud. — *Basiliscus*, Laurenti. Une large et mince crête continue sur le dos, et une autre sur la queue, portant des lignes colorées qui la font paraître soutenue par des épines; ces crêtes, très développées chez les mâles, qui ont également sur la nuque une crête triangulaire dirigée en arrière, existant à peine chez les femelles; dans les deux sexes, les joues sont dilatées, les orteils lobés au bord externe; pas de pores fémoraux; dents antérieures coniques, les latérales tricuspides, lamelles infradigitales carénées. *B. americanus*, Laur. Long. 80 centimètres. Amérique tropicale. Sur les arbres, près des fleuves, où ils nagent très adroitement. — *Tropidurus*, Wiedemann. Pas de pores fémoraux; écailles de la tête larges, surtout l'occipitale; doigts comme les précédents; queue longue. Sous le cou, en avant des épaules, de chaque côté, un fort pli oblique et arqué. *T. peruvianus*, Lesson. Pérou, Chili. — *Strobilurus*, Wiegm. Semblable, mais queue armée de verticilles épineux. *S. torquatus*, Brésil. — *Urocentron*, Kaup. Même chose, mais queue aplatie. — *Liolæmus*, Wiegmann. Des pores préanaux; pas de pli jugulaire, lamelles infradigitales carénées; écailles dorsales rhombiques, carénées et imbriquées. *L. Wiegmanni*. Dum. et Bibr. Long. 135 millimètres. Amérique du Sud. — *Enyalius*, Wagl. Ni pores anaux, ni pores fémoraux; lamelles infradigitales lisses, un pli gulaire transverse; une faible crête ou une denticulation dorsale. Écailles dorsales et céphaliques très petites. *E. catenatus*, Wied. Brésil. — *Iguana*, Laurenti. Des pores fémoraux, ainsi que dans tous les genres suivants, ces pores en une longue série; de la nuque au bout de la queue, une longue crête formée de lames foliacées falciformes, de longueur très variable, toujours plus développées chez les mâles; sous le gosier, un sac très développé, non dilatable, muni d'une crête semblable, mais plus basse. Queue longue, comprimée et sur laquelle se continue la crête dorsale, beaucoup plus basse. Dents latérales denticulées sur leurs bords antérieur et postérieur. Comestibles. *I. tuberculata*, Laur. Long. 1 m. 50 ou plus. Amérique centrale et méridionale. — *Atoponotus*, Dum. et Biber. (= *Metopoceros*, Wagler). *Iguana* à sac gulaire petit; les mâles portent trois cornes sur le museau. Se nourrit de feuilles, de fruits et de chair. *A. cornutus*, Daud. Long. 98 centimètres. Haïti. — *Conolophus*, Fitzinger. Dents latérales trilobées comme les antérieures. Tête comme pavée de grandes écailles épaisses; sur le cou, une crête de courtes épines recourbées, se continuant sur le dos par une arête dentée en scie; point de sac guttural. Herbivores. *C. subcristatus*, Gray. 1 mètre de long, dont 54 centimètres pour la queue. Iles Galapagos. — *Amblyrhynchus*, Bell. Semblable, mais queue comprimée; une crête d'épines lancéolées allant de la tête au bout de la queue, hautes surtout sur la nuque. Fréquentent les eaux marines. Herbivores. *A. cristatus*, Bell. Peut dépasser 1 mètre de long et pèsen 12 kilogrammes. Galapagos. — *Phrynosoma*, Wiegmann. Corps plat et court comme celui d'un Crapaud, terminé par une queue courte, sans crête dorsale, mais couvert d'épines inégales carénées; tête bordée en arrière de 10 épines osseuses, dont deux plus grandes sus le milieu. Écaillure ventrale très régulière. Vivipares. *P. cornutum*, Harlan. 12 centimètres de long, dont 4 pour la queue. États-Unis et Nord du Mexique. — *Cyclura*, Harlan. Pores fémoraux s'étendant sur presque toute la longueur de la cuisse; une crête d'épines sur la nuque, le dos et la queue, celle-ci comprimée, avec des verticilles d'écailles, formant des segments réguliers, chacun ayant une rangée de grandes écailles un peu épineuses et de 3 à 5 rangs d'écailles plus petites; tête grande, renflée derrière les oreilles. *C. carinata*, Harl. 1 m. 25. Antilles. — *Sceloporus*, Wiegmann. Corps déprimé, sans crête dorsale comme ci-dessus, et sans repli guttural. Pores fémoraux. Tête couverte d'écailles grandes, surtout l'écaille occipitale; écailles dorsales imbriquées, carénées, égales. Amérique du Nord et Amér. centrale. Assez nombreuses espèces. *Sc. torquatus*, Wiegm. Mexique, Californie.

FAM. **XENOSAURIDÆ**. — Interclavicule en forme de T; langue courte, rétractile, légèrement incisée en avant. Dents nombreuses, petites, pleurodontes, entièrement pleines; os palatins largement séparés.
Espèce unique : *Xenosaurus fasciatus*, Peters (= *grandis*, Gray). Sud du Mexique.

FAM. **ZONURIDÆ**. — Des ossicules dermiques; langue courte, villeuse, à peine protractile, entière ou très faiblement échancrée à l'extrémité. Pleurodontes; dents nombreuses et petites; palais sans dents. Arcs post-orbitaire et postfronto-squamosal présents; fosse supra-temporale recouverte par une lame ostéodermique.

Zonurus, Merrem (= *Cordylus*, Laurenti). Tout le corps couvert de grands ostéodermes, portant chacun une écaille ; ces écailles grandes, carrées, régulièrement alignées, et fortement carénées ; celles de la queue plus grandes, verticillées, leur carène plus forte et terminée en pointe. *Z. cordylus* L. Sud de l'Afrique. *Z. tropidosternum*, Cope, Madagascar. *Z. polyzonus*, Smith ; paupière inférieure avec un disque transparent. Long. 28 centimètres. Afrique du Sud. — *Platysaurus*, Smith. Pas d'ostéodermes sur la face dorsale, couverte d'écailles uniformes, granulées, les ventrales carrées. *Pl. capensis*, Smith. Afrique du Sud. — *Pseudocordylus*, Smith. Même chose, mais écaillure dorsale hétérogène, formée d'écailles rondes, entremêlées de granules. *Ps. microlepidotus*, Cuv. Afrique du Sud. — *Chamæsaura*, Schneider. Corps très long, serpentiforme, couvert d'écailles imbriquées, fortement carénées, en rangées transverses et longitudinales. Membres présents et pentadactyles mais petits (*Ch. ænea*, Wiegm.), ou bien styliformes, indivis (*Ch. anguina* L. Long. 52 centimètres, lg. des membres postérieurs : 7 millimètres), les antérieurs pouvant même être entièrement absents (*Ch. macrolepis*, Cope). Afrique du Sud.

Fᴀᴍ. **ANGUIDÆ**. — Pleurodontes ; dents pleines, les dents de remplacement croissant dans leurs intervalles. Langue à partie antérieure mince, échancrée, rétractile dans la partie postérieure (Bʀᴇᴠɪʟɪɴɢᴜᴇs). Tout le corps protégé par des os dermiques, recouverts d'écailles imbriquées et creusées d'un système de tubules arborescents ou radiés (différence avec les Sᴄɪɴᴄɪᴅæ). Toujours un scutum occipital impair, qui manque presque toujours chez les Sᴄɪɴᴄɪᴅæ. Caractères du crâne comme les précédents. Queue longue, très fragile, à régénération rapide. Membres souvent réduits ou nuls. Terrestres ; insectivores.

Diploglossus, Wiegmann. 4 pattes à 5 doigts, bien développées. Écailles rhombiques en quinconces. Amérique tropicale. *D. monotropis*, Kuhl. Équateur, Costa Rica. — *Gerrhonotus*, Wiegmann. *Diploglossus* à écailles carrées, sériées transversalement ; présente un profond sillon à partir du cou, sur les flancs. Amérique centrale, et ouest de l'Amérique du Nord. *G. cæruleus*, Wiegm. Long. 33 centimètres. États-Unis. Écorces des vieux arbres. — *Sauresia*, Gray. *Diploglossus* à pattes tétradactyles. *S. sepioides*, Gray. Haïti. — *Panolopus*, Cope. Pattes antérieures sans doigts ; les postérieures avec un doigt rudimentaire au bord interne. *P. costatus*, Cope. Haïti. — *Ophisaurus*, Daudin (= *Pseudopus*, Merrem). Un repli cutané sur les flancs, à partir du cou. Écailles carrées, lisses, en séries transverses. Pattes antérieures toujours absentes, les postérieures également nulles (*O. ventralis* L.), ou très rudimentaires (seulement dans *O. apus*, Pallas = *Pseudopus Pallasii* Cuv., « Sheltopusik en russe, c'est-à-dire ventre jaune » ; très répandu dans le Sud-Est de l'Europe, le Sud-Ouest de l'Asie, le Nord de l'Afrique. Long. 1 m. 10). — *Ophiodes*, Wagler. Des membres postérieurs styliformes ; pas de membres antérieurs. Pas de sillon latéral. *O. striatus*, Spix. Long. 18 centimètres. Brésil. — *Anguis*, Linné. Aucune trace de membres. Pas de sillon latéral ; dents latérales préhensiles, recourbées en arrière, faiblement attachées aux maxillaires. Écailles lisses, arrondies sur la face ventrale comme sur la face dorsale ; queue au moins aussi longue que le corps ; paupières mobiles. Espèce unique : *A. fragilis* « Orvet ». Long. 43 centimètres. Europe, Asie occidentale, Algérie.

Fᴀᴍ. **HELODERMATIDÆ**. — Rattachés aux Orvets par la forme de leur langue, leurs dents pleurodontes, recourbées en crochets, préhensiles, renflées à la base ; mais ces dents sont creusées d'une gouttière sur leurs faces antérieure et postérieure, et sont en rapport dans la mâchoire inférieure avec des glandes à venin. Les seuls Sauriens venimeux avec les suivants. Peau granuleuse, parsemée de nombreux tubercules irréguliers, disposés en rangées transversales. Corps lourd, large, aplati. Pattes à 5 doigts. Aspect d'une Salamandre.

Genre unique : *Heloderma*, Wiegmann. *H. horridum*, Wiegmann. Long. 60 centimètres. Mexique.

Fᴀᴍ. **LANTHANOTIDÆ**. — Comme les précédents, mais dents non canaliculées ; peau simplement verruqueuse, chaque verrue couverte d'une écaille.

Genre unique : *Lanthanotus*, Steindachner. Une seule espèce. *L. borneensis*, Steind. Bornéo.

Fᴀᴍ. **ANNIELLIDÆ**. — Corps serpentiforme, sans traces de pattes. Crâne rappelant celui des Serpents, sans septum interorbitaire, sans arcs, sans columelle crânienne. Dents peu nombreuses, grandes, préhensiles, à base renflée. Écailles molles, un peu hexagones, fortement imbriquées. Yeux et oreilles cachés.

Une seule espèce : *Anniella pulchra*, Gray. Long. 19 centimètres. Californie.

Fam. **VARANIDÆ**. — Pleurodontes; langue longue, profondément bifide, protractile (Fissilingues), lisse. Arc postfronto-squamosal présent, le post-orbitaire incomplet, os nasaux fusionnés; fosse supratemporale non recouverte par des os dermiques. Grande taille; aspect lacertoïde typique; cou allongé.

Genre unique : *Varanus*, Merrem (*Monitor*, Cuv., *Psammosaurus*, Fitzinger). Nombreuses espèces d'Afrique (*V. niloticus* L.), de l'Asie méridionale (*V. bengalensis*, Daud.) et d'Australie (*V. Gouldii*, Gray).

Fam. **XANTUSIIDÆ**. — Pleurodontes. Langue courte, à peine extensible, présentant à sa surface des plis obliques, convergeant vers sa ligne médiane, et des papilles imbriquées à sa pointe. Corps couvert de petites écailles granulaires, plus grandes sur le ventre; pas de paupières mobiles; arcs post-orbitaire et postfronto-squamosal forts; fosse supra-temporale recouverte par un ostéoderme. Pattes bien développées.

Lepidophyma, A. Dum. De grands tubercules entre les petites écailles granulaires dorsales. *L. flavomaculatum*, A. Dum. Amérique Centrale. — *Xantusia*, Baird. Écaillure dorsale uniformément granulaire; deux plaques frontales séparées par une suture longitudinale. *X. vigilis*, Baird. Californie. — *Cricosaura*, Gundl. et Peters. Une seule plaque frontale. Cuba.

Fam. **TEJIDÆ**. — Dents très variables, toujours pleines, généralement pleurodontes, quelquefois presque acrodontes, les prémaxillaires toujours coniques, les latérales coniques bicuspides, tricuspides ou en forme de molaires. Langue longue et profondément bifide (Fissilingues), en grande partie couverte de papilles simulant des écailles rarement remplacées par des plis obliques. Dos ne présentant en général que de petites écailles ou simplement granuleux. Grande famille exclusivement américaine. Biologie très variable : des formes terrestres, d'autres arboricoles, d'autres à vie cachée souterraine, et alors à membres rudimentaires.

A. Pattes bien développées, à 5 doigts, rarement 4. Oreilles généralement visibles: narines s'ouvrant sur les nasales ou entre les deux nasales.

Tupinambis, Daudin. Plaques nasales antérieures contiguës; plaques ventrales étroites, formant plus de 20 rangées longitudinales; dos lisse, à écailles petites, uniformes; langue rétractile dans une gaine basilaire; dents latérales des jeunes tricuspides, celles des adultes élargies et aplaties en molaires. *T. teguixin*, L. Long. 90 centimètres; de la Guyane à l'Uruguay, Antilles. Carnassier; dévaste les poulaillers. Comestible. — *Dracæna*, Daudin. De grands tubercules au milieu de la petite écaillure dorsale; queue fortement comprimée présentant en dessus une double carène longitudinale. *Dr. guianensis*, Daudin. Se nourrit de Mollusques (Paludines). Guyane, Amazone. — *Ameiva*, Cuvier. Plaques ventrales lisses, grandes, formant de 6 à 12 rangées longitudinales. Un double pli transverse sous la gorge. Queue arrondie, revêtue d'écailles lisses en rangées transversales. *A. surinamensis*, Laur. (= *vulgaris*, Lecht.). Amérique du Sud. Long. du mâle, 50 centimètres; de la femelle, 36 centimètres. — *Cnemidophorus*, Wagl. *Ameiva* à langue non rétractile, sa portion écailleuse échancrée en arrière en fer de flèche. Dents comprimées longitudinalement. Les deux Amériques. *Cn. lemniscatus*, Daud. Amér. du Sud. — *Callopistes*, Gravenh. Comme le précédent, mais écailles de la tête petites et nombreuses. *C. maculatus*, Grav. Chili. — *Dicrodon*, Dum. et Bibr. *Cnemidophorus* à dents comprimées transversalement. *D. guttulatum*, D. et B. Pérou. — *Tejus*, Merrem. *Dicrodon* à 4 doigts aux pattes postérieures, le 5e étant rudimentaire. *T. teyou*, Daud. Amér. du Sud. — *Crocodilurus*, Spix. Langue comme *Cnemidophorus*; queue comme *Dracæna*. *Cr. lacertinus*, Daud. Guyane, Brésil. — *Cercosaura*, Wagl. Plaques nasales séparées largement par une fronto-nasale, qui manque à tous les genres précédents; des plaques frontales; écailles dorsales fortement carénées, disposées en rangées transverses et en rangées longitudinales régulières, les latérales petites, irrégulières. *C. ocellata*, Wagl. Brésil. — *Pantodactylus*, Peters. Écailles dorsales arrangées en quinconces et en rangées transversales, sans alignement longitudinal. *P. Schreibersi*, Wiegm. Am. tropicale. — *Euspondylus*, Tschudi. Écailles dorsales non ou faiblement carénées, aussi grandes que les ventrales, mais séparées d'elles par de petites écailles latérales. — *Pholidobolus*, Peters. Pas de plaques préfrontales, mais une fronto-nasale entre les nasales, comme dans les genres précédents. Écailles dorsales striées, hexagonales. *Ph. montium*, Peters. Aspect du *Lacerta vivipara*. Andes équatoriales. — *Oreosaurus*, Peters. Comme le précédent, mais écailles dorsales carrées, carénées; une large zone latérale d'écailles petites. Amérique équatoriale. *O. oculatus*, O'Schaug. — *Proctoporus*, Tschudi. Membres antérieurs et postérieurs courts, mais avec 5 doigts pourvus d'ongles; de l'un à l'autre, sur chaque flanc, un repli. Un fort collier transversal. *Pr. unicolor*, Amérique équatoriale. — *Perodactylus*, Reinh. et Lütk. Doigt interne rudimentaire, sans ongle. *P. modes-*

tus, R. et L. Brésil. — *Gymnophthalmus*, Merrem. Doigt interne nul; pas de paupières. *G. quadrilineatus*, L. 85 millimètres. Brésil, Antilles.

B. *Pattes très courtes ou nulles; pas d'oreilles visibles; narines percées entre la nasale et la première labiale. Font le passage aux* Amphisbænidæ.

Heterodactylus, Spix. Membres présents, mais courts, les antérieurs de 17 millimètres pour 400 millimètres de longueur totale du corps; doigt interne rudimentaire, sans ongle. *H. imbricatus*, Spix. Amérique du Sud — *Scolecosaurus*, Boulenger (= *Brachypus*, Fitz.). Pattes rudimentaires (5-6 millimètres pour 124 millimètres de longueur totale) avec 4-4 ou 4-3 doigts munis d'ongles. *Sc. Cuvieri*, Fitz. Am. du Sud. — *Cophias*, Fitzinger. Pattes rudimentaires, les antérieures avec 3 tubercules sans ongles, remplaçant les doigts, les postérieures avec 3 ou 2 tubercules ou sans trace de doigts. *C. flavescens*, Bonnat. Patte postérieure styliforme sans doigts. Amér. tropicale. — *Ophiognomon*, Cope (= *Propus*, Cope). Pattes antérieures rudimentaires avec des indications de doigts sous forme de tubercules. Pattes postérieures réduites à un petit tubercule (*O. trisanale*, Cope) ou tout à fait absentes (*O. vermiforme*, Cope). Bassin sup. de l'Amazone.

Fam. **AMPHISBÆNIDÆ**. — Corps vermiforme. Membres absents, au moins les postérieurs; queue très courte. Peau molle, dessinant des anneaux, eux-mêmes divisés en petites plaques carrées, derniers rudiments des écailles qui n'ont persisté que sur la tête. Yeux cachés sous la peau; pas d'oreilles. Bouche très petite, souvent reléguée en dessous. Crâne fortement ossifié, sans septum interorbitaire, sans columelle ni arcs. Langue bifide, couverte de papilles en forme d'écailles. Reptiles à vie souterraine, surtout termitophiles ou myrmécophiles, creusant des galeries où ils peuvent se déplacer en avant et en arrière (ἀμφί, de deux côtés; βαίνειν, marcher). Sur le sol, progressent par ondulations verticales. Insectivores. Dents grandes, peu nombreuses. — Afrique et Amérique.

Chirotes, Cuv. Membres antérieurs présents, larges et courts, avec 4 doigts très courts, mais pourvus d'ongles, le 5ᵉ tout à fait rudimentaire, sans ongle. *Ch. canaliculatus*, Bonnat. Long. 148 millimètres. Mexique, Californie. — *Amphisbæna*, Linné. Corps vermiforme, apode, arrondi aux deux bouts; narines percées dans deux plaques nasales distinctes. Museau arrondi ou faiblement comprimé. *A. fuliginosa*, L. Long. 445 millimètres. Amérique tropicale. *A. leucura*, Dum. et Bibr. Long. 22 centimètres. Afrique occid. — *Blanus*, Wagl. Narines dans la première labiale, pas de nasales distinctes, une grande frontale joignant la rostrale. Bords de la Méditerranée. *Bl. cinereus*, Vandelli. Péninsule ibérique, Algérie, Maroc. — *Anops*, Bell. Tête fortement comprimée, à profil arrondi; rostrale très développée, à carène médiane tranchante. *A. Kingi*, Bell. Amér. du Sud. *A. africanus*, Gray. Afrique occident. — *Lepidosternum*, Wagl. Région pectorale présentant des plaques bien plus grandes que les autres. Narines percées dans la plaque rostrale. Tête déprimée. *L. microcephalum*, Wagl. Amérique du Sud. — *Monopeltis*, Smith. Comme le précédent. Tête couverte en avant par un ou deux gros boucliers. Afrique. *M. sphenorhynchus*, Peters. Sud-Est de l'Afrique.

Fam. **LACERTIDÆ**. — Pleurodontes. Dents creuses à la base, les latérales bi- ou tricuspides. Corps sans ostéodermes, mais fosse supratemporale recouverte par des plaques osseuses dermiques. Arcades post-orbitaire et temporale complètes; septum interorbitaire et columelle bien développés. Langue allongée, bifide en avant et en arrière, couverte de papilles écailleuses ou de plis obliques imbriqués convergeant en avant. Écailles ventrales carrées, disposées en rangées transversales et longitudinales, les dorsales bien plus petites, juxtaposées ou imbriquées. Pattes bien développées, pentadactyles. Paupières bien développées; oreilles visibles.

Lacerta, Linné. Doigts comprimés, mais sans franges latérales ni carène en dessous; paupières bien développées, uniformément écailleuses; des pores fémoraux larges; sous le cou, un *collier* transversal de grandes écailles. Écailles de la queue plus grandes que celles du corps. *L. viridis*, Laur. Vert, taché de brun en avant. Long. 40 centimètres. France. *L. ocellata*, Daud. Vert, avec des taches latérales bleues. Long. 60 centimètres (mâle), 40 centimètres femelle). Fr. *L. agilis*, L. Long. 205 millimètres. En arrière de la narine, comme chez le précédent, 2 plaques superposées (pl. loréales) formant triangle avec la nasale; brun avec des bandes de taches obscures; écailles dorsales carénées (Lézard de souche). Fr. *L.* (*Podarcis*, Wagl.) *muralis*, Laur. Long. 186 millimètres. Une seule plaque post-nasale. Collier non denté; en avant, sous la gorge, un pli; en avant de l'oreille, un groupe de petites écailles entourant une grande plaque circulaire (Lézard gris commun). Fr. *L.* (*Zootoca*, Wagl.) *vivipara*, Jacquin. Une seule plaque post-nasale; collier denté; pas de pli sous la gorge; région temporale à écailles moyennes. Tête pointue; corps grêle. Ovovipare. Long. 15 centimètres (mâle) et 18 centimètres (femelle). Fr. Lézard commun d'Angleterre.

Algiroides, Bibron. *Lacerta* à écailles dorsales presque aussi grandes que les caudales, fortement imbriquées. Grèce, Corse, Sardaigne, Dalmatie. *A. Fitzingeri*, Wiegm. Long. 12 centimètres. Corse, Sardaigne. — *Tachydromus*. Pas de pores fémoraux, mais un ou deux pores inguinaux. Queue très longue. *T. sexlineatus*, Daud. Iles Malaises. — *Psammodromus*, Fitz. Collier assez effacé; un court repli en avant de chaque bras; écailles dorsales fortement carénées, losangiques, imbriquées; 10 à 14 rangées longitudinales de plaques ventrales. Doigts faiblement carénés et dentés en scie en dessous. *Ps. hispanicus*, Fitz. Long. 11-15 centimètres. Littoral méditerr. français, Espagne, Portugal. — *Acanthodactylus*, Fitz. Doigts présentant en dessous 3 carènes longitudinales, avec une frange latérale plus ou moins apparente. *A. vulgaris*, Dum. et Bibr. Méditerranée occid. — *Tropidosaura*, Fitz. Collier tout à fait absent. *Tr. algirus*, L. 27 centimètres; sur les flancs, deux bandes jaunes, bordées de brun. Espagne, Maroc, Algérie. — *Eremias*, Wiegm. Narines distantes des labiales, dans un groupe de 3 ou 4 nasales renflées, de chaque côté. Doigts comprimés, carénés en dessous. Quelquefois un petit disque transparent sur la paupière inférieure. Asie, Afrique. *E. guttulata*, Licht. Long. 15-16 millimètres. Algérie. — *Ophiops*, Ménétr. Paupière inférieure soudée à la supérieure et en grande partie transparente, formant au devant de l'œil un ménisque complet, comme chez les Serpents. Doigts carénés en dessous. Faciès lacertoïde. *O. elegans*, Ménétr. Méditerr. orientale. *O. occidentalis*, Boul. Long. 14 centimètres. Algérie, Tripoli. — *Cabrita*, Gray. Paupière inférieure avec un grand disque transparent, mais non soudée à la supérieure. *C. Leschenaultii*, M.-Edw. Inde.

Fam. **GERRHOSAURIDÆ**. — Pleurodontes. Des ostéodermes semblables à ceux des Scincidés, recouverts chacun d'une écaille carrée ou losangique, souvent en rangées régulières; langue de longueur moyenne, faiblement échancrée en avant; un sillon latéral sur les flancs. Fosse supratemporale recouverte par des os dermiques. Des pores fémoraux. Exclusivement africains. Prémaxillaires soudés.

Gerrhosaurus, Wiegm. Plaques ventrales formant des rangées transversales. Paupières opaques. Deux plaques fronto-pariétales. Langue couverte de papilles écailleuses imbriquées. Pattes pentadactyles. Afrique tropicale. *G. flavigularis*, Wiegm. Long. 365 millimètres. — *Tetradactylus*, Merrem. Langue présentant des plis obliques; pattes très courtes, à 5 doigts (*T. seps*, L.), à 4 doigts (*T. [Saurophis] tetradactylus*, Lacép) ou indivises, styliformes (*T. africanus*, Gray). Afrique du Sud. Queue très longue, 220 millimètres pour une longueur totale de 285 millimètres. — *Cordylosaurus*, Gray. *Gerrhosaurus* à paupière inférieure transparente. *C. trivittatus*, Peters. Sud-Ouest de l'Afrique. — *Zonosaurus*, Gray. Plaques ventrales en rangées longitudinales; pas de fronto-pariétales. *Z. madagascariensis*, Gray. Madagascar et iles voisines. — *Tracheloptychus*, Peters. Semblable, mais à flancs sans sillon. *Tr. madagascariensis*, Pet. Madagascar.

Fam. **SCINCIDÆ** — Pleurodontes. Langue écailleuse, très faiblement échancrée (Brévilingues). Ostéodermes très développés, présentant un tubule transversal et plusieurs tubules longitudinaux. Prémaxillaires séparés; arcs temporaux complets; fosse supratemporale recouverte par des os dermiques. Pas de pores fémoraux. Genres de vie très variés. Tous les passages entre les pattes complètes et les pattes avortées ou même nulles. Vivipares. Cosmopolites.

1. *Narines éloignées de la plaque rostrale.*

Egernia, Gray. 4 membres pentadactyles bien développés; os ptérygoïdiens séparés par l'échancrure palatine, qui s'étend jusqu'aux maxillaires; pas de plaque occipitale impaire. Australie. *E. Whitei*, Lacépède. Long. 30 centimètres. — *Scincus*, Laur. Pattes et palais comme le précédent; mais pas de plaques supranasales. Corps lourd et massif; doigts gros, frangés sur les côtés; écailles lisses, museau cunéiforme; yeux petits, mais paupières bien développées. *Sc. officinalis*, L. Long. 20 centimètres. Sahara. — *Silubosaurus*. Gray. *Egernia* à queue grosse, courte, déprimée, épineuse. *S. Stokesii*, Dum. Long. 275 millimètres. — *Mabuia*, Fitz. 4 membres bien développés, pentadactyles. Os palatins se touchant sur la ligne médiane, l'échancrure palatine séparant seulement les ptérygoïdiens. Plaques supranasales présentes. Nombreuses espèces de toutes les régions chaudes : *M. vittata*, Oliv. De Tunis à l'Asie mineure. *M. trivittata*, Cuv. Sud de l'Afrique. Long. 22 centimètres. *M. Beddomii*, Jord. Inde. *M. multifasciata*, Kuhl. Siam et Malaisie. *M. aurata*, Schneid. Amérique tropicale. — *Trachysaurus*, Gray. Palais comme le précédent. Pattes pentadactyles, mais courtes et très massives. Pas de supranasales; grandes écailles rugueuses, pointues, en pomme de pin; queue courte, épaisse et obtuse. Espèce unique : *Tr. rugosus*, Gray. Long. 35 centimètres, dont 6 pour la queue. Australie. — *Cyclodus*, Wagl. (*Tiliqua*). Comme le précédent; écailles épaisses, cycloïdes et lisses; dents latérales avec une couronne sphérique;

queue courte, mais pointue. *C. scincoides*, White. Australie. Long. 585 millimètres. — *Lygosoma*, Gray. Ptérygoïdiens en contact sur la ligne médiane, comme les palatins, l'échancrure palatine très courte. Genre très nombreux (160 espèces), pour la plus grande part de l'Australie et des îles océaniennes, de la Malaisie et du Sud-Est de l'Asie. Rares espèces dans l'Afrique; 2 seulement en Amérique. Toutes les phases de la régression des membres représentées (V. p. 2966). — *Ablepharus*, Fitzinger. Paupières soudées, recouvrant entièrement l'œil, transparentes. Pattes plus ou moins longues, très réduites dans quelques espèces, avec réduction du nombre des doigts. *A. Boutonii*, Desjard. Long. 105 millimètres. Afrique occid., Australie, Océanie, Pérou. — *Brachymeles*, Dum. et Bibr. Ptérygoïdiens et palatins séparés sur la ligne médiane; plaques supranasales présentes; membres courts (*Br. Schadenbergi*, Fisch.) ou rudimentaires (*Br. Bonitæ*, Dum. et B.). Philippines. — *Ophiomorus*, Dum. et Bibr. *Brachymeles* à narines percées entre la nasale et la supranasale. Membres rudimentaires (*O. tridactylus*, Blyth. Perse, Afghanistan) ou nuls (*O. punctatissimus*, Bibr. Asie mineure, Grèce).

II. *Narines percées au bord postérieur de la plaque rostrale. Pattes à peu près toujour très raccourcies, rudimentaires ou absentes.*

Scelotes, Fitz. Os palatins en contact sur la ligne médiane. Pattes bien développées (*Sc. Bojeri*, Desj.). Long. 11 centimètres, ou courtes à 5 (*Sc. melanopleurus*, Gunth.) ou à 3 doigts (*Sc. tridactylus*, Blgr.); d'autres fois, pattes antérieures absentes (*Sc. bipes* L.) ou tout à fait apodes (*Sc. inornatus*, Pet. Long. 145 millimètres. Afrique tropicale et méridionale, Madagascar). — *Chalcides*, Laur. (*Gongylus*, Wagl. *Seps* Daud.). Palatins séparés sur la ligne médiane, ainsi que dans les genres suivants; des supranasales; narines ne touchant pas la première labiale. Paupière inférieure avec un disque transparent. Membres courts, pentadactyles (*Ch. ocellatus*, Forsk. Long. 262 millimètres. Sardaigne, Méditerranée occidentale, Asie mineure, Perse, Egypte; *Ch. Bedriagæ*, Bosca. Espagne et Portugal) ou tridactyles (*Ch. lineatus*, Leuck. = *Seps chalcides*, part. Dum. et Bibr. Sud de la France, Espagne, Portugal) ou réduites à des tubercules (*Ch. Güntheri*, Blgr. Syrie). — *Sepsina*, Bocage. Comme *Chalcides*, mais narine percée à la limite commune de la rostrale, de la première labiale, de la nasale et de la supranasale. Mêmes états divers de régression des pattes, depuis *S. splendida*, Grand., qui a de grandes pattes pentadactyles, à *S. Bayonii*, Bocage, long de 115 millimètres, à pattes antérieures absentes, les postérieures styliformes, très courtes (4 millimètres) terminées par un ongle. Madagascar, Côte Sud-Ouest de l'Afrique. — *Melanoseps ater*, Günth., du Zambèze. Long. 203 millimètres, et *Sepophis punctatus* Beddome, de l'Inde méridionale, n'ont plus trace de membres. — *Acontias*, Cuv. Narine percée dans une grande rostrale et continuée par une suture jusqu'au bord postérieur de celle-ci. Membres généralement absents (*A. meleagris* L. de l'Afrique du Sud. Long. 255 millimètres), rarement présents mais très courts, tridactyles (*A. Burtonii*, Gray) ou réduits à des tubercules (*A. monodactylus*, Gray); ces deux dernières espèces, de Ceylan. Long. 13 centimètres.

Fam. **ANELOTROPIDÆ**. — Point de membres; des ostéodermes semblables à ceux des Scincidés; corps vermiforme; langue courte, légèrement échancrée antérieurement, couverte de pupilles écailleuses imbriquées; pas d'arcs temporaux; un septum interorbitaire, une columelle. Yeux cachés sous la peau; pas d'oreilles visibles. Ce sont des Scincidæ dégradés par la vie fouisseuse. Tous de l'Afrique tropicale et méridionale, sauf une espèce américaine.

Feylinia, Gray. La narine est disposée comme dans *Acontias*. Un nombre impair de séries longitudinales d'écailles; anus précédé de plusieurs petites écailles. *F. elegans*, Dum. et Bibr. Long. 31 centimètres. Afrique occidentale. — *Typhlosaurus*. Un nombre pair de séries d'écailles. Une seule grande plaque préanale. *T. cæcus*, Cuv. Long. 23 millimètres. Cap de Bonne Espérance. — *Anelotropis*, Cope. Comme *Feylinia*, mais narine intéressant la rostrale, la nasale et la 1re labiale. *A. papillosus*, Cope. Mexique.

Fam. **DIBAMIDÆ**. — Langue sagittée, non échancrée en avant, couverte de plis ou de lamelles courbes. Pas de columelle; pas de septum interorbitaire, pas d'arcs temporaux. Yeux cachés sous la peau, pas d'orifice des oreilles. Corps vermiforme; écailles cycloïdes, imbriquées, sans ostéodermes. Membres antérieurs absents, les postérieurs représentés chez le mâle par 2 appendices spatuliformes très petits; pas de sternum; pas de ceinture scapulaire, ni pelvienne.

Genre unique : *Dibamus*. Dum. et Bibr. *D. Novæ Guineæ*. Dum. et Bibr. Long. 165 millimètres. Célèbes, Molusques, Nouvelle-Guinée. Est aux Scincidæ ce qu'*Aniella* est aux Anguidæ.

Fam. **PYGOPODIDÆ**. — Rudiments des membres postérieurs bien développés, mais formant une masse indivise; à l'intérieur, les 5 orteils ossifiés, surtout chez les mâles; membres antérieurs absents, sternum rudimentaire. Position zoologique très incertaine. Rappelant les Scincidæ par leur facies général, ils se rapprochent des Geckos par leur crâne, tout en présentant des différences marquées. Vivent sur le sol à la façon des Orvets. Australie.

Pygopus, Merrem. Membres longs de 11 millimètres, pour une longueur totale de 565 millimètres, dont 400 par la queue; tête couverte de grandes plaques; 2 os pariétaux distincts. Écailles carénées. Espèce unique : *P. lepidopus*, Lacép. Australie. — *Delma*, Gray. *Pygopus* à écailles lisses. *D. Fraseri*, Gray. Australie occidentale. — *Lialis*, Gray. Membres postérieurs très petits. Tête couverte de petites écailles; pariétaux fusionnés. Espèce unique, *L. Burtonii*, Gray. Long. 517 millimètres, dont 270 pour la queue. Australie, Nouvelle-Guinée.

3. SOUS-ORDRE

VERMILINGUII

Corps comprimé latéralement; queue préhensile; doigts répartis en deux groupes : l'un de 2, l'autre de 3 doigts. Peau granuleuse; paupières unies de manière à former une membrane continue, percée d'un orifice circulaire; yeux se mouvant d'une manière indépendante; langue vermiforme (VERMILINGUES).

Fam. unique. **CHAMÆLEONTIDÆ**. — Caractères du Sous-Ordre.

Chamæleon, Laur. Queue au moins aussi longue que le corps; ongles simples, écailles plantaires lisses. 44 espèces répandues dans le Sud de l'Espagne, toute l'Afrique, Madagascar, le littoral de l'Asie mineure, les côtes de l'Arabie, l'Inde et Ceylan. *C. vulgaris*, Daud. Espagne méridionale et Afrique. *C. Parsonni*, Madagascar. Atteint 6 décimètres de long. *C. bifidus*. Sexes très dissemblables, le mâle présente deux grands processus sur le museau. Madagascar. *C. pumilus*, Sud de l'Afrique. Vivipare. — *Brookesia*, Gray. Queue plus courte que le corps, à peine préhensile; ongles simples, écailles plantaires épineuses, *Brookesia supercilliaris*, Kuhl. 35 millimètres. Afrique tropicale. — *Rhampholeon*, Güth. Queue plus courte que le corps. Ongles pourvus d'un second crochet dirigé en dessous. Aspect rabougri. *Rh. kersteni*, Peters. Afrique orientale, 90 millimètres. *Rh. spectrum*, Cameroun.

II. ORDRE

OPHIDIA

Les deux branches de la mâchoire inférieure unies entre elles par un ligament. Membres absents ou réduits à de très faibles rudiments des postérieurs. Ni tympan, ni caisse du tympan, ni trompe d'Eustache. Columelle libre, s'appuyant d'une part sur l'os carré, d'autre part sur la fenêtre ovale.

Fam. **TYPHLOPIDÆ**. — Yeux rudimentaires, cachés sous la peau et souvent invisibles. Dents absentes sur la mandibule et sur les prémaxillaires; seulement de 2 à 5 dents recourbées en arrière sur les maxillaires, qui sont petits et reportés loin vers le fond du palais. Un os coronoïde formant une forte saillie sur l'articulaire de la mandibule. Écailles ventrales semblables aux dorsales, cycloïdes, lisses, imbriquées. Un rudiment de bassin représenté par deux os symétriques. Pas de squamosal (supratemporal) entre le sus-occipital et le prootique.

Typhlops, Schneider. Extrémité du museau tronquée, garnie de grandes plaques; une seule préfrontale en arrière de la rostrale, petite, ainsi que la frontale. Une centaine d'espèces de toutes les régions tropicales et subtropicales. *T. punctatus*, Leach. 75 centimètres de long. Afrique tropicale. *T. lumbricalis*. Antilles. *T. vermicularis*, Merr. 26 centimètres. Grèce, Balkans. — *Helmintophis*, Peters. *Typhlops* à préfrontales paires, placées de part et d'autre de la rostrale et grandes, ainsi que la frontale. Amérique tropicale. *H. flavoterminatus*, Pet. 35 centimètres. — *Cephalolepis*, Dum. et Bibr. Tête couverte de petites écailles uniformes. Espèce unique : *C. squamosus*, Schleg. 13 centimètres. Brésil et Guyane.

Fam. **GLAUCONIIDÆ**. — Comme les précédents; mais mâchoire inférieure seule dentée à sa partie antérieure. Aucune dent en haut. Les 3 os représentés dans la ceinture pelvienne, qui est la moins atrophiée de tous les Ophidiens; ischions unis par une symphyse; des restes de fémurs.

Glauconia, Gray. Nasale grande, s'étendant sur le dessus de la tête, de chaque côté de la rostrale, qui est très grande; frontale petite. Une trentaine d'espèces d'Afrique, du Sud-Ouest de l'Asie, d'Amérique. *Gl. albifrons*, Wagl. Amér. du Sud. 27,5 cm. *Gl. Cairi*, D. et B. Égypte. 19-25 centimètres. — *Anomalolepis*, Jan. Nasales latérales; frontale grande, précédée de deux grandes préfrontales. *A. mexicana*. Jan. Mexique.

Fam. **ILYSIIDÆ**. — Un os coronoïde, terminant une forte saillie constituée par le dentaire et l'articulaire ensemble; un petit squamosal entre le supra-occipital et le prootique. Des dents aux deux mâchoires, pouvant manquer sur les prémaxillaires; écailles ventrales un peu plus grandes que les dorsales; queue très courte; un bassin rudimentaire; membres postérieurs représentés par un éperon corné de chaque côté de l'anus; yeux très petits, nus ou couverts par une plaque transparente. Fouisseurs. Vivipares.

Ilysia, Hemprich (*Tortrix*, Oppel). Des dents sur l'intermaxillaire; une plaque transparente sur les yeux. *I. scytale*, L. (Serpent Corail). Des anneaux d'un rouge de sang, disparaissant dans l'alcool. 83 centimètres. Am. du Sud. — *Cylindrophis*, Wagl. Intermaxillaire édenté; yeux libres. *C. rufus*, Laur. Région malaise.

Fam. **UROPELTIDÆ**. — Corps court et rigide; un os coronoïde; pas de squamosal. Des dents petites et peu nombreuses, en général seulement sur la mandibule et le maxillaire supérieur; yeux très petits, à pupille ronde : tête sans cou distinct; écailles ventrales plus grandes que les dorsales. Queue très courte, souvent tronquée obliquement; elle se termine par une grande plaque différenciée ou par de petites écailles carénées. Très vivement colorés ou irisés. Fouisseurs. Vivipares.

Uropeltis, Cuv. Queue tronquée obliquement, la troncature recouverte d'un bouclier large, plat et rugueux. Espèce unique : *U. philippinus*, Cuv. (*grandis*, Kel.). Long. 46 centimètres. Ceylan et non Philippines. — *Rhinophis*, Hempr. Plaque terminale de la queue grande et convexe. *Rh. sanguineus*, Bedd. Ceylan et Indes méridion. — *Plectrurus*, Dum. et Bibr. Queue comprimée, plaque terminale petite, comprimée et terminée par deux pointes superposées. Inde méridionale. *Pl. Perroteti*, D. et B. — *Silybura*, Gray. Queue conique ou tronquée obliquement; plaque terminale petite, carrée ou terminée par deux pointes juxtaposées et souvent précédée de quelques écailles multicarénées. Inde.

Fam. **BOIDÆ**. — Serpents de très grande taille. Tête allongée, présentant un cou plus ou moins marqué, recouverte tantôt d'écailles, tantôt d'écussons; écailles dorsales petites, hexagonales, écailles ventrales en forme de lames transverses, toujours unisériées sur le corps, bisériées ou unisériées sur la queue; queue courte, des rudiments de membres faisant saillie au dehors sous forme d'éperons cornés de part et d'autre de l'anus. Des dents sur les deux mâchoires, sur les ptérygoïdiens et les palatins. Un os coronoïde terminant une saillie de l'articulaire de la mandibule. Squamosal grand, se projetant en arrière et donnant insertion au carré.

Trib. PYTHONINÆ. — Un os supra-orbitaire de chaque côté, entre le pré- et le post-frontal, de part et d'autre du frontal. Plaques sous-caudales le plus souvent bisériées.

Python, Daud. Queue courte, préhensile; un cou distinct. Intermaxillaires portant des dents; yeux entourés d'un anneau de plaques; pupilles verticales. Un certain nombre de labiales creusées de profondes fossettes, aux deux lèvres. Bout du museau couvert de larges plaques; sur le dessus de la tête, tantôt des plaques, tantôt de petites écailles. *P. molurus*, L. Long. 2 m. 50; arrive, dit-on, à 10 mètres. Inde, Ceylan, Java. *P. reticulatus*, Schneid. Souvent 4 mètres et plus. Indo-Chine, Malaisie. *P. Sebæ*, Gmel. Long. 4 mètres. Sud de l'Afrique. *P. spilotes*, Lacép. Australie. 2 mètres. — *Liasis*, Gray. Queue non préhensile. Labiales inférieures seules avec de profondes fossettes. Malaisie, Australie. *L. Childreni*, Gray. Long. 1 m. 20. — *Calabaria*, Gray. Prémaxillaires sans dents; labiales non creusées de fossettes; sous-caudales sur un seul rang. Espèce unique : *C. Rheinhardti*, Schleg. Afr. occid. Long. 86 centimètres.

Trib. BOINÆ. — Pas d'os sus-orbitaire; frontaux allant jusqu'aux orbites; sous-caudales unisériées en général; intermaxillaires toujours édentés, mais des dents maxillaires palatines et ptérygoïdiennes. Un cou distinct; queue courte, plus ou moins préhensile.

Boa, L. Dents maxillaires et mandibulaires décroissant progressivement d'avant en arrière; écailles dorsales petites et lisses; narines percées entre 2 ou 3 plaques nasales, séparées du groupe symétrique par de petites écailles. 5 espèces de l'Amérique tropicale [région loréale (en arrière des nasales) présentant de petites écailles ou une seule plaque : *B. constrictor*, L. Long. 3 m. 35, et jusqu'à 5 mètres. *B. imperator*, Daud. *B. diviniloqua*, Laur. Antilles) et 2 espèces de Madagascar (plusieurs plaques loréales : *B. madagascariensis*, D. et B. Long. 1 m. 05). — *Eunectes*, Wagl. Nasales non séparées par de petites écailles; pas d'écailles supralabiales entre l'œil et les labiales; des plaques sur le museau. Espèce unique : *E. murinus*, L. (Anaconda). Amér. du Sud tropicale. Fréquente les arbres et les eaux. En moyenne 6 mètres et jusqu'à 10 mètres. — *Casarea*, Gray. Ecailles carénées. *C. Dussumieri*, Schleg. Ile Maurice. Long. 66 centimètres. — *Xiphosoma*, Wagl. (*Corallus*, Daud.). Dents antérieures des deux mâchoires très grandes; écailles dorsales lisses; labiales avec des fossettes profondes. Amér. tropicale (*X. Cooki*, Gray) et Madagascar (*X. madagascariense*, D. et B.). Long. 1 m. 50. — *Epicrates*, Wagl. Labiales à fossettes nulles ou faibles. Amér. tropicale. *E. cenchris*, L. Long. 1 m. 70. — *Enygrus*, Wagl. Écailles dorsales carénées. Dents antérieures comme dans les précédents. Moluques, Polynésie. *E. carinatus*, Schn. Long. 90 centimètres.

Trib. ERYCINÆ. — Taille ne dépassant pas 1 mètre. Queue très courte, peu mobile, non préhensile. Tête sans cou distinct; écailles dorsales très petites; sous-caudales unisériées.

Eryx, Daud. Tête entièrement couverte de petites écailles, lisses ou unicarénées. Steppes ou déserts d'Asie et d'Afrique, enfouis dans le sable. *E. jaculus*, L. Grèce; Iles Ioniennes, Asie mineure, Égypte. Long. 60-80 centimètres. — *Charina*, Gray. Tête couverte de plaques. *Ch. Bottæ*, Blainv. Ouest des Etats-Unis et du Mexique.

FAM. **XENOPELTIDÆ**. — Pas d'os coronoïdes (ainsi que dans toutes les familles suivantes); os nasal contigu au préfrontal (différence avec les COLUBRIDÆ); squamosal court, appliqué sur les os crâniens, qui forment sans lui la paroi de la boîte crânienne, os carré vertical; dents petites, nombreuses et serrées aux deux mâchoires, et aussi sur les os palatins et ptérygoïdiens. Aucun vestige de membres ni de ceintures. Yeux libres, petits, à pupille verticale; écailles dorsales lisses, irisées. Face ventrale à lames transversales.

Une seule espèce : *Xenopeltis unicolor*, Reinw. Régions malaise et indo-malaise. Long. 1 mètre.

FAM. **COLUBRIDÆ**. — Squamosal allongé en arrière, supportant le carré, qui est lui-même long et presque horizontal. Préfrontal séparé du nasal par l'échancrure nasale. Famille extrêmement nombreuse (plus de 250 genres et de 1000 espèces), divisée en 3 sous-familles, elles-mêmes très homogènes, les genres ne différant guère que par des détails dans l'écaillure et dans la dentition.

1. SOUS-FAMILLE. — *AGLYPHA*. — Toutes les dents pleines, sans sillon, ni canal. Non venimeux, bien qu'ayant souvent une glande à venin.

Trib. ACROCHORDINÆ. — Bords postérieur et supérieur de l'orbite formés par le post-frontal, qui est très allongé et en exclut le frontal. Écailles petites, verruqueuses ou épineuses, non imbriquées; narines sous le museau, rapprochées l'une de l'autre. Aquatiques, vivant dans les fleuves, les estuaires et surtout la mer, où ils s'aventurent jusqu'à 3 ou 4 milles des côtes. Piscivores. Vivipares.

Acrochordus, Hornstedt. Tête couverte de petites écailles semblables à celles du corps; pas de boucliers ventraux. Espèce unique : *A. javanicus*, Hornstedt. Malaisie, Nouvelle-Guinée. Long. 1 m. 30. Morsures sérieuses, mais non venimeuses. — *Chersydrus*, Cuv. Écaillure semblable, corps et queue comprimés. *Ch. granulatus*, Schn. Iles malaises, sur les côtes et dans les estuaires. — Il y a des boucliers ventraux dans les *Xenodermus javaicus*, Reinh. de Java et Sumatra, et *Nothopsis rugosus*, Cope, d'Amérique centrale; ce dernier a des plaques céphaliques. Il en est de même de *Stoliczkaia khasiensis*, des rivières du Nord-Est de l'Inde (monts Khasi), qui a les sous-caudales bisériées.

Trib. COLUBRINÆ. — Bord supérieur de l'orbite formé par le frontal, le post-frontal étant relégué au bord postérieur. Tête couverte de 9 plaques constantes; écailles dorsales imbriquées, lisses ou légèrement carénées; une plaque frénale (post-nasale). Ces caractères communs aux tribus suivantes, toutes très voisines et réunies, notamment par Boulenger, dans une tribu des COLUBRINÆ au sens plus large. Des dents formant une série continue sur toute la longueur des maxillaires, égales ou décroissant très faiblement vers le fond de la bouche.

Coluber L. (*Callopeltis*, Bonap.). Plaque rostrale plus large que longue, ne séparant pas les internasales; une plaque préoculaire, deux post-oculaires. *C. longissimus*, Laur. (= *Æsculapii*, Lacép.). Midi de la France, où elle est rare; Italie, Sud-Est de l'Europe. — *Elaphis*, Bonap. Corps un peu comprimé; deux plaques préoculaires et deux post-oculaires; dents égales. *E. quatuorlineatus*, Lacép. Balkans. — *Rhinechis*, Bonap. Museau allongé en avant; rostrale plus longue que large, séparant les internasales. Écailles dorsales lisses, en 27-29 rangées. *Rh. scalaris*, Schinz. Un dessin noir en forme d'échelle sur le dos; une tache en V sur la tête, très variable suivant l'âge et les individus. Long. 1 m. 60. Midi de la France; péninsule ibérique. — D'autres genres à dents maxillaires égales. Ex. : *Polyodontophis*, Boulg. Dents très nombreuses, de 30 à 50 à chaque mâchoire; dentaire mobile sur l'articulaire. *P. collaris*, Gray. Asie, Sud-Est.

Trib. Tropidonotinæ. — Corps robuste, un peu aplati; naissance de la queue bien indiquée; 19 rangs d'écailles dorsales, généralement carénées; dents maxillaires postérieures plus fortes que les antérieures.

Tropidonotus, Kuhl. Écailles carénées, en général en 19 rangées, rarement 17 à 29; deux petites plaques préfrontales, triangulaires, à sommet antérieur; narines petites, situées entre deux plaques nasales; 18 à 40 dents maxillaires, les postérieures peu à peu plus grandes. Nombreuses espèces, se tiennent souvent dans les eaux. A peu près cosmopolite. *Tr. natrix* L. (Couleuvre à collier). Un collier blanc jaunâtre, suivi de chaque côté d'une tache d'un noir profond, qui existe parfois seule; 3 écailles post-oculaires, une seule pré-oculaire. France. *Tr. viperinus*, Latr. (Couleuvre vipérine); 2 écailles pré-oculaires et 2 écailles post-oculaires. Robe de la Vipère, dont elle se distingue par ses plaques céphaliques larges, les labiales atteignant l'œil, ses dimensions plus grandes (80 centimètres à 1 mètre), sa queue plus longue et les taches noires de la tête, qui sont plutôt sur le cou et s'élargissent en avant de manière à se toucher au lieu de former franchement un V. 23 rangées d'écailles dorsales. France. *Tr. tessellatus*, Laur. Assez semblable, mais 3 écailles post-oculaires, 2 pré-oculaires et seulement 19 rangées d'écailles. Italie, Sud-Est de l'Europe; a été signalé en France. *Tr. saurita* L, *ordinatus* L, *fasciatus* L, sont communes en Amérique du Nord et dans l'Amérique centrale; *Tr. stolatus*, dans le Sud-Est de l'Asie. — *Dryocalamus*, Günth. Dents postérieures plus fortes au maxillaire supérieur, un peu plus faibles à la mandibule. *Dr. nympha*, Daud. Inde. — *Graya*, Günther. Dents maxillaires et mandibulaires subégales, les premières au nombre de 22 à 25; écailles dorsales courtes et lisses, sans fossettes apicales, en 17-19 rangées. *Gr. Smythii*, Leach. Afrique tropicale. — *Ischnognathus*, Dum et Bibr. Dents égales, les maxillaires au nombre de 14-18; écailles carénées, narines latérales. Amérique septentrionale et centr. *I. Dekayi*, Holbr. — *Cyclophis*, Günth. (*Contia* Baird et G.). Dents subégales, 12 à 20 maxillaires; écailles dorsales sur 13-19 rangées. *C. æstivus* L. Amérique septentrionale.

Trib. Xenodontinæ. Deux dents à l'arrière du maxillaire toujours plus grandes que les autres et séparées d'elles par un grand espace vide. Un cou très accentué.

Zamenis, Wagl. De 12 à 20 dents maxillaires, peu serrées, allant en croissant vers le fond de la bouche, les deux dernières parfois un peu plus grandes que les autres, dont elles sont séparées par un très petit intervalle; dents inférieures allant plutôt en décroissant vers l'arrière; écailles lisses avec une fossette apicale; sous-caudales bisériées. Une trentaine d'espèces des régions tempérées ou subtropicales de l'hémisphère nord. *Z. gemonensis*, Laur. (= *viridiflavus*, Lacép. ; *atrovirens*, Schaw). Europe, dépasse le Caucase : 2 plaques pré-oculaires, l'inférieure bien plus petite, 2 post-oculaires, suivies de 2 temporales. Vert noirâtre, de petits traits jaunes longitudinaux sur certaines écailles, formant des lignes longitudinales sur la queue (Couleuvre verte et jaune). France, 95-125 et jusqu'à 250 centimètres de long. Commune dans le Massif Central. Les jeunes n'ont de taches jaunes que sur la tête. *Z. hippocrepis* L. Des bandes de taches jaunes croisées en X. Espagne, Algérie, Maroc. *Z. mucosus* L. Inde; plus de 2 mètres. *Z. constrictor* L. Amérique du Nord. — *Xenodon*, Boie, Tête courte et très large; 19-21 rangées d'écailles dorsales lisses; plaques préfrontales larges et arrondies. *X. rhabdocephalus*, Schleg. Brésil. — *Heterodon*, Latr. Dentition semblable, mais corps court, épais, extensible, à 23-27 rangées d'écailles dorsales; museau très court, cunéiforme. *H. platyrhinus*, Latr. Amér. du Sud. Long. 30 centimètres. — *Dromicus*, Bibr. 11-17 dents maxillaires, disposées comme dans les genres précédents, mais dents mandibulaires plus grandes en avant; pupille ronde; une plaque préoculaire, 2 post-oculaires. *D. (Drymobius) margaritaceus*, Schleg. Mexique. — *Liophis*, Wagl. 14-24 dents maxillaires, plus deux, très éloignées en arrière et beaucoup plus fortes; 17-19 rangées d'écailles dorsales lisses, et creusées de fossettes apicales. — Autres genres à dents postérieures spécialement développées : *Macropisthodon*, Boul. — *Lioheterodon*, Dum. et Biber.

Trib. Coronellinæ. — Dents maxillaires croissant progressivement d'avant ou arrière. Queue courte, insensiblement reliée au tronc; une plaque frénale et deux nasales; au plus, deux plaques pré-oculaires et 3 post-oculaires.

Coronella Laur. Écailles lisses, fossulées au sommet, en 15-25 rangées; 12 à 20 dents maxillaires, les postérieures légèrement plus grandes. Vivipares. *C. austriaca*, Laur. (= *C. lævis*

Lacép). (Couleuvre isse). Ressemble à la Vipère aspic; s'en distingue par ses plaques céphaliques et l'absence à peu près complète de cou. France et toute l'Europe. Diffère de la Couleuvre vipérine par sa petite taille (60-85 centimètres); il existe 2 écailles temporales (une seule dans la C. vipérine) après les 2 post-oculaires, et une seule pré-oculaire. *C. girundica*, Daud. diffère de la précédente en ce qu'elle a 21 rangées d'écailles (au lieu de 19), qu'il existe une seule plaque nasale (au lieu de 2) et que la rostrale est plus longue que large. — *Herpetodryas*, Boie. Coronelle à rangées d'écailles dorsales en nombre pair (10-12), et parfois carénées, Amér. centr. et Amér. du Sud. *H. carinatus*, L. — *Simotes*, Dum. et Bibr. Comme *Coronella*, mais 8-12 dents maxillaires, les deux dernières notablement plus grandes et comprimées. — *Oligodon*, Boie. Comme *Simotes*, mais seulement 6-8 dents maxillaires; les ptérygoïdiens non dentés, ainsi que les palatins, qui ont pourtant quelquefois 1 ou 2 dents. Sud de l'Asie, Basse Égypte. *O. subgriseus*, D. et B. Inde. — Nombreux autres genres exotiques.

Trib. LYCODONTINÆ. — Dents antérieures plus grandes que les suivantes, sur les deux mâchoires. Corps médiocrement long, cylindrique ou légèrement comprimé. Une ou deux plaques nasales; plaques frontales grandes. Yeux petits; pupille verticale.

Lamprophis, Smith. Dents maxillaires décroissant régulièrement d'avant en arrière, le mandibulaires plus brusquement, mais formant néanmoins une série continue. *L. aurora*, L. Afr. mérid. — *Lycodon*, Boie. 3 à 6 dents antérieures du maxillaire et de la mandibule beaucoup plus grandes que les suivantes, recourbées en crochet et séparées d'elles par un vide. Tête plate; 17-19 rangées d'écailles dorsales; plaque anale simple; sous-caudales uni- ou bisériées, Asie Mérid. *L. aulicus*. L. Inde, Ceylan, Long. 50 centimètres. Agressif, mord cruellement, mais non venimeux. — *Boodon*, D. et B. Dents maxillaires comme dans le précédent; dents mandibulaires formant une série continue; 21 à 31 rangées d'écailles dorsales lisses, fossulées à l'extrémité. Afr. du Sud. *B. geometricus*, Schleg. Seychelles. — *Simocephalus*, Gray. 8-9 grandes dents maxillaires et mandibulaires, suivies à peu de distance, dans les deux mâchoires, par 15-18 plus petites; une plaque pré-oculaire et une post-oculaire, au lieu de deux, ce qui est le cas ordinaire; écailles dorsales sur 15-17 rangées, lancéolées et carénées, non fossulées, celles de la ligne médiane hexagonales, avec deux carènes. *S. poensis* Smith. Afr. occidentale. — Autres genres : *Holuropholis* Dum. *Lycophidion* Fitz, etc.

Trib. DENDROPHIDÆ. — Corps mince et grêle; tête longue et plate, allongée en museau arrondi au bout; bouche très fendue; mâchoire supérieure dépassant l'inférieure; cou bien distinct; 1 plaque pré-oculaire et 2 ou 3 post-oculaires; écailles lisses sur 13 ou 15 rangées. Vivent dans les arbres.

Dendrophis, Boie. Écailles petites, sauf sur la rangée dorsale, où elles sont triangulaires ou polygonales, celles de la face ventrale ayant de chaque côté une carène qui est reçue dans une encoche de la plaque antérieure immédiatement voisine; l'animal peut glisser sur les branches d'arbres sans avoir à onduler ou à s'enrouler. Dents maxillaires, 20 à 33, plus ou moins allongées en arrière. *D. pictus*, Gmel. Couleur bronzée, avec des taches. Bengale, Iles malaises. Long. 1 m. 18. *D. punctulatus*, Gray. Australie sept. — *Dendrelaphis*, Boulgr. Ce sont les dents antérieures qui sont les plus développées. *D. tristis*, Daud. Inde, Ceylan. — *Chlorophis*, Hallow. Pas de carènes ventrales; rangées des écailles disposées en chevron à sommet médian et dirigé en arrière. Afrique tropicale et méridionale. *Chl. irregularis*, Leach. — *Leptophis*, Bell. Dents maxillaires postérieures notablement plus grandes, mais cependant en rangées continues avec les précédentes. Amér. centr. et mérid. *L. liocercus*, Gray. Vert bronzé métallique en dessus, argenté en dessous.

Trib. RACHIODONTINÆ. — Maxillaires et mandibule sans dents en avant, présentant seulement 3-7 dents en arrière; pas de dents palatoptérygoïdes; hypapophyses de plusieurs (24) vertèbres thoraciques antérieures très développées, recourbées en avant, faisant saillie dans l'œsophage, non recouvertes d'émail. Ces « fausses dents » servent à l'animal à briser la coquille des œufs dont il se nourrit et qu'il avale entiers. La coquille est ensuite régurgitée. Une seule espèce : *Dasypeltis*, Wagl. (*Rachiodon*) *scabra*, L. Afrique méridionale.

2. SOUS-FAMILLE. — *OPISTHOGLYPHA*. — Une ou plusieurs dents, en arrière de la bouche, sillonnées ou canaliculées. La plupart sont venimeux et paralysent leurs proies avant de les avaler. Leur morsure est relativement peu active sur l'Homme.

Trib. HOMALOPSINÆ. — Serpents exclusivement aquatiques. Narines percées à la face supérieure du museau, munies d'un appareil valvulaire; pupille verticale. Vivipares. Rivières et estuaires de la côte est de l'Inde et de la Chine méridionale, d'Australie et de Nouvelle-Guinée.

Homalopsis, Kuhl. Corps cylindrique; écailles dorsales striées et carénées, en 37-47 rangées, es ventrales bien développées; un cou très accentué. Espèce unique : *H. buccata*, L. Inde,

Malacca, Java. Long. 1 mètre. — *Hypsirhinus*, Wagl. Écailles dorsales lisses. *H. enhydris*, Schneid. Toute la région indiquée plus haut — *Cerberus*, Cuv. Comme *Homalopsis*, mais plaques pariétales divisées en petites écailles. 19-31 rangées d'écailles dorsales. *C. rhynchops*, Schneid. Mêmes régions. — *Fordonia*, Gray. Une internasale. *F. leucobalia*, Schleg. 93 centimètres. — *Hipistes*, Gray. Plaques ventrales étroites, avec 2 carènes tranchantes. *H. hydrinus*, Cant. — *Herpeton*, Lacép. Plaques ventrales étroites et carénées; deux longs tentacules écailleux, près du bout du museau. *H. tentaculatum*, Lacép. Estuaires de Cochinchine et de Siam. Long. 60 centimètres.

Trib. DIPSADOMORPHINÆ. — Dents maxillaires à peu près égales, ou croissant peu à peu vers l'arrière, beaucoup plus rarement vers l'avant. Un cou distinct. Pupille verticale.

Eudipsas. Günth. (*Trypanurgos*, Fitz). Dents maxillaires antérieures beaucoup plus grandes que les suivantes, ainsi que les mandibulaires. Écailles dorsales lisses, les médianes plus grandes, les ventrales recourbées en angle obtus sur les côtés. Cou très marqué. Corps comprimé. Espèce unique : *E. compressus*, Daud. Amér. du Sud. — *Dipsadomorphus*, Fitz. Dents maxillaires à peu près égales; 2 ou 3 dents sillonnées plus grandes à l'arrière, peu séparées des dents pleines. Dents antérieures de la mandibule et des palatins notablement plus grandes, mais formant une série continue. Cou très marqué. Corps et queue très allongés; écailles comme dans le genre précédent, les dorsales disposées en chevrons. Une vingtaine d'espèces de l'Afrique tropicale, du Sud de l'Asie, d'Australie. *D. dendrophilus*, Boie. Malaisie. — *Leptodira*, Günth. Écailles dorsales non en chevrons. Corps grêle, cylindrique; 2 plaques nasales, la postérieure concave; dents maxillaires s'accroissant faiblement à l'arrière. *L. hotambœia*, Laur. Afrique tropicale et méridionale. 60 centimètres. Se nourrit de petits vertébrés et d'insectes. Morsure peu grave. *L. personata*, Cope. Mexique. 80 centimètres. — *Thamnodynastes*, Wagl. Une seule nasale. *Th. Nattereri*, Mikan. Amérique du Sud. — *Tachymenis*, Wiegm. Comme le précédent, mais dents antérieures de la mandibule plus grandes. *T. peruviana*, Amér. du Sud. — *Himantodes*, Dum. et Bibr. Corps très grêle et très comprimé. *H. conchoa*, L., du Mexique à l'Amér. tropicale. — *Rhinobothryum*, Wagl. Lames ventrales fortement recourbées sur les côtés; narines très grandes, verticales; rostrale très grande. *Rh. lentiginosum*, Scop. Colombie, Pérou.

Trib. DRYADINÆ. — Dents maxillaires comme les précédents; pupille arrondie ou horizontale.

A. *Cou plus ou moins marqué; écailles dorsales, avec une fossette apicale.*

Chrysopelea, Boie. Dents solides du maxillaire au nombre de 17 à 20, non séparées des dents sillonnées postérieures, qui en sont à peine différentes. Écailles ventrales carénées sur les côtés; pupille ronde. Sud-Est de l'Asie. *Chr. ornata*, Schaw. Régions indienne et malaise. — *Cœlopeltis*, Wagl. Dents solides du maxillaire séparées des dents sillonnées, celles-ci bien plus grandes; dents antérieures de la mandibule plus grandes et plus espacées que les suivantes. *C. monspessulanus*, Herm. (= *insignitus*, D. et B.) (Couleuvre de Montpellier). Tête quadrangulaire, haute, à museau relativement court, ayant une fossette profonde à sa partie supérieure; écailles sillonnées longitudinalement, en 17 ou 19 rangées. Plaque frontale longue et étroite, séparant les préfrontales des sus-oculaires. Long. 1 mètre et plus, jusqu'à 1 m. 80. Midi de la France, jusqu'en Perse. Se nourrit surtout de petits rongeurs, de reptiles et d'oiseaux. Les proies volumineuses sont tuées par le venin et insalivées avant déglutition. Morsure déterminant des troubles assez graves, mais non mortelle pour l'homme. — *Philodryas*, Wagl. *Cœlopeltis* de l'Amérique du Sud, avec 2 nasales séparées. Corps plus ou moins comprimé; tête conique. *Ph. æstivus*, Schleg. — *Ialtris*, Cope. Dernière dent solide du maxillaire plus grande que ses voisines. *I. dorsalis*, Günth. Haïti. — *Dispholidus*, Divern (= *Bucephalus*, Smith.). Comme les précédents, mais seulement 4 à 9 dents maxillaires solides. 3 crochets postérieurs très grands. Yeux très grands. Afrique tropicale et mérid. *D. typus*, Sm. Long. 120-180 centimètres. Morsure redoutable, et peut-être mortelle.

B. *Cou peu marqué; écailles dorsales non fossulées à l'extrémité.*

Erythrolamprus, Wagl. 10-15 dents solides au maxillaire, les dents sillonnées reculées en arrière de l'œil. Amér. tropicale. *E. Æsculapii*, L. — *Homalocranium*, Dum. et Bibr. De la même région, n'en diffère que par la présence d'une écaille loréale. Une vingtaine d'espèces. *H. melanocephalum*, L. — *Apostolepis*, Cope. Seulement 4 ou 5 dents solides au maxillaire, qui est très court; les 2 crochets sont reportés au-dessous de l'œil; même chose dans tous les genres suivants. Amér. du Sud. *A. ambinigra*, Pet. — *Xenocalamus*, Günth. Comme le précédent, mais palatin édenté. *X. bicolor*, Günth. Zambésie. Long. 43 centimètres. — *Aparallactus*, Smith. Dents comme les *Apostolepis* mais sous-caudales unisériées. Afrique tropicale et méridionale. *A. capensis*, Sm. Long. 33 centimètres.

Trib. Dryophinæ. — Dents maxillaires inégales, les intermédiaires plus longues que celles qui les précèdent et que celles qui les suivent.

Dromophis, Peters. Dents solides du maxillaire à peine plus longues sur le milieu de la série, qui est continue. *Dr. lineatus*. D. et B. Afrique tropicale. — *Langaha*, Bruguière. Dents semblables; museau terminé en un long appendice mobile, couvert d'écailles, et plus long que l'échancrure buccale. *L. nasuta*, Schaw. Madagascar. *L. cristagalli*, D. et B. Appendice nasal fortement denté par la saillie des écailles. — *Dryophis*, Dalman. Une ou deux dents de la série maxillaire brusquement plus grandes que celles qui les précèdent, et séparées par un vide des suivantes, qui sont de beaucoup les plus petites. Corps très long et très grêle; tête prolongée en museau terminé par un bec résistant. Sud-Est de l'Asie. *Dr. prasinus*, Boie. Dépasse 1 mètre de long. — *Macroprotodon*, Guichn. 5 ou 6 dents antérieures au maxillaire, dont la dernière et surtout l'avant-dernière sont beaucoup plus grandes, et suivies, après un vide, par 4 ou 5 dents bien plus petites, rapprochées des crochets; 6° dent mandibulaire elle-même développée en crochet et séparée des suivantes, beaucoup plus petites. Espèce unique : *M. cucullatus*, Geoffr. St-Hil. Espagne, Baléares, Nord de l'Afrique. — *Passerita*, Gray. *Dryophis* à museau terminé par un appendice, comme chez le Langaha, mais n'atteignant pas le tiers de la longueur de la tête. *P. myclerizans*, L. Indes, Ceylan, Siam. Long. 1 m. 50. — *Psammophis*, Boie. Une ou deux grandes dents au maxillaire, séparées des précédentes et des suivantes par un espace vide. Dents antérieures de la mandibule également très développées, et suivies d'un petit espace vide. 17 espèces d'Afrique et du Sud de l'Asie. *Ps. crucifer*, Boie. Sud de l'Afrique. *Ps. sibilans*, L. Afrique tropicale et Égypte. *Ps. Schokari*, Forsk. Du Sahara à la Perse.

Trib. Elachistodontinæ. — Dentition très réduite; 2 petites dents, à l'arrière du maxillaire, suivies de 2 petits crochets sillonnés; 8 dents à la mandibule; palatins et ptérygoïdes, portant des saillies dentiformes. Vertèbres thoraciques antérieures présentant des hypapophyses faisant saillie dans l'œsophage, tout à fait comme dans le *Dasypeltis* (Voir p. 3105). Une seule espèce : *Elachistodon Westermanni*, Reinh. Bengale.

3. Sous-famille. — *PROTÉROGLYPHA*. — Dents antérieures du maxillaire profondément sillonnées, le sillon se fermant quelquefois presque en canal; ces dents en rapport avec une glande venimeuse. En arrière de ces crochets venimeux, une série de dents semblables, mais pleines. Serpents extrêmement venimeux, à venin plus actif que celui des Vipéridés, et se présentant, en général, en raison de leurs grands crochets et de l'abondance de leur salive venimeuse, comme particulièrement dangereux. Le plus souvent vivipares. Régions tropicale et australe des deux mondes, et Australie; manquent à Madagascar et en Nouvelle-Zélande.

Trib. Elapinæ. — Serpents terrestres, à queue cylindrique. Tête plus large que le cou. Formant la principale partie de la faune ophidienne de l'Australie, où ils sont nombreux comme espèces et comme individus; en outre, on les retrouve dans les régions indiquées ci-dessus.

A. *Partie antérieure du maxillaire, vue par la face ventrale du crâne, non recouverte par le palatin.*

Bungarus, Daud. Écailles médio-dorsales plus grandes et hexagonales, les autres en 6 à 8 rangées de chaque côté. Tête aplatie, sans cou ou à cou peu distinct. Corps long de 1 mètre et plus; 1 plaque pré-oculaire, 2 post-oculaires. Sous-caudales bisériées. Deux crochets volumineux de chaque côté, suivis à distance par 1 à 4 petites dents présentant un léger sillon. *B. fasciatus*. Schneid. Du Sud de la Chine à l'archipel malais. *B. cæruleus*, Schneid. (= *candidus*, L.). Long. 1 mètre. Très commun dans l'Inde et surtout au Bengale, où il cause une mortalité considérable; pénètre dans les maisons. — *Glyphodon*, Günth. Écailles médio-dorsales pas plus grandes que les autres; même chose dans les genres suivants. Crochets venimeux suivis de 6 à 7 dents également sillonnées; pré- et post-frontaux se rejoignant au-dessus de l'orbite, excluant le frontal de son bord supérieur. *Gl. tristis*, Günth. Nord-Est de l'Australie et Nouvelle-Guinée. Long. 90 centimètres. — *Diemenia*, Gray. De 7 à 15 petites dents, après les crochets venimeux, sillonnées, elles aussi. Pupille ronde. Australie et Nouvelle-Guinée. *D. psammophis*, Schleg. — *Notechis*, Boulgr. (*Hoplocephalus*, Cuv.). 4 ou 5 petites dents après les crochets. Un cou assez marqué. Corps cylindrique. avec 15-19 rangées d'écailles lisses, disposées obliquement, les latérales plus courtes que les médianes; sous-caudales unisériées. Espèce unique : *N. scutatus*, Pet. Australie et Tasmanie. Long. 1 m. 30. — *Pseudechis*, Wagl. 2-5 petites dents sur les maxillaires, après les crochets; tête plus large que le cou; pupille ronde; 17 rangées d'écailles lisses sur le dos; sous-caudales bisériées au moins en partie. *Ps. porphyriacus*, Shaw. « Le serpent noir d'Australie ». Long. 1 m. 60. — *Acanthophis*, Daudin (*Ophryas*, Merrem). 2 ou 3 petites dents après les crochets; dents mandibulaires antérieures grandes, recourbées vers l'intérieur; queue comprimée et terminée en une forte épine recourbée, son extrémité couverte d'écailles sériées, fortement imbriquées et saillantes. Sous-caudales antérieures unisériées, les postérieures bisériées. Espèce unique : *A. antarcticus*, Shaw. Moluques, Australie. Long. 85 centimètres. — *Elapognathus*, Blgr. Pas d'autres dents maxillaires que les crochets, eux-mêmes assez courts. *E. minor*, Günth. 45 centimètres. Australie S.-O. — Autres genres : *Denisonia*, Krefft (une vingtaine d'espèces australiennes). *Rhynchelops*, Jan. etc. d'Australie.

B. *Partie antérieure du maxillaire, vue par la face buccale, passant sous le palatin.*

Naja, Laurenti. Région cervicale extensible latéralement en forme de bouclier ovale aplati, par redressement des premières paires de côtes; queue longue et grêle, mais assez robuste pour que l'animal puisse se dresser dessus; maxillaire portant, outre les crochets, de 1 à 3 petites dents, placées à son extrémité postérieure; 15-25 rangées d'écailles lisses, sans fossettes terminales; narine entre deux nasales et une internasale; pupille arrondie, sous-caudales bisériées pour la plupart. Afrique et Asie méridionale. *N. tripudians*, Merr. « Cobra di capello » répandu des régions transcaspiennes à l'Océan Pacifique et en Malaisie; peut atteindre 2 mètres de long. *N. haje*, L. d'Afrique, le long du Sahara. Sud de la Palestine. Long. 1 m. 20. *N. ophiophagus*, Cant. (= *bungarus*, Schleg.) « Hamadryas, roides Cobras ». Inde, Indo-Chine, sud de la Chine, presqu'île et archipel malais. Peut atteindre 4 mètres de long; se nourrit exclusivement de serpents. — *Sepedon*, Merrem. Cou dilatable comme chez les *Naja*. Pas de dents maxillaires après les 2 crochets antérieurs ainsi que dans les genres suivants. Écailles fortement carénées, sur 19 rangs. *S. hæmachates*, Lacép. Afrique méridionale. — *Callophis*, Gray. Tête petite, passant insensiblement au cou; yeux petits, à pupille ronde; corps cylindrique, queue courte. *C. Maclellandi*. Sud-Est de l'Asie. — *Doliophis*, Girard. Glande venimeuse énorme, s'étendant sur le tiers antérieur du corps; à part cela, comme *Callophis*; cœur rejeté au tiers postérieur du corps. *D. intestinalis*, Laur. Malaisie. Long. 58 centimètres. — *Aspidelaps*, Smith. (*Cyrtophis*, Smith). Pas de dents maxillaires autres que les crochets. Plaques frontales antérieures beaucoup plus grandes que les postérieures, narines entre 2 ou 3 nasales et l'internasale. *A. scutatus*, Smith. — *Elaps*, Schneid. Deux grands crochets, seuls présents sur chaque maxillaire. Post-frontal absent. Tête petite, sans cou distinct; corps allongé; queue courte; écailles dorsales lisses; sans fossette terminale, sur 15 rangées. Bouche peu dilatable, en raison de la brièveté du squamosal et du carré. Coloration vive. Une trentaine d'espèces, toutes américaines. *E. corallinus*, Wied. D'un beau rouge, interrompu par des anneaux noirs, bordés de blanc jaunâtre. Long. 60-70 centimètres. Paraît assez inoffensif, malgré la toxicité très grande de son venin, en raison de son caractère placide et de la faible dilatabilité de la bouche qui ne lui permet pas de faire de fortes morsures. Amérique tropic. Seul *E. fulvius*, L., des Etats-Unis, paraît réellement dangereux. — *Dendraspis*, Scley. Corps très long, pouvant dépasser 2 mètres, mais grêle; tête allongée, queue également longue et grêle; écailles sur 13 à 23 rangs, disposées en chevrons très obliques. Une paire de crochets venimeux, sans autres dents sur le maxillaire. Une dent forte et courbée, à l'avant de la mandibule, suivie, après un intervalle d'autres dents, également recourbées, mais plus petites. Arboricole; très redouté. *D. Jamesoni*, Traill. *D. viridis*, Hallow. D'un beau vert. Afrique occidentale.

Trib. HYDROPHINÆ. — Tête d'une venue avec le corps, qui est comprimé et terminé par une queue en forme de rame; narines sur le museau, fermées par des valvules; d'ordinaire une seule paire de plaques nasales contiguës; plaques ventrales petites ou remplacées par des écailles; rostrale à 2 échancrures; la partie divisée de la langue seule protractile. Tous marins. Vivipares. Océan Indien et Pacifique.

Platurus, Latr. Plaques ventrales grandes, les sous-caudales sur 2 rangs; corps long, presque cylindrique; tête couverte de larges plaques; narines latérales, s'ouvrant au milieu des nasales, séparées par des internasales. *Pl. laticaudatus*, L. (*fasciatus* Daud.) Golfe du Bengale; mers de Chine. Long. 1 m. 25. — *Œpysurus*, Lacép. Comme le précédent, mais narines dirigées en dessus; pas d'internasales; écailles portant de petits tubercules; les ventrales bien développées avec une carène médiane, 8-10 petites dents maxillaires sillonnées, après les 2 crochets. *Æ. lævis*, Lacép. Iles malaises. — *Hydrophis*, Daud. Plaques ventrales différenciées mais très petites, formant une étroite rangée médiane, au moins en avant. Corps long, souvent aminci en avant; écailles dorsales carénées, surtout chez les mâles; plaques nasales contiguës. Après les crochets, 7 à 18 dents maxillaires non sillonnées. *H. obscurus*, Daud. Long. 1 mètre. Golfe du Bengale, Archipel malais. — *Distira*, Lacép. Comme le précédent, mais 4 à 10 petites dents maxillaires, toutes creusées d'un sillon. Du Golfe Persique à la Nouvelle-Calédonie. *D. cyanocincta*, Daudin, Long. 1 m. 50. — *Hydrus*, Schneid. Pas de plaques ventrales différenciées; écailles carrées ou hexagones, non imbriquées. Corps relativement court. Museau allongé; narines en dessus, dans les plaques nasales. *H. platurus*, L. (= *Pelamis bicolor*, Daud.) Long. 70 centimètres. Océan Indien. Pacifique tropical. — *Enhydris*, Merr. Écailles avec un petit tubercule, plus fort chez les mâles; ventrales à peine plus grandes que les dorsales, qui sont comme dans *Hydrus*; 2 à 4 dents maxillaires faiblement sillonnées après les crochets. *E. Hardwicki*, Gray. Long. 75 centimètres. *E. (Hydrina) valakadien*, Boie (*bengalensis*, Gray) Long. 1 m. 30. — *Acalyptus*, D. et B. Des écailles à la place des plaques frontales et pariétales; pas de plaques ventrales. *A. Peronii*, D. et B. Ouest du Pacifique tropical.

Fam. **AMBLYCEPHALIDÆ**. — Préfrontal séparé du nasal par l'échancrure des narines; maxillaire allongé horizontalement d'avant en arrière, parallèle au palato-ptérygoïdien et relié à lui par l'ectoptérygoïde; ptérygoïdes libres en arrière, n'atteignant ni le carré, ni la mandibule. Pas de dents sillonnées ni cannelées. Bouche peu dilatable. Corps assez grêle, généralement très comprimé; écailles allongées, celles de la ligne médio-dorsale plus grandes, yeux grands à pupille elliptique.

Amblycephalus, Kuhl (*Pareas* Wagl.). Tête très arrondie; Museau court : corps très long, comprimé; maxillaire très court, avec 5 ou 6 dents, celles de la mandibule décroissant d'avant en arrière; écailles dorsales lisses ou faiblement carénées en 15 rangées. S. E de l'Asie. *A. carinatus*, Boie. Cochinchine, Java. — *Haplopeltura*, Dum. et Biber (*Amblycephalus*, Günth). *Amblycephalus* à 13 rangées d'écailles dorsales et à caudales unisériées. Corps très comprimé. Espèce unique : *H. boa*, Boie. Long. 75 centimètres. Archipel Malais. — *Leptognathus. Amblycephalus* à 11-18 dents maxillaires. Amérique centrale et Amérique du Sud. *L. Catesbyi*, Sentzen. Amér. tropic. — *Dipsas*, Laur. Comme le précédent, mais ptérygoïdes sans dents. Corps très comprimé. Espèce unique. *D. bucephala*, Shaw. Amérique tropicale.

Fam. **VIPERIDÆ** (considérée par Dum. et Bibr. comme un sous-ordre, les Soléno-glyphes, s'opposant aux Aglyphes, aux Opisthoglyphes et aux Protéroglyphes, ces trois groupes considérés aujoud'hui comme des sections de la fam. des Colubride. — Tête triangulaire, élargie en arrière et suivie d'un cou très marqué. Squamosal mobile, soutenant le carré, qui est allongé, et formant avec lui une tige, dirigée vers l'arrière, mais pouvant se rabattre et devenir verticale, de façon à reporter très bas l'articulation de la mandibule, en même temps que la tige palato-ptérygoïde est poussée en avant et fait basculer le maxillaire, contre lequel elle butte; de là, une énorme ouverture buccale, et, en même temps, la projection en avant des crochets insérés sur les maxillaires; maxillaire très court, vertical au repos, et portant un crochet venimeux canaliculé, couché en arrière contre la voûte palatine, suivi d'un ou plusieurs crochets de remplacement, sans aucune autre dent solide; des dents petites, en crochets, sur les ptérygoïdes et les palatins.

Trib. Viperinæ. Pas de fossette entre l'œil et la narine; maxillaire non excavé à son angle supéro-postérieur.

Causus, Wagl. Tête portant, en dessus, de grandes plaques, comme chez les Colubridés : dents mandibulaires bien développées; narines percées entre les deux nasales et l'internasale; pupille ronde. Afrique tropicale et mérid. *C. rhombatus*, Licht. Long. 70 centimètres. — *Azemiops*, Boul. Narines dans une seule nasale; pupille verticale. Esp. unique : *A. fex*, Boul. Burmah Supérieur. — *Vipera*, Laur. Face supérieure de la tête revêtue en grande partie de petites écailles, entremêlées ou non de plaques frontales et pariétales; yeux séparés des labiales par des écailles nasales contiguës avec la rostrale ou séparées par une plaque naso-rostrale; écailles dorsales fortement carénées; sous-caudales bisériées. *V. berus*, L. (*Vipère*). Museau non retroussé à son extrémité; plaques frontales et pariétales bien développées. *V. aspis*, L. Museau légèrement retroussé en dessus à son extrémité; tout le dessus de la tête revêtu en général exclusivement de petites écailles. *V. ammodytes*, L. Museau fortement retroussé en dessus à son extrémité, la partie retroussée molle et écailleuse. Toutes les trois de France, la dernière seulement dans le Midi. *V. Latastei*, Bosca. Intermédiaire entre *berus* et *ammodytes*. Espagne et Portugal. — *Bitis*, Gray. Plaques nasales séparées de la rostrale par de petites écailles; os préfrontaux très grands; yeux petits, à pupille verticale, séparés des labiales par de petites écailles; écailles carénées formant de 29 à 41 rangées; queue courte, les sous-caudales bisériées. Afrique : *B. arietans*, Wagl. Afrique et Arabie méridionale. *B. nasicornis*. Deux ou trois nasales portées sur un tissu érectile pouvant simuler de petites cornes. Afrique occidentale et tropicale. — *Cerastes*, Wagl. Écailles latérales plus petites que les dorsales; au-dessus de chaque œil une grande écaille cannelée en forme de corne dressée. *C. cornutus*, L. « Vipère cornue ». Tout le nord de l'Afrique en bordure du Sahara jusqu'au Sud de la Palestine. C'est cette espèce ou le *C. vipera*, très voisine, qui est vraisemblablement l' « Aspic

de Cléopatre ». — *Echis*, Merrem. Pas de cornes; vertex couvert d'écailles; sous-caudales
unisériées. *E. carinata*, Merr. Égypte; terrains sablonneux. — *Atractaspis*, Smith. Dents
mandibulaires réduites à 2 ou 3 dents, sur le milieu de l'os. Tête courte, large, d'une même
venue avec le cou, couverte de plaques; yeux petits, à pupille ronde; écailles arrondies sur 19
ou 21 rangs; sous-caudales unisériées. Afrique tropicale et méridionale. *A. aterrima*, Günth.

Trib. 2. CROTALINÆ. — De chaque côté, entre la narine et l'œil, une fossette ne communiquant ni avec le nez, ni avec l'œil. Maxillaire fortement excavé à son angle supéro-postérieur.
Tête grosse et complètement couverte d'écailles.

Crotalus, L. Tête présentant, en avant, de petites plaques, en arrière, des écailles; sous-caudales sur un seul rang; extrémité de la queue portant une « sonnette ». Grande taille : plus
d'un mètre. Amérique du Nord et Amérique du Sud. 11 espèces : *C. durissus*, L. Sud-Est des
États-Unis. Atteint jusqu'à 2 m. 50. *Cr. horridus*, L. États-Unis. Long. 1 m. 30. *C. confluentus*,
Say. Ouest de l'Amérique du Nord. *C. terrificus*. Du Texas au Nord de l'Argentine. — *Sis-
trurus*, Garm. Une sonnette; mais sur la tête 9 plaques comme les Colubridés. Taille bien
plus petite. Amérique du Nord. *S. miliarius*. Long. 52 centimètres. — *Lachesis*, Daudin.
(*Trigonocephalus*, Schleg. part.). Pas de sonnette, queue terminée par une pointe cornée.
Tête couverte d'écailles ou de petites plaques. 40 espèces, les unes, à queue préhensile, habitant
le Sud-Est de l'Asie : *L. gramineus* Shaw (*Trimesurus viridis*, Lacép.), long. 90 centimètres;
d'autres à queue non préhensile, habitant l'Amérique : *L. (Bothrops) lanceolatus*, Lacép. « Fer
de lance ». Long. 1 m. 60. Amérique tropicale. — *Ancistrodon*, Palisot (*Trigonocephalus*,
Schleg. part.). Sur la tête, 9 larges plaques. *A. piscivorus*, Lacép. Aquatique. E. de l'Amérique du Nord. Long. 1 m. 20. *A. Blomhoffi*. Boie, du Siam à la Sibérie Orientale. Long.
70 centimètres.

III. *SOUS-CLASSE*

CROCODILIA

ORDRE UNIQUE

EUSUCHIA (V. p. 3089).

*Corps allongé, lacertiforme; peau épaisse, protégée par des écailles à surface cornée,
à l'épreuve de l'eau, entre lesquelles la peau demeure molle; une fossette sensitive
sur les écailles de la mâchoire inférieure; celles des parois latérales du corps,
du ventre et de la queue portent une fossette sensitive; tissu conjonctif sous-jacent
aux écailles plus ou moins ossifié; des écailles carénées formant sur le dos
plusieurs lignes longitudinales, qui convergent pour se fusionner, sur le dos de la
queue, en une crête dorsale aidant à la natation. Cinq doigts au pied de devant
se réduisant à quatre, par avortement du 5e, aux pieds de derrière. Dents coniques, implantées dans des alvéoles.*

FAM. **GAVIALIDÆ**. — Museau allongé et étroit; narines internes sur les ptérygoïdes;
vertèbres procèles. Ont apparu à l'époque de la Craie supérieure.

Gavialis, Oppel. Os nasaux courts, largement séparés des prémaxillaires; museau élargi à son
extrémité, étranglé à sa base et bien distinct de la partie crânienne; 28 dents supérieures et
25 inférieures de chaque côté; inoffensifs, uniquement piscivores. Atteignent 7 mètres de long.
Espèce unique : *G. gangeticus*, Gmel. Fleuves de l'Inde. — *Tomistoma*, S. Müller (*Rhyn-
chosuchus*, Huxley). Première et quatrième dents mandibulaires logées dans des échancrures
de la mâchoire supérieure, les autres dans des trous de la mâchoire supérieure situées entre
les dents de cette dernière; 20 dents supérieures et 18 inférieures de chaque côté. Nasaux
atteignant les longs prolongements pointus des prémaxillaires; museau continuant directement
à sa base le contour de la partie crânienne, à peine élargi à son extrémité. Espèce unique :
T. Schlegeli, Müll. Iles de la Sonde. Atteint 4 m. 50.

FAM. **CROCODILIDÆ**. — Museau arrondi au bout, sans protubérance nasale; armure
dorsale comportant plus de deux séries de plaques; armure ventrale réduite ou absente,
vertèbres procèles; narines internes sur les ptérygoïdes.

Crocodilus, L. Quatrième dent mandibulaire logée le plus souvent dans une échancrure de la mâchoire supérieure, les autres s'insinuant entre les dents de celle-ci. Cinquième dent supérieure plus grande que les autres. Plaques osseuses du bouclier dorsal carénées, pressées les unes contre les autres, mais non soudées, formant de quatre à six rangées principales. 12 espèces : Afrique; Asie méridionale; Nord de l'Australie; Amérique tropicale : *C. palustris*, Lesson. Inde. *C. porosus*, Schneid. (*biporeatus*, Cuv.). Golfe du Bengale, Sud de la Chine, Iles de la Sonde, Nord de l'Australie, Iles Fidji. *C. niloticus*, Laur. (= *vulgaris*, Cuv.). Essentiellement africain. *C. americanus* (= *acutus*, Cuv.), Amérique Centrale, Floride. *Cr. cataphractus*, Cuv. Museau long, rappelant les Gavials. Afrique Occidentale. *Cr. frontatus*, Murr. (*Osteolæmus tetraspis*, Cope). Narines séparées par un septum nasal. — *Alligator*, Cuvier. Quatrième dent mandibulaire logée dans une fossette de la mâchoire supérieure, qui, chez les vieux individus, peut se creuser au point de laisser apparaître la dent sur la face supérieure de la tête comme chez les Crocodiles, les autres dents de la mâchoire supérieure, emboîtant celles de la mâchoire inférieure ; de 17 à 20 dents supérieures, de 18 à 20 dents inférieures. Six à huit rangées longitudinales d'écailles osseuses carénées. Une seule narine. Chine, Amérique du Nord. 3 espèces. *A. mississipiensis*, Daudin (= *A. lucius*, Cuv.). Amérique du Nord. *A. sinensis*, Yang-tse-Kiang. — *Caïman*, Spix. Armure ventrale formée de plaques osseuses empiétant les unes sur les autres, plaques dorsales non articulées entre elles; 20 dents supérieures, 22 inférieures de chaque côté ; diffèrent aussi des Alligators parce que leurs os nasaux ne forment pas de septum nasal. 5 espèces, appartenant exclusivement à l'Amérique tropicale et méridionale à l'Est des Andes. *C. niger*, Spix (*Jacare nigra*). Atteint 7 mètres de long. Amérique centrale. *C. sclerops*, Schneid. 2 m. 50 de long.

IV. *SOUS-CLASSE*

CHELONIA (1)

Corps de forme arrondie, revêtu de plaques cornées ou d'un épais tégument, recouvrant d'autre part une carapace formée d'os dermiques plus ou moins développés, lesquels se soudent à leur tour aux apophyses épineuses des vertèbres, aux côtes et au sternum; ceintures scapulaire et pelvienne demeurant, sans perdre leurs caractères essentiels, à l'intérieur de la carapace. Membres courts, construits pour pousser l'animal plutôt que pour servir à une marche régulière. Pas de dents; mâchoires courtes, revêtues par une gaine cornée rappelant celle du bec des Oiseaux.

I. ORDRE

THECOPHORA

Vertèbres dorsales et côtes soudées avec les pièces de l'exosquelette et formant avec celles-ci une carapace rigide.

(1) On ne connaît aucune forme fossile qui permette de déterminer quelle a pu être l'origine des Tortues. Nous sommes réduits à demander aux animaux qui vivent autour de nous quelles sont les conditions qui ont permis à ce type étrange d'évoluer. Cette méthode est légitimée par le fait que les Oiseaux et les Mammifères n'ont fait que continuer ou reproduire des formes que les Reptiles avaient déjà réalisés, tout en demeurant Reptiles, les mêmes adaptions externes ayant été réalisées, dans les deux cas, en laissant intacte dans une large mesure l'organisation interne.

Ce qu'il s'agit, en somme, d'expliquer dans une Tortue, c'est : 1° sa carapace, 2° son appareil locomoteur, 3° la substitution d'un bec corné à sa dentition. Il y a, dans la nature actuelle, un animal qui a revêtu, lui aussi, une carapace, c'est un Mammifère, le Tatou; il est édenté comme la Tortue, mais sa locomotion n'a pas les mêmes caractères que celle des Tortues. Or le Tatou est un animal fouisseur, à pattes courtes, fortement armées. Il est d'autant plus probable que l'ancêtre des Tortues était lui aussi fouisseur, qu'il est difficile de comprendre qu'un animal ait pu acquérir un tégument aussi solide sans que ce tégument ait été l'objet de frictions et de pressions fréquentes, et pour ainsi dire continues; d'autre part, le mode de progression d'une Tortue terrestre est bien plutôt celui d'un animal qui gratte le sol que celui d'un animal qui marche, et ce mode de progression aurait été fatal à un animal qui n'aurait eu que les moyens de protection ordinaires. Mais ce mode de progression est justement celui d'un animal qui fuirait sous terre, pour y trouver un abri ; et la façon de se le procurer, en agissant sur un animal dont les téguments sont particulièrement aptes à se kératiniser, devait justement amener la kératinisation des téguments, puis la calcification et l'ossification des parties sous-jacentes, comme cela s'est produit lorsque les écailles des Poissons se sont formées, et, chez les Reptiles eux-mêmes, où il existe très souvent des formations osseuses sous les écailles. Si ces considérations sont exactes, les Tortues terrestres seraient les Tortues primitives, contrairement à ce qui a été suggéré p. 2963; il en serait dérivé les Tortues qui ont pu s'abriter dans les eaux douces, et finalement les Tortues marines ; la carapace molle de ces dernières ne serait pas primitive, mais due à une régression coïncidant avec un accroissement de la puissance organique de l'animal. Le fait que les Tortues marines reviennent à terre pour y pondre, celui que les Tortues terrestres s'enterrent pour passer l'hiver corroborent ce que nous venons de dire.

1. *SOUS-ORDRE*

CRYPTODIRI

Cou se repliant en formant une S verticale ; apophyses transverses des vertèbres cervicales nulles ou à peine indiquées ; ceinture pelvienne non soudée avec la carapace et le plastron ; une série complète d'os marginaux limitant extérieurement la carapace ; ptérygoïdes se joignant sur la ligne médiane, étroits dans leur région moyenne ; 3 phalanges ; épiplastrons non séparés des hyoplastrons par l'entoplastron : celui-ci ovale, rhomboïdal ou en forme de T.

Fam. **CHELYDRIDÆ**. — Queue plus longue que la moitié de la carapace, pourvue d'une crête dorsale ; tête large, incomplètement rétractile dans la carapace ; menton présentant de petits appendices cutanés. Carapace longtemps incomplète, des fontanelles persistant jusqu'a un âge avancé entre les plaques costales et les marginales ; une ou deux plaques pygales antérieures ; sur la carapace, des plaques cornées régulières typiques ; plastron petit et cruciforme (en forme de cerf-volant), articulé par gomphose avec la carapace ; plaques pectorales séparées des marginales par des inframarginales ; doigts distincts et palmés ; 4 ou 5 ongles ; bassin indépendant de la carapace ; symphyses pubienne et ischiatique largement séparées.

Chelydra, Schweigger. Mâchoires très tranchantes ; carapace peu bombée, terminée en arrière par 6 grandes écailles saillantes en forme de dents ; queue très longue (les 2/3 ou les 3/4 de la carapace), munie d'une crête dorsale, formée d'une série de gros tubercules comprimés et pointus. Tortues d'eau douce. *Ch. serpentina*, L. Longueur de la carapace, 35 centimètres ; longueur totale ; 90-100 centimètres ; peut atteindre le poids de 20 kilogrammes. Des États-Unis jusqu'a l'Équateur. — *Macroclemmys*. Plaques cornées dorsales en forme de cônes surbaissés, disposées en trois séries ; de chaque côté, 2 ou 3 écailles supramarginales entre les latérales et les marginales. *M. Temmincki*, Haller. Missouri et cours d'eau du Sud des États-Unis.

Fam. **DERMATEMYDIDÆ**. — Queue courte, moindre que la moitié de la carapace ; tête complètement rétractile, grande, recouverte d'une peau non divisée en écailles, sauf un bouclier corné sur le nez ; carapace fortement déprimée, tricarénée, recouverte par des plaques cornées typiques ; série des plaques osseuses neurales non continue, les costales postérieures se rejoignant sur la ligne médiane ; plaques cornées du plastron séparées des marginales par des inframarginales. Tortues de marais, s'enfonçant dans la vase, vivant de poissons, de crustacés et de mollusques.

Dermatemys, Gray. Plastron composé de 9 grandes plaques osseuses, largement attaché à la carapace ; 25 écailles marginales, 4 inframarginales. *D. Mawi*, Gray. Amér. centrale. Long. de la carapace, 35 centimètres. — *Staurotypus* Wagl. Plastron cruciforme, à lobe antérieur mobile, relié à la carapace par un isthme osseux étroit, couvert par 7 à 9 plaques cornées, selon que la plaque intergulaire est présente ou non, et que les plaques anales sont ou non fusionnées ; 23 plaques marginales ; seulement 2 inframarginales, 2 espèces du Mexique et du Guatémala. *S. Salvini*, Gr. Mexique. Long. 34 centimètres. — *Claudius* Cope. Plastron relié à la carapace par un simple ligament. *Cl. angustatus*, Cope. Mexique. Long. 10 cm. 5.

Fam. **CINOSTERNIDÆ**. — Queue courte ; tête complètement rétractile, recouverte par une peau indivise ; carapace recouverte par des boucliers cornés lisses, les plaques osseuses neurales formant une série continue ; plaques cornées du plastron séparées des marginales par des inframarginales. Plastron réduit à 8 os (pas d'entoplastron). Doigts distincts, fortement palmés, portant chacun un ongle, sauf le doigt externe de la patte postérieure. Symphyses pubienne et ischiatique se rejoignant ; bassin présentant deux perforations latérales séparées. Régime des Tortues de la famille précédente.

G. unique : *Cinosternum*, Spix. Une dizaine d'espèces américaines, au Nord de l'Équateur. *C. odoratum*, Schw. Des glandes inguinales odorantes.

Fam. **PLATYSTERNIDÆ**. — Queue longue, revêtue d'anneaux cornés. Tête très grande, complètement rétractile, recouverte par un cuir uni, non divisé. Carapace très aplatie, couverte par les plaques cornées ordinaires, qui sont lisses et juxtaposées ; plaques osseuses neurales formant une série continue. Plastron grand ; ses plaques cornées séparées des marginales par des inframarginales. Pattes et régime de la famille précédente.

Esp. unique : *Platysternum megacephalum*, Gray. Siam. Sud de la Chine. Long. de la carapace, 15 centimètres.

FAM. **TESTUDINIDÆ**. — Tête complètement rétractile. Carapace recouverte par les plaques cornées typiques; 12 (rarement 11, par coalescence des gulaires) plaques cornées, en contact avec les marginales; pas de plaque intergulaire. Plastron formé par 9 plaques osseuses (un entoplastron) et recouvert par 12 plaques cornées; doigts distincts, articulés, 4 ou 5 ongles.

Tribu 1. EMYDINÆ. — Espèces aquatiques (Tortues d'eau douce).

Chrysemys, Wagl. Carapace très déprimée, lisse et sans carène, solidement unie au plastron. Amérique du Nord et Amérique du Sud jusqu'à Buenos-Ayres. *Chr. picta*, Schneid. États-Unis, *Chr. scripta* Schœpff. États-Unis, Antilles. — *Emys*, Dumér. Plastron uni à la carapace par un ligament et plus ou moins divisé chez l'adulte en deux lobes mobiles, mais ne fermant pas entièrement la carapace, à l'état de rétraction: une écaille nuchale et 12 paires de marginales. *E. orbicularis*, L. (*Cistudo europæa*, Schn.). Tortue lacustre de l'Europe; manque dans le Nord, mais s'étend jusqu'en Algérie et le Sud-Ouest de l'Asie. — *Clemmys* Wagl. Plastron immuablement soudé à la carapace et dépourvu de charnière transversale. Du Sud de l'Europe et du Nord-Ouest de l'Afrique jusqu'en Chine; aussi dans l'Amérique du Nord. *Cl. caspica*, Gm. Grèce, Dalmatie, région Caspienne jusqu'au Golfe Persique. *Cl. guttata*, Schn. États-Unis. — *Malacoclemmys*, Agassiz (*Malaclemys*, Gray). Diffère des *Clemmys* par la très large surface alvéolaire de la mâchoire supérieure et par la position de l'entoplastron en avant de la suture huméro-pectorale. *M. terrapen*, Schœpff (*centrata*, Latr.), appréciée comme comestible aux États-Unis. — *Cistudo*, D. et Bibr (Fleming) (*Terrapene*, Merr.). Le plastron est uni à la carapace par un ligament et divisé en deux lobes mobiles, permettant l'occlusion complète de la carapace, une fois que la tête est rétractée; plaque nuchale très petite; les quatre premières plaques cornées médianes grandes et larges, la 5e beaucoup plus large que longue; 12 paires d'écailles marginales, plus l'écaille nuchale. Bec crochu; carapace bombée; doigts complètement libres. *C. carolina*, L. Amérique septentrionale. Terrestre, bien que très près des Tortues lacustres par son allure et sa structure interne. — *Kachuga*, Gray. — *Hardella*, Gray. — *Geoclemmys*, Gray. — *Cyclemis*, Bell. — *Geoemyda*, Gray. Tous de l'Asie orientale.

Trib. 2. TESTUDININÆ. — Espèces exclusivement terrestres, à doigts courts, n'ayant que deux articulations, sans traces de palmure.

Cinixys, Bell. Caractérisé par la mobilité de la partie postérieure de la carapace, reliée à l'antérieure par un fibrocartilage entre la 4e et la 5e plaques costales. *C. erosa*, Schweigg. Afrique équatoriale. — *Pyxis*, Bell. Carapace immobile, mais lobe antérieur du plastron articulé. Esp. unique : *P. arachnoides*, Bell. Madagascar. — *Testudo*, L. Plastron immobile, sauf chez les vieux individus de quelques espèces, dont le lobe postérieur se sépare par une charnière. Surface alvéolaire creusée sur toute sa longueur d'une profonde rainure. Herbivores. 40 espèces. Presque cosmopolite, en dehors des régions froides et tempérées. Manque en Australie. *T. græca* L. Deux écailles supra-caudales à l'extrémité postérieure de la carapace. Italie, Corse, Sardaigne. Péninsule balkanique, Archipel grec. *T. ibera* Pall. (*mauritanica*). Une seule écaille supracaudale. Du Maroc à la Perse; coexiste en Turquie et en Roumanie avec la précédente. Les deux espèces sont fréquemment importées en France et se sont même acclimatées dans le Midi, où elles vivent à l'état sauvage et se reproduisent. *T. marginata* Grèce; beaucoup plus exclusivement végétarienne.

On ne peut pas séparer génériquement des espèces précédentes les célèbres Tortues géantes originaires, d'une part, des îles Galapagos, d'autre part, de nombreuses îles de l'Océan Indien Occidental : les Mascareignes (Maurice, Réunion, Rodriguez), les Comores, les Amirantes, les Seychelles et même Madagascar. Par ségrégation, des espèces nombreuses s'étaient constituées dans les diverses îles; on n'en comptait pas moins de 14 espèces, réparties en 9 îles, du premier groupe, de 12 dans la seconde région, et représentées par des centaines, parfois par des milliers d'individus. La plupart de ces espèces sont aujourd'hui éteintes, presque toutes exterminées par l'homme, et celles qui restent ne comptent qu'un petit nombre d'individus, pensionnaires des Jardins Zoologiques. La *T. elephantina* Dum. et Bibron, originaire de l'île d'Aldabra, et presque domestiquée aux Seychelles, peut être considérée comme le type des Tortues de l'Océan Indien; *T. elephantopus*, Harlem, de l'île d'Albermale, comme celui des Tortues des Galapagos. Ces Tortues, dont la carapace mesure plus d'un mètre de long et qui pèsent de 150 à 200 kilos, ne sont pas seules à avoir de telles dimensions. La *T. geometrica* et quelques autres espèces de l'Afrique du Sud ne leur cèdent en rien à ce point de vue. Les couches les plus récentes du Tertiaire de l'Himalaya et aussi d'autres régions ont révélé l'existence de Tortues fossiles (*Colossochelys atlas*) dont la carapace n'avait pas moins de 3 mètres de long et de 2 mètres de haut.

Fam. CHELONIDÆ. — Tortues marines. Carapace recouverte de plaques cornées typiques. Pattes en forme de rames, ayant seulement 1 ou 2 ongles; phalanges non articulées.

Chelone, Strauch. Seulement 4 paires de plaques cornées latérales; de grandes fontanelles entre les plaques osseuses costales et les marginales. *C. mydas*, L. Toutes les mers chaudes. Atteint 1 m. 10 et pèse 450 kilos. C'est la Tortue comestible (Soupe à la tortue). Se nourrit d'algues et de plantes marines. *C. imbricata*, L. « Caret », à plaques imbriquées, épaisses, fournissant l' « écaille » industrielle. — *Thalassochelys*, Fitzinger. Cinq paires d'écailles latérales; pas de fontanelles entre les costales et les marginales chez les adultes. *Th. caretta* L. « Caouane »; également dans toutes les mers chaudes. Nourriture animale : poissons et surtout mollusques. Toutes ces Tortues viennent parfois échouer sur nos côtes.

2. SOUS-ORDRE

TRIONYCHOIDI

Point de boucliers cornés sur la carapace, qui est recouverte par une peau molle, ayant la consistance du cuir. Museau prolongé par une courte trompe. Cou se recourbant en S dans un plan vertical, comme chez les Cryptodires. Mâchoires recouvertes par des lobes charnus. Carapace ovale, incomplètement ossifiée, dépassée par les côtes; pièces osseuses marginales absentes ou rudimentaires; pièces osseuses du plastron non soudées : épiplastrons séparés des hyoplastrons par un entoplastron en ⌒. Ptérygoïdes largement séparés l'un de l'autre par le basisphénoïde, qui s'avance jusqu'aux palatins. Doigts distincts, incomplètement ossifiés, le 4ᵉ avec plus de 3 phalanges. Carnassiers, essentiellement aquatiques. Se nourrissent de poissons quand ils sont jeunes; les adultes d'une même espèce paraissent se nourrir les uns de poissons, les autres de mollusques, et présentent alors des mâchoires supérieures tranchantes chez les premiers, larges et plates chez les seconds.

Fam. unique TRIONYCHIDÆ. — *Trionyx*, Geoffroy. Pas d'opercules charnus inguinaux, de nombreuses séries de petits tubercules cornés sur la carapace des jeunes. Afrique, Asie, Amérique du nord. *Tr. ferox*, Schneid. États-Unis. Longueur de la carapace, 42 centimètres. *Tr. gangeticus*, Cuv. Inde. *Tr. triunguis*, Forsk. 80 centimètres. Afrique. — *Pelochelys*, Gray (+ *Chitra*, Gray). *Trionyx* de l'Inde, dans lesquels les orbites sont plus rapprochées des fosses nasales que des fosses temporales. — *Cryptopus*, Dum. Bord postérieur du pastron muni de trois opercules charnus qui protègent les pattes postérieures et la queue lorsqu'elles sont rétractées, en se rabattant sur la fente postérieure de la carapace. Plaques neurales de la carapace ne formant pas une série continue, quelques-unes des plaques costales se rejoignant sur la ligne médiane; pas d'os marginaux sur le bord de la carapace. *C. senegalensis*, D. et B. Afrique Occidentale. — *Cycloderma*, Peters. Plaques neurales formant une série complète. *C. frenatum*, Pet. Zambèze. — *Emyda*, Gray. Comme le précédent, mais une série de plaques osseuses marginales à l'arrière de la carapace, et une plaque prénuchale. *C. granosa*, Schœpff. Inde.

3. SOUS-ORDRE

PLEURODIRI

Cou se rétractant en S dans un plan horizontal, dans l'espace compris entre la carapace et le plastron. Bassin soudé à la carapace par les os iliaques, au plastron par le pubis. Ptérygoïdes en contact sur la ligne médiane, larges, avec une expansion latérale aliforme.

Fam. PELOMEDUSIDÆ. — Cou complètement rétractile dans la carapace; carapace couverte des plaques cornées typiques : 13 discoïdales et 24 marginales; plastron comprenant onze plaques osseuses, dont 5 paires latérales, en raison de la présence d'un mésoplastron de chaque côté entre l'hyo- et l'hypoplastron, et un entoplastron impair. Os palatins contigus, non séparés par le vomer.

Sternothærus, Bell. Tête un peu aplatie, recouverte de plaques; partie antérieure du plastron mobile, toutes les plaques osseuses du plastron, se joignant sur la ligne médiane. Mésoplastrons aussi grands que les autres plaques. Crâne sans plafond supratemporal ; cinq doigts courts pourvus d'ongles. *S. derbianus*. Afrique tropicale, Madagascar. — *Pelomedusa*, Wagl. Une paire de plaques entre les yeux ; une grande plaque interpariétale et une paire de pariétales. Plastron sans charnière, les mésoplastrons rejetés sur le côté au niveau du milieu de la jonction du plastron et de la carapace. *P. galeata*, Schœpp. Afrique tropicale, Madagascar, Péninsule du Sinaï. — *Podocnemis*, Wagl. Une plaque cornée étroite entre les yeux ; deux plaques pariétales et une interpariétale. Carapace large et aplatie, fortement dentée à son bord postérieur. Mésoplastron comme dans le genre précédent. Menton avec un ou deux courts barbillons ; queue courte, une large palmure aux quatre pattes, qui présentent aussi des plaques cornées. Un plafond supratemporal, constitué par l'union des pariétaux et des quadratojugaux. 7 espèces de l'Amérique du Sud (*P. expansa*, Schw.), une de Madagascar (*P. madagascariensis*).

Fam. **CHELYDIDÆ**. — Cou se rétractant incomplètement sous la carapace. Les écussons cornés typiques sur la carapace et sur le plastron, qui est formé des 9 os ordinaires (pas de mésoplastron) ; doigts distincts avec 4 ou 5 ongles.

Chelys, Dum. Tête large, plate, triangulaire, munie de chaque côté de lobes et de franges cutanés ; deux barbillons au menton et quatre sous la gorge ; nez se prolongeant en avant en une courte trompe. Carapace couverte de 3 rangs de boucliers cornés, saillants, en forme de cône surbaissé et d'écailles marginales volumineuses également coniques et cannelées. Plastron long et étroit, fourchu en arrière. *Ch. fimbriata*, Sch. «Matamata». Amérique du Sud. Se nourrit de poissons et de batraciens, surtout de têtards. Long. 38 centimètres. — *Chelodina*, D. et B. Tête petite, ovale ; cou très allongé. Carapace à peu près régulièrement elliptique, lisse, pointue en arrière ; pieds palmés. *Ch. longicollis*, Shaw. Sud de l'Australie. — *Hydromedusa*, Wagl. Diffèrent des *Chelodina* par la position de leur grand bouclier corné nuchal, élargi transversalement et situé en arrière des marginales antérieures, de façon à simuler un 6e bouclier médian (si bien qu'il semble y avoir 14 boucliers discoïdaux) ; 7 plaques osseuses neurales seulement ; les costales de la 8e paire se rejoignent sur la ligne médiane. *H. tectifera*, Cope. Sud du Brésil.

Dans les genres suivants, le cou, quoique encore assez long, est, contrairement à ce qui existe dans les précédents, moins long que la région dorsale de la colonne vertébrale. Plaques osseuses neurales réduites ou absentes. *Hydraspis*, Bell. 6 plaques neurales contiguës, la 7e et la 8e manquent. Pattes entièrement palmées ; au bord interne des pattes, une série de grandes écailles proéminentes. *H. Hilarii*, Gray, Amérique du Sud. — *Rhinemys*, Wagl. Quatre plaques neurales seulement, la dernière petite et séparée des autres par les plaquess costales correspondantes. Menton avec deux petits barbillons. Esp. unique : *Rh. nasuta*, Schweig. Nord de l'Amérique du Sud. — *Platemys*, Wagl. Plaques neurales osseuses tout à fait absentes. *Pl. Spixii*, Dum. et B. Longueur de la carapace, 16 centimètres. Brésil. — Autre genres sans plaques neurales : *Emydura*, Bonap. — *Elysia*, Gray, tous les deux de l'Australie et de la Nouvelle Guinée.

Fam. **CARETTOCHELYDIDÆ**. — Carapace recouverte par un tégument ayant la consistance du cuir, sans boucliers cornés, et constituée par des séries régulières de pièces osseuses ; les plaques osseuses vertébrales au nombre de 6 seulement, toutes séparées les unes des autres par les plaques costales, qui se joignent sur la ligne médiane. Plastron formé des 9 os habituels. Membres en forme de palettes nageuses ; les doigts très allongés, les deux internes seuls armés d'ongles. Cou non rétractile ; alliés sous tous les autres rapports aux PLEURODIRA.

Une seule espèce : *Carettochelys insculpta* Ramsay. Fleuves (Fly-river) et estuaires de la Nouvelle-Guinée.

II. ORDRE

ATHECA

Fam. unique **SPHARGIDÆ**. — Tortues marines. Carapace constituée par de très nombreuses petites plaques osseuses, disposées en mosaïque, indépendantes des vertèbres et des côtes, et recouverte par un tégument ayant la consistance du cuir ; membres en forme de palette, sans ongles. Cou non rétractile.

G. unique. *Sphargis*, Merr. (*Dermatochelys*, Blainv.). *Sph. coriacea*, L. Toutes les mers chaudes. La plus grande de toutes les Tortues. Atteint une longueur de 2 mètres et un poids de 500 à 600 kilos. Un spécimen échoué à Concarneau en 1926. — Genres fossiles analogues : *Psephoderma*, Trias sup. de Bavière. — *Eosphargis*. Argile de Londres. — *Psephophorus*, Oligocène et Miocène.

Imprimerie E. DESSAINT. — Coulommiers. — 1-28.